KB001178

한국의 민가

조성기 지음

한울
아카데미

국립중앙도서관 출판시도서목록(CIP)

한국의 민가 / 지은이: 조성기. -- 파주 : 한울, 2006
    p. ;   cm. -- (한울아카데미 ; 831)

색인 수록
ISBN   89-460-3504-8 93540

610.911-KDC4
722.13-DDC21   CIP2006000644

집은 몸과 마음이 사는 곳이기에 한국의 집은 곧 '한국인의 마음'이 깃든 곳이다. 사람들에게 가장 한국적인 풍경을 말해보라고 하면, 양지바른 산등성이 아래의 평화스러운 초가 마을과 마당에 빨간 감이 보기 좋게 매달려 있는 풍경을 떠올릴 것이다. 이것은 우리들 시골 마을의 안온한 모습이었다. 겨울이 오기 전에 샛노란 볏짚으로 지붕을 덮은 초가 마을은 보기에도 아늑할 뿐 아니라, 짚 특유의 포근한 질감 때문에 마음까지 배부른 든든함조차 느껴진다. 이처럼 시골 마을은 짐승의 보금자리나 둥지와 같이 우리에게는 근본적으로 '모태(母胎)'와 견줄 만한 공간이었다.

우리나라 텃새인 까치는 우리에게 상서로운 조짐을 알리는 길조(吉鳥)로서 사랑받아 왔다. 까치는 2월에서 4월 사이에 집을 짓는데 남쪽으로 입구를 낸다. 집의 재료는 오리나무·아카시아·진흙·각종 깃털·짚·나무뿌리 등인데, 달빛과 바람은 통해도 비는 새지 않는다고 한다. 영특한 까치는 해마다 집을 고쳐 짓되, 그 지방의 풍향·가뭄·장마 등 기상에 관한 것까지 미리 알아서 이에 대비한다고 한다. 이와 같은 까치집이야말로 주거 건축의 묘(妙)를 다한 작품이 아니겠는가. 아마 우리나라의 텃새인 까치는 우리 선조들의 집 짓는 지혜를 배운 탓일 게다.

우리 한민족은 한반도에 터를 정해 반만년이라는 오랜 세월 동안 삶을 누려왔다. 그동안 우리의 살림집인 민가는 온갖 풍상을 겪으면서 하나의 뚜렷한 정형을 이루어 유지·발전되었고, 그 과정에서 한민족의 기층문화가 민가에 고스란히 담겼다. 우리의 선조들은 세계 어느 민족도 생각하지 못했던 독특한 주거 문화를 창안했고, 그 문화의 정체성을 면면히 이어왔다. 오늘날 세계에는 200여 개의 나라가 있고, 3,000여의 다양한 문명이 있으며, 서로 다른 종족들이 살고 있다. 앞으로 아무리 국경이 없는 세계적인 환경이 오더라도 한국인이 수천 년 동안 누려온 문화의 정체성과 가치를 지켜야 하는 것은 분명하다. 주거 문화도 여기에서 예외가 아니다. 전통 민가의 소중함에 대해서 최순우(崔淳雨) 씨는 "민족문화의 가장 구체적인 실상이며, 조부 대(代)를 이어 세련시켜 온 생활 문화의 결정체"라고 말했다.

한국 민가에 대한 조사는 1920년대에 있었던 조사와 1970년대의 조사로 크게 나눌 수 있다. 한국 민가에 관한 조사·연구사(史)는 한민족의 한(恨)이 담긴 역사이기도 한다. 그것은 1910년, 한일병합 당시 일본인들이 한반도를 그들의 식민지로 통합하기 위한 자료로 민가와 마을을 조사하면서 시작되었기 때문이다. 이 조사는 조선총독부의 식민지 통치를 위한 자료의 필요성에서 이루어졌거나, 학문적 의욕을 가진 일부 일본 학자들에 의해 이루어졌다. 그러나 그들이 조사한 민가 채집지는 철도 연변을 따라 엉성하게 잡은 것이어서 단조로웠고, 그 내용도 학문적인 견문기(見聞記)와 같은 것이었다.

1970년대는, 경제적 발전에 따른 국력의 성장과 농촌의 주택 개량 사업으로 국민적 차원의 관심이 농촌으로 집중되었을 때였다. 역사적 전통 유산에 대한 인식이 어느 때보다 높아서 건축인들의 관심이 자연스럽게 이 방면으로 집중되었다. 이 시기의 조사 사업 중 가장 비중이 컸던 것은 10년에 걸쳐 문공부와 문화재관리국이 시도했던 '한국 민속 종합 조사 사업'이었다. 민가 분야는 이 사업의 일부로 다루어졌지만 조사·연구 사상(史上) 처음으로 북한 지역을 제외한 한반도 전역에 걸쳐 조사가 시행되었다는 점에서 그 의의가 컸다. 그러나 일부 지역에서는 실증적 조사마저 제대로 이루어지지 않았다. 전통 민가의 원형이 거의 파괴되어 버린 지금, 처음이자 마지막이었을 기회에 전통 민가의 모습이 제대로 채집되지 못한 아쉬움을 지울 수가 없다.

　민가의 조사·연구는 서재과학이나 실험과학이 아니다. 일종의 야외과학으로서 실증적 연구이므로, 먼저 지역별로 다양한 유형의 민가가 채집되어야 한다. 프랑스의 사회학자 다비드 르 브르통(David Le Breton)은 『걷기 예찬』이라는 저서에서 "걷는다는 것은 세계를 온전하게 경험한다는 것"이라 하고, "걷다가 만나는 세계는 한없이 거대한 도서관이다"라고 했다. 사실 민가 조사는 막연하지만 마을을 찾아다니면서 민가라는 실체를 눈으로 확인하고 그 가치를 판단하며 기록하는 작업이다. 따라서 원형을 갖춘 민가의 채집이 쌓이지 않으면 어떤 학문적 가설도 세울 수가 없다. 한국 민가는 조사 당시만 해도 제주도의 경우만 어느 정도 그 전모가 밝혀졌을 뿐, 많은 지역이 그대로 미개척 상태로 있어, 학문적 체계정립을 위한 기초 작업이 필요한 상태였다.

　전통 민가의 주거 양식은 문화적인 산물로 볼 수 있다. 주거 양식은 오랜 세월을 통해 문화의 유입과 더불어 구성 요소의 끊임없는 변화와 생성 과정을 겪게 된다. 우리의 근대화 과정에서 주거 형태와 양식은 외적 환경에 대한 적응과 내적 요구에 대한 충족 사이에서 사회적인 균형 상태를 이루며 변용되어 왔다. 그런데 1970년, 정부는 '새마을 사업'의 일환으로 '비생산적이고 비위생적'이라는 이유로 초가지붕을 개량하기 시작했다. 그 후 전국의 도·시·군별로 500만 채가량의 초가지붕을 걷어치운 뒤, 1976년부터는 양옥과 같은 새마을 표준주택을 건설했다. 이러한 초가 개량 사업을 계기로 많은 민가를 개축·개조함으로써 전통 민가의 원형을 순식간에 인위적으로 파괴시켜 버리는 결과를 가져왔다.

한국 민가에 대한 필자의 조사·연구는 이러한 시기에 우연하게 시작되었다. 학생들과 농촌 봉사활동을 하러 경남 통영군 한산도를 찾았을 때, 그곳 민가와의 운명적인 만남이 이루어졌던 것이다. 도시에서만 성장해 온 필자에게 그때 접한 민가의 인상은 너무나 충격적이었고 의문투성이였다. 결코 속되거나 가볍지 않아 쉽게 접근할 수 없는 신비스러운 모습, 온갖 풍상을 겪으면서 인고의 세월을 보낸 듯한 표정, 끈끈한 생명력 같은 것이라고나 할까. 내팽개쳐진 역사적 유산에 대한 애잔함, 그리고 이제 사라져버리면 다시는 돌아오지 못하리라는 절박감이 고독한 조사의 길로 들어서게 했다.

모름지기 민가 조사는 역마살이 끼어야 되고, 이를 즐길 줄 알아야 하는 것 같다. 어디에 무엇이 있다는 아무런 정보도 없이 무작정 현장에서 부딪혀 채집하고 분포도를 작성해 가는 고난을 감수해야 했지만 기쁨도 있었다. 원형을 갖춘 민가만이 자료가 되다 보니 모든 게 새로운 발굴로 이어졌는데, 또 그 재미가 쏠쏠했다. 때로는 내가 조사한 자료가 한국 주거사를 새롭게 쓰거나 장식하게 된다는 그 희열 때문에 무거운 발길을 옮기기도 했다. 더욱이 당시의 민가 조사는 하루가 무섭게 원형이 파괴되어 가는 때라 시간에 쫓기는 작업이기도 했다.

이 책의 내용은 필자의 학위 논문과 그동안 발표되었던 논문들을 모은 것이다. 여기에 미진한 부분은 다소 보완했고, 다시 고쳐 쓴 부분도 있다. 되도록 쉽게 풀어 쓰려 했지만 여의치 못했다.

민가 연구에서 지방별로 자생하는 민가 유형을 밝힌다거나 역사적인 민가의 잔해를 채집하는 평면적 연구 경향은 별 의미가 없다. 오히려 인간과 그 생태를 알고, 그 속에서 새로운 건축 문화의 가능성과 생명력을 발굴하는 데 진정한 의의가 있다. 더욱이 우리는 국경이 없는 세계적인 환경 속에 살아가면서 전통 민가의 정체성과 가치에 대한 본질을 선행적으로 연구할 필요가 있다. 왜냐하면 주거 문화의 어제와 오늘을 연결하지 않고는 우리가 살고 있는 현대주택의 됨됨이를 설명할 수 없고, 역사적인 연속성의 축을 벗어나서 주거 문화의 변용 과정이 지닌 구조적인 문제를 이야기할 수 없기 때문이다.

이제 이 책을 세상에 내놓으면서 아쉬움이 왜 없겠느냐만, 우선 힘이 부치고 또 부질없는 욕심이라 생각하면서, 이 부분은 후학들에게 기대해도 좋을 것이라 믿는다.

이제는 오로지 '감사'를 드릴 일만 남았다는 생각이다. 참으로 감사를 드려야 할 분들이 많다. 먼저 민가 조사를 도와 몸소 안내를 맡아주고 귀중한 정보를 주신 산골 마을 할아버님들과 그곳 이장님들께 감사의 말씀을 드린다. 그리고 민가 조사를 위해 길을 떠나고 돌아올 때마다 격려와 용기를 불어넣어 주던 많은 분들도 기억하고 싶다. 내 비록 그분들의 이름을 일일이 기록하지 못하지만 기꺼이 주신 도움과 수고에 대하여 그 따뜻함을 가슴 깊이 새긴다. 또한 내 역마살을 이해해 준 집사람과 두 아이에 대한 미안함도 함께 적어두고 싶다.

2006년 2월

曺成基

차 례

한국 민가의 이해

1. 한국 민가의 개념

민가는 전통 사회를 구성하고 있던 대다수의 민중, 즉 그 사회의 기층 (基層)에 속한 사람들의 살림집이다. 그러므로 민가는 민중의 일상생활이 구체적이고 종합적으로 투영된 사료(史料)이다. 우리나라의 민가를 흔히 '초가삼간'으로 여기는 부정적인 인식이 있어 소홀히 하는 경향이 있다. 그러나 오늘날의 사회 지변에 자리한 임연한 귀소(歸巢) 감각은 비단 향수 어린 감상적인 것만은 아니다. 한국 민가의 참모습은 오히려 다양한 민가 형태 속에서 창의적이고 합리적으로 문제를 해결하려 했던 구체적 인 면면에 있다.

민가의 형태는 자연환경이나 인위적 환경에 따라 생활과 공간이 융합 하여 자연스럽게 나타난다. 특히 인위적 환경에는 사회·경제적 조건이 일상생활에 크게 작용했고, 봉건사회의 구조적인 영향도 가볍게 넘길 수 가 없다. 그러나 민가의 전통이란 봉건사회와 같은 역사적 특수성만이 투영된 것이 아니라, 오히려 주어진 자연환경 아래 시대를 초월한 기나 긴 생활의 경험이 집약되고 생활 속에서 얻은 지혜가 축적되어 자연스럽 게 나타난 결과이다.

건축물의 형태는 민가와 같이 평상적인 전통에 속하는 것과 정장(正裝)한 전통에 속하는 것으로 크게 분류할 수 있다. 후자의 경우, 기념적 건축은 일반 민중에게 지배계급의 권위와 위엄을 우선적으로 보이려고 한 것이다. 또한 상류층에게는 그들의 취향을 드러내고 그들에게 속해있는 건축가의 훌륭한 솜씨를 보이기 위한 것이었다. 이에 비해 전자의 평상적인 전통은 민가의 꾸밈없는 형태 속에서 민중의 꿈과 욕망, 그리고 그들의 한(恨)과 가치관을 직접적이고 무의식적으로 나타내고 있다. 또 이것은 상류 문화의 정장한 전통에 비하면 기층민의 진한 생활 문화에 밀착되어 있다. 그러므로 민가 건축은 어떤 우수한 건축가의 손을 빌린 것이 아니며, 긴 세월 동안 민중 사이에 조금씩 침투되고 세련되어 그 맥이 면면히 이어져 온 것이다. 따라서 민가의 건축적 구성이나 표정은 어떤 작위적인 구석이라곤 찾아볼 수가 없으며 일상생활의 필요에 따라 이에 직결되도록 실용화된 ·모습이므로 우리들의 가슴에 와 닿는 느낌이 진하며, 이것만으로도 민가의 아름다움은 건축의 본질에 가깝다고 할 수 있다.

우리나라 민가는 흔히 초가와 와가(瓦家), 민가와 반가(班家), 서민 주택과 상류 주택 등의 대위법에 따라 표현되는 경향이 있다. 이러한 표현에는 부분적으로 지붕 재료에 따른 분류가 있긴 하나, 결국 권력·재산·위세와 같은 요소로 표현되는 지배계급과 피지배계급 사이의 구분으로 해석된다. 그리고 전통 민가는 대체로 조선 말기에 세워진 것이 그 대상이 된다고 볼 때, 이 당시의 사회 신분 구조는 우리나라 민가의 개념을 해석하는 데 큰 의미가 있다. 말하자면 민가의 주인들이 역사 속에서 어떤 위치에 있었고, 어떤 의미를 지니는가를 성찰하지 않고는 한국 민가를 올바르게 이해하기가 어렵다는 것이다.

잘 알려진 바와 같이 조선 시대 사회는 유교적인 신념에 따라 조직되고 지배되었다. 따라서 농업을 산업의 근본으로 삼았다. 조선 사회를 통치한 상급 지배 신분인 양반은 여러 대(代)에 걸친 결합가족 또는 직계 확대가족을 이상으로 했고, 혈통과 가계 계승을 중요시했다. 양반은 농업 사회의 기본 생산수단인 토지를 소유했고, 정치적 지배력을 이용하여 부를 축적하고 영위했다.

그러나 농민을 주축으로 하는 평민들은 농업이나 가내수공업에 종사하면서 서로 힘을 모아야 살 수 있었던 생산 단위였다. 그들은 대부분 토지에 묶여있었고 항상 지배계급의 수탈 대상이 되어 불안과 가난에 찌들어있었으므로 무속적 신앙을 가진 숙명론적 인생관을 가지고 있었다. 이처럼 지배계급으로서의 양반과 피지배계급으로서의 평민은 그 분포 상황에 있어서 소수의 양반과 다수의 상민, 그리고 노비로 되어있었다. 그러나 조선 말기에 와서는 신분 구조가 변화되어 그 분포 상황이 크게 변화되었는데, 그 이유로는 특히 상민의 양반화와 노비의 상민화를 들 수 있다. 그러나 그 당시 대구부(大邱府)의 신분 구조를 보면, 지배계급으로서의 양반호(戶)는 전체의 5% 내외이고, 중간계급은 전체의 20% 정도이며, 나머지는 하층계급에 속했다.[1] 아무튼 대다수가 농민이었던 평민이 민가의 어려운 주생활을 영위한 것만은 사실이다.

'평민', '민중', '민간' 등에서 말하는 '민(民)'의 개념은 공적 입장을 띠지 않는 자연인으로서 민족의 다수, 기층(基層)으로서 민족의 개념을 포괄하는 것이 된다. 따라서 이들의 살림집은 "국민 생활의 구체적인 내용을 포유하고 있는 중요한 문화유산"[2]이며, "민족문화의 가장 구체적인 실상이며, 조부 대(代)를 이어 세련시켜 온 생활 문화의 결정체"[3]라고 표

1) 김영모, 「조선후기의 신분개념과 신분 구조의 변화」, ≪현상과 인식≫, 제2권, 제1호 (1978), 37~38쪽.
2) 윤장섭, 「민가건축」, ≪대한건축학회지≫, 제22권, 제18호(1978).

정겨운 산골 마을의 풍경

현되고 있다.

　우리나라의 전통 주택은 흔히 서민·중류·상류 주택 등으로 분류되고, 민가는 서민 주택으로 보는 견해가 많다.[4] 이러한 분류는 사회적 신분과 경제적 수준에 따라 포괄적으로 나타낸 것인데, 주택의 내용이나 양식의 수준이 반드시 이러한 분류법과 일치하지는 않으므로 전통 주택을 분류할 때 그 경계를 밝히는 일은 대단히 어려운 문제이다. 그러나 일반 민가는 지역별 특성이 현저하게 나타나고, 상류 주택은 동질적인 규범 때문에 아주 넓은 범위에서 표준적인 요소가 강하게 나타나므로, 이 점은 전통 주택의 분류 기준으로서 유용하게 적용될 수 있다. 여기에서 민가의 으뜸가는 특성을 지역성에 둔다면, 민가는 서민 주택뿐 아니라 중류 주택의 영역까지 포함할 수 있는 개념이며, 중류 주택이 설사 상류 주택과

3) 최순우, 「조선왕조 고민가의 미」(한국 민족문화 고증회, 학술대회 요지, 1977).

4) 김정기, 「한국주거사」, 『한국 문화사 대계 Ⅳ』(고려대학교 민족문화연구소, 1971), 176~188쪽; 주남철, 『한국주택 건축』(일지사, 1988), 76~93쪽.

같은 점경물(点景物)을 일부 갖추었다 하더라도 지역적 특성이 더 우세하게 표현되었다면, 결국 민가계(系)의 주택 유형으로 보는 것이 타당하다. 그러므로 일반 민가와 상류 주택의 영역 개념은 주택 건축을 일정 수준 이상의 전문가가 담당했는가, 혹은 농민 기술자와 같은 비전문가가 담당했는가 하는 차이로 해석할 수도 있다.

조선 시대 공장(工匠)은 사장(私匠)과 관장(官匠)으로 나누어진다. 사장은 대개가 지방에 거주했던 수준이 낮은 공장이었거나 비전문가였으며, 관장은 모든 부(富)가 집결된 중앙에서 전업적인 기술자로 활동하면서, 주로 궁궐 건축이나 불사 건축과 같은 국가적인 기념 조영물을 담당했고, 비번(非番) 시에는 민간의 건축 공사에도 자유롭게 종사했다. 그러므로 당시의 공장들의 수준은 중앙과 지방, 관장과 사장에 따라 기술적인 격차가 심했으리라 생각된다. 그러나 16세기경에 나라의 재정이 어려워 중앙의 조영(造營) 공사가 한산해지자 공장들의 세계에 커다란 변화가 생겼다. 관장들이 관의 예속에서 벗어나 사장으로 전환하기 시작했고, 당시 경향(京鄕) 각지에서 성행했던 사대부 주택의 조영에 전업하게 된 것이다. 그리하여 이후 서울과 지방의 주택 양식이나 공법은 서로 교류가 빈번해져[5] 상당한 부분이 일반화되기도 했다.

전통 사회의 주택은 대체로 가부장이 가지고 있었던 문화적 규범에 따라 크게 좌우되었다. 특히 조선 시대 상류계급을 형성했던 사대부, 향반(鄕班), 세도가들은 주거에 대한 규범을 일정 수준 이상으로 유지하고자 했다. 물론 그 수준은 그들이 확보했던 경제적 기반과 기술적 수준에 따라 차이가 있겠으나 유교적인 덕목이 반영된 표준적인 주거가 일차적인 목표였을 것이다. 이를 통해 그들은 지배계급인 상류사회의 성원임을 과

---

5) 김동욱, 「조선 시대 조영조직 연구(1)」, ≪대한건축학회지≫, 제27권, 112호(1983).

시할 수가 있었으므로 경쟁적으로 심혈을 기울여 조영하려고 했다. 여기에서 그들의 사회적 신분이나 경제력에 어울리는 규범을 수준 높게 건축에 반영시키려면 우선 우수한 공장들의 솜씨가 절대적으로 필요했다.

이에 비해 일반 민가의 건축 행위는 공동체적 집단 안에서 그들의 주거 가치에 적합한 규범으로 이루어져 왔다. 그들은 오랫동안 함께 체험한 삶의 역사를 통해 공동체적 생존의 가치관을 지속적으로 구현해 왔고, 이러한 바탕 위에서 해석된 규범만이 집단적 무의식으로 공유될 수 있었다. 다시 말하면 공동체적 집단 안에서 민가의 계획 과정을 보면, 하나의 원형(原型)이 있고 여기에 세부적으로 첨가한 요소 때문에 원형에 대한 수정과 변형이 다소 가해진 것이다. 그러므로 바뀌는 것은 민가의 부분적인 요소이며, 유형의 틀에서 벗어나는 것은 아니다. 사실 그 지방 민가의 원형이나 형태에 대한 지식은 누구나 가지고 있었고, 전통적인 것으로서 대대로 전수되어 왔다. 이러한 전통은 부락민 간의 동의에 의해 누구나 지켜야 하는 일종의 규율이었고, 집단적인 규제 형태로 작용했으므로 쉽게 전통으로 받아들여졌다. 따라서 일반 민가의 건축 행위는 상류 주택의 경우와 본질적인 차이가 있는 것이다.

2. 흙과 소나무로 만든 주거

1) 흙으로 빚은 집

인간은 태초로부터 흙과 함께 삶을 시작했다. 인간은 주거라는 은신처를 만들기 위해서 아주 오래전부터 흙으로 벽을 쌓았고, 물그릇을 만들기도 하고 종교적인 토우를 만들기도 했다. 인간에게 흙은 어떤 재료보다도 쉽게 가까워질 수 있는 대상이었기 때문이다. 인간은 식물의 종자를 육성하는 흙의 모성적 성질을 하나의 신비로운 현상으로 여겨왔고, 또 인간 생활에 필요한 어떤 형태든 만들어주는 가소적인 성질에 친밀감을 가져왔다. 이것은 오랜 원시적 농경 생활 이래 체득해 온 지혜였다.

나지막한 동산 기슭에 초가집이 옹기종기 정답게 모여있는 모습은 마치 야생 버섯처럼 보

민가의 흙벽

인다. 이러한 초가집은 거의 토담집이며 시골 노인들처럼 순박하고 덤덤한 깊은 맛이 있다. 자연에서 번져와서 자연 속으로 이어지는 토담집, 특히 겨울철 지붕 위로 소복이 눈을 이고 있는 모습은 그렇게 따뜻할 수가 없다. 이 속에서 우리의 아들딸들이 자라났고 한국인의 꿈이 자라났다.

흙담집은 토기나 동굴과도 흡사하다. 형상도 그러하거니와 기능적으로도 흡사하여 가히 제2의 동굴이라 할 수 있고, 또 하나의 '대지의 장'이라 할 수 있다. 물론 돌이 많은 지방에서는 돌벽을 쌓고, 나무가 흔한 곳에서는 귀틀로 벽을 짜기도 하지만 흙으로 토벽치기에 알맞은 지역에서는 흙벽을 치는 것이 흔한 일이었다. 이와 같이 우리나라 민가는 흙벽을 쌓는 것이 일반적이다. 그것은 질이 좋은 흙이 곳곳에서 나기 때문이다. 설사 지붕을 짚이나 기와로 이었어도 그 아래에 두터운 보토를 깔았고, 담벼락은 흙으로 빚었다. 토방이나 기단, 부엌이나 봉당의 잘 다져진 흙바닥, 아궁이를 설치한 부뚜막이나 온돌바닥 등을 생각하면 철저하게 흙으로 빚어낸 살림집이다.

여기에서 선인들이 흙으로 빚은 방식을 건축 요소별로 들여다보자. 먼저 민가의 축부(軸部)를 형성하는 방법은 세 가지로 나누어진다. 하나는

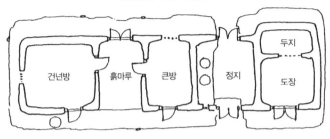

〈그림 1〉 일체식 흙벽

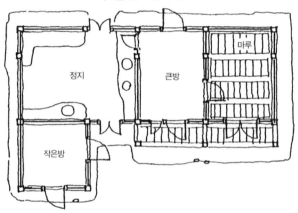

〈그림 2〉 가구식 심벽

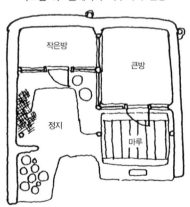

〈그림 3〉 일체식과 가구식의 절충

모든 벽체를 일체식(一體式)의 흙벽으로 처리하는 방법이며(<그림 1>), 또 하나는 기둥과 도리로 가구식(架構式)의 틀을 짜고 그 샛벽을 심벽(心壁)으로 처리하는 방법(<그림 2>)이다. 마지막으로 앞에 열거한 두 가지 방법을 절충한 것으로서, 전면이나 측면은 가구식으로 짜고 일부 벽을 일체식으로 쌓는 방법인데, 우리나라 민가 중 가장 많은 유형(<그림 3>)이다. 어느 방법이든지 간에 흙벽인 것은 사실이지만, 흙의 성질상 쉽게 금이 가고 부서지는 현상을 지혜를 동원하여 소극적이지만 저항해 보려는 것이 둘째 방법이다.

그러면 첫째 방법은 어떻게 벽을 쌓는지 알아보자. 먼저 통나무를 반쪽으로 자르거나 판자를 써서 거푸집을 만든다. 아래쪽 벽 두께를 보통 50cm 내외가 되게 양쪽으로 거푸집을 만들어 그 사이에 잘 이긴 진흙을 넣으면서 막대기로 다져나간다. 진흙이 마르면 거푸집을 걷어 올리고 다시 같은 방식으로 반복해서 쌓아 올린다. 벽을 칠 때 주먹돌을 써서 쌓는 방식을 '홑담'이라 부르는데, 안쪽으로 진흙을 넣고 바깥쪽으로 돌을 켜로 놓아가면서 쌓는다. 이것 역시 거푸집을 쓰기도 한다. 그 밖에 거푸집 없이 돌 한 켜를 놓은 다음, 진흙 한 켜를 놓고 차례로 쌓아 올리거나 담의 안팎으로 돌의 머리를 두게 하여 면을 맞추면서 벽을 쌓는 방식을 '맞담'이라 부른다.

다음으로, 살림집의 수준이 본격적으로 세련되기에 이르면, 흙벽은 여기에 알맞게 면모를 가다듬을 필요가 생긴다. 이것이 둘째 방식인데, 첫째 방식에 비하면 모양도 바르고 흙벽을 유지하기에 훨씬 향상된 단계이다. 이것은 기둥을 세우고 담벼락을 칠 자리에 중깃을 박고 외를 엮는다. 이것이 중깃벽인 목심(木心)인데, 여기에서 안팎으로 진흙을 바른다. 흙이 차지고 점력이 강하면 건조했을 때 표면에 균열이 생긴다. 이러한 흙의 약점을 보완하기 위해서는 점력을 중화시키거나 여물을 섞어 예방한다. 이러한 뜻에서 자연적으로 만들어진 흙벽으로 '떼집'이 있다. 이것은 잔디를 뗏장으로 채취하여 한 켜 한 켜 쌓아 올려서 벽을 맞추는 방식이다.

지붕을 만드는 방법도 이와 흡사하다. 서까래 위에는 잡목의 나뭇가지나 잘게 쪼갠 장작개비를 칡이나 새끼로 엮어 산자(橵子)를 구성한다. 산자가 설치되고 나면 적심(積心)과 느리게를 설치하고 보토를 깐다. 지붕 전체에 골고루 진흙을 덜어 빈틈없이 다부지게 밟아나간다. 흙밟기가 끝나면 새나 이엉의 마름을 잇거나 혹은 기와를 이으면 비로소 지붕이 완성된다.

우리나라 민가의 바닥은 아직 맨바닥으로 남아있는 부분이 많다. 그 대표적인 부분이 정지와 봉당, 토방 바닥이다. 이러한 맨바닥은 예로부터 정성을 들여 다지고 맥질하거나 하여 매끄럽게 다듬어서 실내 생활에 지장이 없도록 하고, 웬만한 작업은 여기에서 이루어진다. 그래서 옛날 움집터를 발굴해 보면 아직도 굳은 흙바닥이 그대로 남아있는 것을 흔히 볼 수 있다.

방바닥이 맨바닥이면 잠자리일 때 딱딱하고 차기도 하지만, 특히 습한 점이 매우 불편하다. 처음에는 바닥에 나뭇잎이나 짚, 마른풀 따위를 깔았고, 그 후 깔개가 출현했는데 삿자리나 멍석과 같은 것이다. 이러한 상황에서 후에 온돌 구조가 고안되고 고상식 마루가 보급된 것은 바닥 구조의 혁명이었다. 그러나 가난한 사람들은 여전히 구들 위에 삿자리나 멍석을 깔았고 혹은 돗자리를 깔고 기거했지만, 점차 장판지로 도배하는 수단이 보급되었다. 말하자면 바닥을 표면처리하는 기술이 발달한 것이다. 이것은 흙바닥 상태를 그대로 유지하면서 흙의 성질상 그 결점을 보완하는 피복 기술의 발달을 의미하는 것이며, 특히 구들은 제2의 흙바닥을 구조적으로 형성하여 대지(大地)의 약점을 개선시킨 것이다.

건축이란, 어떤 면에서 보면, 인간의 활동이 평안하게 이루어질 수 있도록 어떤 특정 장소의 기존 기후(氣候)를 수정하는 방향으로, 이용 가능한 재료를 사용하여 하나의 피난처를 만드는 것이다. 우리나라의 민가는 추위와 더위에 다 같이 대처해 왔지만, 특히 추위에 대비한 면이 크다. 예컨대 온돌뿐 아니라, 두꺼운 흙담벽, 그리고 지붕 재료와 그 속의 보토 등은 한서(寒暑)의 차이가 심한 지역에서 특출한 열(熱) 성능을 가지게 한 것이다. 겨울철의 살이 에는 듯한 추위에도 흙벽은 우수한 단열 효과를 발휘하고, 온돌 난방으로 따뜻해진 실내 기온을 보존한다. 반대로 여름철의 더위에는 단열과 방열을 효과적으로 발휘한다. 또 흙벽은 습도를 조절하고 통풍의 기능도 보유하고 있다. 실내 습도가 높을 때 흙벽은 적당히 습기를 흡수해 두었다가 건조할 때 다시 적당한 양을 방출하여 실내 습도를 조절해 주고, 흙벽의 미세한 틈은 마치 창호지의 기능과 같이 환기 기능도 발휘한다. 이와 같이 흙벽은 어떤 상반되는 열악한 기후 조건에서도 이를 조정해 주는 우수한 기능을 지니고 있다.

이상과 같이 우리나라 민가는 어떤 종별의 구조를 취하든지 간에 완전히 흙으로 포장하여 빚어낸 주거이다. 그러므로 건축 재료로서 흙은 우리 삶과 불가분의 관계에 있다. 또한 가장 친숙한 기본 소재로서의 흙은 동화(同和)와 저항이라는 차이는 있어도 우리 한국인의 주생활과 깊이 연결되어 왔다는 점에서 특별한 애정을 가져도 좋을 것이다.

2) 소나무로 엮은 집

우리나라 산과 들에 운치 있게 서있는 소나무들은 특별한 풍경이다. 이러한 소나무들은 과거 우리의 문학작품이나 그림 속에서 무수하게 다루어졌고 신성시되어 왔다. 그뿐만 아니라 나라 사랑하는 노래에 소나무가 예외 없이 등장하는 것을 보면, 태고부터 소나무는 한국인의 정서에 깊이 뿌리를 내리고 있음을 알 수 있다. 이규태(李圭泰) 씨는 우리나라 소나무에 대해 평하기를, "자양분 없는 암질의 척박한 땅에 뿌리를 박고, 혹심한 비바람과 눈보라에 시달려 몸부림치듯 몸이 꼬이고 뒤틀리면서 악착같이 살아왔기에, 이는 곧 한국인의 자화상(自畵像)"이라 했다.

우리나라 건축에 사용되는 주요 목재는 대부분이 육송(陸松)이며, 그중 경상북도 춘양 지방의 육송을 가장 상품(上品)으로 친다. 육송은 우리나라 어디서나 자유롭게 구할 수 있을 만큼 풍부하게 자라는 수종(樹種)이다. 건축에 쓰이는 목재 가운데 육송은 일본의 회목(檜木)이나 삼목(杉木)에 비하여 결코 좋은 수종이라 할 수는 없다. 왜냐하면 육송은 장대(長大)한 부재(部材)를 얻기가 어렵고, 흔히 꾸부러지게 자라기 때문에 곧은 부재가 귀하다. 그리고 수액(樹液), 즉 나무의 진이 많아 치목(治木)하기 어렵고, 또 치목한 후에도 나무가 잘 터지고 비틀어지기도 한다. 이와 같이 육송은 건축 용재로서 여러 가지 제약이 많은 것이 사실이다. 그러나 육송은 건축 용재로서 적당한 강도와 탄력을 지녔으며, 건조와 습도에 잘 견디는 신축성이 우수하기 때문에 우리나라 풍토에 알맞은 수종이기도 하다. 그뿐만 아니라 육송의 나뭇결은 소박한 맛이 있고 대범하며, 그 무늬는 손질을 하면 할수록 길이 잘 드는 장점을 지니고 있다.

우리나라에는 육송 이외에 건축 용재로서 쉽게 구할 수 있거나 충분히 공급되는 수종이 없다. 그래서 우리나라 궁궐이나 사찰 건축뿐 아니라 크고 작은 민가에 이르기까지 건축 용재로서 소나무의 재목을 으뜸으로 삼아온 것이다. 이러한 재료의 여건 아래에서 우리나라 목수들은 꽤 힘든 작업을 해왔을 것이다. 이에 대하여 김정기(金正基) 씨는 "제약이 많은 육송을 가장 효과적으로 사용하기 위해서 그 결함과 제약을 보완하기도 하고, 또는 재질에 순응하면서 많은 창의력을 발휘하여 결국 한국 목조건축의 아름다움을 이끌어냈다"라고 평가한다.

우리나라 민가 건축의 목재 사용에 있어서 큰 특징은 무엇보다 구부러진 나무를 아주 적절하게, 그리고 아름답게 사용할 줄 알았다는 점이다. 민가 건축에서 건축 용재를 먼 거리에서 적절한 나무를 골라 운반해 올 만큼 사정이 허락되지 않았다. 그러므로 보통 가까운 뒷산에서 쓸 만한

|왼쪽| 경주 남산의 소나무 숲 |오른쪽 위| 민가의 지붕 가구 1 |오른쪽 아래| 민가의 지붕 가구 2

나무를 골라 사용한 것이 고작이었다. 민가에 쓰인 건축 용재는 쓰일 곳에 맞는 적당한 길이와 굵기에, 크게 휘어지지 않은 재목 정도를 골라왔을 것이다. 그러기에 휘어지고 뒤틀어진 부재라 할지라도 힘의 작용을 잘 해석하여 교묘하게 용재를 골라 사용한 예는 얼마든지 볼 수가 있다.

민가 건축에서 건축 부재가 되기 위해서는 어차피 가공(加工)을 해야 한다. 한마디로 기둥과 도리 정도가 수직재와 수평재가 되게 가공하고 치목하는 것이 고작이다. 물론 모기둥일 때는 치목하지만 통나무를 그대로 사용하는 경우도 흔하다. 이러한 예로 대청 위를 가로지르는 대들보는 위쪽으로 휘어지도록 기둥 위에 얹는데, 심한 경우는 대공 없이 마룻도리를 직접 받을 정도로 휘어진 것을 쓰기도 한다. 또 대청에서 직접 보이는 연등천장에는 무수한 서까래가 지나가는데, 이는 휘어지고 구부러진 통나무를 껍질만 벗긴 채 그대로 사용하는 것이 일반적이다. 그뿐만 아니라 지붕 용재로서 우미량·충량보·퇴보 등을 보면, 높이를 달리하여 사용하는 용재이므로 알맞게 굽은 나무를 골라와서 교묘하게 맞추어 낸다. 이러다 보니 실제 힘을 많이 받지 않는 부재의 경우 직선재를 사용하는 일은 거의 없고 여러 모양으로 구부러진 부재가 곳곳에 등장한다. 이러한 목재의 선택은 부재의 강도가 더 합리적으로 작용하겠지만, 그보다 부재가 보여주는 자연적인 아름다움은 직선재로 치목한 것에 비할 바가 아니다.

육송은 치목할 때 진이 많기 때문에 나무를 곱게 깎거나 정밀하게 홈이나 촉을 만들기가 어렵다. 또 아무리 정밀하게 치목을 해도 비틀어지고 터지기가 쉬워 치목한 효과를 얻기가 어렵다. 여기에서 한국 건축의 맞춤이나 이음을 수종이 다른 일본의 경우와 비교해 보자. 일본이 100%의 치목을 할 수 있다고 보면, 우리는 육송의 재질 때문에 70% 정도(精度)로 가공을 해야 맞춤을 할 수 있다고 한다. 그러므로 한국 목조건축의 가공이 조잡하게 보이고 정밀도가 낮은 것은 우리의 기술 수준이 낮기 때문이 아니라 육송의 재질이 갖는 특성 때문에 여기에 순응하기 위한 고육책이라는 것이다.

이렇게 보면 한국 목조건축, 특히 민가 건축에서 볼 수 있는 독특한 조형미, 즉 자연으로부터 선택된 직선에 가까운 직재(直材)라든가, 곡선이면서 멋을 살린 곡재(曲材)의 선택은 기하학적인 직선이나 곡선과는 엄청난 차이가 있다. 또한 부재의 치수가 정확하지 못해 보이는, 거칠고 어수룩한 맛은 사람의 손길을 제거한 자연 그대로의 생각과 개념이 지배하고 있음을 보여주는 것이다. 결국 이는 한국인의 자연에 대한 태도, 그리고 조형 의식과 무관하지 않다.

3. 가족공동체의 주거

문화는 농사일과 같이 인간과 자연이 중심이 되어 재생산하는 과정으로 설명할 수도 있다. 이렇게 보면 문화적 활동은 인간이 환경에 순응하기도 하지만 때로는 도전하면서 얻어내는 창조적 행위이다. 또 문화는 예로부터 그냥 전래된 것이 아니라, 그 토양에 적합한 종자(種子)가 그곳의 여러 조건에 적응하면서 싹이 트고 성장하여, 마침내 문화의 고유성을 획득하는 것이다.

우리 개인은 사람으로서 '됨됨이'가 있고, 또 개인은 말과 행동으로 개성이나 품격을 나타내기도 하고, 나아가서는 집안의 내력이나 정체성까지도 풍긴다. 이와 마찬가지로 주거에도 됨됨이가 있을 것이다. 주거 문화는 우선 지역 고유의 주거 문화와도 관련이 있지만 그 시대의 주거 규범이나 정체성과 비교될 수 있다. 주거가 지니는 '창'을 들여다보면 이러한 됨됨이를 엿볼 수가 있는 것이다. 그래서 주거 문화는 그 시대, 그 사회의 거울이라 하지 않았는가.

우리나라 민가에는 흔히 말하는 표현으로 '초가집'과 '기와집'이라는 용어가 있다. 물론 지붕 재료에 따른 호칭이긴 하나 그 이상의 뉘앙스를 풍기는 것이 사실이다. 보통 한 마을에 기와집이 몇 채 되지 않고 다수의 집이 초가집인 것이 마을의 풍경이었다. 상식적으로도 기와집은 초가집과 비교할 때 집의 규모뿐 아니라 경제적인 지위가 다르고, 지주층과 소작인층같이 신분상의 차이도 쉽게 드러낸다. 기와집은 부(富)와 권위의 상징이었다. 초가집의 둥그스름한 지붕 선은 옹기종기 농촌 마을의 정다운 뒷동산이나 어질고 순한 황소의 잔등이를 닮았다. 이에 비해 골기와집은 초가와는 달리 활처럼 휘어진 처마 선이 마치 공중으로 나는 종이와 같이 무게를 못 느끼게 한다. 그러나 솟아오르는 처마 곡선은 위에서 용마루 선이 지긋이 눌러줌으로써 안정감을 되찾고 균형을 잡는다.

농민을 주축으로 하는 평민들은 주로 농업이나 가내수공업에 의존하면서 살았다. 그러므로 경제적으로 농업 이외의 다른 생업에는 선택의 여지가 없어 오로지 토지에 묶여있었다. 우리나라는 벼농사가 가능한 북쪽 한계지대에 해당되므로 적기에 농사일을 하지 못하면 농사를 망치게 된다. 따라서 영농을 위한 생산 단위는 우선 가족이었고, 다음이 씨족 마을 사람들이었다. 더욱이 벼농사는 이른바 여든여덟 번의 손길이 미쳐야 될 만큼 원예성(園藝性)을 띤 생업이었으므로 가족의 노동력은 절대적이었다. 그러므로 한 집안에서 가족 단위를 떠난 생산 활동이란 생각할 수도 없거니와 가족공동체가 당연히 개인보다 우선했다.

조선 시대에는 법률에 따라 신분상의 특권과 동시에 차별적인 의무가 규정되어 있었다. 더욱이 국정이 문란한 가운데서 영농의 분배 과정에는 당연히 지배와 예속의 불평등한 관계가 있었다. 이러한 틈바구니 속에서 일반 농민들은 지배층의 수탈 대상이 되기도 하여 땅과 함께 시름하고 불안과 빈곤 속에서 살아왔다. 이러한 농민들의 어려운 생활은 끊임없는 외침(外侵)과 외학(外虐)으로 더욱 가중되었다. 윤태림(尹泰林) 씨는 당시 민중의 생활을 다음과 같이 표현하고 있다. "한마디로 난리 속에서 태어나 난리 속에서 끝을 맺는 생활이었다. 포화(砲火)와 아우성 속에서 이리 밀리고 저리 밀리고, 살림을 몇 번이나 뒤집고 엎어버리고, 이를 되풀이 해야만 하는 생활이었다." 또 김열규(金烈圭) 씨는, "온 겨레가, 온 민족이 더불어 겪은 한스러운 역사 속에서 개인은 개인대로 원(怨)에 찬 넋두리와 푸념을 뇌며 살아왔다. 이 땅의 산하(山河) 그대로, 강산(江山) 그대로 한(恨)이고 원인 것을 어찌하랴. 6·25가 있었다는 까닭 하나만으로 그런 것은 아니다. 민족사(史)를 거슬러 올라갈수록 겨레의 마음에 끼친 피멍울은 진해만 간다"라고 했다.

주거는 일차적으로 인간의 피난처 역할을 하기 때문에, 주거의 내용과 구조는 당연히 인체의 연장선에서 표현된다. 그러므로 주거에는 어딘가에 본능적인 방어 장치가 있게 마련이다. 이렇게 보면 조선 시대 민가의 공간 구성에는 민중의 삶의 절박성이나 가족 단위의 생산체계가 주거 공간에 어떤 형태로든지 영향을 미치지 않을 수가 없었을 것이다. 그럼 전통 주거 공간 속에서 몇 가지 사례를 찾아보기로 하자.

당시 기층민의 민가는 소박한 가옥이 지니는 단순하고 선량한 표정을 가지고 있다. 그런가 하면 온갖 풍상을 겪으면서 누적되어 쌓인 고된 삶과 시간의 흔적이 나타난다. 우리나라 민가의 규모를 가늠하기 위해, 먼저 중류층의 민가를 살펴보자. 안채의 면적을 상·하위 그룹으로 나누어 보면, 상위의 경우가 16~17평 정도, 하위의 경우는 13~14평 정도를 넘지 못한다. 여기에서 부속채(바깥채)의 면적을 더하여 민가의 전체 면적을 약산해 보면 안채 면적의 2~3배가 될 것이다. 다음으로 이른바 '초가삼간'의 영세한 계층의 경우를 보면, 안채 면적이 7~9평 내외가 되므로 전체 면적은 안채 면적의 2배로 약산하면 14~18평 내외가 될 것으로 보인다. 물론 이보다 더 어려운 계층의 집도 많다. 결코 넉넉하지 않아 더 줄이려야 줄일 수도 없고, 더 늘리려야 늘릴 것도 없는 최소한의 평면 속에 요약되고 절제된 공간 구성이다. 이는 오랜 세월 동안 대를 이어 물려받은 어려운 살림과 삶의 지혜가 만들어낸 필요 기능과 필요 미(美)의 조화가 아닐 수 없다.

우리나라 민가의 안채는 가계(家系)의 관리와 통솔을 위해 필요한 방으로 짜여져 있으나 가족 중 개인의 용도로 한정된 방이나 방의 호칭은 없다. 예를 들면 안방·큰방·건넌방·작은방·윗방 등과 같이 주로 방의 위치와 크기에 따라 호칭되는 것이 대부분이다. 마찬가지로 방의 용도에서도 좌식이기 때문이기도 하지만 방의 전용성(轉用性)을 발휘하는 경향을 흔하게 볼 수 있다. 그러니까 가족공동체 속에서 가장이나 주부의 권위는 있으나 가족 구성원의 영역이나 독립성은 인정되지 않았다. 오히려 공동체적 영역 속에서 개인의 자유로움을 향유할 수밖에 없었다. 이는 영세한 민가는 물론, 여유가 있었던 중류 정도의 민가에서도 마찬가지였다. 다시 말해서 가족의 주거 공간에서는 가족 중심의 일체성과 결속력을 도

민가의 마당은 가족공동체의 온갖 사연과 시름이 녹아있는 광장이었다.

모하도록 배려하고 있음을 엿볼 수 있다.

　우리나라 민가는 안채와 그 밖의 부속채가 안마당을 둘러싸게 함으로써 주변과 분리시키려는 경향이 있다. 이러한 특징은 그것이 단계적으로 어떻게 둘러싸이느냐에 따라 개방성은 줄어들고 폐쇄성은 높아지면서, 안마당은 더 자유로워진다. 민가의 방들은 모두 안마당을 통해서 출입된다. 안마당은 풀 한 포기, 나무 한 그루 없이 정갈한 무대의 모습이다. 안마당에 채워지는 삶의 모습은 주위의 주생활과 관련을 맺고, 가족의 서로 교감된 생활이 전개된다. 그야말로 마당은 가족 간 혈육의 일체감이 그대로 영글어진 광장이 된다. 동시에 모든 방에서 마당이 시야에 들어온다는 것은 방 앞에 일정한 시역(視域)이 확보된다는 의미이다. 이는 유사시에 외래인의 근접 여부를 쉽게 식별하게 하고, 필요하다면 적절한 경계 태세를 갖출 수 있게 한 것이다. 이처럼 마당은 여러 기능이 있으나 가족의 집단방어상 요긴한 공간이 되는데, 이는 오랜 세월에 걸친 오욕의 역사 속에서 본능적으로 습득한 장치일 것으로 여겨진다.

끝으로 사람이 삶을 이어가기 위해서는 먹을 곡식이 확보되어야 한다. 확보된 곡식을 확실하게 저장하기 위해서는 시설의 위치와 구조적인 문제가 중요했고, 때로 종교적인 성격을 부여하여 이를 성옥화(聖屋化)하는 사례도 있다. 이러한 곡식 저장고가 민가마다 있는 것은 일반화된 현상이다. 그러나 저장 시설이 독립된 가옥이거나 부속채에 있는 것이 아니라, 주인이 기거하는 안채에 위치하거나, 급기야 주인의 침실에 인접해 있는 경우는 아주 예외적인 일이다. 우리나라 민가에는 이러한 사례가 서울·중부 지역을 제외한 제주도·남해안·호남·호서·영동 지방의 민가에서 확인되고 있다. 이들 지역은 왜구의 계속된 노략질을 받아왔고, 여기에 더하여 국정이 문란하고 도적들이 횡행하는 고초를 겪었다. 이에 대해 민중이 할 수 있는 방비책은 무엇이겠는가. 그들은 자위적인 수단으로 자기 신체와 인접된 위치에 저장 시설을 두는 것만이 최선이라고 생각했을 것이다. 그러나 서울을 비롯한 이른바 수도권 지역의 경우는 그나마 치안이 확보되었던 탓으로 변방 지역과는 차이점을 보인다.

한영우(韓永愚) 씨는 어느 칼럼에서 우리나라 역사를 되돌아볼 때, 앞으로 희망을 가져도 좋을 것이라 진단하고, 그 이유는 우리 역사 속에서 두 가지 자산을 확인할 수가 있기 때문이라 했다. "그 하나는 끈질긴 생명력이고, 다음 하나는 풍부한 문화 전통이다. 우리 역사 속에 위기는 언제나 있었다. 우리의 역사는 위기와 극복의 과정으로 이어져 왔다고 할 수 있다. 시련과 고난을 극복하는 과정에서 오히려 민족의 역량을 키우고 한 단계 발전을 이룩해 왔던 것이다. 이것이 우리의 무서운 생명력이다."

우리의 옛 선조들이 대를 이어 세습처럼 겪었던 시련과 고난의 흔적을 한국 민가의 현장에서 찾아볼 수 있다. 동시에 한국 민가의 구조 속에는 가족공동체의 끈질긴 생명력이 곳곳에 스며들어 있음을 확인할 수 있다.

한국 민가의 주거문화는 한민족의 시련과 고난의 역사와 무관하지 않은 것이다.

4. 집터의 장소성

흙은 인간을 양육시켜 주는 대자연의 어머니로서 생존의 근간을 이루어왔다. 우리 한국인은 흙집에서 주거하며 흙에서 얻은 옷감으로 몸을 감고, 흙에서 수확한 곡식으로 삶을 이어왔다. 그러다가 흙으로 다시 돌아갈 때까지 흙과 싸우며 흙과 함께 살아왔다. 우리는 이처럼 흙을 통해서 삶을 영위해 온 농경민족이었으므로, 항상 땅의 기운을 느끼며 땅이 살아있다는 신념을 가지고 있었다. 그러기에 가정에서나 국가에서도 때에 맞추어 땅에 대한 존경과 경외심을 극진히 표현했다.

이중환(李重煥, 1690~?)은 『택리지(擇里志)』에서 사람이 살 만한 곳의 조건을 들어 설명하기를, 지리(地理)를 첫째로 꼽았다. 여기서 말하는 지리는 풍수학적인 지리를 말하는 것인데, 지리를 논하자면 먼저 물이 모여 흘러가는 수구(水口)를 비롯하여 들[野]의 형세, 산의 생김새, 흙의 빛깔, 물이 흐르는 방향과 형세, 그리고 앞산과 앞 물 등을 종합적으로 보아 판단해야 한다고 했다. 우리 민족은 이처럼 집터를 고를 때 우리 나름대로의 방법론이 있었다. 쉽게 말해서 우리 선조들은 눌러앉을 곳을 정할 때 자연의 환경적인 형국을 중히 여겼던 것이다.

인간이 주거할 터는 사실 넓은 하늘 아래 아주 작은 점(点)에 지나지 않는다. 그러나 그 터는 터마다 항상 특별한 장소이기 때문에 하나라도 똑같은 것이 없다. 그렇다고 터마다 갖추어야 할 장소의 조건이 각양각색인 것은 결코 아니다. 주거할 터가 똑같지 않다고 함은 터를 이루는 지형(地形)이 같지 않다는 것이다. 인간은 동물인 이상 생태적인 유산으로서 방어 본능을 떠나서는 생각할 수가 없다. 그런데 인간은 동물과는 다르게 생존을 위한 본능적인 행동으로 자기 의복이나 주거(지)를 신체화 시킴으로써 기본적인 욕구를 충족시켜 왔다. 산이나 골짜기, 수목이나 바위, 그리고 우물이나 개울, 그 밖의 여러 가지 자연 요소가 그들을 둘러싸 줌으로써 방어적인 최초의 '터'를 얻은 것이다.

'장소'란 하나의 '방'과 같은 특성을 갖춘 지형이라 할 수 있다. 방의 구성 요소는 기본적으로 '중심'이나 '에워쌈'이 있거나, 혹은 개방이나 폐쇄와 같은 개념이 보이거나, 그 밖에 여러 가지 구성 요소가 있을 것이다. 이러한 특성을 갖춘 지형에 어떤 특정한 의미를 부여했을 때 그 터는 나의 '장소'가 되고, 우리의 '장소'가 된다. 이러한 장소의 특성은 동서고금을 막론하고 큰 차이가 없다.

우리나라 옛 건축물과 집터의 관계를 최순우 씨는 다음과 같이 설명해 주고 있다.

　옛 건축의 집터를 잡는 데에는 한국 사람다운 독특한 안목, 철학이 있다고 할 수 있다. 그것을 바라보는 즐거움이 그 안목의 바탕을 이루고 있음이 분명하다. 이러한 안목은 한국의 산하(山河)와 불가분의 깊은 관계가 있다. 여기에서 바라보는 즐거움은 두 가지의 큰 갈래가 있다. 즉, 주택이나 건조물에 들어앉아 앞뒤 뜰이나 먼 산의 자연을 바라보는 아름다움이 그 하나이고, 다음 하나는 자연 속에 자리 잡은 주택이나 건조물을 멀찍이서 바라보는 조화의 즐거움이다. 즉, 들어앉아 바라보아도 즐겁고 아름답고, 그래서 눈맛이 시원해야만 되겠고, 멀리서 바라보고 걸으면서 또 바라봐도 그것이 산하 속에 어울려서 마치 그 산하가 그 건축이나 도시를 위해서 마련된 것인 양 느껴질 수 있는 그러한 공간계획 말이다.

우리나라 사람들은 집터를 잡을 때나 마을에 모여 살 때, 우선 주위를

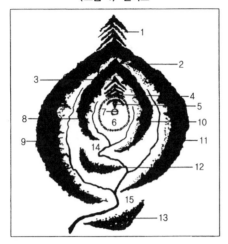

〈그림 4〉 산국도

1. 조종산(祖宗山) 2. 주산(主山) 3. 입수(入首) 4. 두뇌(頭腦) 5. 미사(眉砂) 6. 명당(明堂) 7. 혈(穴)
8. 내백호(內白虎) 9. 외백호(外白虎) 10. 내청룡(內青龍) 11. 외청룡(外青龍) 12. 안산(案山) 13. 조산
(朝山) 14. 내수구(內水口) 15. 외수구(外水口)

둘러싸고 있는 자연과 어울리게 했고 주변이 포근해야만 했다. 이는 풍
수지리 사상이라는 하나의 규범이 그러한 인식의 밑바탕이 된 것으로 보
인다. 그리하여 우리나라의 마을이나 살림집들은 결코 주변 지형이나 지
세를 거스르는 일이 없이 터의 장소성을 더욱 중요시해 왔음을 알 수 있
다. 집을 짓되 항상 자연을 의식하여 거기에 대응하고 대화하는 자세를
잊지 않았다. 그렇기 때문에 '집 안에서 주변 산하를 바라보거나, 멀리
집 밖에서 집을 바라보아도 주변 산하와 조화되어 시원한 눈맛과 즐거움
을 주는' 겹시각의 구조를 보여주는 것이 큰 특징이다. 이러한 또 다른
사례로 이원교 씨의 학위 논문에 따르면, 옛 건축물은 건물마다 고유의
안대(案帶)를 가진다고 하여 봉화(奉化) 부석사(浮石寺)의 예증을 들고 있
다.6) 즉, 부석사의 안양루가 바라보는 안산(案山)과 무량수전의 안산이

6) 이원교, 「전통건축의 배치에 대한 지리체계적 해석에 관한 연구」(서울대학교 박사학

다르기 때문에 두 건물의 배치축이 30도 정도 꺾어졌다는 것이다.

토지(土地)는 예로부터 범(汎)문화적으로 모든 생명의 근원이 되는 대지모(大地母, tellus mater)로 인식되어 왔다. 우리나라에도 예로부터 대지(大地)를 하나의 생기체(生機體)로 보는 견해가 있었다. 즉, 조선 시대에는 주택 조영에 큰 영향을 미친 풍수지리설이 번창하여, 이상적인 집터로 명당(明堂)을 세울 만한 지형이 체계화되었다. 명당을 앉힐 지형을 나타낸 산국도(山局圖)를 보면, 북쪽으로 주산(主山)을 두고 몇 겹이고 완만한 산줄기가 주위를 둘러싼 중앙의 명당은 남쪽으로 열려있으며, 마주 보는 안산은 명당이 허하지 않게 감싸주는 형국이다. 이는 '방'의 장소가 갖추어야 할 기본적인 요소라 할 수 있는 '중심'과 '에워쌈'을 완벽하게 갖춘 전형적인 모델이라 할 수 있다. 또 예로부터 우리 선인들은 땅속에 인체의 경우와 유사하게 생기(生氣)가 흐르고 있으며, 이러한 생기는 땅속에서 대지의 만물을 생육시켜 준다고 믿었다. 우리가 말하는 명당은 이러한 땅속의 기맥(氣脈)이 엉켜있는 곳이다. 그리하여 땅속에 흐르는 생기의 유무와 다소(多少)를 분별하여 생기가 충만한 기맥을 찾아 정주(定住)한다면 쇠퇴한 운(運)을 왕성한 운으로 바꾸어놓을 수 있다고 믿었던 것이다.

과거 우리의 천지합일(天地合一) 사상은 천기(天氣)와 지기(地氣)가 서로 감응(感應)함으로써 하늘의 질서를 땅에서 구현시키고자 하는 것이었다. 이런 뜻에서 지상의 주택은 자연과 대응함에 있어 기의 감응체계를 철저하게 도모하고자 했다. 먼저 주택의 안마당은 수직적으로 땅속의 지기를 함양하고 천기를 호흡하는 곳으로 생각했다. 그런 만큼 마당을 맨발로 디뎌도 흙이 묻어나지 않을 만큼 반드럽고 탄탄하게 유지했다. 그리고 가옥의 출입문은 수평적으로 기를 호흡하는 통로로 생각했다. 예컨대 양택(陽宅)에서 대문·안방·부엌을 삼요(三要)라 칭하는데, 이들 방문은 『주

위 논문, 1993).

역(周易)』의 원리에 맞도록 향을 조절해 놓았다. 또 대청을 중심으로 안방과 건넌방의 출입문은 기의 통로로서 기능하기를 희망했기 때문에 여타 출입문보다 공들여 제작했다. 이와 같이 주택은 생기를 어떻게 타느냐 하는 것이 중요하지만, 더불어 중요한 것은 감응된 생기가 흩어지지 않고 가택 속에 오랫동안 머물게 하는 것이었다. 이는 전통 건축에서 채의 배치를 보면, 예외 없이 안마당의 전후·좌우에 가옥이나 담을 세워 흩어지려는 생기를 입체적으로 보존하려는 의지를 엿볼 수 있다.

앞서 '장소'란 '방'과 같은 특성을 갖춘 지형이라 했다. 방이 되기 위해서는 '중심'과 '에워쌈'이란 기본적인 요소가 뒤따라야 한다. 우리의 전통 주거는 마당이란 중심을 두고 여러 채의 가옥이 마당을 에워싸고 있어 하나의 소우주(小宇宙)를 이루고 있다. 마당에는 하늘과 땅을 잇는 중심축이 있어 하늘과 땅의 기를 받아들이고자 했다. 따라서 안마당을 중심으로 구성된 가옥의 형상화는 기의 흐름과 기의 모임에 의해 이루어지고 있다고 말할 수 있다. 결국 이러한 형상은 천지인(天地人)의 삼재(三材), 즉 아버지로서의 하늘과 어머니로서의 땅과 인간이 터에 집을 짓되 마당을 둘러싸게 함으로써 천기와 지기를 감응받으려는 몸짓인데, 이는 곧 삼태극(三太極)의 형상이다. 다시 말해서 인간을 중심으로 하늘과 땅의 모든 자연이 공생(共生)하고 상보(相補)적인 관련을 맺고 있는 것이다.

이상과 같이 한국인은 살림채를 조영함에서 '터'의 장소성을 중히 여기어 지상(地相)과 가상(家相)이 대응되도록 했고, 천·지·인의 삼재가 상보적인 관련 아래 양택을 조영함으로써 인간의 도리를 다하고자 했다. 이러한 과정에서 얻은 '인간과 자연', '건축과 환경'의 문제는 예로부터 중심 과제로 다루어져 왔으며, 흔들림 없는 친(親)자연적인 일관된 사상으로 이어져 왔다. 우리는 오늘의 건축을 생각하면서 이것이 하나의 훌륭한 교범이 될 것으로 믿으며, 옛 선인들이 물려주신 귀중한 유산으로 기억해야 할 것이다.

제1부

한국 민가의 형성 배경과 문화 지역

제1장
한국 민가형 형성에 미친 영향

1. 머리말

어떻게 보면 문화는 환경의 서술에 불과하다. 인간 사회의 생활양식이란 환경과의 상호의존이며 환경과의 대화이기도 하기 때문이다. 그래서 문화는 그 지역 특유의 환경 조건에 따라 독특한 외부 조건의 의미를 나타내기도 하고, 생활 조건을 극대화시키기 위해서 외적 상대를 조정하기도 한다. 그리고 어느 문화이든 간에 다른 문화에서는 볼 수 없는 특유의 문화 가치가 있고, 이 가치에 따라 차츰 지역이 통합된다.

이시게 나오미치(石毛直道)는 인간이 압도적인 자연과 맞서 그 속에서 살아가기 위해서는 두 가지 방법이 있다고 했다. 하나는 자연 속에서 인간이 필요로 하는 물질을 가려내는 것, 즉 선택이다. 또 하나는 자연환경에 따라 인간의 생활 방식을 바꾸거나 자연이 허용하는 범위 안의 물질로서 자유롭게 살아가는 것, 즉 적응이라고 했다.[1] 이러한 자연환경과의 사이에서 인간이 주거의 기본적인 형태를 만들어내는 힘에 대해서 라포폴트(A. Rapoport)는 말하기를, 그 당시의 사회·문화적인 요인과 물리적인

---

1) 石毛直道, 「住宅空間の人類學」(東京: 鹿島出版會, 1976), p.234.

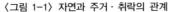

〈그림 1-1〉 자연과 주거·취락의 관계

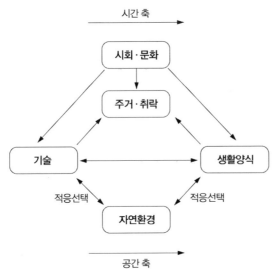

자료: 石毛直道, 「住宅空間の人類學」(東京: 鹿島出版會, 1976).

요인에 의해 결정된다고 했다. 전자에 속하는 요인들은 생활양식·경제·종교·방어성 등이 있고, 후자에 속하는 요인에는 기후 환경·건축 재료·건축 기술의 수준·대지 조건 등이 있으며, 어느 요인들을 선택하느냐에 따라 결과는 달라진다.[2]

　전통 주거와 취락(聚落)의 형태는 정주(定住) 환경을 구성하는 여러 요소와 선택·적응의 관계에 있으며, 특히 자연과의 관계는 적응관계가 중심이 된다. 물론 이 적응관계는 그 당시의 기술이나 생활양식이 매개체가 되지만, 절대적인 것은 되지 못하고 하나의 요소일 뿐이다. 또 기술이나 생활양식은 그 사회와 문화에 영향을 주기 때문에, 결국 사회와 문화 그 자체가 주거와 취락에 미치는 영향은 크다고 할 수 있다. 따라서 주거 형태는 단순히 물리적인 힘이나 어떤 단일 인자의 결과가 아니며, 기본

2) Amos Rapoport, *House Form and Culture*(London: Prentice-Hall, 1969), p.47.

적으로는 오랜 세월 속에서 볼 수 있는 사회·문화적 요소들의 총체적인 힘으로부터 나온 결과이다.

우리의 옛 선인들은 한반도의 정주(定住) 환경과의 관계에서 적응과 선택이라는 과정을 반복해 오면서 하나의 관습이 전통이 되어 결국 종합적인 문화계(系)라 할 수 있는 우리만의 독특한 주거형을 만들어왔다. 이 글은 이러한 관점에서 우리나라 전통 민가의 형성에 영향을 미쳤다고 생각되는 중요 분야들을 개관해 보고, 그 내용이 어떤 것인가를 정리해 보고자 한다.

2. 한국의 자연적 환경

1) 지리적 위치

어느 민족이나 국가를 막론하고 주어진 활동의 장소로서, 그리고 문화 창조의 무대로서 지리적 환경을 중요하게 여기는 것은 당연한 일이다. 지리적 환경의 여러 요소 중에서 특히 위치는 한국의 역사 전개에는 물론이고 전통문화 형성에 큰 의의를 갖는다. 여기에서 위치라는 것은 지구 상에서 어느 곳에 놓여있는가를 말하는데, 우리 국토는 대체로 북위 33도에서 43도에 이르는 중위도의 온대(溫帶)에 위치하고 있다.

또 한국을 관계적 위치에서 보면, 아시아 대륙에 뻗친 반도(半島)로서 서쪽은 황해를 넘어 중국 대륙과 마주 보고 있으며, 북쪽은 사막·초원 속에서 여러 민족·국가의 흥망성쇠가 잦았던 만주 지역 및 몽골 지역과 인접해 있고, 북동부의 일부는 러시아와도 직접 국토가 연접하고 있다. 이에 비하여 남쪽은 대마도의 징검다리를 사이에 두고 일본 열도가 위치하고 있다.

이와 같이 북부의 대륙과 남부의 해양 사이에 위치한 한국의 반도적 위치는 어느 의미에서 전반적이며 숙명적으로 한국 역사의 전개에는 물론, 한국 주거형의 형성에 많은 영향을 미쳐왔다.

2) 지형적 환경

자연환경에 적응해야 하는 인간 생활 터전의 기본적 요소는 지형 조건이 큰 몫을 차지하고 있다. 한국의 지세는 대체로 북한의 지세가 높아 해발 5,000미터 이상의 높은 산은 모두 북한에 있고, 이에 비해 남한의 지세는 낮은 편이다. 만주와 면한 국경에 있는 백두산은 가장 높은 민족의 영산인데, 여기에서 분출한 용암이 남쪽으로 넓은 개마고원을 형성했다. 개마고원의 대략 중앙에서 남북으로 놓여있는 낭림산맥은 남쪽으로 태백산맥과 연결되고, 다시 태백산맥은 태백산 부근에서 소백산맥을 갈라 남서 방면으로 달리어, 남해로 들어가 여러 섬이 된다.

태백산맥은 동해안에 급경사를 이루고, 서(西)사면은 대체로 완경사이다. 이러한 지세에 따라 강남·묘향·언진·멸악·차령·노령산맥이 주로 동서(東西)로 달려가는데, 산맥 사이마다 으레 하천이 발달하여 황해와 남해로 흐른다. 하천의 상류에는 계곡과 분지가 만들어져 있고, 중·하류에는 대체로 유역 평야를 이루고 있다. 이러한 산계(山系)와 수계(水系)를 종합적으로 관찰하면, 인문 발달에 지대한 관계가 있는 평야는 북한보다 남한에 많다.

전통적 지리 개념에 의하면, 백두산 장군봉에서 지리산 천왕봉에 이르는 산줄기를 백두대간(白頭大幹)이라 부른다. 백두대간은 한반도 땅을 동과 서로 나누면서 많은 '골'과 '들'을 낳고 민족의 삶터를 이루어 자연 생태뿐 아니라 다양한 생활과 의식주를 세분화시킨다. 산맥은 예로부터 인문적 교류의 장애물이었으므로 지방 문화권의 독자적인 발전을 조장했다. 백두대간의 낭림산맥과 태백산맥은 서쪽과 동쪽에 각각 관서(關西)와 관북(關北), 기호(畿湖)와 영동(嶺東)의 독특한 지방색(色)을 띠게 했고, 소백산맥을 중심으로 영남과 호남의 문화권이 형성되었다. 결국 한국의 산악국적 지형은 한국의 정치·문화 방면에 일정한 구획을 만들어주는 바탕이 된 것이다. 역대 한국의 도읍지나 행정·문화·경제의 중심이 되었던 고을은 예외 없이 산으로 둘러싸인 분지였다. 그리고 이름난 마을은 그들이 신성시하는 주산(主山) 아래 취락을 이루었다. 국토의 70%가 산악인 우리나라의 경우, 산은 고대 신앙

〈그림 1-2〉 한반도의 산경도(山經圖)

① 장백정간
② 청북정맥
③ 청남정맥
④ 해서정맥
⑤ 임진북례성남정맥
⑥ 한북정맥
⑦ 한남정맥
⑧ 한남금북정맥
⑨ 금북정맥
⑩ 금남정맥
⑪ 금남호남정맥
⑫ 호남정맥
⑬ 낙남정맥
⑭ 낙동정맥

우리 선조들이 인식해 온 국토의 산줄기는 1대간(大幹), 1정간(正幹), 13개의 정맥(正脈)으로 이루어져 있다.

의 대상이 되어 많은 신화(神話)를 낳았으며, 민속신앙으로 이어져 명산대천(名山大川)에 대한 숭배사상은 우리 민족정신에 깊게 뿌리내렸다.

　따라서 한국의 취락은 큰 나무에서 가지 친 무수한 잔가지 끝마다 열려있는 열매와 같은 구조를 하고 있다. 그래서 건축 공간 구성에 있어 자연을 하나의 거대한 생명(生命) 사회로 이해하고 그 속에 살아있는 생명체로서의 건축을 보았던 것이다. 한국의 이러한 지형적 특성은 '지(地)'와 '인(人)'의 교류에서 풍수사상을 도입·발전시켜 왔다. 또 건축의 층과

높이에 있어서도 음양사상에 바탕을 두었으며, 결국 인간이나 인공물은 전체 자연의 일부로서 자연에 동화하는 자세를 취해왔던 것이다.

3) 기후적 환경

기후는 일반적으로 인간의 건강과 활동에 직접적인 영향을 줄 뿐만 아니라 간접적으로는 동식물의 생육을 규정하여 우리들의 경제 활동의 방향을 선택하게 한다. 인간의 문화 활동에는 기후가 지형보다 더 직접적으로 영향을 미치기도 한다. 인간 역시 하나의 생물인 이상 일반 생물이 기후의 영향을 받는 것과 마찬가지로 기후의 영향에서 벗어날 수가 없으며, 고대사회에서는 더욱 그러했을 것이다.

한국 기후를 특징 있게 하는 큰 인자로는 대기의 운동인 계절풍과 해류와 지형을 들 수 있다.[3] 한반도는 지리적으로 중위도에 놓이고 대륙의 동쪽 끝에 돌출하여 태평양을 막고 있는 일본 열도와 맞서 있다. 따라서 기상학적으로 계절풍의 영향 때문에 겨울에 한랭·건조하고, 여름에는 고온·다습하나 사계절이 뚜렷한 온대성 기후를 갖고 있다. 따라서 같은 위도상에 있는 유럽 지역에 비해 겨울에는 매우 춥고 한서의 차이가 심하다. 우리나라 평균 기온은 1월이 영하 5℃인가 하면, 7월의 평균 기온은 25℃까지 갈 때가 있고, 서울만 하더라도 한서의 차가 30℃나 되는 것을 보면 얼마나 한서의 차가 심한 기후인가를 알 수 있다.

또 기후와 지형의 관계를 보면, 예컨대 함경산맥과 태백산맥을 경계로 하는 지형은 동해 사면(斜面)과 그 반대쪽 서부 지역, 그리고 북부 지역에서 뚜렷한 기온의 차이를 보인다. 즉, 겨울에는 한랭·건조한 북서 계절풍

---

3) 노도양, 「한국문화의 지리적 배경」, 『한국문화사 대계(I)』(고려대학교 민족문화연구소, 1970), 37~40쪽.

의 영향을 받으나, 동해 사면에는 높은 온도가 생겨 북동풍(높새바람)이 일어난다. 이와 같이 태백산맥 등줄기는 기온 이외에도 풍향과 강수량, 강설량 등에 큰 영향을 주고 있다.

계절풍 지대의 기후적인 특성은 그 지역 식물의 왕성한 생육에 기여하지만, 한편으로는 폭풍·홍수·가뭄과 같은 거대한 자연재해를 동반한다. 따라서 이곳 사람들은 자연이 주는 혜택을 입으면서 자연의 폭위에 대해서는 참고 따르는 자세를 취해왔다. 특히 계절풍 지대는 벼농사가 생업이기 때문에 자연의 힘에 대항하는 노력이 부족하고 오히려 자연 속에 자기를 용해시켜 그 속에서 안주하려 해왔다.

우리나라는 계절풍 지대이면서 한랭 지대에 속하고 겨울이 길기 때문에 우리의 의식주는 방한(防寒)에 치중되어 있다. 대체로 시베리아의 냉기류가 지배하는 겨울에는 온돌방에서 생활하고, 남태평양의 열기류가 지배하는 여름에는 마루에서 생활한다. 그래서 한국 민가의 특성은 온돌과 마루라는 이중구조를 들 수가 있다. 온돌 구조는 우리 민족이 창안한 이후 오늘날까지 우리의 신체적·정신적·문화적 적응을 거쳐 우리 생활의 일부분으로서 밀착되어 왔다. 마루 또한 더위를 피하기 위한 고상식 구조로서 앞뒷문을 열어두면 맞바람이 불게끔 통풍 구조가 잘되어있다. 또 두꺼운 초가지붕이나 축부(軸部)를 구성하는 흙벽은 우리 주위에서 쉽게 구할 수 있는 우수한 단열·방습 재료이다.

의(衣)생활에 있어서도 마(麻)와 면(綿) 같은 식물섬유는 우리 주위에서 쉽게 얻을 수가 있다. 겨울옷은 두루마기와 버선에까지 두툼한 솜이 들어있고, 대님으로 버선과 바지를 묶어 찬바람이 못 들어오게 했다. 이와 반대로 여름옷은 더위를 피하기 위해 통풍이 잘되는 각종 마직물을 사용했고, 남자는 완초로 만든 등거리를 입는 등, 심한 추위와 더위에 대한 대비책을 강구해 왔다.

3. 한국의 사회·문화적 환경

1) 신분 구조와 농업경제 구조

한국 문화의 기층은 농경문화이며, 민가를 단위로 하는 자연부락은 농경문화적 공동체를 형성해 왔다. 현재 전통 민가의 이해와 규정에 전제가 되는 사회와 신분 구조는 주로 조선 시대이므로, 조선 후기 경제·사회와 신분 구조를 이 분야의 문헌을 통해 알아보기로 한다.

조선 시대에는 법률에 의하여 신분상의 특권과 동시에 차별적인 의무가 규정되어 있었다. 물론 신분 규정은 지배계급의 이익을 조직화시켜 주고 합리화시켜 주는 기능을 가지고 있었다. 조선 사회의 법적인 신분 계급은 양반·양민·천민이라는 신분적 구별이 명확하게 규정되어 있었다.

양반이란 조선 왕조를 통치해 온 상급 지배층의 통칭이었으며, 이들은 정치의 담당자였다. 그들은 가문(家門)과 관직(官職)의 관계를 나타내기 위하여 종계(宗契)·종회(宗會)를 만들었고, 조상의 업적 못지않게 자손이 과거에 합격하고 관직에 진출하여 가문의 영광을 계승하는 것을 중요하게 여겼다. 조선 왕조는 양반 지배층의 특권과 신분을 유지하기 위한 수단으로 특수 신분 계층을 두었는데, 바로 중인(中人)이라 불리는 중간 계층이다. 중인은 양반 계층과 함께 지배계급의 일부를 형성했으나 법적으로는 양반층과 엄연히 구분되어 있었다. 또 조선 왕조에서 양인(良人)은 대부분 노예인 천인과 함께 피지배층으로서 지배층인 양반과 중인의 통제를 받는 입장이었다. 양인 농민의 농업은 비교적 소규모였으며 영세성을 벗어나지 못했으나 법률상으로는 양반과 동등한 토지 소유자일 수 있었다.

노예 신분인 농민은 원칙적으로 토지 소유에서 제외된 계급이고, 양인 농민은 그들이 경작하는 토지를 소유하고 있기는 했으나 봉건국가도 그 토지 소유에 대해서는 일정한 권한을 가지고 있었다. 여기에서 제한된 부분의 소유권을 가진 국가는 양인을 예속시켜 가혹한 착취와 억압을 강요함으로써 봉건국가와 양인 농민은 상호 대립관계에 있었다.[4]

조선 초기에 확립된 이러한 신분체계는 임진왜란과 병자호란을 겪은 조선 후기에 이르러 크게 무너졌는데, 종전의 양반층이 집권양반과 몰락양반으로 분화되었다. 그 이유는 장기간에 걸친 전쟁의 혼란으로 농지가 황폐화되고 도망 노비의 수가 증가하여 양반의 경제적 기반을 뒤흔들었기 때문이다. 또 양반 수의 급격한 증가로 관직을 얻기가 어려워져 갔으며 생계유지마저 곤란을 겪게 되었다. 그러나 몰락양반 중에는 비록 관직에서 물러나 정권에 참여하지 못했다 하더라도 토호적인 경제 기반을 확보한 부류도 있었다. 이 토호적인 양반들은 그들의 주거지에서 지배층으로서의 지위와 체면을 어느 정도 유지할 수 있었다. 그중에서도 특히 영남 지방의 양반은 향반으로 존재했던 예가 적지 않았다.

또한 양인 농민층의 계급 분화는 중농 이상의 재력을 가진 농민과 소농·빈농과 같은 영세농으로 분리된 것을 의미한다. 조선 후기의 농촌 사회에서는 영세민이 대다수를 차지하고 있었지만 부농층이나 중농층은 물론이거니와 일부 소농층까지도 자신의 신분을 양반층으로 꾸준히 전환시켜 갔던 것이다. 그리고 노비를 비롯한 천인들의 계급 분화도 노비들의 신분이 양인으로 향상되어 감을 뜻했다.[5]

한편 조선 후기에 와서는 농학 연구가 활발해져 농업 생산력이 발전되었다. 이와 관련해서 유통경제가 발달되기도 하고, 또 지주제(地主制)가 확대 발전하여 농업상으로는 커다란 사회문제가 일어나고 있었다. 이것은 곧 농촌 사회의 분화와 농민층의 분화를 심화시켜 19세기의 농촌 사

---

4) 김홍식, 『조선 시대 봉건사회의 기본구조』(박영사, 1981), 28~29쪽.
5) 조광, 「사회생활」, 『한국민속대관(I)』(고려대학교 민족문화연구소, 1988), 283~286쪽.

회는 그 계급 구성이 재편되어가고 있었다. 또한 농촌 사회의 분화는 사회 계층 간의 대립과 마찰 등의 혼란을 야기했다. 이는 지주층과 소작농민, 부농경영과 영세 소농경영, 고용주와 피고용자 사이의 갈등으로 나타나고 있었다. 결국 우리나라 봉건(封建) 말기의 반봉건적 농민 항쟁은 이러한 사회적 배경에서 형성된 것이다.[6]

조선 시대의 정치기구와 사회 신분 제도는 조선 초기부터 살림집의 대지·가옥의 규모 및 장식에 이르기까지 법으로 규제했다. 이것은 신분의 높고 낮음에 따라 일반 서민에 이르기까지 다섯 종류로 구분했고, 각각 구체적인 규모의 제한을 두었는데, 이후 몇 차례의 완화 개정을 하기도 했다. 그러나 일부 세력가들은 이를 위반하는 사례가 빈번하여 ≪조선왕조실록≫에서도 그 시비에 대한 기사를 찾아볼 수 있다.

조선 전기 사대부들은 유학자로서 성리학적 규범에 따른 생활 방식을 이상으로 생각했으므로 주거 공간은 이를 실천하는 도장(道場)의 성격을 띠고 있었다. 이러한 성향은 사대부 계층을 중심으로 유교적 생활 문화와 이에 따른 주거 형식으로 차츰 정착해 갔으며, 조선 중기 이후부터는 일반 민중에게까지 확산되어 갔다.

유교적 생활 문화의 정착과 확산에 따른 주거 안의 변화 중 첫 번째는, 조상의 위패를 모시고 제사를 지내는 가묘[祠堂]의 건립이 확산된 것이다. 특히 조선 후기 일부 민가에서도 볼 수 있는 대청은 조선 중기 이후 유교적 생활 문화의 보급에 따라 상류층의 제례를 위한 공간이 민간에까지 확산된 것이다. 두 번째 변화는 내외법(內外法)에 따라 남녀 공간의 영역 구분이 일반화된 점이다. 이는 세대 간의 분리현상뿐 아니라 주부권의 승계와 관련된 공간 분리이다. 한편 사랑채는 가장의 거처로서 접

---

6) 김용섭, 「조선후기의 농업문제와 실학」, ≪창작과 비평≫, 12권, 3호(창작과비평사, 1977), 163쪽.

객과 학문, 때로는 제사를 치르는 의례 공간으로서 공공적 성격을 띤 공간이다. 이러한 사랑채의 성격은 차츰 일반 민가의 부속채에서 접객 공간으로 일반화되기도 했다.

2) 마을 구조와 외침의 영향

(1) 마을의 구조

한국의 마을 사회는 자연과 인간 생활이 조화된 전통적 한국 사회의 기반적 단위이다.[7] 마을이라는 개념은 이른바 자연부락이며, 자연부락은 지리적 위치나 생활환경에 따라서 크고 작은 차이가 있다. 대체로 마을은 60 내지 70가구 정도가 한 자연부락을 이루어 정착생활을 하는 것이 일반적인 현상이다.

마을의 분류는 주민의 생업에 따라 농촌·어촌 등으로 나누기도 하고, 민가의 집합 정도에 따라 집촌(集村)·산촌(散村)으로 나누기도 한다. 또 때로는 조선 시대의 신분 구조에 따라 반촌(班村)·민촌(民村)으로 나누기도 한다.

마을은 주민 구성의 측면에서 보면 집들의 계보(系譜) 관계, 즉 부계(父系) 씨족 관계를 인간관계의 기본으로 하는 동성(同姓) 마을이 있는가 하면, 집과 집의 이웃 관계를 기반으로 하고 있는 각성(各姓) 마을의 두 가지로 크게 나누어진다. 이 가운데 많은 경우, 이른바 상민(常民)들의 마을에 각성 마을이 많고, 또 동성 마을 성격이 한국 기층문화의 패턴에 가깝다고 보고 있다.[8]

마을 생활이란 생산조직을 포함한 촌락 구조를 말하는 것이기도 하다.

---

7) 김택규, 「부락생활」, ≪인류와 문화≫, 60쪽.
8) 고려대학교 민족문화연구소, 『한국민속대관(I)』(고려대학교, 1980), 375쪽.

농업·어업 등 자연적 산업에 종사하는 사람들은 자급자족적 성격이 강하기 때문에 생산과 생활 유지를 위한 편의에서 강한 결속력을 가진 지연(地緣)적 단위 생활을 한다. 그러므로 마을 주민들은, 첫째, 영주적 정착 생활을 했다. 다시 말해서 집집마다 서로의 인간성·재산·가족·친족관계, 심지어는 각 집의 제사 날짜까지 기억하는 근린관계를 이루고 살았다. 그 다음으로는 자족(自足)적 생산 활동을 했다. 즉, 그들은 생산과 소비가 분화되지 못하고 생산의 장(場)과 소비의 장이 마을 안에 한정되는 경향이 짙었다. 그러므로 마을 생활은 철저하게 주민들의 협동으로 유지되어 왔다. 그래서 마을 사회에서 행해지는 여러 가지 협동체계는 오늘까지도 한국 사회의 미풍양속의 기반이 되고 있다.

우리나라의 동성 마을은, 그 성립 연대가 확인된 928개 마을을 연대별로 분석해 보면 93%가 조선 시대 들어와서야 형성되었으며, 그 가운데 약 90%가 16세기 초 이후에 성립된 것이다.[9] 이것은 종법(宗法) 사상과 씨족 조직 간의 밀접한 관련성을 엿볼 수 있게 하나, 사회적으로 불안한 시대였으므로 농민 스스로 생존을 위해서 동족끼리, 또는 같은 마을 사람끼리의 단결이 필요했기 때문으로 생각된다. 이러한 공동체적인 동족의 성원이 어떤 구성 아래 놓여있었던가를 통계적으로 살펴보면 계층 간 성원을 대체적으로 파악할 수 있다.

일제 강점기 직전에 조사된, 전국 13개 도(道) 251개 동성 마을의 토지 소유 및 경작 관계를 알아보면 다음과 같다.

251개 마을의 총호수 2만 9,021호 가운데 지주호(地主戶)는 전 농가의 4.3%라는 낮은 비율을 보이고 있는 데 반해, 순(純) 소작호와 자(自)소작호는 전 농가호의 40%, 36%를 차지하고 있어, 소작 관계 호수는 모두 76%라는 높은 비율을 나타내고 있다.[10] 따라서 민가의 규모에 미치는

---

9) 善生永助, 「朝鮮の聚落(後篇)」(朝鮮總督府, 1935).

영향은 문화적인 것보다 경제적인 것이며, 신분이나·권력을 모두 의미하는 것은 아니라는 것이다. 이러한 당시의 사회적 계층 분포는 규모에 따른 민가의 구성비(比)를 어느 정도 파악하게 해준다.

(2) 외침의 영향

한반도는 중국 대륙의 한쪽에 치우쳐있으면서 일본 열도와의 교량적 위치에 있는 지정학적 위치 때문에 주변에 있는 여러 민족들로부터 끊임없는 외침(外侵)을 받아왔다. 그리하여 한민족은 외압과 이에 대한 저항이라는 긴장관계 속에서 나라를 유지·발전시켜 왔다. 한민족에 대한 외세의 침략은 고조선으로부터 시작하여 최근세의 일제 침략에 이르기까지 수천 년 동안 계속된 셈이다.

윤태림 씨는 '한국의 역사와 민족성'에 대한 글에서, 한국 역사는 침략과 내분으로 점철된 수난의 역사이며, 어떠한 변란에도 굴하지 않고 민족적 전통성을 유지할 수 있었던 것은 역경을 극복하는 한민족의 슬기로운 지혜와 강인한 민족성 때문이라 했다. 이 방면에 관심을 둔 어느 연구자의 조사에 의하면, 규모가 작은 국경 충돌이나 해적들의 해안선 노략질까지 합하면 대외 항전이 931건이라는 통계를 제시하고 있다. 그 내용은 고조선 시대 11회, 삼국시대 143회, 고려 시대 417회, 조선 시대 360회라고 한다.[11] 침략 세력들은 세 부류로 나뉘는데, 첫째는 중국 대륙의 한족(漢族) 세력, 둘째는 북방민족인 몽고족·거란족·선비족·만주족, 셋째는 섬나라 왜족의 침략이다.

우리나라는 통일신라 이후 중국의 한족과 정치·문화·경제 면에서 우호

---

10) 김홍식, 『조선 시대 봉건사회의 기본구조』(박영사, 1981), 288~290쪽.
11) 이만열, 「외침과 자주성」, ≪월간조선≫(조선일보사, 1981년 1월), 102~104쪽에서 재인용.

관계를 유지해 왔기 때문에 중국 한족과의 투쟁은 삼국시대의 종말과 함께 거의 끝났다. 그러므로 북방민족으로 정작 한국 역사에 영향을 끼친 것은 고려 성립 이후 거란족·여진족·몽고족·만주족의 경우이다. 한편 남쪽 왜족과의 관계는『삼국사기』등에 나타나는 신라의 대왜 투쟁, 고려 말에 나타났던 왜족의 빈번한 노략질, 조선 초기의 삼포왜란과 중기의 임진왜란 등이 말기의 제국주의 일본의 조선 강점으로까지 이어진다.

수난의 역사 중 왜구와의 관계를 조선 시대의 사례를 통해 살펴보자. 조선 시대에 들어와서 정부는 왜구를 근절시키기 위해 통상도 허락하고 상인들을 후하게 대접했으나 쉽사리 근절되지 않았다. 태조 2년(1393)에서 세종 25년(1443) 대마도주와 계해조약을 맺은 약 50년간 왜구의 침략은 대략 159회에 달했으며, 그중 경상도 35회, 전라도 63회로,[12] 전라·경상도가 특히 왜구들의 주요 침략지로 심하게 피해를 입었다. 남아있는 기록이 이 정도라면 기록에 오르지 않았던 소규모의 침략은 이루 헤아릴 수 없었을 것이다. 더구나 임진왜란과 병자호란은 전 국토를 초토화시킨 수난과 시련이었다. 임진왜란이 일어난 것이 선조 25년(1592) 4월이며, 병자호란이 일어난 것이 인조 14년(1636) 12월이다. 병자호란은 침입에서 철수까지 50일도 안 되는 짧은 기간이었기에 인명과 재산의 피해는 임진왜란과 비교가 되지 않는다. 임진왜란과 정유재란에 이르는 7년간, 이 국토 안에서 입은 피해는 말로 표현할 길이 없다. 특히 당시의 남해안 일대는 무인지경이었는데, 남해 도서 일대의 입도조(入島祖)로서 임진왜란 이전을 아는 사람은 극히 적고, 또한 모자(母子) 입도의 사례가 다수 있었던 것을 보더라도 왜구의 침탈이 얼마나 극심했고, 인명피해 또한 얼마나 컸는지를 알 수 있다.[13]

12) 부산시사 편모위원회,『부산시지(상)』(부산직할시, 1974), 558쪽.
13) 이을호,「호남문화의 개관」, ≪호남문화의 연구≫, 제2집(전남대학교 호남문화연구

현존하는 우리나라 자연부락은 그 상당수가 임진왜란 이후에 재건되었을 것이라는 추정이 나와있다. 이러한 사실을 뒷받침해 주는 자료로 고승제(高承濟) 씨는 "임진왜란을 뒤잇는 150년간은 전쟁으로 말미암아 폐허화된 촌락 사회를 재건했던 시기로서 우리나라에 현존하는 자연부락은 이 시기에 창설된 것이라는 거시적인 추정을 내릴 수 있다"라고 했다.[14] 이것은 1930년에 조선총독부가 시행한 경기·충청·전라·경상도의 저명한 동족부락 194개소의 창설 연대를 근거로 한 것이다. 특히 남부 지방은 예로부터 줄곧 왜구의 노략질을 받아왔고, 여기에 국정이 문란하고 도적들이 횡행하는 고초를 당했지만, 오직 소극적인 방어만 할 수 있었다. 이것이 세월의 흐름에 따라 습속화(習俗化)된 장치가 되었을 것이다. 이 소극적인 방어 자세는 수세(守勢)적이고 배면(背面)적인 것이 특징이다. 임진왜란 이후 촌락의 재편성 과정에서 지배층은 보신지(保身地)를 찾기도 했으나 스스로 흙에 묶여 살았던 평민들은 취락 형태와 민가 구조를 결정할 때 어떤 형태이든 이러한 소극적인 방어 장치를 도입하여 살아남기 위해 자구책을 강구했을 것이다.

3) 민간신앙과 숭유 정책

(1) 민간신앙

인간은 도구를 제작하는 동물 이전에 상징물을 만드는 동물이며, 문화의 물리적 국면에서 행동하기 이전에 신화, 종교, 그리고 의식에 있어서 전문성에 도달한 동물이다. 다시 말해서 인간은 처음 주거할 때도 공리적인 형태보다 오히려 상징적인 형태에서 그들의 에너지를 소비했다.[15]

소, 1966), 7쪽.

14) 고승제, 「한국 촌락사회사 연구」(일지사, 1977), 256쪽.

우리나라의 민간신앙은 오랜 세월 동안 민중 속에서 신봉되어 온 만큼 보편적이고 공통적인 현상이며, 정신적 자기 주체의 상징으로서 유지되어 왔다. 우리나라의 민간신앙에는 3개의 큰 흐름이 있다. 하나는 신령이 인생의 길흉화복을 지배한다고 보는 무속(巫俗) 신앙이요, 둘째는 사주팔자로 인생의 운명이 결정되어 있다고 믿는 점복(占卜)·예언 신앙이요, 셋째는 풍수지리가 인생과 역사의 흥망성쇠를 결정한다고 믿는 풍수도참 신앙이다.16)

무속 신앙은 한국 민간신앙 가운데 주류를 이루고 있으며, 한국 문화의 기층에 자리 잡고 있는 종교 현상이다. 한국 무속은 인간을 육신과 영혼, 둘로 나누고 있다. 무속의 신(神)은 자연신과 사람신으로 크게 나누어지는데, 전자는 자연숭배 계통이며, 후자는 조상·영혼 숭배 계통이다.17) 무속의 영혼관은 불멸의 영원한 것으로서 육신이 생존하는 근원적 정기(精氣)가 된다. 또 죽은 영혼은 살아있는 사람과 동일한 인격을 갖는 것으로 생각하며, 무(巫)의식에서 인격적인 대우를 받는다. 또 무속의 영혼은 인간의 영혼 이외에 자연물의 영혼으로서 동물령, 산령(山靈), 수령(樹靈) 등이 있다. 이처럼 한국인의 생활공간은 곳곳에 수많은 영혼들이 공존하는 영적인 건축 공간인 셈이다.

무교(巫敎)란 노래와 춤으로써 신령을 섬기되 신과 인간이 하나로 융합됨으로써 신령의 힘을 빌려 재앙을 없애고 복을 받으려는 원시종교 현상이다. 초월적인 신령은 바로 하느님[天神]이며, 이후 이 하느님을 가까이 산에 모시고는 산신이라 했고, 집에 모시고는 성주님[家神]이라 했다. 제사(祭祀)란 초월적인 신령과의 교제 절차이다. 신령에 대한 소원의 중심

---

15) Amos Rapoport, *House Form and Culture*(London: Prentice-Hall, 1969), p.42.

16) 유동식, 『민족종교와 한국문화』(현대사상사, 1978), 227쪽.

17) 김태곤, 「토착신앙」, 『한국·한국인을 분석한다』(중앙일보사, 1977), 73쪽.

을 이루는 것은 기복(祈福), 치병, 송령제(送靈祭)의 뜻으로서, 현세에 중요한 생명과 재물을 소유하고 탈 없이 평안을 누리고 살자는 데 집중되어 있다. 이러한 욕구 충족을 위해 굿을 반복해 왔는데, 그 잔류 현상이 민간신앙의 중심을 이루고 있는 부락제(部落祭)와 가정의 굿이다.

부락제는 마을의 평안과 풍작을 빌기 위한 각종 산신제(山神祭)를 가리키고 부락민들의 생존에 그 목적이 있다. 가정의 굿으로는 복을 빌기 위한 안택(安宅)굿이나 재수굿, 병(病)굿 등이 있다. 한국의 가정에는 곳곳에 신이 있고, 한국인은 이들 가신들과 계절마다 또는 달마다 서로 사귀고 살아왔다. 사당(祠堂)의 조상신은 숭배의 대상으로 이들을 정성껏 위하기만 하면 화를 면하고, 복을 받아 집안이 두루 평강하다고 생각해 왔다. 가신(家神) 가운데 으뜸가는 신이 성주신이다. 이 신은 집안의 다른 신들을 통솔하는 위치에 있다. 집을 새로 지었거나 이사를 했을 경우 이 신을 모시는 제사를 지내는데, 이를 성주굿이라 한다. 전통적인 가신에는 이 밖에 집터를 관장하는 터주신, 부엌을 다스리는 조왕신, 대문을 지키는 수문신, 그리고 곳간에는 업주가 있고, 변소에는 정지귀가 있다. 또 장독대·마당·부엌·축사에 이르기까지 제각기 맡고 있는 잡신들이 있어, 이들을 극진히 위해 온 것이다.

풍수지리설(風水地理說)에 의하면 천지(天地)는 단순한 물질이 아니라, 인생을 좌우하는 살아있는 존재로 보고 있다. 땅에는 지맥(地脈)을 통해 생기(生氣)가 흐르고 있는데, 사람이 이 생기를 어떻게 타느냐에 따라 흥망이 좌우되기 때문이다. 또 생기를 타는 방법은 인간의 뿌리가 되는 조상의 뼈를 통해야 한다고 믿고 있다.

기(氣)라고 함은 곧 음양의 원기(元氣)인데, 이것이 땅속을 흐를 때 생기가 되는 것이다. 그래서 일반적인 풍수지리 신앙은 생기가 충만한 명당을 찾아 묘를 쓰는 묘지 풍수에 집중되어 있다. 그러나 한편으로는 양기(陽基)를 찾아 집을 지으려는 주거 풍수사상도 있다. 양기는 산 사람의 주거지를 뜻하고, 이에 대해 묘지는 음택(陰宅)이라 한다. 양기 역시 음택의 경우와 마찬가지로 지덕(地德)과 생기가 충만한 곳에 주택을 세움으로써 번영과 행복을 얻으려는 데서 나온 것이다. 음택의 경우는 한 가문(家門)의 번창을 위해 나온 것이지만, 양기의 경우에는 한 나라, 또는 한 마을이라는 집단의 번영을 위한 사상으로 발전했고, 민간에서는 길지(吉地)를 찾는 택지 선택이 널리 유행했다.

(2) 숭유(崇儒) 정책

조선 시대는 재래의 토착적 문화 가치와 여러 종교적 유산이 혼재하고 있었음에도 불구하고 유교적 신념에 의해서 강력하게 지배되고 철저하게 짜여있었다.

유교의 주안점은 도덕을 기초로 하여 민중을 교화함으로써 사회질서를 유지하는 데 있었다. 조선 시대의 지배층은 유교적 정치 신념에 의존했고, 학자들은 유교 철학의 출발을 이루는 성리학(性理學)에 몰두했다. 그런데 유교는 가부장(家父長)적인 가족제도를 지도윤리로 삼고 있었으므로 유교 도덕의 출발은 자연히 '효(孝)'에 있었다. 효도는 살아있는 부모에게 국한되지 않고 죽은 후에도 계속되어야 한다. 따라서 민중이 받아들인 유교는 곧 제사 종교였다. 조상에 대한 제사 의례는 단순한 효 사상이 아니다. 여기에는 형식과 함께 기복(祈福)에 연결되고, 후손들의 길흉과 운명을 좌우하는 보편적인 신앙으로 발전한 것이다. 그 단적인 표상이 조상의 묘지 풍수설에 대한 신앙이다. 요컨대 조선 시대의 유교가 삼강오륜을 통해 민중 교화에 이바지한 것은 사실이다. 그러나 인간관을 종적인 관계로 봄으로써 불평등한 차별적 인간관계로 본 측면도 있다. 즉, 이것은 반상(班常) 간의 인간관계이며, 남녀 간의 신분적 계급관계이며, 장유(長幼) 간의 엄한 상하관계이며, 부자(父子) 간의 복종관계였다.

우리나라의 가족제도는 부모와 장자(長子), 혹은 부부와 미혼 자녀를 중심으로 한 대가족을 단위로 일가(一家)를 형성했고, 차자(次子) 이하 다른 형제들은 결혼 후 재산을 나눌 수가 있었다. 또 본가(宗家)를 중심으로 하여 본가와 분가(分家), 대가(大家)와 소가(小家)로 칭하고, 본가를 중심으로 제사, 혹은 길흉행사가 이루어졌다.

기제(忌祭) 때에는 고조부를 한도로 하고 선조의 분묘를 중심으로 하는 묘제(墓祭)를 지내며 문중·종중, 혹은 종가·종약을 중심으로 하여 넓은 의미의 친족관계로 조직된 동족부락을 형성했다. 삼강오륜 중에서 집안의 질서와 직접적인 관계가 있는 것은 부자유친(父子有親)의 '효', 부부유별(夫婦有別)의 '내외(內外)', 장유유서(長幼有序)의 '예(禮)'였고, 이들은 조선 시대 주택 구조에 그대로 영향을 미쳤다.

가묘(家廟)의 시작은 고려 시대 말기부터 비롯되었지만 조선 시대에 들어와서는 점차 일반화되어 적어도 중인(中人) 계급 이상은 별동으로 사당(祠堂)을 지었다.[18] 사당을 지을 수 없는 처지일 때는 벽감(壁龕)을 설치하거나 그 밖에 봉(奉)제사를 위한 제청(祭廳)을 배려한 것을 보면, 강한 조상숭배 의식과 가문의 전통성을 통해 자신을 높이려는 의식이 깔려있음을 알 수 있다.

부부유별의 내외관습과 남존여비의 의식은 넓은 의미에서 남녀의 내·외 영역에 관한 사항이다. 결국 이것은 남녀 생활공간의 구분, 즉 안채와 사랑채를 별동으로 건축하게 했고, 가정의 행동반경까지도 공간적으로 제한하게 했다. 또 주택의 출입문에 있어서도 남녀유별이 습속화된 것은 좋은 예가 될 것이다. 따라서 사랑채를 중심으로 한 남성들의 정신세계는 유교적 정신세계였고, 안채를 중심으로 한 여성들의 정신세계는 무속적·불교적 정신세계를 이루었다.[19] 그뿐만 아니라 가계의 계승권이 주어

---

18) 『세종실록』, 권 55(14년 정월 정유).
19) 주남철, 「가옥에 나타난 공간사상」, 《월간조선》(조선일보사, 1981년 1월), 182쪽.

졌던 장자(長子) 우대사상은 사랑채에 장자를 위한 '작은사랑'이나 '안사랑'의 배려가 있었다. 그 밖에 엄정한 상하관계 의식은 앉는 자리의 위치라든가 출입문의 높이를 달리했고, 채의 높이까지도 종적 위계에 따라 주택 구조에 반영되었다.

그러나 조선 시대 말기에 와서는 이제까지의 제도적 근간을 이루었던 신분제도에 난맥상을 보이게 되었다. 양반층의 다수가 평민의 신분으로 전락되거나, 평민과 천민까지도 부유한 농민층으로 진출하게 되어 양반 신분을 매수하거나 사칭하는 일까지 빈번히 일어났다. 이러한 현상과 관련하여 조선 시대가 신분 지향적인 유교주의라는 제도적 바탕이 깔려있었던 사실을 간과해서는 안 될 것이다. 즉, 양반이라는 신분에 제도적으로 주어진 사회적 명예와 특권을 정당화한 유교적 가치체계가 강력하게 자리 잡고 있었으므로 양반 이외의 계층은 비합리적인 수단을 동원하면서까지 양반 계층으로 올라가려는 경향이 강했다. 이러한 현상은 주택에 있어서도 그대로 옮겨져 종래의 가사 제한이 크게 무너지고, 재력 있는 사람은 어떤 형태로든지 신분적 권위를 주택 건축에 표현하려는 강한 의지가 나타나고 있었다.

4. 맺는말

한반도의 산계(山系) 배치는 교통과 통신의 장벽이 되어 문화의 전파에 영향을 미친 결과, 지방적 문화권의 경계가 되었다. 이것은 문화전파의 경로와 생활 방식에 따라 다양한 생활양식을 유발시켰을 것이다. 동시에 산악국적 지형은 주(住) 문화적 지역성을 농후하게 구현시켰으며, 독특한 자연관과 민간신앙을 낳게 했다.

우리나라의 자연과 민가에는 곳곳에 산신(山神)과 가신(家神), 그리고 영혼이 있어 서로 사귀고 위하면서 동거해 왔다. 그러므로 집은 자연의 일부이며 지체(肢體)라는 인식이 지배하고 있어 인공(人工)이라는 관념은 희박했다. 그리고 유교의 지도 이념은 인간관을 종적인 관계에서 보는 차별적인 인간관계, 즉 반상·남녀·부자·장유 사이의 종속관계로 보았으므로 이것은 가옥 구조에 있어서 영역적으로나 서열적인 구조로 표현되었다.

한국 문화의 기층은 농경문화이며, 한반도는 계절풍 지대에 속하면서, 위도상의 요인으로 한서의 차이가 심하므로 벼농사 지대에서는 북쪽 한계에 속한다. 이를 극복하기 위한 민가의 구조는 온돌과 마루라는 이중 구조를 기본으로 한 주거 문화가 발달되었으며, 다시 기후 구분과 문화적 배경에 따라 지역적으로 다른 모습을 보여주게 되었다.

조선 시대 신분 구조는 바로 생산관계와 정치적 지배관계에 직결되어 있었다. 이러한 관계는 신분 구조에 따라 직접적으로 가사(家舍)를 규제하는 주택 조영에 반영되었다. 대다수의 농민들이 민가형(型)의 어려운 주생활을 했다. 조선 시대 후기에 와서는 농촌 사회와 농민층의 분화가 심화되어 계급 구성이 재편성되는 과정에서 신분 구조보다 경제적 구조에 상응되는 상향적 가사 조영이 일부 민간에서 성행했다. 이것은 특히 민가에서 중·하류 주택 간의 상향 이동 현상을 의미하며, 상류 주택의 구성 요소를 부분적으로 모방 도입하려는 경향이 많았다. 또 당시의 농촌 사회 구조는 소작관계 호수(戶數)가 전체 농가의 70%를 상회하고 있었다는 추정으로 보아 민가 규모의 구성비(比)를 짐작하게 해준다.

남부 지방은 예로부터 왜구의 노략질이 잦았으며, 특히 조선 시대 후기에는 사회적 불안과 임진왜란으로 인해 뼈저린 수난과 시련을 겪었다. 현존하는 마을은 임진·병자 양란 후에 그 상당수가 재편되었으며, 이 과정에서 취락 형태와 민가 구조에 어떤 형태로든지 방어적 장치가 도입되었을 것으로 보인다.

제2장

취락과 민가의 영역성

1. 머리말

우리나라에서 '집[家]'의 개념은 주로 가족 구성원이 생활하는 주거지, 가옥, 생활공동체로서의 가족이 그 대상이 되며, 민가의 공간 구성은 대체로 이들의 구체적인 표출이라 할 수 있다. 또 마을은 집을 단위로 한 공동체인 까닭으로 집의 질서와 가족주의의 원리가 확대되어 마을의 질서와 생활을 지배하고 있다.[1] 그뿐만 아니라 마을은 대가족제도의 지역적 형성에 의해서 만들어진 씨족(氏族) 마을이 대부분이며, 공동체적 속성을 동시에 가지고 있다. 여기에다 마을 사회는 자연과 인간과 생활이 조화된 전통적 한국 사회의 기본적 단위이며, 마을 생활이란 자급자족적 성격에다 지연(地緣)을 바탕으로 어느 정도 공동체적 통일성을 유지하는 지역 생활 단위이다.[2]

우리나라의 마을은 물리적으로 민가들이 앞뒷집 혹은 옆집 등으로 근접·정주(定住)하고 있으며, 동시에 자연과는 생태적(生態的)인 관계를 형

---

1) 최재석, 『한국 농촌 사회연구』(일지사, 1975), 65쪽.
2) 고려대학교 민족문화연구소, 『한국 민속 대관』, 제1권(고려대학교, 1980), 375~376쪽.

성하고 있다. 마을 사람들은 씨족끼리 민가를 중심으로 생활의 모든 면을 포함한 국지적(局地的) 결합을 이루고 있는데, 이것이 바로 취락(聚落)이다.

취락은 우리 인간이 오랜 세월에 걸쳐서 지리적 환경에 적응하면서 집단생활을 영위하려는 인간의 속성에 따라 형성된 것이다. 이와 같이 취락이 인간 생활의 집단적인 정주인 이상, 취락 형태는 사회·문화적 요인의 결정체라 할 수 있다.

인간이 어떤 공간을 점유할 때에는 심리적 혹은 기능적인 목적 때문에 그들을 중심으로 공간적인 경계를 설정하고, 그 한정된 공간을 하나의 영역으로서 이해한다. 이 영역은 비로소 내외 공간으로 구분되고 동일한 영역이라도 비중이 다른 여러 층(層)의 영역으로 다시 나누어진다. 이러한 영역의 성격은 대체로 인간의 생활과 생존 때문에 자연스럽게 물적(物的) 형태로 나타나게 된다. 따라서 영역성(領域性)이란 대개 생물들이 그들의 물리적 소유물 주위에 경계를 설정하고, 경계 안의 공간이나 영역에 대한 권리를 주장하고, 국외자(局外者, outsider)로부터 방어하려는 경향3)으로 정의되고 있다.

이러한 의미에서 형상화된 우리나라 취락과 민가의 공간 구조를 분석해 보면, 당연히 그 속에는 형태적 속성으로서 보편적인 의미체계(意味体系)가 내재하고 있을 것이며, 이것이 한국인의 주(住)생활 속에 하나의 바탕을 이루어 안주(安住)해 올 수가 있었을 것이다.

이 글은 필자가 민가 조사를 통해 경험한 우리나라 취락 공간의 법칙성, 그리고 남부 지방 민가의 공간 구조를 분석하여 이 속에 내재하고 있는 영역성을 알아보려는 데 그 목적이 있다.

---

3) S. N. Brower, *The Signs We Learn to Read*(Landscape, 1965), pp.9~12.

2. 취락의 형태와 영역성

1) 취락 형태와 자연관

피난처(避難處, shelter)로서 주택의 기본적인 원리는 먼저 개체가 아닌 가족을 수용하는 곳이라는 데 있다. 나아가서 씨족이 하나의 취락을 이루는 부락에서도 이것은 예외가 아니다. 취락입지(立地)로서 중요한 경사지는 일반적으로 몇 개의 변환점(變換点)을 갖고 있어서, 지하수가 솟아오를 뿐만 아니라 지하수 대(帶)가 높고 풍부하여 취수(取水)가 편리한 장소이다. 여기에다 양지(陽地)가 될 경우 일조량이 많고, 겨울철의 북서 계절풍을 막아주므로 보온에 알맞은 장소이다. 이 밖에 외부의 침입에 대한 조망과 방어, 연료를 얻기가 쉽고, 건조한 지반 조건, 자연재해를 입지 않은 안전성 등 거주 조건이 유리한 곳이 오늘날까지 중요한 취락입지가 되고 있다. 사실 우리나라의 취락경관(景觀)을 보면, 논[畓]을 바다[海]에 비유했을 때, 육지에 해당하는 완만한 경사면에는 민가들이 바위처럼 옹기종기 모여 취락을 이루고 있다.

이와 같은 사실은 씨족부락의 지형별 입지 분류에서 정량적으로 실증되고 있다. 즉, 조사된 1,685개의 우리나라 취락 중에서 산록(山麓)입지가 36.2%로 가장 우세하고 지형상 천이점에 입지한 넓은 의미의 산록입지를 합하면 무려 75.2%가 된다.[4] 이들은 어느 경우이거나 대지와의 연속성을 띤 공간 개념으로 가득 차 있으며, 이러한 생활공간은 생활과 공간의 상호작용 끝에 스스로 대지(大地)에 뿌리를 두는 생활을 유도하고, 생활과 공간의 이념을 무화(無化)시킨 평안한 장소를 추구하고 있음을 알 수 있다.

---

4) 오홍석, 『취락 지리학』(교학사, 1980), 241~242쪽.

자연을 해석하는 하나의 방법으로서 풍수지리설은 일종의 지상학(地相學)이다. 말하자면 화를 멀리하고 행복을 바라는 염원적 의미에서 취락이나 묘지의 입지에 있어서도 이용되었다. 특히 풍수설은 산을 중요시하고 산의 흐름에 신비력을 부여했는데, 이것은 산속에 신령이 있다든가, 생기(生氣)가 있다고 하여 자연을 생동하는 대상으로 보았기 때문이다. 이와 같은 자연관은 예로부터 산신을 숭배해 오던 이 땅의 뿌리 깊은 토속신앙과도 일치된다. 풍수설의 진산(鎭山)의 개념도 그 부락의 양기(陽基)를 진호하는 산(山)이라는 뜻이다. 그러나 촌락을 위한 집단 양기를 정함에 있어서 풍수설에서 말하는 이상적인 지역은 그다지 흔치 않으며, 그러한 좋은 조건을 갖춘 곳에 마을을 조성한다는 것은 극히 어려운 일이었다. 더욱이 반촌(班村)도 아닌 일반 민촌(民村)의 경우는 더더구나 생각도 할 수 없는 일이다. 따라서 무라야마(村山) 씨가 우리나라 전 국토 중 이른바 길지(吉地)라는 촌락의 예를 36개만 들고 있는 것을 보면 짐작할 수가 있다.[5]

씨족부락의 성격은 씨족 성원들이 선조(先祖)를 정점으로 하여 조상숭배 관념과 그 구체적인 행동인 제사(祭祀)에 매여있는 데 그 특성이 있다. 또 이러한 특성은 부락의 한가운데 양지바른 언덕에 조상의 묘를 쓰고 음덕과 진호를 받기 위한 구체적인 공간을 보여주고 있다. 그리고 죽은 영혼을 위한 유택(幽宅)들을 후손들의 양택(陽宅)과 위계에 따라 공존하면서 항상 선조들의 힘을 빌려서 모든 재앙과 액운을 없애고 복을 받을 것이라 믿고 있는 것이다.

우리나라의 자연부락은 취락을 형성하는 데 자연과 직접적인 대응 관계를 보여주고 있다. 이러한 현상은 부락의 구성 요소인 민가들이 대체

---

5) 손정목, 「풍수지리설이 도읍형성에 미치는 영향에 관한 연구」, ≪도시문제≫(대한지방행정공제회, 1973), 90~91쪽에서 재인용.

좌향	동	서	남	북	동남	서남	동북	서북	계
민가 수 (%)	53 (13.2)	28 (7.0)	169 (42.3)	8 (2.0)	64 (16.0)	64 (16.0)	5 (1.3)	9 (2.2)	400 (100)

적으로 자연의 지세에 순응하여 좌향(坐向)에 크게 구애됨이 없는 배치방식을 취하고 있는 것을 보더라도 알 수 있다. <표 1-1>은 한반도의 민가에서 안채를 기준으로 그 좌향을 조사한 결과를 나타낸 것이다. 400채의 민가를 무작위로 추출하여 방위에 따라 8단계로 구분해 보면, 역시 남향인 경우가 42.3%로 압도적으로 많다. 그러나 동남·서남향을 비롯해서 각 좌향에 해당되는 민가가 다수 있는 점은 북배산(北背山)형인 지형 조건이면서도 반드시 남향을 고집하지 않고 자연의 지세에 조금도 모가 나지 않으려는 민가의 앉음새인 것이다.

2) 취락 공간의 성격

시골 마을의 길[通路]은 발생적으로 민가와 민가, 다시 말해서 민가의 마당이 서로 연결되어 형성되기도 하고 민가와 경작지, 혹은 민가가 없는 단 하나의 통로가 인접하는 마을과의 연결로가 되기도 한다. 이들은 어떤 경우이거나 일상적인 동선의 경로가 결국 도로화되어 나타난 것이다.

도로의 주축(主軸)은 마을과 외부를 잇는 통로이며 마을 안길은 여기에서 가지를 따, 얕은 골목을 통해 각 민가들의 마당에 이르기도 하고 인접된 논밭에 이르는 논길이 되기도 한다. 이들 통로는 자연적인 능선이나 개울의 흐름을 따라 민감한 반응을 보이면서 휘어져 있고, 민가의 배열에 결정적인 영향을 주고 있다. 대문 앞 통로를 확보하기 위해 통로를 따라 배열된 2~3열의 민가들이 주 통로에서 골목을 만들어 유도되는 것이 하나의 취락과 통로가 자리하는 대체적인 방식이다. 각 민가들은 원칙적으로 안길에서 조망이 확보된 정면성을 고집하고 있다. 따라서 이들 통로의 짜임새(pattern)는 나뭇잎 줄기 모양의 규칙성을 보여주는데, 마치 마을길은 줄기와 가지 같고, 민가는 잎과 같다. 잎에 해당되는 민가에는 마당이 있고 민가의 대문 부근에는 으레 조그마한 빈터가 있다. 이곳은 통로의 중계 공간이지만, 동네의 아이들이 자라나는 놀이터요, 씨앗을 말 리고 타작을 하며, 길 가던 이웃끼리 잠시 만나 인사를 하거나 상여가 꾸며져 떠나는 곳이기도 하다. 이처럼 마을의 빈터는 생활 광장이 없는 마을의 숨통을 터주는 다목적 공간이다.

　우리나라의 취락에는 '새마을 운동' 이후 마을회관, 농협창고, 새마을 구판장 등이 세워져 행정적으로 마을의 구심적인 공간이 어느 정도 형성 되었다. 그러나 서양의 촌락처럼 인간관계가 원활하게 이루어지는 생활 광장이 발달되지 못했고, 서양의 공원이나 기념관, 공회당, 교회와 같은 구심적인 시설이나 공간도 보편화되지 못했다. 물론 거의 마을마다 느티 나무의 정자나무가 마을의 유일한 경계 표(標, landmark)로서 존재했고, 전라도 지방에서는 모정(茅亭)이 있긴 하나 마을과는 너무 떨어져 있는 경우가 대부분이다. 또 이곳은 성격상 동구(洞口)에 있는 제의적 공간이 지, 생활공간으로서의 중심은 아니다. 이처럼 우리나라의 촌락에 구심적 공간이 없는 것은 우리나라 사람들의 자연관에서 비롯한 것으로 생각된 다. 첫째로, 자연과 너무 밀접하게 동화되어 산에 둘러싸인 자연 속에서 자연과 외연적(外延的) 관계가 주가 되어 자연의 흡수력이 강하기 때문이 며,[6] 둘째로, 자연을 중시하고 산신(山神)을 숭배해 온 이 땅의 뿌리 깊은 토속신앙이 정신적으로 큰 지주가 되었으므로 이것이 인간적이고 물적 (物的)인 구심점보다 우선했기 때문이다. 셋째로, 씨족부락에 있어서 혈 연적인 결합이 가장 큰 방어력이었기 때문에 우리나라의 촌락에는 마을

---

6) 이규태, 『(속)한국인의 의식구조(상)』(신원문화사, 1983), 324쪽.

단위의 물리적인 구심점보다 오히려 정신적인 구심점이 현재하고 있다고 생각된다. 다시 말해서 초월적인 신령을 위한 공간인 당수나무, 산신각(山神閣), 선산(先山) 등을 통해 성황제·산신제·묘제 등을 거행했고, 제사공동체로서의 종가(宗家)의 사랑방이나 마을의 우물 등은 촌락공동체의 질서를 유지하는 데 지주(支柱) 역할을 했다. 그러므로 우리나라의 자연부락은 서양의 사원(寺院)이나 일본의 신사(神社)처럼 공간적으로 세력이 뚜렷한 구심점이 아니라 다극적이며 다양한 구심점이 현재화되어 취락 형태를 이루고 있는 것이다.

"왜 한국의 취락은 볼수록 빈곤하게 보이는 것일까" 하고 자문한 일본 농촌 사회학자 스즈키 에타로(鈴木榮太郞)는 그 이유로, 첫째, 주택의 구조와 주위의 자연 사이에 확연히 구별될 만한 강한 인위적인 색채가 없으며, 둘째, 그 형상에도 자연 가운데 우뚝 서있는 날카로운 선이 없어, 산의 능선이나 구릉의 기복과 같은 완만한 곡선뿐이며, 셋째로는, 키가 큰 상록수가 없어 촌락의 세력적인 활기를 주지 못하고 있다고 지적했다.[7] 이러한 지적은 우리나라 자연부락에서는 쉽게 느껴지는 풍경으로서 단층 구조의 민가, 취락의 밀도와 높은 대지성(大地性), 그리고 균질성에도 이유가 있겠으나, 취락의 구심점이 될 만한 날카로운 기념적 건조물이 없는 탓도 있을 것이라 생각된다.

3) 취락의 영역성

주거, 혹은 그 집합체로서의 취락은 인간이 그 속에서 안주하기 위하여 집단적인 사회관계를 조정하는 어떤 장치가 있어서 가능한 것이다. 하라 히로시(原廣司) 씨는 이 장치를 '문턱(閾, Threshold)'이라 부르고, 그

---

7) 김택규, 「씨족부락의 구조분석」(일조각, 1979), 32쪽에서 재인용.

뜻은 취락에 대해 침입해 오거나, 유출(流出) 하는 것에 대한 제어기구(制御機構)라고 했다. 그리고 '문턱'을 형성하는 공간적인 구조는 취락의 배열(配列)이라는 부분과 전체가 관련된 총체(總體)로서 만들어져 취락 고유의 공간적인 '문턱'을 만든다고 했다.[8] 따라서 '문턱'은 취락을 외부로부터 방어하고 내·외부가 교류하는 데 조정의 역할을 한다. 따라서

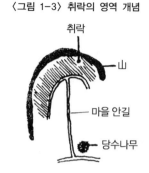

〈그림 1-3〉 취락의 영역 개념

취락

山

마을 안길

당수나무

'문턱'은 직접적인 물적 장치가 될 수도 있고 간접적 혹은 사회·문화적 규약이 될 수도 있어, 취락의 경계(境界) 개념이기도 하다. 취락으로서의 장소는 영역을 '지(地, ground)'로 보았을 때 '도(圖, figure)'에 해당되는 개념이며, 영역을 구성하는 각종 요소가 상호작용할 때 안과 밖의 문제가 일어난다. 인간은 안과 밖에 무엇이 있는가를 규정함으로써 비로소 참으로 거기에 "안주하고 있다"라고 말할 수 있다. 물론 장소가 '안쪽'으로서 기능하기 위해서는 분명히 어떤 형식화된 요구를 만족시켜야 할 것이다.[9]

영역을 한정하는 또 하나의 방법으로서 케빈 린치(Kevin Lynch)는 이것을 '능선(稜線, edge)'이라 부르고 "능선이란 통로로는 여겨지지 않는 선적(線的) 요소로서 일반적으로 이들은 두 개의 구역 사이의 한계선"[10]이라고 규정하고 있다. 그런데 자연은 취락 형태를 어느 정도 규정하고 있으며 반대로 취락 형태에 의해서 영역의 '능선'은 표현되므로 취락의 경

---

8) 原廣司,「Complexity」,≪住居集合論≫, SD別冊, No.8(東京: 鹿島出版社, 1976), p.13.

9) 크리스찬 노르베르크 슐츠,『실존·공간·건축』, 김광현 옮김(산업도서출판공사, 1980), 61쪽.

10) Kevin Lynch, *The Image of the City*(The M.I.T. press, 1975), p.62.

계 개념으로서 '문턱'과 '능선'의 개념은 유사하다. 그러므로 이들의 발견은 취락 형태를 이해하는 데 유용하다.

한국의 마을[村落]은 행정단위로서의 마을이 아니라 농경적 공동체로서 자연취락이다. 여기에다 자율적이고 자기 충족적(自己充足的)이며, 생활공동체로서 결합된 집단의식이 배타적(排他的)으로 존재하는 장(場)이 곧 마을이었다. 그런 경우 마을의 경계란 생존의 장으로서 자족적(自足的)·전체 사회의 소우주(小宇宙)로서의 경계이기 때문에, 다른 세계와는 어떤 관련이 없어도 살 수 있는 경계를 의미했다.[11]

여기에서 구체적으로 취락의 공간적 영역 경계를 찾아보면, 일반적인 취락 형태가 배산임수(背山臨水)형을 기본으로 하고 있는 점이다. 다시 말해서 취락은 주위 산세(山勢)의 형국에 따라 계면부(界面部)에서부터 시작하여 차츰 아래로 발전된다. 이것은 마을을 둘러싼 지형이 자연적인 울타리 역할을 하여 취락에 미치는 외력(外力)에 대해 직접적인 능선(positive edge)의 역할을 하고 있기 때문이다. 이에 비해서 취락의 앞쪽 진입부는 대체로 개방되어 있지만, 무한히 트인 것이 아니라 동구(洞口)의 폭을 지형적으로 좁히거나 '숲거리'를 조성하여 은폐시키는 경우도 있다. 또는 거기에 당수나무나 장승을 세워 마을의 수호신으로 삼는다든지 하는 일련의 경계민속(境界民俗)이 있어 간접적인 능선(negative edge)의 일차적인 조정 기능을 다하고 있는 것이다. 이와 같이 취락의 영역 밖을 배타적으로 보는, 수세(守勢) 성향이 강한 마을의 폐쇄성은 공동체의 결속을 촉진시키려는 습속(習俗)이기도 하려니와 외침내란(外侵內亂)이 잦았던 역사적 배경도 간과해서는 안 될 것이다. 각 주거 단위는 마을 안길에 병렬하여 집합하고 취락의 표면을 형성하면서 마을의 시역(視域)이 트이게 한다. 또 취락 전체를 위한 진입로의 주위에서도 같은 수법이 도입된다. 이

---

11) 이규태, 『한국인의 의식구조(상)』(문리사, 1977), 131~132쪽.

것은 일정한 거리를 두고 시역을 확보하면서 외래인의 근접을 쉽게 식별하고 경계 태세를 갖추려는 본능적인 배려이다. 동시에 이것은 눈에 보이지 않는 이차적인 조정 기능이 공간적으로 장치화되어 있다는 증거이기도 하다. 이와 같이 취락의 뒤쪽에는 자연적인 지형이 직접적인 경계를 이루며, 앞쪽에는 간접적인 경계로서 개방성을 통해 원초적인 방어의식으로 취락의 '문턱' 기능을 형성하고 있는 것이다.

3. 민가의 배치와 영역성

1) 민가의 배치 형식

한국 민가는 집촌(集村)인 경우 앞집과 뒷집, 그리고 옆집이 서로 옹기종기 모여 취락을 이룬다. 민가는 어떤 재료이든 경계에 따라 울타리를 두르고 사립문을 내거나 대문간을 둔다. 민가의 기본적인 배치는 민가의 규모가 큰 경우, 바깥채(사랑채), 대문채, 헛간채 등이 독립된 별채로 들어선다. 외부 공간은 상류 주택인 경우 마당의 기능에 따라 분화되어 있으나, 일반 민가에서는 바깥마당, 안마당, 뒷마당 정도의 친밀한 공간 구성으로 되어있다. 우리나라의 민가는 '채(棟)'와 '간(間)'이 분화된 양면적인 성격을 가지고 있는데, 채의 배치는 대체로 세 가지 단계별 유형으로 나눌 수가 있다.

첫째로는, 일반형이라고 보이는 것으로서 ㅡ자형의 안채와 몇 채의 부속채[附屬舍]가 다양하게 배치되는 유형이며, 둘째로는, 중부 지방의 민가에서처럼 ㄱ자형의 안채와 부속채가 튼ㅁ자형으로 배치되는 유형이다. 셋째로는, 최종적으로 완결된 형태로서 채의 배치가 ㅁ자형의 가옥 형태에 이르게 된다. 남부 지방의 민가는 첫째 유형이 주로 많지만 이러한 채의 배치법은 어느 경우이거나 안채와 안마당을 중심으로 둘러싸인다. 때로는 부속채가 없는 민가도 있으나 가장 기본적인 배치 형식은 안채와 부속채가 직각으로 배치된 ㄱ자형, 안채와 부속채가 병렬된 二자형이 주류를 이루고 있다. 다음 단계로는 부속채가 하나 더 추가된 ㄷ자형과 여기에 다시 부속채가 덧붙여져 튼ㅁ자형의 네 가지 유형으로 구분된다.

이러한 민가의 배치 형식은 대지 조건과 대문(大門) 위치에 따라 여러 가지 다양한 유형을 엿볼 수가 있다. 특히 실 배치상 주로 영향을 주는 요소는 두 가지가 있다. 그 하나는 민가에서 부엌의 위치이며, 또 하나는 부속채에 있는 사랑방의 위치이다. 이로 인한 배치관계를 유형별로 나타낸 것이 <그림 1-4>이다. 부엌의 위치는 민가를 마주 보았을 때 왼쪽에 많고, 민가의 좌향이 남향일 때는 서쪽에 위치하는 것이 하나의 관습처럼 보인다. 그러나 부엌이 이와 정반대의 위치에 있기도 한데, 이때 배치상의 특징으로는 대지 조건과 가옥 배치상 작업 마당이나 채마밭이 동쪽에 있거나, 대문의 위치가 부엌의 반대쪽에 있는 경우가 대부분이다. 따라서 부엌의 고유 기능으로 보아 내밀성(內密性)을 확보하고 동선을 고려하려는 의도에서 관습으로부터 벗어난 것으로 보인다.

또 부엌과 장독대는 기능적으로 불가분의 관계이며 민가의 습속으로 보아 은밀한 곳이기도 한데, 그 위치는 지역에 따라 차이가 있다. 경상도 지방의 장독대는 '장고방', '장독간' 등으로 불리고 있는데, 주로 부엌의 앞쪽이 많고, 그렇지 않으면 부엌의 측면에 위치하는 경우가 대부분이다. 전라도 지방의 장독대는 흔히 '장광'으로 불리고 있는데, 주로 민가의 뒷마당에 위치하는 경우가 많고, 가끔 부엌의 측면이나 앞쪽에 위치하기도 한다. 다만 전라남도 동부 지역에서는 부엌의 앞쪽에 위치하는 경우가 많은 것은 이례적이다.

민가의 사랑방은 접객(接客) 전용이라기보다 오히려 전용성이 높은, 가

〈그림 1-4〉 남부 지방 민가의 배치 유형

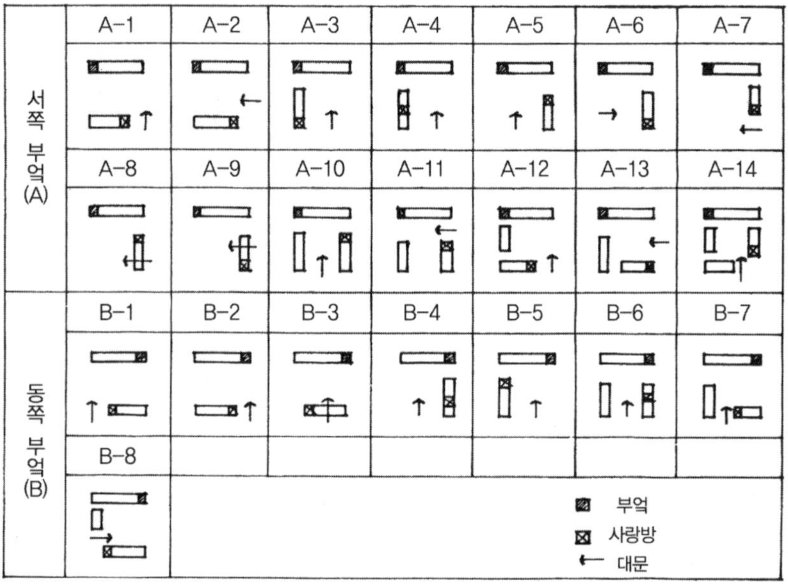

족의 침실인 경우가 많다. 더구나 상류 주택과는 달리 엄격한 내외유별(內外有別)이 이루어지는 공간적인 구획은 없지만, 가능하면 내외유별의 성격이 최대한 이루어질 수 있도록 배려하는 정도이다. 다시 말해서 사랑방의 성격을 띤 부속채의 온돌방은 그 위치 특성이 부속채의 공간 중 대문에서 가장 가까운 위치이거나, 부녀자들의 동선이 잦은 부엌에서 되도록 멀리 떨어진 곳에 자리 잡고 있다.

민가의 배치 형식에는 이 밖에도 외양간과 사랑방의 관계도 하나의 변수가 된다. 이것은 농우(農牛)의 관리를 인접된 사랑방에서 쉽게 담당할 수가 있고, 사랑방의 아궁이가 쇠죽을 끓이는 역할을 하기 때문이다. <그림 1-4>에서 보는 것처럼 민가의 배치 형식은 다양하지만, 특히 A-1, A-3, A-5, A-6, A-7, B-4 등이 흔히 찾아볼 수 있는 배치 형식이다.

2) 민가의 영역성

우리나라의 자연부락은 하나의 자족적인
생활공동체인 동시에 독립적인 조직체를 이
룩하고 있는 지연집단이다. 부락은 개인이
아니라 집[家]과 집의 결합에 의하여 구성
되므로 집은 부락에 있어서 생활의 단위일
뿐 아니라 생산의 단위이기도 하다. 또 가족
은 생활의 장(場)으로서의 가옥과 생산수단
인 토지(土地)를 소유하여 이것을 가내(家內)
노동력으로 유지하는 혈연 단위이다.[12] 그
러므로 한국인은 개인의 인격을 가족이라는
집단 속에 매몰시키는 가족 중심적인 특징
이 있다. 이처럼 어떤 사회집단보다 좁은 집
단에 역점을 둔 가족공동체이기 때문에 이
러한 성향은 취락이나 민가의 구성, 가옥의
배치 형식에 잘 나타나고 있다.

인간의 주거에서 가장 기본적인 기능 행
위는 취사(炊事), 가재(家財) 관리, 접객(接客),
격리(隔離) 등이며 이에 대한 공간이 필수적
이다.[13] 주택에서 손님을 맞이한다는 것은
동물의 주거와는 다른 아주 인간적인 행위
이다. 주거는 늘 거주하는 가족만의 공간이 아니라 외래자(外來者)의 방

|위| 마을 동구의 장승 |아래| 서쪽 부
엌형의 민가

---

12) 이광규, 『한국 가족의 구조분석』(일지사, 1977), 296쪽.

13) 石毛直道, 「住居空間の人類學」(東京: 鹿島出版會, 1976), p.246.

〈그림 1-5〉가족 중심의 동심원적 생활공간

1. 반격
2. 도피
3. 경계
4. 인지
5. 무관심

문에 대해 열려있는 동시에, 이들의 침입에 대해서는 거부하는 닫힌 공간이기도 하다. 이러한 의미에서 '접객'과 '격리'는 표리의 관계로서 민가에 그대로 나타나고 있다. 따라서 민가의 대인(對人)관계에 있어서는 친숙한 손님은 맞아들이고, 낯선 손님은 격리해야 하는 상반된 영역 장치가 필요하다.

인간은 자기를 중심으로 가족으로부터 외부 사람에 이르기까지 여러 인간층(人間層)의 동심원(同心圓) 속에 살고 있다. 이것은 자기방어의 수단으로서 동물의 본능적인 대응과 같은 것이다. 자기로부터 가장 먼 외부, 즉 무엇이 일어나더라도 자기에게 위험이 미치지 않는 곳을 무관심권(無關心圈)이라 한다면, 그 안쪽이 그들의 생활권이 된다. 이 생활권을 자세히 보면 외부로부터 낯선 사람의 침입에 대해서 인지권(認知圈), 경계권(警戒圈), 도피권(逃避圈), 반격권(反擊圈)과 같은 네 가지 방어선이 있음을 알 수 있다. 이것은 거리에 따라 다르지만, 울타리나 벽과 같은 물적인 보조수단이 있으면 공간의 압축이 가능하다.[14] 그러므로 일반 민가에서 외부 사람이 접근해 올 때 그 사람의 성분(性分)에 따라 민가의 단계별 영역에서 '접객'과 '격리' 행태가 조절되어 일어나게 된다. 즉, 대문→ 마당→ 툇마루→ 마루→ 온돌방(침실)에 이르는 단계별 과정에서

14) 吉阪陸正 外, 「住まりの原型(II)」(東京: 鹿島出版會, 1977), p.11.

외래객의 성분에 따라 조절하게 된다. 이러한 과정에서 마당은 공간적 넓이와 장소적 위치로 외래객을 선별하고 여과시킬 수 있는 적절한 기능을 하고 있는 것이다.

우리나라 마을에는 생활 광장과 같은 구심적인 공간이 발달되지 못했으나, 가족 단위의 민가에서는 반드시 안마당과 같은 구심적인 공간이 있었다. 이는 가족 단위의 공동체 의식이 취락의 바탕이 되고 있기 때문이다. 민가는 상류 주택과 같이 공간적으로 분화된 영역을 구분할 수가 없으므로, 어떤 면으로는 안마당이라는 외부 공간을 확보함으로써 시계(視界)를 통한 영역성을 갖추게 된 것으로 보인다. 이것은 동물이 어떤 경계권을 설정하여 규칙적인 행동을 되풀이함으로써 생활감각의 안정을 얻는 것과 같이, 안마당은 눈에 보이지 않는 높은 차원의 효능성을 갖고 있는 것이다. 민가가 취락을 이루면서 민가끼리 서로 등을 맞대고 밀집하는 것은, 가족 단위끼리 서로 사회(社會) 거리를 좁혀 집단적 방어성을 갖추는 것이며, 또 다른 면으로는 취락에서 동구(洞口) 쪽을 향한 시계를 확보하여 낯선 사람에 대한 인지권을 확보하려는 공간 구성이라 생각된다. 이러한 뜻에서 민가는 안채와 안마당을 중심으로 부속채를 둘러싸는데, 안채의 대청이나 툇마루에 앉으면 안마당을 통한 훤한 시야 속에 모든 가내(家內) 동정이나 시설물이 한눈에 들어온다. 이때 안마당은 공허한 외부 공간이 아니라 인지권과 경계권의 효능을 갖추어 눈에 보이지 않은 방어망으로 가득 차 있는 것이다. 이러한 공간은 어떤 긴장된 상황이 지속적으로 가중되었을 때 통제가 필요하게 되면 자연히 부속채의 일부가 안채에 편입하게 되는데, 이것은 가족의 사회 거리가 축소되는 현상이다.

이러한 시각에서 보면, 우리나라 민가에는 가재관리(家財管理) 기능이 특출하게 나타나고 있는데, 이것은 남부 지방 민가의 특징이기도 하다. 호남 지방의 '마루', 남동 해안 지방의 '안청', 호서 지방의 '도장', 그리

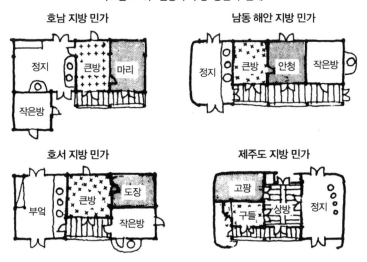

〈그림 1-6〉 안방과 수장 공간의 관계

호남 지방 민가

정지 / 큰방 / 마리 / 작은방

남동 해안 지방 민가

정지 / 큰방 / 안청 / 작은방

호서 지방 민가

부엌 / 큰방 / 도장 / 작은방

제주도 지방 민가

고팡 / 구들 / 상방 / 정지

고 제주도 지방의 '고팡', 영동 지방의 '도장' 등은 모두 안채에 있는 곡물 관리를 위한 핵심적인 공간이다. 더구나 이들 공간은 한결같이 대표적인 격리 공간인 안방에 인접·부속되어 있다. 주거 공간에는 물리적인 기능 이외에 그 주거를 만든 사람이 소속된 사회·문화적인 인식이 투영되고 있는데, 그것은 분명히 눈으로 볼 수 없는 공간의 분할법이라 할 수 있다. 이러한 정신적인 문제는 주거 공간을 '열린 공간'과 '닫힌 공간'으로 분할하는 데 크게 작용하고 있다.[15] 앞에서 말했던 안방과 수장 공간만이 아니라, 민가의 울타리도 물리적이고 방어적인 경계 표시이지만, 민가의 내부 공간에는 곳곳에 정신적이고 형식적인 여러 가지 구획법이 있는 것이다.

우선 우리나라 민가는 내외 혹은 상하의 서열로 영역이 조직되어 있다. 이를테면 가옥의 내외는 안채의 부속채로 나타나고, 공간적인 내외는

15) 石毛直道, 「住居空間の人類學」(東京: 鹿島出版會, 1976), pp.268~269.

안채와 마당이며, 안채 내부에도 안방과 마루로 구분되고 있는 것이다. 좀 더 구체적인 실례로서 툇마루와 토방은 반(半)외부 공간이며, 반(半)내부 공간이다. 즉, 외래인이 방문했을 때 툇마루에 앉으면 외래인에게 오는 경계가 반감(半減)되는 공간이며, 남의 집에 와서도 내부에 들어왔다는 부담을 갖지 않고 마음 편하게 앉을 수 있는 공간이다.16) 또 한국 민가에는 가장(家長)을 바깥사람이라 부르고, 그의 아내를 안사람이라 부르듯이 남성과 여성의 영역이 분명하게 나타나고 있다. 특히 부엌이나 뒷마당은 부녀자의 전용 공간으로서 남자의 출입은 엄격하게 통제되었던 금기의 공간이었다.

이와 같이 한국 민가는 주거 공간이 물리적으로 엄격히 구획된 영역을 보여주진 않지만 개념적으로 눈에 보이지 않는 복잡한 영역으로 구분되고 있다. 이러한 개념적인 영역 구분은 개인이 가족이라는 집단 속에 몰입되었어도 숭유사상에 바탕을 둔 예의범절과 법도라는 테두리가 습속화되어 눈에 보이지 않는 경계로 나타난 것이다. 한국 민가에서 이처럼 섬세한 영역 공간과 더불어 생각할 수 있는 또 다른 공간적인 특성은 어느 공간과 공간 사이에 물리적 차단물을 두지 않고 공간과 공간을 심리적으로 완충시키는 '사이(間) 공간'이 많다는 것이다. 이 '사이 공간'은 처마 밑과 마루라는 '사이'이며, 안방과 건넌방 사이의 대청이라는 '사이' 등인데, 이것은 물리적 차단이 아니라 두 공간을 서로 완충할 수 있는 심리적 차단의 역할을 한다.17)

---

16) 이규태, 『(속)한국인의 의식구조(상)』(신원문화사, 1983), 227쪽.
17) 같은 책, 223쪽.

4. 맺는말

우리나라의 취락은 마을 안길을 따라 산비탈의 계면부(界面部)에 먼저 정주하지만 다시 앞쪽으로 통로를 내어 2~3열의 민가가 배열되고 때로는 통로에서 골목을 내어 다시 취락을 형성하기도 한다. 이러한 취락 형태는 마을 안길을 따라 취락의 정면성을 보여주며 그 앞쪽으로 농경지가 전개된다. 이것은 문전옥답(門前玉畓)을 곡간으로 여겨 일상적으로 보살피기 위함이기도 하지만, 마을 입구 쪽의 전면 시계(視界)를 확보하여 외부인을 쉽게 식별하고 동정을 파악하려는 인지권의 효능도 갖추고 있다. 따라서 취락이 형성된 산기슭에는 취락의 직접적인 능선이 밀착해 있으며, 그 앞쪽은 마을 입구의 경계민속(民俗)과 더불어 간접적인 능선을 갖추고 있다. 이것은 촌락의 집단적 방어의식이 하나의 제어기구로 장치화된 것으로 보인다.

일반적으로 우리나라의 취락에는 공간적인 구심점을 이루는 물리적 장치가 없다. 이것은 우리나라 사람들의 가족주의가 부락공동체보다 앞서 있었기 때문에 취락에는 구심적인 광장을 찾아보기 어렵게 된 것이다. 반면에 일반 민가에는 반드시 마당이 있어 가족단위 공간의 구심점 역할을 하고 있다. 이 안마당은 한국인의 인생이 압축되어 있는 무대로서 민중의 희비애락이 곳곳에 스며든 상징적인 광장이 되고 있다.

일반 민가에서 '접객'과 '격리'의 문제를 영역 개념으로 보면, 외래객의 성분에 따라 민가의 단계별 영역에서 접객과 격리 현상이 조절되고 있다. 이러한 과정에서 마당은 공간적인 넓이와 장소적인 위치가 적절하여 외래객을 식별하고 여과시킬 수 있는 기능을 다하고 있다. 특히 중부 지방과 영남 지방을 제외한 남부 지방의 민가는 가재(家財) 관리 의식이 매우 높아 한결같이 패쇄적인 수장 공간을 안방에 인접시키고 있다. 이것은 외부로부터의 위해(危害)의 상황이 지속적으로 가중되어 어떤 통제가 필요하게 되었을 때 나타나는 현상으로 이해된다.

한국 민가는 영역 간의 변이(變移)가 개념적으로 복잡하게 나타나고 있는데, 특히 내외와 상하, 신성과 세속, 남성과 여성 등의 영역 구분이 뚜렷하다. 이러한 영역 구분은 유교 사상에 바탕을 둔 예의범절이라는 테두리가 습속화되어 눈에 보이지 않는 경계구조로 나타난 것이다. 이러한 공간의 영역 구분은 한국인에게 미시적(微視的)으로 예민한 영역 감각이 발달하도록 했다.

제3장

한국 민가의 기본형: 오막살이집

1. 머리말

우리나라의 영세한 살림집을 가리키는 말 중에는 여러 가지가 있지만, 이규태 씨는 오두막집을 두고 "한국인의 향수 가운데 오두막이 차지하는 비중이 새삼스럽기만 하다"라고 말한다. 우리가 느끼는 오두막집의 향수 어린 감각은 초가가 지니는 목가(牧歌)적인 고아로움이며, 눈이 소복이 쌓인 지붕 아래의 아늑한 온돌방을 연상시킨다.

사실 이러한 민가는 오늘날에도 대다수 사람들의 심층에 엄연한 귀소(歸巢) 감각으로 자리하고 있으며, 무엇보다 경제적으로 어려운 사람들의 주거이므로 건축 계획적인 평면 구성은 주거의 원초적인 모습을 보여주고 있다. 부엌과 방, 혹은 여기에 방을 하나 더 붙인, 말하자면 '초가이간', '초가삼간'을 일반형으로 하고 있는데, 이것은 한 가구(家口)가 생활을 영위하는 데 필요한 최소한의 구성이다. 통속적으로 이러한 살림집을 지칭하는 말은 먼저 움집·오두막집·오막살이집 등이 있는데, 아주 작고 허술한 집을 일반적으로 지칭하는 말이다. 다음으로 토담집·토막집·귀틀집 등이 있는데, 이는 민가의 축부(軸部) 구조의 재료에 따라 부르는 말이다. 그러므로 후자에 비해서 전자의 명칭이 우리나라의 영세한 일반 살림집을 지칭할 수 있을 것으로 생각된다. 그러나 이 가운데 움집이나 오두막집은 국어사전에서 "사람이 겨우 거처할 정도의 아주 조그마한 막으로 된 집"으로 풀이할 정도로, 그야말로 수혈주거와도 유사한 주거를 지칭하고 있다. 이에 비해 오막살이집은 오두막집 계열이면서 지칭 범위가 넓은 '작고 낮은 초가'를 지칭하고 있다. 그러므로 오막살이집은 어려운 여건 때문에 정상적인 주거 생활이나 사회생활을 영위하지 못하고 기본적인 삶에 급급한 계층의 민가를 포괄적으로 통칭할 수 있을 것으로 생각된다.

우리나라의 민가는 지역적으로 특징적인 평면 형태를 보여주고 있는데, 이들 민가형은 마루의 유무, 평면상 홑집인가 겹집인가, 평면의 외곽 형태 등, 지역적으로 특징적인 요소가 분류 기준이 되고 있다. 그런데 오막살이집은 이러한 지역적 주(住)문화권과는 관계없이 민가형의 발전 과정상 그 이전의 모형(母型)적인 민가형이다. 따라서 오막살이집은 한국 민가의 기본형이라 말할 수 있다. 동시에 한국 민가의 지역적인 다양성을 구명하자면 오막살이집의 지리적인 분포 상태 및 역사적인 배경, 그리고 민가 특성에 관한 전모를 밝힐 필요가 있다.

이 글에서 다룰 오막살이집의 구체적인 범위는, 첫째로, 마루방이 부가되지 못한 전면 3칸형 이하의 민가로서, 둘째로, 홑집형의 평면을 기본으로 하고, 셋째로, 이러한 내용은 안채에 한정하는 것으로 한다.

2. 오막살이집의 역사적 고찰

수혈주거가 지상주거로 발전되면서 주택은 사각형 평면으로 문명화된 생활을 위한 더 큰 단계로 접어들게 되었다. 이러한 발전 단계는 본능적으로 가족 간의 독립성과 피난처를 얻기 위한 것이었고, 어떤 질서를 위한 인간적 욕구를 나타낸 것이었다. 이것은 또 다른 관점에서 보면 재산에 대한 욕구이기도 하다. 즉, 인간은 자신의 소유물에 자기 정체성을 투영하고자 하는 개인적 욕구를 강하게 나타냈다. 그리하여 사람들은 수준이 향상된 주거를 열망하게 된 것이다.

이러한 관점에서 보면 한국의 오막살이집은 지상주거로 발전되는 첫 단계를 크게 벗어나지 못하고 있다. 더구나 우리나라의 기후적 환경과 온돌이라는 난방 형식 때문에 오막살이집의 평면형은 일정한 틀에 묶여 있는 것이 사실이다. 한국 민가의 형성에 있어서 온돌 구조는 절대적인 위치에 있다. 불아궁이가 있는 부엌과 침상으로서의 온돌바닥은 불가분의 관계에 있고, 제주도를 제외한 한반도의 민가 평면이 온돌 구조를 바탕으로 구성되어 있기 때문이다.

온돌 구조는 어떤 개인의 발명이 아니라 일반 민가에서 자연 발생된 것이며, 옛날 주택의 부뚜막이 확대되어 형성된 것이므로,[1] 온돌 구조를 가진 원초적인 민가는 '함경도형'의 부엌과 정주간의 관계로 이해될 수 있다. '함경도형' 민가의 특징이 정주간을 부엌에 연이어 꾸미되 부엌과 정주간 사이에는 벽을 두지 않고 부엌과의 경계부에 솥을 거는 형식이기 때문이다. 그리고 함경도형 민가가 남하하여 평안도 및 강원도 등, 서한(西韓) 지방에 이르러서는 부엌과 온돌방(정주간)이 벽으로 구획되는데, 이것은 부엌의 매운 연기까지 쐬어가면서 열을 아낄 만큼 춥지 않기 때문일 것이다. 따라서 함경도형 민가의 구조가 한반도의 여타 지방에서 정주간이 온돌방으로 탈바꿈하여 오늘날의 오막살이집과 같은 기본형이 된 것이다.

또 다른 특징으로 오막살이집에는 수혈주거의 공간적인 성격이 남아 있는데, 그 대표적인 것이 부엌의 흙바닥이다. 그러나 굳이 수혈주거의

---

1) 손진태, 『조선 민족 문화의 연구』(을유문화사, 1948), 86쪽.

영향을 들지 않더라도 지붕이나 벽의 재료와 구법, 그리고 흙바닥 처리 같은 것이 원초적인 민가의 모습이 될 수밖에 없는 이유가 있다. 오막살 이집의 경제적인 여건으로는 겨울의 혹한을 극복하기 어려웠는데, 온돌 구조는 그 축조 방법이 간단할 뿐 아니라 축조 재료인 양질의 점토가 풍 부하고 연료인 잡목의 채취가 용이했기 때문이다. 그러나 반대로 마루방 의 축조는 경제적으로 부담스러운 구조가 아닐 수 없었다. 따라서 마루 의 형태는 오막살이집에 해당되지 않는다.

한국 민가에서 오막살이집은 농업 경영상 순 소작인의 민가라고 볼 때 당시의 계층별 추계에서 전체 농가 호수의 35%,[2] 혹은 40%[3]에 해당하 므로 한국 민가에서 오막살이집이 차지하는 비중은 대단히 크다. 동시에 오막살이집은 주(住)생활을 유지하기 위한 최소한의 주거 형태이므로 민 가의 원초적 요소들을 그대로 간직해 왔던 것이다.

한국인의 농경 생활과 민가의 영세성에 대하여 이규태 씨는 다음과 같 이 말하고 있다.[4]

우리나라의 벼농사는 벼가 되는 북쪽 한계에 속해있다는 풍토적 사실 때 문에 기후에 쫓겨 어느 시한 동안에 반드시 농사일을 해내지 않으면 농사를 망치거나 감수가 된다. 또 한국의 농사는 씨를 뿌려 곡식을 먹을 때까지 사람의 품이 속칭 여든여덟 번 든다고 할 만큼 연중(年中) 품을 들여야 하 는 생업이다. 그래서 아침밥과 점심은 자연 속인 들판에서 먹고, 집에 있는 시간이란 저녁밥 먹고 잠자는 시간밖에 없다. 그러므로 잠이라는 물리적 시 간 동안 비·이슬이나 눈·서리를 막기 위한 가(假)건물 이상의 뜻을 한국의 집은 지니질 못했다. 그러기에 들어가 누울 만한 공간만 있으면 된다. 클

2) 성창환, 『한국 경제론』(장왕사, 1959), 66쪽.
3) 김홍식, 『조선 시대 봉건사회의 기본구조』(박영사, 1981), 288쪽.
4) 이규태, 『(속)한국인의 의식구조(상)』(신원문화사, 1983), 322~323쪽.

|왼쪽| 오막살이집의 모습 1 |오른쪽| 오막살이집의 모습 2

필요도 견고할 필요도, 또 꾸밀 필요도 없다. 한국의 오두막을 문화 인류학 적인 측면에서 볼 때, 분지라는 큰 자연의 집에 상주하기에 그렇게 작아질 수밖에 없었다고 본다.

이와 같이 한국의 오막살이집은 땅과 함께 시름하고 빈곤과 한(恨) 속 에서 살아온 농민들의 주거이며, 농민들은 오두막과 같은 주거에서 스스 로 만족할 수밖에 없었던 것이다.

3. 오막살이집의 지리적 고찰

오막살이집은 한반도 전역에 걸쳐 분포하고 있으며, 단편적으로 그 실 례들이 보고된 바가 있다. 그러나 오막살이집이 지역에 따라 어느 정도 의 비중으로 분포되고 있는가를 고찰해 보면, 한국 민가 중에서 오막살 이집이 차지하는 성격을 더욱 명료하게 파악할 수 있을 것이다.

오막살이집과 같은 민가형, 즉 부엌·방·방으로 병렬된 민가를 일반적으로 '서부형',5) '서선(西鮮)형',6) '평안도 지방형'7) 등으로 부르고 있다. 이러한 민가는 한반도에 널리 분포하고 있으나, 다만 함경도 지방과 제주도에서는 발견되지 않고 있다. 그러면 한반도에서 오막살이집의 구체적인 분포 상황을 선행 연구를 통해 알아보자. 먼저 중부 지방의 민가 2,777호를 조사한 분포 보고가 있다.8) 이 가운데 대청이 없이 부엌과 온돌방만으로 구성된 一자형 홑집은 조사 민가 수의 21.8%를 차지하고 있으며, 이러한 오막살이집은 중부 지방의 대표적인 ㄱ자형 민가와 함께 공존하고 있다. 또 다른 사례를 보면, 전남 승주군 성내마을의 경우,9) 전체 민가 154호 중 44호가 3칸 이하의 마루 없는 홑집으로서 28.6%를 차지하고 있다. 그리고 경북 안동군의 의인·섬마을 취락 조사에 의하면,10) 마을 전체 민가 69호 가운데 3칸 이하의 홑집이 33호로서 전체 호수의 47.8%를 차지하고 있다. 이렇게 보면 우리나라 농촌 마을에는 상당한 수의 오막살이집이 분포하고 있으며, 이들이 각 지방의 독특한 민가형과 함께 공존하고 있는 것이다.

이상과 같이 마루 없는 一자형 홑집, 즉 오막살이집이 함경도 지방과 제주도를 제외한 한반도 전역에 걸쳐 분포하고 있다는 것은 학계 보고를 통해 잘 알려져 있다. 한국 민가의 발달사적 측면에서 보면, 온돌 난방을 기본적인 출발점으로 하여 민가 평면이 형성되었고, 오직 제주도만이 온

5) 김정기, 「한국주거사」, 『한국문화사 대계(IV)』(고려대학교 민족문화연구소, 1971), 179쪽.

6) 野村孝文, 「朝鮮住宅の一考察」, ≪朝鮮と建築≫, 17輯, 5号(朝鮮建築學會, 1938).

7) 주남철, 「한국주택의 변천과 발달에 관한 연구」, ≪건축≫, 10권, 21호(대한건축학회, 1965).

8) 이찬, 「중부지방의 민가형태 연구개요」, ≪지리학과 지리교육≫, 제4집(서울대학교 교육대학원 지리학 연구실, 1975).

9) 김홍식, 「낙안성 민속보존마을 조사보고서」(전남 승주군, 1979).

10) 울산공대 건축학과, 「의인섬마을」, 연구논문집, 제7권, 제2호(1976).

돌 구조가 뒤늦게 전파된 까닭에 여기에서 벗어나 있다. 함경도 지방의 민가는 정주간이라는 독특한 요소가 있긴 하나 부엌·정주간, 부엌·정주간·온돌방의 홑집 ―자형 평면이 채집되었으며,[11] 이러한 평면이 다른 지방에서 ―자형 오막살이집이 되었다는 추정은 무리 없이 가능한 일이다.

제주도의 민가는 분명히 독특한 평면 구성을 보여주기는 하지만 부엌과 온돌방, 혹은 부엌과 고팡이 온돌방과 함께 구성 요소가 된 평면형이 자생하고 있다는 보고가 있다.[12] 제주도의 민가에서도 오막살이집의 유형이 분명히 존재하고 있는 것이다. 그러나 제주도의 오막살이집은 이후 발전 과정에서 부엌·상방·온돌방이라는 독특한 평면 구성으로 이어져 한국 민가에서는 유별난 계보를 보여준다. 따라서 제주도를 포함한 한국 민가의 유형을 구분할 때, 평면의 발달사적 측면에서 오막살이집을 '기본형'이라 부르고, 이러한 모형(母型)적인 기본형에서 지역에 따라 특징적인 민가형이 형성되었다.

4. 오막살이집의 실례와 분석

실례 1_경남 양산군 정광면 예림리, 김씨 댁

안채는 동향이며 두 칸 담집으로 된 전형적인 오두막이다. 부엌은 흙벽으로 둘렀는데 마당과의 경계가 거의 없으며, 큰방 앞에는 들마루가 놓여있다. 큰방 옆의 잿간은 안채 지붕이 연장되어 덮여있고, 흙담과 가옥 외벽의 구별이 없어 원초적인 주거의 면모를 강하게 느끼게 한다. 부

---

11) 조성기, 「한국 민가에 있어서 '북부형'과 '제주도형'의 비교」, 《건축》, 제27권, 제112호(대한건축학회, 1983).

12) 장보웅, 「제주도 민가의 연구」, 《지리학》, 제10호(대한지리학회, 1974); 김홍식, 「민속촌 지정대상 조사보고서」(제주도, 1978).

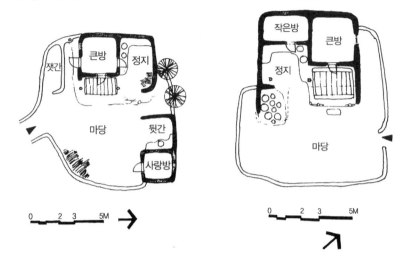

〈그림 1-7〉 경남 양산군, 김씨 댁(실례 1)　　〈그림 1-8〉 경남 창녕군, 이씨 댁(실례 2)

속채는 안채와 ㄱ자형으로 거의 인접해 있고, 사랑방과 아궁이가 있는 공간은 헛간을 겸하고 있다. 사랑방은 오히려 부침실의 성격이 강하고 접객 공간으로 겸용된다.

실례 2_경남 창녕군 부곡면 원동리, 이씨 댁

　부속채가 없는 두 칸 겹집형의 담집이다. 동남향의 이씨 집은 두 침실 앞에 부엌과 들마루가 있는 것이 특징이다. 들마루는 이동이 가능하므로 정상적인 마루방이 없어도 마루 생활이 아쉬운 대로 가능하다. 두 침실 만 벽으로 구획될 뿐 나머지 공간은 마당과의 경계가 거의 없다.

실례 3_충남 예산군 신암면 신택리 1구, 박씨 댁

　대체적으로 중부 지방의 민가 배치를 보면 옥외 공간을 기능적으로 나누어 쓰고 있다. 첫째는 '뒤안' 혹은 '뒤란'으로 불리고 있는 안채 뒤쪽의 가사 전용 공간이며, 둘째는 안마당으로서 옥외 가족생활공간이며, 셋째

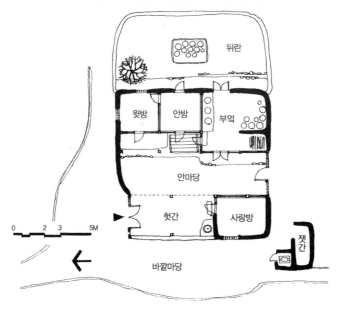

〈그림 1-9〉 충남 예산군, 박씨 댁(실례 3)

는 바깥마당으로서 농(農)작업용 공간이다. 이 집은 좁은 대지에 세워진 二자형의 가옥 배치를 보여주고 있다. 대지면적의 1/3가량을 뒤란이 차지하여 안채가 앉아있고, 그 반대쪽 대지 끝에 부속채가 나란히 배치되어 있다. 뒤란은 안채의 부엌 뒷문으로 출입되고, 부속채는 안마당을 사이로 안채와 마주 보고 있으며, 단부에 사랑방을 두고 나머지 공간은 앞면이 트인 헛간으로 쓰고 있다. 바깥마당에 있는 잿간·변소 등으로 통하는 뒷문은 안마당 끝에 내었고, 이 집의 대문간은 부속채(바깥채)의 헛간으로 나있다.

실례 4_강원도 횡성군 갑천면 화전리, 조씨 댁

이 집은 二자형으로 안채와 바깥채가 배치된 실례이다. 안채는 부엌이 두 칸 크기지만 방 배치는 3칸 一자형이며, 안방과 윗방이 통고래로 난

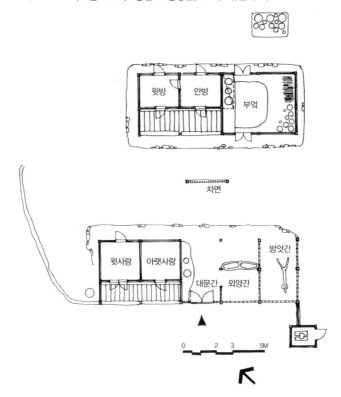

〈그림 1-10〉 강원도 횡성군, 조씨 댁(실례 4)

방되고 있다. 사랑채는 사랑부엌을 겸한 대문간을 중심으로 한쪽은 아랫
사랑·윗사랑이 배열되고, 다른 쪽은 외양간·디딜방앗간 등의 농용 공간
이 배열되어 있다. 특이한 것은 안채와 사랑채 사이에 높이 1.8m 정도의
차면판(遮面板)이 설치되어 있어 대문간에서 오는 시선으로부터 안채의
독립성을 배려하고 있다.

실례 5_전북 장수군 번암면 대류리, 임씨 댁

이 집은 남향으로 앉은 안채와 여기에 ㄱ자형으로 배치된 사랑채, 그
리고 대문 옆에 변소를 겸한 잿간으로 구성되어 있다. 안채 뒤에는 장독

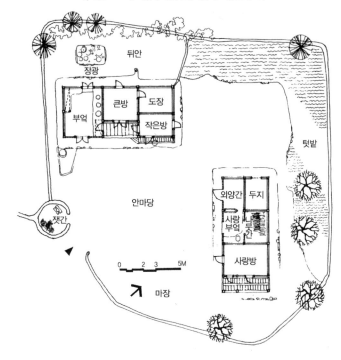

〈그림 1-11〉 전북 장수군, 임씨 댁(실례 5)

대를 둔 뒤안을 돌담으로 구획하여 옥외 가사노동 공간으로 전용화시키고 있다. 뒤안과 인접한 동북쪽에는 ㄴ자형의 높이 1.0m 내외의 텃밭이 있고 나머지 마당은 평면이다. 안채는 퇴 없는 3칸 一자형의 민가이지만 작은방 부분이 횡(橫) 분할되어 도장이 설치되어 있고 큰방에서만 출입된다. 이러한 평면형은 호서 지방(주로 전라북도)에 분포하는 대표적인 민가이다. 작은방 앞에는 45cm 폭의 쪽마루가 있는데, 아궁이의 불길을 피하기 위해 큰방 마루보다 45cm 높게 설치되었다. 사랑채의 중심은 사랑부엌이다. 여기에서는 사랑방의 난방과 땔감 저장, 그리고 외양간의 쇠죽 끓이기 등의 기능이 동시에 이루어진다. 아울러 사랑방의 위치는 안채를 의식한 듯 반대쪽으로 돌아앉았다. 그리고 대문 옆의 잿간은 돌담으로

|왼쪽| 울릉도 투막집의 통나무를 쌓아 올린 벽 모서리 |오른쪽| 투막집 축담

쌓은 원형 편면과 원추형 지붕 등으로 묘한 조형미를 보여주고 있다.

실례 6_경북 울릉군 북면 나리동, 고씨 댁

울릉도의 강우량은 한 해 평균 1.357mm로 우리나라에서 가장 많다. 따라서 강설량도 가장 많아 적설량은 연평균 133cm가량 쌓이기도 한다.

고씨 집은 한때 8명의 가족이 기거했다는데, 정지와 큰방, 사랑방으로 구성된 3칸 '투막집'이다. 울릉도에서는 통나무로 귀틀을 짜서 벽을 맞추는 집을 투막집이라 부르고, 함경도형 민가와 같이 태백산맥계(系)의 민가와 유사한 구조이다. 통나무는 대개 15~20cm 정도의 것을 많이 쓰는데, 양쪽 끝을 도끼로 아래위에 홈을 판 다음, 홈에 맞추어 서로 직교되게 쌓아 올려 결구한다. 통나무 사이는 진흙으로 메워서 보온성을 높인다. 지붕은 우진각지붕이고 3량의 간단한 구조이며 지붕 재료는 흔히 너와를 얹고 바람에 날리지 않게 머리만 한 돌을 얹어둔다. 투막집의 가장 큰 특징은 지붕 처마 끝을 따라 집 주위에 '우데기'를 둘러치는 것이다. 우데기는 새[茅]로 이엉을 엮기도 하고 싸릿대나 옥수숫대로 만들기도 하지만, 최근에는 나무판자로 만들기도 한다. 투막집의 벽과 우데기 사이 공간을 '축담'이라 한다. 고씨 집 축담의 폭은 전면이 1.8m, 후면이 1.4m가량 되므로 사실상 눈이 내리는 겨울철에는 마당의 구실을 톡톡히 한다. 정지

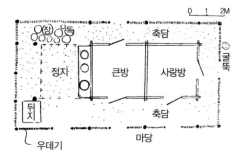
〈그림 1-12〉 경북 울릉군, 고씨 댁(실례 6)

의 벽은 따로 없으므로 축담과 자연스럽게 연결된다.

정지 바닥은 축담보다 70cm가량 낮다. 따라서 축담은 통로 공간 이외에 작업 공간이거나 장독대·찬장·뒤주 등을 두는 수장 공간이기도 하다.

이상과 같이 우리나라의 오막살이집은 지역에 따라 다소 다른 특징을 보이기는 하나 온돌 구조가 그 밑바탕이 된다는 점에서 기본적인 틀이 아주 유사하다. 따라서 오막살이집의 다양한 평면형을 총괄해 보면 민가의 발전 계열을 알 수가 있고, 이들이 지역적으로 특징적인 민가형으로 발전되었던 모형(母型)을 가늠할 수 있다. <그림 1-13>은 한국 민가 중 오막살이집의 발전 과정을 실제로 채집한 사례를 통해 계열별로 정리한 것이다. 대체적인 발전 단계의 흐름은 다음과 같다.

먼저 움집과 같은 일실(一室) 주거에서 한쪽에 온돌 고래의 정주간이 있고, 또 다른 쪽에는 작업 공간을 겸한 부엌의 형태를 상정할 수 있다. 이러한 형태는 다음 단계로, 부엌과 온돌방으로 구획된 형태(A2)와 정주간에서 온돌방이 추가된 형태(B1)로 발전된다. 그리고 2칸 홑집의 오막살이집은 앞퇴가 발달된 단계(A3)를 거쳐 겹집으로 이어지는 발자취를 보여준다(A4).

결국 우리나라 민가의 3칸 오막살이집은 온돌 구조에 의한 기본적 발

〈그림 1-13〉 오막살이집의 계열별 발전 상정도

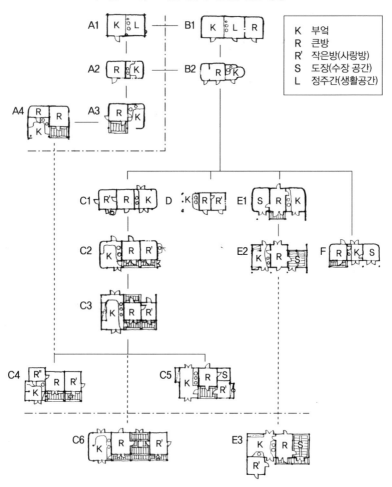

A1. 함남 장흥군: 小田內通敏, 「朝鮮部落調査報告」, 第1冊(朝鮮總督府, 1924). A2. 전북 완주군 봉동읍 은하리, 강씨 집 A3. 경남 양산군 정관면 예림리, 김씨 집 A4. 경남 창녕군 부곡면 원동리, 이씨 집 B1. 함남 장진군: 小田內通敏, 「朝鮮部落調査報告」, 第1冊(朝鮮總督府, 1924). B2. 今和次郎, 『民家論』(ドメス出版社, 1971), 圖 168. C1. 경북 군위군 효령면 내이리, 이씨 집 C2. 경남 사천군 용현면 온정리, 이씨 집 C3. 전북 완주군 봉동읍 은하리, 강씨 집 C4. 경남 함양군 지곡면 덕암리, 박씨 집 C5. 전북 장수군 번암면 대륜리, 안씨 집 C6. 경북 경산군 용성면 의촌리, 김씨 집 D. 경북 울릉군 북면 나리동, 고씨 집 E1. 전남 여천군 화양면 화동리, 최씨 집 E2. 전남 신안군: 신동철, 「남서해 도서 민가건축에 관한 연구」(홍익대학교 석사학위 논문, 1979). E3. 전남 신안군 안좌면 읍동리, 김씨 집 F. 충남 논산군 양촌면 채광리, 이씨 집

전 과정을 거쳐 정착되었고, 이것이 한반도의 지역적 특성을 수용하면서 몇몇 유형으로 발전되었음을 알 수 있다.

첫째로, 가장 일반적인 3칸 오막살이집(C 계열)은 부엌이 단부에 위치하고 여기에서 두 온돌방이 병렬되는 형태인데, 이러한 유형은 오막살이집의 주류를 이루고 있다(C1). 이러한 민가형은 다음 단계로 앞퇴가 등장하면서 여기에 토방과 툇마루가 시설된다(C2). 그리고 다음 단계로는 앞퇴뿐 아니라 뒤퇴도 발생하여 방의 면적이 확대되기도 하고, 때로는 뒤툇마루가 등장하기도 한다(C3). 이와 같이 퇴가 발달된 3칸 오막살이집은 새로운 단계를 맞게 된다. 즉, 보 방향으로 실의 분화 현상을 보이는데, 하나는 부엌 부분에서 온돌방이 횡 분할되는 경우(C4), 또 하나는 작은방 부분에서 실의 분화 현상을 일으켜 새로운 수장 공간(도장)을 갖게 되는 경우(C5)이다. 전자의 경우는 한반도 전역에서 가끔 찾아볼 수가 있고, 후자의 경우는 호서 지방(주로 전라북도)을 중심으로 볼 수 있는 특징적인 유형이다.

둘째, 3칸 오막살이집(D 계열)은 3칸 집에서 주위에 우데기로 통로를 만든 울릉도의 '투막집' 유형이다. 이것은 눈이 많이 오는 지역이라는 기후적 특성이 만들어낸 독특한 오막살이집이다. 따라서 우데기로 형성된 축담이 폭설이 내릴 때 통로와 마당의 역할을 어느 정도 충족시켜 주는 독특한 유형의 민가이다.

셋째, 3칸 오막살이집(E 계열)은 호남 지방에 분포하는 유형으로서 한반도의 일반적인 유형과는 다르다. 즉, 단부에 부엌이 위치하지만 반대쪽 단부는 흙바닥이거나 마루가 시설된 수장 공간으로서 온돌 구조의 침실이 아닌 것이다. 그러므로 이러한 유형은 온돌방의 주 침실에 우선하여 수장 공간의 필요성이 바탕에 깔려있어, 이 지역의 독특한 주거 문화를 인식하게 해준다.

끝으로, 3칸 오막살이집(F 계열)은 2칸 홑집이 3칸 홑집으로 발전할 때 부엌이 중앙에 위치하는 유형이다. 이러한 유형은 부엌을 중심으로 하는 여러 가지 작업 동선의 편리성 때문에 두 온돌방을 배치하거나 외양간을 부엌에 인접하여 배치하기도 한다. 일반적으로 흔히 볼 수 있는 유형은 아니지만, 특히 경북 안동 지방의 '도투말이집'으로 불리는 유형이 여기에 속한다.

이상과 같이 우리나라 오막살이집의 계보를 상정해 보면 두 가지의 큰 흐름을 읽을 수 있다. 그 하나는 오막살이집이 구조적으로 고급화됨에 따라 퇴가 발생하면서 겹집화되는 경향이며, 다른 하나는 오막살이집이 지역의 특징적인 민가형으로 발전하기 전에 그 모형적인 성격이 있음을 분명히 보여주는 점이다. 전자는 C4, C5의 사례와 같이 퇴의 발생과 함께 부엌과 부침실 부분에서 횡적 분화 과정을 찾아볼 수 있다. 그리고 후자의 경우는 C6, E3의 사례에서 찾아볼 수 있다. 즉, C 계열의 오막살이집은 호남 지역 민가의 모형적인 위치에 있음을 짐작하게 해준다. 따라서 이러한 두 가지 흐름은 한국 민가형의 원류를 탐색하는 데 하나의 시사점을 던진다.

5. 맺는말

오막살이집은 땅과 함께 시름하고 빈곤 속에서 삶을 이어온 농민들의 주거이므로 생활에 필요한 최소한의 주거 공간이다. 오막살이집은 더위보다 참기 어려운 추위를 대비했던 주거였으므로 축조가 쉬운 온돌 구조를 바탕으로 구성되어 있다. 또 오막살이집은 지역적인 차이는 있어도 한반도 전역에 상당한 비중으로 분포되고 있으며, 이를 바탕으로 지역에 따라 특징적인 민가형이 형성되었다. 따라서 오막살이집은 이들과 공존하고 있는 한국 민가의 '기본형'이라 규정할 수 있을 것이다.

오막살이집의 발전 과정을 보면 한국 민가의 단계적인 변화 과정을 그대로 보여준다. 즉, 오막살이집은 그 규모가 영세하므로 먼저 3칸 이하의 가구(架構) 범위 안에서 실면적의 확대 현상이 일어나고, 최종적으로는 실의 분화 현상으로 겹집화된다. 이러한 과정은 지역적인 차이는 있으나 일반적으로 오막살이집과 같이 극소(極小)형의 민가에서 한정된 공간을 집약적으로 이용하려는 의지와 여기에 풍토적인 조건이 가해져 자연스럽게 나타난 결과이다. 오막살이집에서 실의 분화 현상은 다음과 같이 세 가지로 요약된다.

첫째는, 부침실 부분이 횡 분할되어 주로 수장 공간으로 분화되는 경우이다. 이때 수장 공간의 출입문은 안방에 둔다. 이것은 안방에서 가재 관리를 해야 하기 때문이다. 둘째는, 부엌 부분이 횡 분할되는 경우인데, 이때 분화되는 공간은 온돌방이거나 수장 공간이 된다. 이것은 어느 경우이거나 부엌이 주부의 활동 공간이며, 아궁이가 있다는 기능적인 문제가 크게 작용한 것이다. 셋째는, 정상적인 마루방을 둘 수 없는 오막살이집에서 툇마루를 확장시켜 마루 생활이 가능하도록 실의 분화 현상을 보이는 경우이다. 특히 남부 지방에서 이러한 경향이 두드러지게 나타난다.

제4장

한국 민가의 문화 지역

1. 머리말

한 나라의 민가형은 오랜 세월 동안 그 나라의 독특한 자연과 풍토 속에서 대를 이어 살아온 대다수 민중의 지혜가 응축되어 나타난 결과물이다. 우리나라의 전통 민가 또한 지역별 정주 환경이 다른 만큼 다양한 주거 양식을 보여왔으며, 이를 주거 문화의 지역성이라 일컫는다.

한국 민가의 지역적 특징과 분포권에 대해서는 일찍이 1920년대부터 여러 학자들의 논의가 있어왔으나 아직도 이견이 해소되지 못한 듯하다. 그렇다면 오늘날까지 여러 제안들이 계속 나오는 이유는 무엇인가. 그것은 첫째로, 그동안 조사·연구가 계속되었음에도 불구하고 아직도 한반도에 자생하고 있는 민가형의 전모가 밝혀지지 못했다는 점일 것이고, 둘째로는, 주(住)문화권 분류의 기준을 정하는 데 의견이 달랐기 때문에 일어난 결과라고 생각된다.

이 글은 한반도의 민가형이 지역별로 어떻게 분포되고 있는가에 대한 조사가 어느 정도 축적되었다는 판단 아래 그 분류 기준을 제시하고 더불어 주문화권의 재분류를 시도해 보려는 데 그 목적이 있다.

2. 민가의 안채와 주문화권

한국 민가는 오랜 세월 동안 한민족의 삶을 담아온 은신처이며, 기능적·구조적인 발전의 소산이지만 무엇보다 우리 선조들의 생활양식이 진솔하게 반영된 구체적인 모습이다. 이러한 민가를 조영하던 장인(匠人)들은 어떤 한정된 지역에서만 활동하던 농민 기술자였으며, 이들은 오랜 세월에 걸쳐 조금씩 발전되고 전승되어 온 건축술(術)만으로 참여해 왔으므로 지역별로 특징적인 민가형이 존재해 왔던 것이다. 여기에서 지역적인 민가형이란 어떤 등질(等質)적인 민가 요소가 한정된 지역 안에서만 우세하게 나타나고 있는 상태를 말한다. 그런데 일반 민가의 건축 행위는 그들이 오랫동안 대(代)를 이어오면서 터득한 생활양식과 여기에 공동체적 생존의 가치를 구체적으로 구현시킨 결과를 보여준다. 따라서 민가 형태는 그들의 집단적 무의식과도 통하는 것이며, 여기에서 특징적인 문화 지역의 구분이 가능하게 된다.

우리나라의 '집'의 개념은 먼 조상으로부터 오늘에 이르기까지 이어진 것이며, 앞으로도 무한히 이어갈 가계(家系)를 상징적으로 의미했다. 민가는 대체로 마당을 가운데에 두고 안채와 바깥채(사랑채)로 나누어지는데, 이때 안채는 지역마다 하나의 뚜렷한 정형(定型)이 약속된 것처럼 잘 지켜져 왔으며, 이에 반해 바깥채는 그에 비해 자유로운 편이다. 그도 그럴 것이 '집'에 있어서 가족 구성원인 개인은 유한하지만, 대를 이어가는 가문(家門)은 영원하기 때문에 안채는 대대로 가통(家統)을 잇는 신성한 권위를 표상하게 된다. 따라서 안채의 평면형은 좀처럼 쉽게 변용시킬 수 없는 성스러운 대상으로 인식되어 왔던 것이다.

우리나라의 전통 주택은 한때 서민·중류·상류 주택으로 분류되어 왔으며, 민가는 서민 주택으로 보는 견해가 많았다. 이러한 분류법은 당시의 신분과 경제적 수준에 따라 포괄적으로 분류한 것인데, 조선 후기에는 신분적 차이에서 점차 경제적 수준의 차이로 분류되었을 것이라 보는 견해가 많다. 그뿐만 아니라 일반 민가는 자연의 제약에 따라 민감하게 대응해 왔으므로 지역별 특징이 안채를 중심으로 현저하게 나타나는 데 반하여, 상류 주택은 지배층으로서의 상층 문화와 표준적인 주거 규범이 자연스럽게 나타나는 차이점이 있다. 일반 민가와 상류 주택의 이러한 차이점은 전통 주택의 분류 기준으로서 유용하게 적용될 수 있을 것이다.

동시에 민가의 문화 지역 구분은 민가형의 차별성을 고찰할 수 있는 주(住)문화권을 기준으로 분류하고, 인접한 문화 지역과 비교하여 분석하는 것이 바람직하다. 그런데 주문화권에 있어서 문화의 전파 경로는 지형 조건이 교통 및 정보를 차단하는 장벽이 되거나 혹은 통로가 되기도 하여 문화전파의 결정적인 요인이 된다. 따라서 우리나라와 같은 산악국 지형은 정치적 혹은 문화적 구획법을 조장시켜 왔던 큰 요인으로 나타나고 있는 것이다.

일반적으로 민가 요소가 등질적으로 일정 지역에 나타나고 있는 주문화권은 다른 문화권과 이웃하고 있다. 이때 이웃하는 주문화권의 경계는 선(線)적인 개념이 아니라 문화복합이 일어나는 중간지대의 개념이며, 문화권역의 주변부에서 일어나는 현상이다. 즉, 중간지대에는 이웃하는 민가형이 서로 공존할 수 있고 제3의 유형이 나타날 수도 있으며 우세한 민가형의 변용들이 지배할 수도 있다. 그러므로 한국 민가의 유형 구분은 그 지역 고유의 민가형에 대한 조사가 충분히 축적되었을 때 가능한 일이다.

3. 기존 문화 지역 구분의 분석

한반도를 대상으로 하는 민가형의 조사·연구는 동기야 어떠했든 그 출

〈표 1-2〉 한국 민가의 기존 문화 지역 구분

번호	제안 연도	제안자	문화 지역 구분 내용(소구분)
1	1924	이와키 센지	北鮮형, 京城형, 中鮮형, 西鮮형, 南鮮형[1]
2	1938	노무라 요시후미	제주도형, 북선형, 일반형(서선형, 남선형) 도시형(경선형, 중선형)[2]
3	1960	리종목	외통형(외채형, 쌍채형, 꺾음집, 똬리집) 양통형(정주간 있는 집, 정주간 없는 집, 세겹집)[3]
4	1965	황철산	외통형(一자집, 二자집, ㄱ자집, ㄷ자집, ㅁ자집) 양통형(북부형, 중부형, 남부형)[4]
5	1965	이영택	중부형, 남부형, 관서형, 관북형[5]
6	1970	김정기	서울형, 북부형, 서부형, 중부형, 남부형, 제주도형[6]
7	1980	주남철	함경도 지방형, 평안도 지방형, 중부 지방형, 서울 지방형, 남부 지방형, 제주도 지방형[7]
8	1980	장보웅	**單列(홑집) 민가형, (直家형, 曲家형)** **複列(겹집) 민가형, (3~5실형 민가, 특수형 민가)[8]**

주 1) 岩槻善之, 「朝鮮民家の家構に就いこ」, ≪朝鮮と建築≫, 第3輯, 2号(1924).

   2) 野村孝文, 『朝鮮の民家』(學藝出版社, 1981).

   3) 김광언, 『한국의 주거민속지』(민음사, 1988), 6쪽에서 재인용.

   4) 김광언, 『한국의 주거민속지』(민음사, 1988), 6쪽에서 재인용.

   5) 이영택, 「평면 구성상에서 본 한국의 가옥분포」, ≪지리≫, 1-1(1963).

   6) 김정기, 「한국주거사」, 『한국문화사 대계(IV)』(고려대학교 민속문화연구소, 1970).

   7) 주남철, 『한국주택 건축』(일지사, 1980).

   8) 장보웅, 「한국 민가형 분류와 문화 지역 구분」,. ≪지리학≫, 제22호(1980).

발이 1920년대로 거슬러 올라간다. 일본 학자 이와키 센지(岩槻善之)는
1924년에 처음으로 우리나라 민가의 문화 지역을 5개 권역으로 구분할
것을 제안했다. 이것은 그 후 학자들이 부분적으로 수정하긴 했으나
1970년대 이전까지 민가형 분류에 상당한 영향을 미쳤다. 1920년대 한
반도 민가의 조사·연구는 조선총독부의 식민지 통치를 위한 자료의 필요
성에서 비롯되었거나 학문적 의욕을 가졌던 일본 학자들에 의한 것이었
다. 이들의 조사지는 철도변을 따라 잡은 단조로운 채집지에 한정되었으
며, 그 내용도 예찰(豫察) 보고서와 흡사한 것이었다.

이후 한국 민가의 조사·연구사는 크게 나누어, 1920년대의 전기(前期)와 1970년대 이후의 후기(後期)로 나누어진다. 그동안에 제안되었던 한국 민가의 문화 지역 구분을 정리해 보면 다음 <표 1-2>와 같다.

오늘날까지 한국 민가의 문화 지역을 구분하는 방법은 분류 기준에 따라 크게 두 가지로 나누어진다. 그 하나는 민가의 안채 평면에 따라 분류하는 것이고, 다른 하나는 민가의 몸채가 홑집(외통형)으로 이루어졌느냐, 혹은 겹집(양통형)으로 이루어졌느냐에 따라 분류하는 것이다. 전자는 이와키 센지·노무라 요시후미(野村孝文)·이영택·주남철 등에 의한 것인데, 주로 안채 평면을 대상으로 한 것이며 지역에 따라 표현은 다르지만 북부·서부·서울·중부·남부·제주도 등의 지역으로 구분하고 있다. 이 가운데 주목되는 제안은 이와키 센지·김정기·주남철 등이 서울과 중부 지방을 서로 다른 문화 지역으로 구분하고 있는 점과 노무라 요시후미가 지역별 민가형의 모형(母型)적인 유형으로서 '일반형'을 새롭게 제안하고 있는 점이다.

또 후자의 경우는 북한 학자인 리종목, 황철산을 포함하여 장보웅 등이 가세한 분류법인데, 주로 몸채의 방 배열에 분류의 초점을 맞추고 있으며 안채 이외에 가옥의 배치 형상도 분류 기준으로 삼고 있다. 즉, 그들은 평면 구성상의 틀과 지붕 용마루의 상관관계를 기준으로 형태 분류를 하고 있는데, 이러한 기준으로 분류한 결과 민가를 크게 외통형과 양통형으로 나누었다. 이는 겹집이 주로 한반도의 중·북부에 분포하고 있음을 감안하여 우리나라 민가형을 홑집과 겹집[1]으로 양분하여 분류한 것이다.

---

1) '겹집과 홑집'은 보 방향의 실 분화와 구조적 대응 관계를 나타낸 것인데, 홑집은 용마루 밑에 방들이 외줄로 배열된 평면 형태이며, 겹집은 두 겹 또는 세 겹으로 배열된 경우이다. 홑집과 겹집을 북한 학자들은 '양통형과 외통형'이라 부르고, 장보웅은 '복렬형과 단열형'이라 부른다.

그런데 민가의 구성적인 공간조직을 홑집이냐 혹은 겹집이냐에 따라 분류하면 다양한 주거 양식이 반영되어 있는 민가 특성을 제대로 나타낼 수가 없다. 다시 말해서 전자의 경우는 안채의 구성적인 특징을 중심으로 분류한 것인 데 반해, 후자의 경우는 민가의 외곽 형태를 두고 분류한 결과만을 보여줄 위험이 있다. 따라서 주거 문화의 지역 구분은 지역별로 독특한 주거 문화를 설명해 줄 수 있는 분류 기준을 세우는 것이 중요하다. 이러한 견지에서 한국 민가의 문화 지역 구분은 다음과 같은 몇 가지 사항이 반영되어야 할 필요가 있다.

첫째, 한국 민가의 안채는 그 지역의 생활양식과 주거 문화를 설명해 주는 공간 조직체이다. 주거는 침식과 기거가 일차적인 목적이므로 부엌과 온돌방만으로 구성될 수 있다. 그러나 지역마다 전승되어 온 주거 양식과 규범에 맞게 공(公)적 업무 혹은 의례를 위한 공간이나 장소를 마련함에 있어서 그들의 주거 가치를 구현하려고 했다. 이러한 사례로서 '마루'는 지역마다 주거 문화의 차원을 가늠해 볼 수 있는 중요한 요소이다. 또 안채는 기본적으로 가족 중심의 대내(對內)적 생활의 중심이다. 이에 비해 바깥채(사랑채)는 농사용 공간을 비롯하여 대외(對外)적 접객을 위한 공간이거나 안채를 보완해 주는 부속 공간으로 채워지고 있다. 이와 같이 민가의 공간조직이 어떤 방식을 취하느냐에 따라 특징적인 주거 문화와 지역성이 표현된다. 그런데 민가의 안채는 좀처럼 변하지 않고 그 지역의 생활 방식을 반영하는 뚜렷한 정형이 있어 이것이 문화 지역을 구획하는 데 유익한 분류 기준이 되지만, 바깥채는 경제 규모에 따라 자유롭게 세워지는 차이점이 있다.

둘째, 전통 민가는 항상 마당과 함께 한 묶음이 되어 배치된다는 원칙에서 보면 외정(外庭)형과 내정(內庭)형으로 나누어진다. 외정형은 노동과 생활의 외부 공간을 가옥의 주위에 두고 의식을 외부로 넓혀가는 원심적 구성을 보여주는 유형이다. 이에 비해 내정형은 외부에 대해 견고한 벽을 쌓고, 생활과 연결되는 안마당의 영역을 가운데에 둠으로써 구심적인 구성을 보여주는 유형이다. 내정형은 아시아 대륙의 대부분에 걸쳐 분포하고 있으며, 한반도의 민가형은 대체로 내정형에 속한다. 그러나 함경도와 영동 지방에서는 유독 외정형의 분포를 보여주고 있는데, 이러한 주거 방식은 자연과의 대응 관계를 구체적으로 주거 공간의 구성방식으로 보여주고 있다. 그러므로 외정형이 한반도의 일부 지역에 분포하고 있는 만큼 현실적으로 특징적인 문화 지역으로 인정할 필요가 있는 것이다. 다만 이와 같은 이분법적 분류법으로 한반도의 민가형을 구분할 경우, 지역별로 나타나는 다양한 주거 문화를 놓칠 위험이 있다.

셋째, 주문화권이란 지역별로 특징적인 주거 문화를 지표로 하여 등질성에 따라 구획하는 것이다. 또 주문화권끼리는 어떤 장벽을 사이로 하여 서로 인접하고 있으며, 권역 안에는 각각 중심이 되는 문화 요소가 있고 부차적인 요소가 조합되어 나타나기도 한다. 그러므로 주문화권의 내부에는 중심부와 인근부가 성립하게 된다. 인근부는 대체로 인접 문화권의 영향을 다소간 받은 지역일 경우가 많으며, 중심부는 반드시 중앙의 위치가 아니더라도 주된 문화 요소의 밀도가 높은 지역이다.

문화는 서로 교류하고 전파하는 속성이 있고, 그 과정이 무척 점진적이며 다양한 전파 경로를 가지게 되므로 인근부에서는 문화 복잡화 현상이 일어나기도 한다. 따라서 문화 지역을 구분할 때 중심되는 문화 요소와 부차적인 문화 요소의 분포 상황을 면밀히 파악해서 정할 필요가 있다.

4. 한국 민가의 문화 지역

한반도 민가의 조사·연구가 1920년대 일본인 학자들에 의해 처음으로 진행된 지 벌써 80여 년의 세월이 흘렀다. 우리는 그동안 조국 광복의 기쁨을 맞았으나 곧이어 6·25 전쟁으로 민족상잔의 고통과 아픔을 겪었다. 그 속에서 수많은 민가와 문화유산이 소실되고 파괴되었으며, 1970년대 근대화 운동 과정에서 또 그 원형을 결정적으로 잃기도 했다.

그러나 한반도 남쪽의 민가 조사는 늦게나마 그런 대로 꾸준히 이루어져 왔으므로 현시점에서 민가의 문화 지역을 구분하는 문제는 큰 어려움이 없어 보인다. 그러면 여기에서 그동안 얻은 조사·연구의 성과를 바탕으로 앞에서 살펴본 분류 기준에 따라 한국 민가의 문화 지역 구분을 위한 권역별 현상을 우선 살펴보기로 한다.

<그림 1-14>부터 <그림 1-24>까지는 주문화권별로 일반형에 해당되는 대표적인 안채 평면을 사례로 든 것이다.

1) 오막살이집 계열의 민가

온돌방만으로 구성된 오막살이집 계열은 한반도 전역에 걸쳐 정도의 차이는 있으나 지역적으로 특징적인 민가형과 공존하고 있다. 지역별 민가의 안채 평면은 대체로 전면 4칸에서 그 지역 민가형의 특징적인 모습을 보여준다. 그렇기 때문에 한국 민가에서 온돌방만으로 구성된 민가는 상대적으로 불완전한 평면형이라 할 수 있다.

그러나 오막살이집 계열의 민가에서도 특징적인 지역성을 보여주는 경우가 있다. 예컨대 호서(湖西) 지방이나 울릉도[2] 등의 민가에서처럼 마루가 없어도 특징적인 민가형이 일부 지역에 따라 자생하고 있는 것이다. 이와 같이 온돌방만으로 구성된 민가형이 공통적으로 분포하고 있는가 하면, 한편으로는 지역에 따라 하나의 뚜렷한 문화 지역을 이루고 있다.

---

2) 임호진 외, 「울릉도 민가의 온열환경에 관한 연구」, 대한건축학회 학술발표 논문집, 제13권, 제1호(1993).

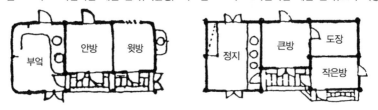

〈그림 1-14〉 오막살이집 계열 민가(기본형)　〈그림 1-15〉 오막살이집 계열 민가(호서 지방)

따라서 규모가 3칸형 내외의 오막살이집 계열은 지역별로 특징적인 민가형의 앞선 단계에 해당되는 평면형이라 볼 수 있기 때문에 민가의 발전 과정상 '기본형'의 성격이 강하다.

2) 서울 및 중부 지방 민가

종전의 민가형 구분에서 '서울 지방형'과 '중부 지방형'을 별개의 문화 지역으로 분류한 몇몇 주장이 있어왔다. 중부 지방 민가의 기본적인 특징은 실증적으로 안채 평면에서 부엌·안방(윗방)의 배열 축과 대청·건넌방의 배열 축이 직교되게 ㄱ자형을 이루고 있으며, 대체로 대청이 남향으로 자리한다. 그런데 서울 지방 민가를 별도로 주장하는 경우에도 위와 같은 중부 지방 민가의 특징과 차이점이 없다. 다만 중부 지방 민가와 서울 지방 민가는 다 같이 ㄱ자형인데, 서울 지방 민가는 대청·건넌방의 배열 축이 남향이며,[3] 중부 지방 민가는 부엌·안방의 배열 축이 남향이라는 주장이다.[4] 추측건대 이러한 중부 지방 민가형은 남향으로 앉은 '부엌＋안방＋윗방'의 오막살이집이 경제적인 여유가 생겨 윗방 옆에 '대청＋건넌방'을 ㄱ자형으로 꺾어 증축한 사례를 들었던 것이 아닌가

---

3) 주남철, 『한국주택건축』(일지사, 1981), 81쪽.
4) 같은 책, 80쪽.

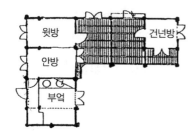

〈그림 1-16〉 서울·중부 지방 민가

윗방 | 건넌방
안방
부엌

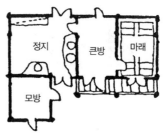

〈그림 1-17〉 호남 지방 민가

정지 | 큰방 | 마래
모방

한다. 이렇게 보면 서울 지방형과 중부 지방형은 동일한 문화 지역에 자생하는 민가형이라 단정해도 무리가 없을 것이다. 따라서 서울·중부형 민가의 문화권 경계는 북쪽으로 황해도의 멸악산맥, 동쪽으로 태백산맥, 그리고 남쪽으로는 차령산맥으로 구획되는 넓은 지역에 걸쳐 분포하고 있는 셈이다.

3) 호남 지방 민가

호남 지방에 분포하는 민가의 일반형은 정지를 중심으로 한쪽에 큰방과 마루, 그리고 반대쪽에 모방(작은방)이 배열되는 유형이다. 더욱이 이러한 민가형의 앞 단계로 생각되는 3칸 집의 경우, 정지·큰방·마루의 배열이 일반적이어서 마루의 위상과 중요도를 짐작하게 해준다. 마루는 두 짝널문의 출입문이 시설되어 폐쇄적인 모습이다. 내부에는 각종 독과 항아리가 줄지어 서 있고, 독 안에는 각종 곡물이 수장된다. 이 가운데에는 쌀을 신체(神體)로 한 성주독이 있어 통상 집안의 수호신으로 봉안되고 있다. 마루에서는 조상신을 모시고 가제(家祭)를 행한다. 호남 지방 민가의 마루는 '대청 문화'와 달리 '마루 문화'의 중심에 있다. 즉, 마루는 사회 기층을 이루는 민중의 곡령(穀靈)적 배경과 무교(巫敎)적 신앙을 바탕으로 형성된 신령(神靈)적인 공간이다. 이러한 민가형은 남서해의 도서

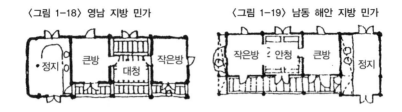

〈그림 1-18〉 영남 지방 민가　　　〈그림 1-19〉 남동 해안 지방 민가

지역을 포함한 전라남도 지방과 전라북도의 노령산맥 남쪽에 걸쳐 분포하고 있다.

4) 영남 지방 및 남동 해안 지방 민가

영남 지방 민가의 일반형은 정지·큰방·대청·작은방이 一자형으로 배열된다. 큰방과 작은방은 원칙적으로 대청을 통해 출입된다. 대청은 안마당과 함께 잔치를 열거나 제사 따위의 의식이 이루어지는 장소이므로 마당 안쪽으로 개방되어 있다. 그리고 대청에는 성주신이 봉안되고 때로는 조상의 위패를 모시는 벽감을 두기도 한다. 그러므로 대청은 유교 문화 특유의 의례 공간의 성격이 강하다. 영남 지방 민가의 대청은 서울·중부 지방의 대청과 더불어 '대청 문화'의 중심축을 이루고 있으며, 유교적인 예제에 바탕을 둔 상층 문화에 속하는 공간이다. 이러한 영남 지방 민가의 분포 지역은 태백산맥과 소백산맥으로 구획된 지역이지만, 남동쪽은 또 다른 남동 해안형 민가의 분포 지역과 인접하고 있다.

남동 해안 지방 민가는 실의 구성과 배열은 영남 지방 민가와 동일하다. 분포 지역은 호남 지방과 영남 지방 민가의 분포 지역을 잇는 남동 해안 지방에 해당된다. 이 지역 민가의 '마루(안청)'는 마루에서 곡창의 기능이 퇴화되면서 '대청'의 주거성과 의례 공간의 기능이 도입되는 경향으로 절충된 것이다. 더불어서 마루의 폐쇄적인 구조는 널문에서 세살문으로 변용되는 등, 실내 주거성의 회복이 눈에 띄게 달라지고 있다.

5) 북부 지방 민가(함경도, 영동, 안동, 황해도 지방 민가)

함경도 지방 민가의 특징은 무엇보다 정지 안에 온돌 구조의 '정주간'을 둔 점과 田자형 평면의 온돌방이 겹집으로 배열된 점이다. 또 이 지방 민가는 고상식 마루가 등장하지 못하고, 주거 공간이 몸채에 집중화되는 외정형의 모습을 보여준다. 겹집 모양의 온돌방은 안방·윗방·샛방·고방 등으로 구성되는데, 주로 앞줄이 주인과 손님을 위한 공간이며, 뒷줄은 안주인과 가족이 사용한다.

함경도의 남쪽, 영동 지방에 오면 정주간이 소멸되어 버리지만 겹집의 온돌방은 그대로 배열된다. 다만 田자형 온돌방의 정지 쪽 한 칸에 마루가 등장하기도 하지만, 없는 형식도 있다. 그러므로 영동 지방 민가는 함경도 지방 민가와 비교하면 정주간이 소멸했으나 방의 배열 방법이 유사하며, 다 같이 겹집 구조라는 점에서 동일 계열의 문화 지역으로 볼 수 있다.

겹집형 민가의 또 다른 분포 지역으로 주목되는 지역은 태백산맥에서 서쪽으로 멸악산맥이 가로지르는 황해도와 서해 5도(島) 지방이다. 이 지방의 민가형은 기본적으로 강원도 영동 지방 민가와 유사한 '봉당'이 있는 겹집형 민가가 채집되고 있다.[5] 아직은 자세한 분포 상황을 알 수가 없으나 이러한 민가형이 자생하는 가장 큰 이유는 태백산맥을 중심으로 하는 산계(山系) 배치에 따라 이동 경작하는 화전민(火田民)에 의해서 함경도형의 민가가 전파되었을 가능성이 높다.

또 태백산맥에 접하는 경상북도 안동(安東) 북동부 지역에는 '여칸집', '두리집', '까치구멍집' 등으로 불리는 겹집의 민가가 자생하고 있다. 이

---

5) 김광언, 『한국의 주거민속지』(민음사, 1988), 8, 174~196쪽; 리종목, 「우리나라 농촌주택의 유형과 그 형태」, 《문화유산》, 5호(1960).

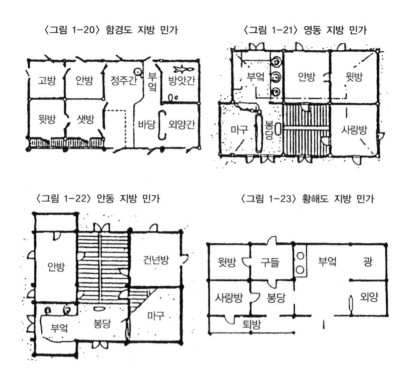

〈그림 1-20〉 함경도 지방 민가

〈그림 1-21〉 영동 지방 민가

〈그림 1-22〉 안동 지방 민가

〈그림 1-23〉 황해도 지방 민가

들 민가는 정면 중앙에 대문을 두고 폐쇄적인 외관을 보여주는데, 원래 안동 문화권의 '서울·중부형' 민가에 그 원류를 두고 있다. 이는 산간 지역이라는 열악한 환경 때문에 대문 안에 '봉당'을 두고 겹집형 민가로 변용된 것이다.

이상과 같은 민가형의 특징은 모두 겹집형이며, 다 같이 '봉당'이라는 흙바닥의 옥내 작업장을 두고 있다는 점이다. 함경도 지방에서는 이에 대신하여 '바당'과 '정주간'이 있다. 깊은 산간지대라는 환경적인 특수성 때문에 겹집형의 가옥 형태와 봉당은 필연적인 대응 관계로 보이는데, 이들 지역의 공통분모와 같은 존재라 할 수 있다. 그리고 북부 지방 민가는 일관되게 겹집 형태와 외정형의 모습을 취하고 있다. 외정형의 주택이 세계적으로 울창한 산림지대에 자생한다는 점을 고려해 볼 때, 지리

적으로 이들 민가와 만주 동북부 및 연
해주 지역의 민가형과 어떤 상관관계가
있는지는 앞으로의 과제가 될 것이다.

〈그림 1-24〉 제주도 민가

6) 제주도 민가

제주도 민가는 온돌 구조가 뒤늦게 전해진 탓으로 한반도와는 다른 남
방계(南方系) 주거 양식을 보인다. 즉, 민가의 정지에는 취사를 위한 솥걸
이만 있고 난방을 위한 아궁이는 없다. 일반형에 속하는 민가에는 정지
에 인접해 고상식 '상방'이 있고 안방 격인 구들은 '고팡'과 한 묶음이
되어 정지의 반대쪽 단부에 있다. 정지에 상방이 인접하는 것은 제주도
민가의 평면이 온돌 난방과는 무관하며, 중심되는 주거 공간이 온돌방이
아니라 '상방(마루방)'이라는 증거이다.

민가의 특징적인 구성이나 주거 형태들은 오랜 세월 동안 그 지역에서
대를 이어 살아오면서 터득한 삶의 방식이 자연스럽게 표출된 결과이다.
그리고 두 개 이상의 문화가 유사한 문화 요소를 가지고 있을지라도 그
문화 요소들을 배열하고 결합시키는 힘을 가진 문화 가치가 다를 때 각
문화는 서로 다른 양식과 구조를 보여준다. 그런데 서로 인접한 문화는
상호 문화적인 교류가 있어온 것이 사실이지만, 이로 인하여 인접한 문
화 요소가 수용되기도 하고 거부될 수도 있다. 그것은 자연·풍토적인 인
자가 작용되기도 하고, 전래되어 온 생활양식상의 문제가 있을 것이기
때문이다. 문화 지역끼리의 상호관계는 '북부 지방형'의 경우처럼 계보
가 동일한 원류를 가진 경우, 드러날 정도로 문화적인 정체성이 분명하
여 문화적인 교류의 방향을 가늠할 수 있는 경우도 있다. 그런가 하면
어떤 문화 요소가 퇴화되어 버리거나 혹은 인접 문화권의 영향으로 새롭
게 유입된 문화 요소도 등장한 경우가 있다. 또는 서로 반대쪽에 인접된

〈그림 1-25〉 한국 민가의 문화 지역

문화권의 영향으로 남동 해안 지방의 경우처럼 제3의 문화 요소가 등장하여 새로운 문화 지역을 광범위하게 형성하기도 한다. 다만 이런 경우, 더 큰 시각에서 주문화권의 계보를 찾아가는 시도가 필요하다. 따라서 문화 지역 구분은 대구분(大區分)과 동시에 문화 요소의 전파 상황에 따라 때로는 소구분(小區分)을 동시에 도입하는 방법이 복잡한 문화 지역을 좀 더 간결하게 나타낼 수가 있을 것이다.

이상과 같이 한국 민가의 특징적인 문화 지역을 개관해 보면, 대체로 6개 권역으로 크게 분류할 수가 있다. 그리고 문화의 중심 요소가 전파되는 상황에 따라 소구분을 시도함으로써 다양한 문화 지역을 간결하게 정리할 수 있다. 다시 말해서 민가의 '기본형'은 지역에 따라 '호서형', '울릉도형' 등으로 소구분 되고, '영남형'은 내부적으로 '남동 해안형'으로 소구분되었다. 그리고 겹집형 계열의 민가는 '북부형'으로 대구분되고, 내부적으로 '함경도형', '영동형', '안동형', '황해도형'으로 소구분되었다. 이러한 문화 지역의 구분 내용을 한반도의 지도상에 옮겨본 것이 <그림 1-25>이다.

5. 맺는말

오늘날까지 조사·연구되었던 한국 민가의 자료를 바탕으로 한반도의 문화 지역을 그 특징에 따라 개관해 본 결과, 다음과 같이 6개 문화 지역으로 구분할 수 있었다. 문화 지역별로 일부는 괄호 속에 소구분했다.

① 기본형(호서형, 울릉도형)
② 서울·중부형
③ 영남형(남동 해안형)
④ 호남형
⑤ 북부형(함경도형, 영동형, 안동형, 황해도형)
⑥ 제주도형

다만 북한 지방의 민가 조사는 현재로서는 어쩔 수 없으므로 광복 전후에 걸쳐 조사되었던 문헌자료를 동원했으나 많이 부족한 실정이다. 특히 태백산맥과 황해도 멸악산맥을 연결하는 주(住)문화대(帶)를 두고 보면, 현재로선 이에 대한 명확한 분포 상황을 알 길이 없어 대단히 아쉽다.

전통 주거 문화가 중요한 이유는, 그것이 면면히 이어져 온 민족의 삶의 방식을 구체적으로 투영하고 있기 때문이며, 오늘날까지 민족적인 역량을 역동적으로 이끌어온 바탕을 이루어왔기 때문이다. 오늘날 현대화, 혹은 세계화와 같은 획일화의 물결 속에서 우리의 전통문화를 보존하려는 노력은 각 지방의 고유문화를 되살리고 지킬 필요가 있다는 목소리로 나타나고 있다. 그런데 지방의 고유한 주거 문화는 아직도 그 존재가 외면당하고 있는 느낌이다. 우리의 전통 민가는 문화의 근본이며, 그 정체성과 다채로움의 가치가 인정되어야 한다. 나아가서 한국 민가의 생명력이 현대 주거 문화 속에서 계승될 수 있도록 많은 관심과 연구가 필요하다.

한반도 남부 지역의 민가

제2부

1. 머리말

영남 지방은 지형적으로 태백산맥이 동해에 근접해 내려오고, 태백산 부근에서 서남쪽으로 소백산맥이 강원·충북·전북도와 도계(道界)를 이루면서 남쪽 땅을 포근히 감싸 안고 있다. 그 가운데를 남한 최대의 강, 낙동강이 젖줄을 이루며 유유히 흐른다. 영남 지방은 우리나라 역사상 중요한 역할을 담당한 바가 있었으며, 민족 문화의 전통을 계승·발전시켜 온 역사적 고장이다. 그리하여 조선 시대에 와서는 이 지역 출신들이 정계와 학계를 주도하면서 국가의 지도적 역할을 담당했다. 특히 선조 때 이후, 중앙 정계에 진출한 영남 사림파(士林波)는 성장을 거듭하여 정계의 주도권을 장악했다. 또 학문에서도 영남학파가 크게 발전하여 경상도는 성리학(性理學)의 중심에 서 있었다.

영남 지방 사람들은 예로부터 이른바 '영남형'이라 칭해지는 그들만의 주거에서 생활해 왔다. 다시 말하면 안채의 구성이 정지·큰방·대청·작은방으로 배열된 민가형이다. 물론 이러한 민가형은 오막살이집에서 다음 단계로 발전된 민가형으로서 '대청'이라는 고상식 요소 공간이 가세한 것이다. 그러면 이러한 민가형이 출현하게 된 배경은 무엇인가. 이를 위해서는 영남 지방 민가의 '대청'이 어떤 공간인지를 알아보는 것이 지름 길일 것이다. 아마도 대청은 영남 지방의 역사·문화적인 배경과 깊은 관련이 있을 것이며, 영남 지방 사람들의 삶의 가치관과도 깊은 연관이 있을 것이다. 그러므로 이는 곧 이 지방 민가의 정체성을 밝히는 작업이 된다. 영남 지방 민가를 연구하는 데는 이 밖에도 기본적인 평면형을 비롯하여 다양한 발전 과정을 보여주는 민가를 발굴하여 영남 지방 주거 문화의 깊이를 더해주는 작업이 필요하다. 또한 이 지방 민가의 분포 지역은 어떻게 형성되고 있으며, 여기에 이웃하고 있는 주(住)문화권과의 관계도 동시에 밝혀져야 할 부분이다.

한반도에서 주류를 이루고 있는 민가형을 두고 볼 때, 영남 지방 민가형이 차지하는 비중은 아주 커 보인다. 따라서 이 지방 민가형의 구명은 한국 민가의 정체성을 찾아가는 데 매우 유익할 것이다.

2. 대청 문화의 보급

영남 지방의 옛 살림집은 다른 지방과 마찬가지로 어떤 정형(定型)이 있었다. 이는 한 사회의 문화적 현상으로 표출된 것이기 때문에 어떤 개인이 아니라 집단의 창조 행위라 할 수 있다. 그러므로 살림집에는 그 시대의 문화를 공유하고 형성해 온 기층민의 생활상뿐 아니라 문화적 가치관이 그대로 반영되어 있는 것이다.

영남 지방 민가형의 특징은 안채의 구성이 정지·큰방·대청·작은방의 순서로 배열되고, 이때 대청은 마당을 향해 열려있는 모습이다. 이러한 안채의 특징적인 구성은 비단 민가만이 아니라, 조선 왕조의 궁궐 침전과 사대부 주택, 그리고 유학자들과 관계되는 여러 건축에서도 유사한 사례를 찾아볼 수 있다. 조선 시대 향교와 서원의 강당은 거의 모든 건축이 중앙에 세칸대청을 두고, 양쪽(東·西)에 각각 온돌방(耳房)을 배치함으로써 옛날 당침(堂寢) 제도를 나름대로 따르고 있다. 그렇다면 이러한 평면의 유사성은 어디에서 비롯된 것일까. 조선 왕조는 국시에 따라 유교적인 예제(禮制)의 행용을 장려했으며, 성리학의 전래와 함께 『주자가례(朱子家禮)』의 실천이 왕실(王室)이나 사대부가(士大夫家)를 중심으로 나타나기 시작했다. 그리하여 성리학적인 사회질서의 확립을 중요시했던 사림들이 정착하는 16세기에 와서는 점차 전국적인 규모로 확대되어 실행되었다. 이즈음 지방의 사족(士族)들이 대거 중앙 정계에 진출하였고 지방에서는 서원과 향약(鄕約)의 설립을 통하여 농민들을 적극적으로 지배하게 된다. 또 한편으로는 성리학적 실천 덕목인 『소학』과 가정의례의 기준인 『주자가례』가 대량으로 간행·반포되었다. 이것은 곧 유교적 생활문화가 널리 확산될 수 있는 계기를 마련한 것이다. 그 결과 17세기 이후에는 사림을 포함한 사대부 계층에서 유교적인 방식에 의한 관혼상제(冠婚喪祭)의 시행을 가장 이상적인 삶의 형식으로 여기게 되었다.

사대부들의 이러한 생활 이념과 규범은 가정생활에 있어서 새로운 생활 문화를 이끌어갔다. 다시 말해서 삼강오륜은 사회 속에서 지켜야 할 인간관계의 가치 덕목이었으며, 『주자가례』는 이러한 가례를 실현하기 위해 가정에서 이루어지는 의례의 기준이었다. 이러한 규범과 의례를 실현하기 위해서는 그에 따른 주거 생활의 양식이 요구되었고, 이러한 주생활의 변화는 주택 구조의 변화를 수반하기 마련이었다. 이상과 같이 사대부 계층을 중심으로 새로운 유교적 생활 문화와 그에 따르는 주거형식이 정착되어 갔으며, 그들이 사회의 지배계급으로 성장하는 조선 중기 이후부터는 일반 민중에게까지 확산되어 갔던 것이다.[1]

살림집의 구성에서 대청이 차지하는 비중은 관혼상제를 위한 의례 공

---

1) 강영환, 「반가」, 『문화유산해설사 양성교육』(부산시 박물관, 2002).

경남 창녕읍, 하씨 댁 안채 전경(오른쪽부터 정지·큰방·청·작은방이 배열되어 있다)

간으로서 매우 중요한 장소이다. 대청은 제청(祭廳)으로서 지니는 상징성
만으로도 주거 내에서 독자적인 위치를 차지하고 있다. 대청은 가구도
전혀 없이 비어있는 상태로 유지되고 있다가 행사나 의례가 있을 때 한
시적인 용도에 따라 내부 공간의 모습을 보여주고 다시 본래의 빈 상태
로 되돌아가는 성향을 보여준다. 사대부의 생활 가운데 제례는 의례 중
에서도 가장 중요한 위치를 차지한다. 그러므로 유교적 의례를 행하기
위한 대청은 사대부 주거의 중심이 되는 것이 당연하다.

　조선 시대 상류 주거의 정침(正寢)은 의례를 행하기 위한 비일상적인
의례 공간과 일상생활을 위한 생활공간으로 크게 나눌 수 있다. 고대 궁
실의 당침 제도에서 '당(堂)'은 의례를 행하는 대표적 공간이며, '침(寢)'
은 일상 생활공간으로 '당'과 함께 궁실의 중심 공간이었다. 그러므로

'일당이내(一堂二內)'의 제도에 따라 '당'의 대청이 어간(御間)을 차지하는 것은 자연스러운 일이었다. 이와 같이 주택이란 공간은 원래 일상적인 활동을 위한 공간이지만 비일상적인 생활도 수용해야 한다. 이것은 궁극적으로 주택의 공간 구성에 영향을 미쳤을 것이며, 이에 대응하는 공간이 규정되는 과정에서 민가의 독창적인 주거형이 완성되었을 것이다. 조선 후기의 민가에서도 흔히 볼 수 있는 대청이 제례를 중심으로 하는 가정의례의 장소인 것은 사대부 주택과의 상하관계로 보아 명백하다. 이는 조선 중기 이후 유교적 생활 문화의 보급에 따라 상류 주거의 대청 문화가 일반 민가에까지 확산·보급된 결과이다.

우리는 영남 지역 민가를 통해 이 지역민들이 역사와 학문의 고장답게 일상적인 생활공간에 의례와 사회·문화 활동을 위한 또 다른 공간을 중첩시킴으로써 차원 높은 주거 공간의 정형을 구현해 왔음을 알 수 있다.

3. 영남 지방 민가의 실례와 분석

실례 1_경북 군위군 효령면 내이리, 손씨 댁

손씨 집은 건립 연대가 200여 년이나 된다고 전해지는데, 영남 지방 민가의 전형적인 평면 구성을 보여주고 있다. 안채의 실 구성은 정지·큰방·대청·상방의 순서대로 4칸 一자형 홑집이다. 대청은 곳에 따라 '청', '마루' 등으로 불리는데, 전면은 완전히 개방되지만 후면은 빈지로 마감되고 두짝널문을 바닥에 붙여 다는 것이 일반적인 구성이다. 그리고 대청에서 큰방이나 상방으로 통하는 출입문은 다른 문보다 높이와 폭을 크게 하여 대청의 공간적 위계를 높여주고 있다. 보통 온돌방의 천장은 반자로 처리하지만 대청은 목조 지붕틀이 드러나 보이는 연등천장으로 처리한다. 수장 공간은 아래채에 두고, 대청에는 흔히 간단한 가구를 두며

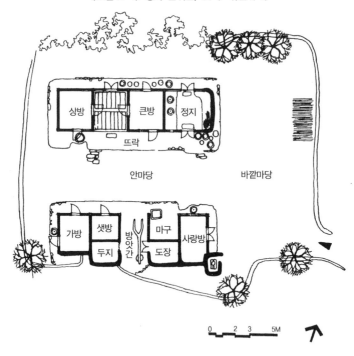

〈그림 2-1〉 경북 군위군, 손씨 댁(실례 1)

상방　큰방　정지

뜨락

안마당　　바깥마당

가방　샛방　방앗간　마구　사랑방

두지　도장

0　2　3　5M

가족의 생활공간이나 옥내 작업장으로도 사용되지만, 제청의 역할을 하고 곳에 따라서는 성주단지를 시렁 위에 놓기도 한다. 가난한 사람들은 대청을 깔지 못하고 흙바닥 그대로 사용하기도 하며, 이를 '흙청', '흙마루'라고 부른다. 일반적으로 큰방은 주인 내외가 기거하고, 상방은 아들 내외가 거처하는데, 그 사이에 대청이 있어 서로의 독립성이 높아질 뿐 아니라 대청의 위치는 가족이 쉽게 만나고 모일 수 있는 중심 공간이 된다.

　손씨 집은 안채를 '위채', 부속채를 '아래채'라고 부르고 있으며, 지형 탓인지 二자형으로 배열되고 있다. 아래채의 실 구성은 방앗간을 중심으로 두지와 도장, 대문에 가까운 사랑방과 마구, 그리고 안쪽으로 배치된

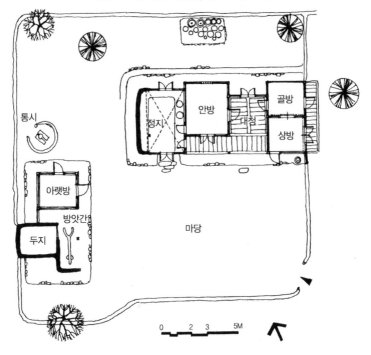

〈그림 2-2〉 경북 안동군, 유씨 댁(실례 2)

통시

정지

안방

골방

대청

상방

아랫방

방앗간

두지

마당

0 2 3 5M

가방, 샛방의 침실군(群)으로 크게 나누어진다.

실례 2_경북 안동군 풍천면 하회리, 유씨 댁

이 집은 150여 년 전에 건립되었다고 전해지는데, 앞퇴가 있는 4칸 一자형 홑집이다. 평면 구성상의 특징은 상방의 위치에 사랑방이 들어서고, 뒤쪽에 골방을 복렬화시킨 점이다.

골방은 대청에서 연결되고 사랑방은 원칙적으로 차단되고 있으며, 아예 마을길에서 출입이 쉽도록 쪽마루를 내었다. 또 부엌 상부는 다락으로 꾸며져 각종 곡식을 독에 넣어 안방에서 수장 공간으로 이용한다.

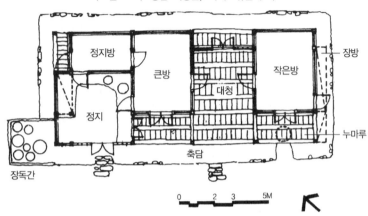

〈그림 2-3〉 경남 의령군, 이씨 댁(실례 3)

정지방

큰방

대청

작은방

장방

정지

축담

누마루

장독간

0   2 3   5M

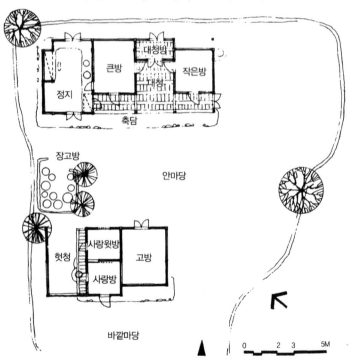

〈그림 2-4〉 경남 산청군, 권씨 댁(실례 4)

대청방

큰방

작은방

정지

대청

축담

장고방

안마당

헛청

사랑윗방

사랑방

고방

바깥마당

0   2 3   5M

|왼쪽| 안동군, 유씨 댁의 대청 |오른쪽| 청도군, 최씨 댁의 대청

실례 3_경남 의령군 용덕면 정동리, 이씨 댁

이씨 집은 70여 년 전에 건립된 것으로 전해지는데, 정지 뒤에 정지방이 붙어있는 것이 특징이다. 이 방의 기능은 큰방에서 식사를 할 때 배선을 위한 공간이며, 각종 가재도구를 두는 수장 공간이기도 하다. 때로는 부침실의 용도로 요긴하게 쓰이기도 한다.

작은방 앞의 툇마루를 대청보다 28cm 높여 누마루로 처리한 것은 그 아래에 아궁이가 있어 화재를 염려한 배려인데, 난간은 없다. 또 이 집의 특색으로는 누마루와 작은방에서 각각 이용할 수 있도록 측벽에 '장방'을 달아맨 것인데, 요긴하게 쓰이고 있다.

실례 4_경남 산청군 단성면 입석리, 권씨 댁

권씨 집의 건립 연대는 100여 년 전으로 알려져 있으며, 이 집의 특징은 대청의 구성에 있다. 일반적인 대청과는 달리 '대청방(제청이라고도 함)'을 뒤쪽에 설치한 점이다. 대청방은 제상(祭床)을 차리는 곳이며 보통 때는 위패를 모셔두거나 가재, 가구를 함께 두는 수장 공간이기도 하다. 그러므로 이 지방의 대청이 제청으로서의 비중이 얼마나 높은가를 짐작하게 해준다. 대청방의 바닥은 대청보다 15~20cm 높이기도 하며, 뒷문

|왼쪽| 의성군 덕은리, 김씨 댁 전경(<그림 2-6>의 F) |오른쪽| 의성군 덕은리, 김씨 댁의 '대청방' 내부

은 1~2짝의 널문을 낮게 설치한다. 제청의 앞문은 2~4짝으로 된 세살
문이며, 대청에서 큰방과 작은방으로 통하는 출입문과 보통 같게 한다.
이 문은 다른 문보다 키가 크고 굽널을 붙여 대청의 공간적인 위계를 높
이고 있다.

실례 5_경북 청도군 각남면 일곡리, 최씨 댁

이 집은 건립 연대가 200여 년 이상으로 셈되고 있는 뱃집인데, 앞뒤
퇴 부분의 처리가 특징적이다. 뒷벽은 모두 널벽으로 처리되어 비호적인
인상을 준다. 큰방과 작은방은 뒤퇴 부분을 장방으로 처리했고, 대청 뒷
문은 널로 짠 쌍미닫이인 것도 다른 민가에서는 보기 드물다. 그리고 대
청 뒤에 있는 툇마루 상부에 벽장을 매달아 방 안에서 사용할 수 있도록
배려했고, 정지 위에도 누다락을 설치했다.

특히 대청과 전면 쪽마루의 바닥 높이 구분은 특이하다. 즉, 대청 앞의
쪽마루를 ±0으로 보았을 때 대청은 20cm, 큰방과 작은방의 쪽마루는
30cm 높다. 이렇게 함으로써 작은방 앞의 아궁이 시설은 마루의 화재로
부터 안전하게 처리되었으나 이는 마치 마루의 위계를 구체화시킨 듯한

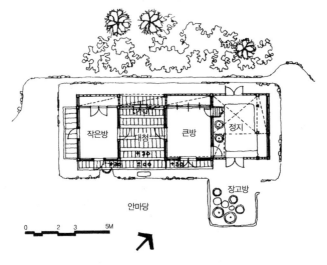

〈그림 2-5〉 경북 청도군, 최씨 댁(실례 5)

작은방　대청　큰방　정지

장고방

안마당

0　2　3　5M

인상을 준다(125쪽 오른쪽 사진).

　이상과 같이 영남 지방의 민가를 평면의 특징적인 계열에 따라 실례를 들어보았다.

　한국 민가의 지역적인 특징은 대체적으로 마루(대청)의 특징적인 구성과 민가의 실 배열상의 특징에 따라 구분되고 있다. 또 전술한 바와 같이 이들은 마루가 첨가되지 않은 오막살이집을 그 기본형으로 하고 있다. 그러나 전면 3칸 이하의 오막살이집은 마루의 첨가 없이 칸수가 확대·발전된 유형도 많이 볼 수가 있다. 다만 이러한 민가의 유형은 호남 지방과 남동 해안 지방에서는 보기 어렵고, 영남 지방에서는 이러한 민가와 이 지방에서만 자생하고 있는 특징적인 민가가 공존하고 있는 점이 다르다.

　따라서 영남 지방의 민가형은 오막살이집을 기본형으로 하고, 여기에 마루가 첨가되어 발전된 민가 계열과 마루가 첨가되지 않은 민가 계열로 크게 나누어진다. 그러나 후자의 민가 계열은 영남 지방에서만 보이는

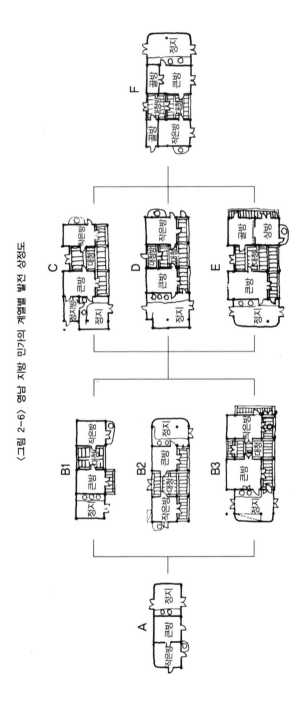

〈그림 2-6〉 영남 지방 민가의 계열별 발전 상정도

B1. 경북 청도군 각남면 일곡리, 최씨 댁 B2. 경남 진양군 지수면 승내리, 구씨 댁 B3. 경남 함안군 칠화면 하천리, 박씨 댁 C. 경남 함안군 대양면 무릉리, 주씨 댁 D. 경남 산청군 단성면 입석리, 권씨 댁 E. 경북 안동군 풍천면 하전리, 유씨 댁 F. 경북 의성군 봉양면 덕은리, 김씨 댁

유형이 아니고 다른 지방에서도 일부 유형이 분포되어 있다. 이것은 오막살이집과 같은 기본형이 한반도 전체에 분포되어 있기 때문이다.

이러한 영남 지방 민가형의 분포 지역은 대체로 태백산맥과 소백산맥으로 구획된 낙동강 유역이다. 다만 여기에서 안동 이북 지역과 남해안 지역은 다른 인접 문화권의 영향으로 또 다른 문화 지역의 특징을 보여주므로 제외된다.

<그림 2-6>은 영남 지방 민가의 계열별 실례와 이들의 상관관계를 나타낸 상정도이다. 계열별 민가의 특징을 요약하면 다음과 같다.

(1) B1 계열

오막살이집에서 퇴가 없는 4칸 一자형 홑집으로 발전된 계열이다. 중앙에 대청을 배치한 4칸 집으로서는 초보적인 단계에 속하므로 토담으로 된 축부 구조가 많고, 대청의 구조 또한 흙청의 경우도 더러 있다. 방이 협소함을 해결하기 위하여 뒤쪽 서까래 끝까지 확장한 경우도 있고, 툇마루가 없기 때문에 들마루나 쪽마루를 부분적으로 설치한 경우가 많다.

(2) B2 계열

앞퇴가 있는 4칸 一자형 홑집이며 영남 지방 민가의 일반형으로서는 대표적인 유형이다. 작은방 전면 아궁이 부분은 화재를 예방하기 위해 작은방 전면의 툇마루를 생략하거나 이 부분만 누마루로 처리한다. 또 정지의 앞뒤퇴 부분은 정지 앞 작업 공간을 확보하기 위해 축담으로 넓혀 사용하기도 한다. 다만 대청과 툇마루는 높이가 같기 때문에 대청 바닥을 툇마루 끝까지 사용할 수가 있는 이점이 있다.

(3) B3 계열

앞뒤퇴가 있는 4칸 一자형 홑집이다. 평면상의 특징은 앞뒤퇴가 있으므로 부엌이나 온돌방의 면적을 크게 잡을 수가 있다. 일반적으로 앞퇴 부분은 툇마루를 설치하는 사례가 많고, 뒤퇴 부분은 일부 툇마루를 두거나 농사용 장비를 두기 위한 장소가 된다. 혹은 이곳에 수장용 장방을 설치하기도 한다.

(4) C 계열

이 계열은 4칸 일반형에서 정지 부분이 횡(橫) 분할된 유형이다. 복렬된 방은 정지방이거나 큰방에 연결된 수장 공간인 경우이다. 대체적으로 이러한 계열은 건립 연대가 낮아, 100여 년이 넘지 않은 경우가 대부분이다.

(5) D 계열

이 계열은 4칸 일반형에서 대청 부분이 횡 분할된 유형이다. 복렬된 방은 대청 뒤에 대청방을 두어 제청이나 수장 공간으로 이용한다.

(6) E 계열

이 계열은 앞퇴가 있는 경우 작은방 부분을 횡 분할한 유형이다. 다시 말해서 퇴를 포함한 공간을 보 방향으로 횡 분할하여 두 방을 계획하고 있다. 복렬된 방은 주로 침실의 부속실로서의 기능을 가지며, 가끔 대청과 연결되는 독립된 방이 되기도 한다. 필요에 따라서는 대청과 등진 모양으로 독립된 영역을 만들고, 쪽마루를 측면으로 돌려 출입하기도 한다.

(7) F 계열

이 계열은 전술한 C, D, E 계열의 민가 요소가 복합적으로 나타나는 유형이다. 혹은 C, E 계열의 복합형과 D, E 계열의 복합형으로 나타난다. 따라서 영남 지방 민가는 규모가 커짐에 따라 F 계열과 같이 방의 복렬화(겹집화) 경향이 강하게 나타나거나, E 계열에서 볼 수 있듯이 큰방이나 대청의 전면 칸수가 증가하는 경향으로 나타나고 있다.

4. 맺는말

영남 지방의 민가는 3칸 오막살이집에 마루(대청)가 첨가된 특징적인 민가와 오막살이 계열의 민가가 공존하고 있다. 전자의 경우는 정지·큰방·대청·작은방(상방)이 한 칸씩, 4칸 一자형을 이룬 홑집이 일반형이다.

대청은 상류 주택의 경우와 같이 우물마루를 깔아 온돌방과는 대비되는 공간이다. 민가의 대청은 생활공간이지만 옥외 마당과 더불어 의례를 위한 공간이자 바로 제청이며, 어느 다른 공간보다도 공간적 위계가 가장 높은 장소이다.

영남 지방의 민가는 다른 지방에 비해서 평면의 변화 계열이 단조로운 편이다. 일반형 민가가 보여주는 발전 단계는, 첫째, 정지 부분을 복렬화시켜 정지방을 둔 횡 분할, 둘째로, 대청방을 두는 대청 부분의 횡 분할, 셋째로, 큰방과 작은방과 같은 침실 부분의 횡 분할로 크게 나누어진다. 그리고 민가의 규모가 커짐에 따라 일어나는 변화는, 일반형 민가의 구성에서 각 방의 칸수를 확대시킨 계열과 일반형에서 방의 복렬화 경향으로 발전하는 계열로 나눌 수가 있다. 따라서 일반형의 민가에서 방의 기본적 구성은 원칙적으로 변하지 않고 지켜지고 있다.

영남 지방 민가에서 마루가 없는 민가형은 온돌방만으로 구성된 3칸 혹은 4칸 一자형 민가가 일반적인 유형이다. 이것은 영남 지방만의 현상이 아니고 다른 지방에서도 유사하다. 영남 지방에서 오막살이 계열 민가의 발전 과정이 단계적으로 명확하게 나타나지 않는 것은 두 민가형이 공존하고 있고, 오막살이 계열의 민가가 열세이기 때문이다. 그러나 경북 북부 산간 지역에서는 부엌에 외양간을 포함시킨 유형이 돋보인다. 이러한 유형은 어느 경우이거나 오막살이집에 온돌방이나 외양간, 혹은 광을 덧붙인 형태이므로 민가의 배치는 안채와 농사용 부속채로 구성된다는 점에서 다름이 없다.

제2장
호남 지방의 민가

1. 머리말

한반도의 서남부(西南部) 해역에 위치한 도서 지방은 세계적인 다도해 (多島海) 지역이다. 여기에 산재해 있는 도서는 전라남도 신안·진도·완도 군 등 3개 지역만 하더라도 1,296개에 달한다고 한다. 이 숫자는 전국 도서의 약 40%에 해당되고, 전라남도에 소속된 전체 도서 수는 전국 도 서의 75%를 점하고 있다.

서남해 도서 지방뿐 아니라 해안에 위치한 무안·영암·해남·강진·장흥 군(郡) 등지의 역사적 비중은 조선 시대보다도 고려 시대나 그 이전의 통 일신라, 더 나아가서는 삼국시대에 훨씬 컸는데, 그것은 이 지역을 중심 으로 해상 교역로(交易路)가 크게 발달했기 때문이다. 즉, 서남해 도서와 연안 지역 사이를 지나는 해로는 고대 문화의 이동 통로였으며, 이곳을 통해 동양 3개국의 문화가 교류되었다. 잘 알려진 것처럼 통일신라 말 장보고의 해상 활동이 이를 증명하고 있으며, 통일신라 시대에 당(唐)나 라로 가는 대부분의 유학생들이 왕래한 해로가 여기였다. 선종(禪宗) 사 찰이나 청자 문화가 발흥한 것도 이 해로를 떠나서는 생각할 수가 없다. 따라서 신안(新安) 해저 유물선의 발굴 또한 이러한 해상로의 성격을 반증하는 것이며, 고려 말 수많은 왜구들이 이 일대에서 전횡했던 것도 이 지역의 역사·지리적 성격의 중요성을 반증하는 것이다.[1]

물론 이 지역 배후에는 영산강과 그 유역의 넓은 평야지대를 배경으로 한 커다란 문화 기반이 있었고, 그에 따라 독특하고 다양한 문화가 형성되어 있었다. 그러나 고려 말·조선 초에 있었던 왜구들의 침입은 전라도 해안과 도서 지방에 결정적인 피해를 입혔는데, 진도(珍島)와 같은 큰 섬이 그 치소(治所)를 내륙으로 옮기고 해안으로부터 50리 이내에는 주민이 살지 못하게 할 정도였음을 보면, 왜구로 인한 피해가 매우 심각했음을 알 수 있다.

이상과 같이 우리나라 서남해 도서·연안 지역, 즉 호남[2] 지방은 역사·지리적 위치와 경제적 중요성 때문에 지역 주민들이 말로 표현하기 어려울 정도의 고초를 감내해야 했다. 따라서 이 지역의 특수성에 맞추어 주민들은 일찍부터 독특한 민가형을 형성·발전시켜 왔다. 이 지역 민가의 특징은 무엇보다 '마리', '말래' 등으로 불리는 폐쇄적인 고상식 수장 공간이 있는 것이며, 아울러 방의 배열 방식이 여타 지방과는 다른 것이다. 물론 이러한 민가형은 한국 오막살이집의 발전 과정과도 사뭇 다르다. 그러면 이러한 민가형이 출현하게 된 배경은 어떤 것인가. 아마도 '말래'는 이 지방 민가의 정체성을 밝혀주는 관건이 될 것이다.

우리나라 서남부, 호남 지방의 민가에 대해서는 이 지방의 연구기관들

---

1) 이해준, 「신안 도서지역 문화의 역사적 배경」, 『신안군의 문화유적』(목포대학교 박물관·전남 신안군, 1987), 15쪽.

2) 호남(湖南)이라는 명칭에 대해서는 여러 가지 설이 있으나, 흔히 충청북도 제천(堤川)의 의림지(義林池)를 일종의 호(湖)로 보고, 여기를 표준으로 해서 충청도를 호서(湖西)로, 그 남쪽인 전라도를 호남(湖南)이라 했다고 일컬어오고 있다. 이병도, 「지리 역사상으로 본 호남」, ≪호남문화연구≫, 제2집(전남대학 호남문화 연구소, 1964), 15쪽.

이 많은 조사·연구를 해왔다. 그럼에도 불구하고 호남 지방 주거 문화에 관한 여러 가지 의문이 아직도 풀리지 않은 듯하다. 이 글은 이러한 의문점에 바탕을 두고 호남 지방 민가형의 형성 배경과 더불어 여기에 이웃하고 있는 남동 해안 지방 민가와의 관계를 통해 호남 지방 민가형의 정체성을 알아보고자 한다.

2. 호남 지방 민가의 실례와 분석

실례 1_전남 완도군 완도읍 장좌리; 김씨 댁

이 집의 건립 연대는 100여 년으로 전해지고 있는데, 평면 구성은 정지·큰방·마래가 전면 3칸 반의 一자형을 이룬 앞뒷집이다. 마루는 이 지방에서 '마리', '말래' 등으로 불리는데 우물마루를 깔았다.

이 지방 마루의 기능은 독특하다. 먼저 마루는 선조의 지방을 모시고 제사를 올리는 곳이다. 지방은 흔히 '독'이라고 하는 나무 상자에 넣어 감실장에 모시는데, 감실장은 일반적으로 마루의 출입구 맞은편 벽 중앙에 설치한다. 두 번째 기능으로 이곳에는 반드시 '성주동우'라는 가신(家神)을 모신다. 매년 추수할 때 햇곡식이 나면 성주동우의 묵은 곡식과 교체된다. 햇곡식은 성주 가신의 신체(身體)에 해당되며 가정의 수호신으로서 받아들인다. 명절이나 제삿날에는 성주동우 앞에 상을 차리고 가제(家祭)를 올린다. 세 번째 기능은 곡물을 수장하는 곳이다. 수장 형태는 한 해 먹을 알곡식을 종류별로 독에 넣어 벽선을 따라 놓는다. 이 밖에 식품이나 제사 용구, 또는 잡다한 생활 용구를 벽에 걸거나 시렁 위에 올려놓는다.

이와 같이 마루는 집 안에서 가장 신성한 공간이므로 침실이 되거나 손님을 접대하는 경우는 없다. 출입문은 원칙적으로 널문으로 만들어진 두짝여닫이문이며, 큰방과의 사이에 샛문을 두고 관리한다. 마루의 규모

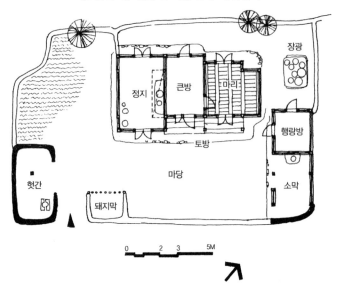

〈그림 2-7〉 전남 완도군, 김씨 댁(실례 1)

는 보통 정면 한 칸으로 하지만 살림 규모에 따라 한 칸 반이나 2칸이
되기도 한다.

　이러한 유형의 민가는 호남 지방의 오막살이집에 해당되는 기본형이
다. 다시 말해서 한 가구의 살림집에서 정지·온돌방·마루의 구성은 일상
적인 주생활과 가재 관리에 기본적으로 갖추어야 할 필수적인 요소이다.

실례 2_전남 진도군 의신면 돈지리, 박씨 댁

　박씨 집은 건립 연대가 200여 년으로 전해지고 있는 4칸 一자형 앞뒷
집이다. 이 집의 특징은 앞서 예를 든 기본형에서 정지를 2칸 규모로 잡
고, 이 안에 1/4에 가까운 공간을 전면 끝에 잡아 작은방을 꾸몄다. 지방
에 따라서는 작은방을 '모방'이라고도 하며, 이러한 유형의 민가를 '까작
집'으로 부르고 있다. 까작집은 작은방이 정지 안에 완전히 들어가는 유
형과 박씨 집처럼 반 칸 정도 앞으로 돌출하는 경우, 그리고 정지의 전면

|위| 안방을 중심으로 본 개구부(오른쪽부터 정지문, 호령창, 안방문, 마리문이 보인다) |가운데| 호남 지방 민가의 방 배열(<그림 2-12>의 E, 오른쪽부터 모방·정지·안방·마리의 배열) |아래| 마리 내부와 사당 벽장(오른쪽 벽)

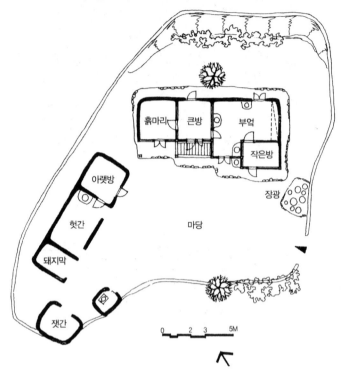

〈그림 2-8〉 전남 진도군, 박씨 댁(실례 2)

에 돌출하는 경우도 있다. 이 집의 작은방은 앞퇴보다 70cm가량 돌출시키고, 여기에 눈썹지붕을 달아 처리하고 있다.

이러한 유형의 평면은 호남 지방 민가의 전형적인 구성이며, 장점으로는 부엌에서 두 방의 아궁이를 동시에 관리할 수 있으며, 두 세대의 가족이 서로 독립성을 유지할 수 있다는 점이다. 그러나 살림을 맡은 가재관리권은 큰방 쪽에 있다는 것이 명확히 드러난다. 큰방에 인접한 마루는 흙바닥이지만 그 기능과 수장 내용은 조금도 다름이 없으며, 이곳에서는 '흙마리'로 불리고 있다. 이러한 흙마리는 경제력이 나아지면 고상식 마루로 다시 깔기도 한다. 바닥 구조는 아궁이가 없는 온돌방처럼 축조하여 바닥의 습기를 제거하고 있다.

민가의 구조는 막돌 초석 위에 네모기둥을 세웠고, 뒷벽은 죽담 구조이며, 가구 형식은 4량집이다. 온돌방의 굴뚝 형식은 이공식(二孔式)이며, 앞쪽은 토방에 배연구만 뚫었다. 아랫방은 사랑방이나 아동실의 용도로 쓰이고, 잿간은 화장실을 겸하고 있다.

이러한 유형의 까작집은 호남 지방의 장성한 자녀를 둔 가정에서 흔히 볼 수 있는 일반형 민가이다. 특히 서남해 도서 지역에서는 50%가 넘는 비중으로 일반화되어 있다. 다시 말해서 안채에 부침실을 두는 방식은, 부엌을 중심으로 했을 때 큰방의 반대쪽에 두는 것이 정형화되고 있는 것이다.

그러나 작은방을 두는 방식에는 박씨 집과 다른 방식이 있다. 즉, 작은방이 정지의 전면에 오지 않고, 정지의 측면에 위치하는 배치법이다. 이러한 유형은 흑산도를 비롯하여 보길도, 청산도 등지에서 주로 채집되고 있으며, 여타 지방에서도 간간이 채집되고 있다(<그림 2-12>의 C 참조).

실례 3_전남 신안군 안좌면 읍동리, 강씨 댁

강씨 집은 200여 년 전에 지었다고 전해지는데, 대문간 부근에 헛간채가 있을 뿐 별다른 부속채는 없다. 안채는 정지를 중심으로 오른쪽에 기본적인 실 구성으로서 큰방과 2칸의 마루가 배열되어 있다. 따라서 이 집의 마루는 다소 공간적인 여유가 있는 셈이다. 또 왼쪽으로는 전면에 작은방과 건넌방이 나란히 배치되고 정지 안 아궁이에서 통고래로 난방이 된다. 건넌방 뒤쪽의 광은 외부와 정지에서 출입된다. 그러나 이러한 실의 구성은 또 다른 사례로서, 전면에 있는 방이 모방과 가방으로 불리고, 광은 외양간으로 구성되는 경우도 더러 있다. 이때 모방의 아궁이는 정지 안에 있고 가방의 아궁이는 외양간에 있으므로 여기에서 쇠죽을 끓이게 된다.

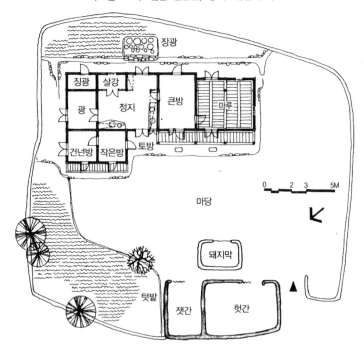

〈그림 2-9〉 전남 신안군, 강씨 댁(실례 3)

이러한 안채의 구성은 부속채에 있을 법한 구성 요소가 안채에 통합되어 집중화된 모습을 보여준다. 강씨 집의 구조는 앞뒤에 퇴를 둔 2고주 5량 구조인데, 막돌 초석에 네모기둥을 세웠다. 앞퇴에는 툇마루를 두었고, 뒤퇴에는 큰방과 마루에서 퇴물림했으나 정지에는 살강과 김칫독을 갈무리하는 '장광'을 두고 있다.

실례 4_전남 신안군 안좌면 읍동리, 김씨 댁

김씨 집은 110여 년 전에 건립되었으며, 초가이긴 하나 전면 기둥은 두리기둥이며, 규모가 커서 당당한 모습을 느끼게 한다. 실의 구성은 기본적으로 이 지방 민가의 일반형에 속하지만 특징적인 부분이 많다.

우선 부엌이 차지하는 면적이 큰 탓인지 전면 출입문 이외에 두 짝 널로

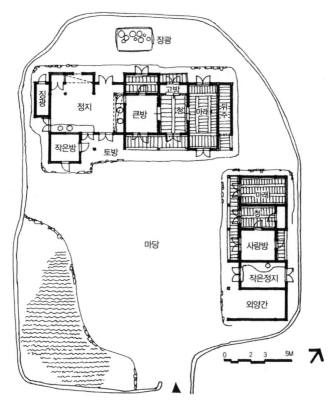

〈그림 2-10〉 전남 신안군, 김씨 댁(실례 4)

짠 작은 창문이 돋보인다. 이는 부엌의 통풍과 채광을 위한 배려이다. 부엌의 안쪽으로는 상하 2단의 공상을 두고 있는데, 상부는 찬장으로 쓰고 하부는 상차리기에 이용되고 있다. 큰방 뒤에는 뒷방을 두었다. 여기에는 가재를 두기도 하고 큰방에서의 식사를 위한 배선 공간이 되기도 한다.

이 집의 큰 특징은 마루가 2칸으로 넓다는 점인데, 현재 '대청'과 '마래'로 불리고 있다. 이 지방의 마루는 여러 기능이 있긴 하나, 워낙 수장을 위한 부분이 크기 때문에 선조를 위해 제사를 모시기에는 불편할 뿐 아니라 생활공간으로 사용하기는 더욱 어렵다. 따라서 중류 이상의 가구에서는 김씨 집처럼 청(대청)과 마래로 기능을 분화시키고 있다. 이 집의 대청 뒤쪽에 있는 고방은 선반을 걸고 위패를 모시는 감실로 쓰고 있다. 마래는 알곡식을 독에 넣어 보관하는 수장 공간으로서 큰 독은 쌀 5가마를 넣을 수 있는 용량이라고 한다. 이러한 마루의 기능 분화를 완도 지방에서는 '겉마래'와 '안마래'라고 부르고 있으며, 진도 지방에서는 '마래'와 '안마래'로 부르고 있다. 또 샛벽으로 구분하지 않아도 2칸의 넓은 마루는 내부 공간을 적절하게 전용성을 발휘하며 효과적으로 이용하기도 한다.

뒤주는 측면으로 퇴를 내어 나락을 갈무리하는 곳이며, 100가마를 넘게 넣을 수 있다고 한다. 이러한 형태의 뒤주는 이 지방의 일반적인 현상으로서, 퇴의 기능이 명확하지 않고 애매한 부분을 효과적이고 안전하게 이용하려는 발상에서 나온 것으로 보인다.

끝으로 김씨 집의 '사랑채'는 다른 어느 집보다 반듯하게 꾸미고 있다. 사랑채는 지방에 따라 '행랑채'로 불리기도 하는데, 마당의 우측 혹은 좌측으로 안채와 직각 배치의 형태로 세워진다. 일반적으로 사랑채는 안채와 동시에 세워지는 경우는 드물고, 부속채의 일부에 사랑방을 들이는 정도이다. 김씨 집은 안채를 건립한 후 가족 수가 늘어나고 살림 규모도 커지고, 큰아들이 혼인할 때쯤에 사랑채를 지어 살림을 차리게 했다. 물론 사랑채의 건립이 어려웠다면 안채의 작은방이 아들 내외의 거처가 되었을 것이다. 일반적으로 사랑채는 외양간·정지·사랑방·마래(고방)의 구성을 보인다. 이것은 호남 지방 민가의 기본형에 외양간의 관리를 부가한 형태이다.

실례 5_전남 무안군 망운면 연리, 김씨 댁

이 집은 100여 년 전에 건립되었다고 전해지는데, 평면 구성상의 특징은 '광'으로 불리는 마루 옆에 작은방이 등장한 점이다. 다시 말해서 호

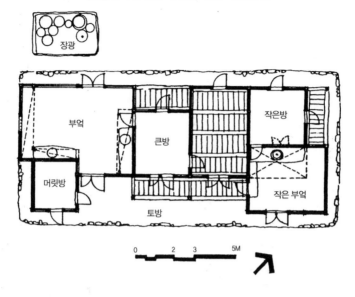

〈그림 2-11〉 전남 무안군, 김씨 댁(실례 5)

남 지방 민가의 일반형에서 제3의 온돌방이 마루 옆에 등장한 것이다. 더욱이 작은방 아궁이 부분에 부엌 형식을 갖추게 하고, 방의 호칭에 있어서도 큰방과 '큰부엌', 작은방과 '작은부엌'으로 부르고 있다. 그러나 부침실은 어디까지나 큰부엌에 인접된 정지방(머릿방)이며, 작은방은 안사랑방의 기능을 다할 수 있도록 출입문의 위치에서 배려하고 있다. 이러한 유형의 민가는 서남해 도서 지방에는 채집되지 않고, 여기에 인접된 내륙 지방, 즉 함평·무안·영암·나주 등 지역에서 채집되고 있으며, 고상식 마루는 주로 '광'으로 불리고 있다.

그러면 이러한 유형의 민가는 어떻게 하여 형성되었을까. 무엇보다 이러한 민가형에는 두 가지 바탕이 깔려있다. 하나는 '까작집'으로 대변되는 호남 지방 민가의 일반형이 그대로 큰 골격을 이루고 있는 점이고, 다른 하나는 호남 지방 민가의 분포 지역에 인접한 남동 해안 지역에 분포하고 있는 민가형과 관련되어 있다는 점이다.

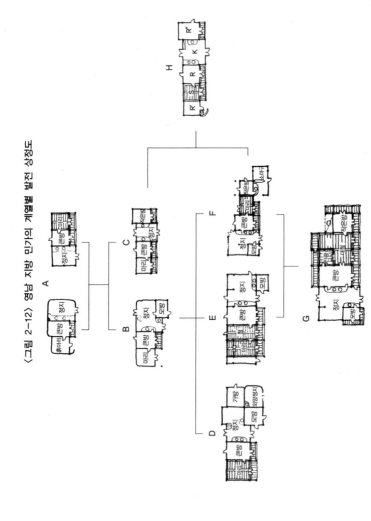

〈그림 2-12〉영남 지방 민가의 계열별 발전 상정도

A(왼쪽). 전남 여천군 화양면 화동리, 최씨 댁 A(오른쪽). 경남 통영군 한산면 염호리, 김씨 댁 B. 북제주군 추자면: 신동철, 「남서해도서 민가건축에 관한 연구」(홍익대 학교 석사학위 논문. 1979), 138쪽. C. 전남 진도군 의신면 돈지리, 박씨 댁 D. 전남 진도군: 신동철, 같은 책 54쪽. E. 전남 신안군: 신동철, 같은 책 56쪽. F. 전남 나주군 봉황면 황룡리, 곽씨 댁 G. 전남 나주군: 김광언, 「한국의 주거민속지」(민음사, 1988), 340쪽. H. 전남 여천군 화양면 화동리, 김씨 댁

남동 해안 지역의 민가는 정지·큰방·청·작은방으로 구성되는 一자형 홑집이다. 이러한 민가형의 특징은 무엇보다 폐쇄적인 청(안청)을 중심으로 양쪽에 온돌방을 배열함으로써 민가의 정면성을 얻을 수가 있다. 김씨 집은 두 문화권의 중간지대에서 양쪽에 위치한 규범적인 주(住)문화의 영향으로 만들어진 제3의 주거형임을 알 수 있다.

이상과 같이 규모와 평면 계열에 따라 호남 지방의 특징적인 민가의 실례를 들어보았다. 여기에서 호남 지방 각지에서 채집된 민가를 다시 총괄해 보면, 이 지방 민가의 특징적인 요소와 구성의 흐름을 파악할 수 있고, 민가의 발전 단계를 알 수가 있다. <그림 2-12>는 호남 지방 민가의 발전 과정을 계열별로 정리한 것이고, 대체적인 발전 단계의 흐름은 다음과 같다.

먼저 호남 지방 민가는 부엌·큰방·마루의 순서로 구성된 3칸 홑집을 기본형으로 하고 있는데, 주로 서남해 도서 연안 지역과 남해 도서 지역에 걸쳐 집중적으로 분포하고 있다. 이와 같이 호남 지방 민가의 기본형은 한반도 민가의 기본형과는 다른 독특한 구성을 보여준다. 다음 단계는 이 기본형의 부엌 전면에 작은방(모방)이 등장하는데, 부엌 내부에서 한쪽으로 치우치거나 전면에 돌출하여 나타나는 계열(B)과 작은방이 부엌과 칸잡이를 달리하여 별도로 덧붙여지는 계열(C)로 나누어진다. 특히 전자의 경우는 호남 지방의 민가형을 대표하여 나타나는 일반형에 해당된다는 점에서 의미가 있다. 다음 단계의 민가는 일반형에서 단계별로 발전해 가는 과정을 보여준다.

우선 D 계열은 일반형의 작은방(모방) 쪽에서 집중적으로 방이 부가되는 형태인데, 여기에는 보통 두 침실과 외양간 및 광 등이 나타나고 있다. 다음으로 E 계열은 일반형의 민가에서 마루에 연이어 제3의 침실이 부가되는 계열이다. 이 계열은 호남 지방의 민가형이 인접한 남동 해안 지역 민가의 영향을 받아 제3의 민가형으로 융합되어 나타난 유형이다. 이것은 곳에 따라 G·H 계열과 같이 반듯한 형태의 민가형으로 등장하기도 한다.

3. 호남 지방 민가의 유형별 분포

어떤 민가형이 지역에 따라 어떻게 분포하고 있는가를 알기 위해서는 무엇보다 그 지역에 자생하고 있는 민가 조사가 선행되어야 한다. 이렇게 보면 호남 지방은 다소 늦은 감이 있으나 지역별로 민가 조사가 잘 이루어져 있는 편이다. 그 배경에는 이 지역의 몇몇 대학이 선도적으로 지역 문화의 발굴에 많은 노력을 기울여왔기 때문이다.

호남 지방 민가의 유형별 분포 지역을 알기 위해서 사용된 자료는 다음과 같다. 전술한 바와 같이 호남 지방 대학 연구소와 지역의 자치단체가 조사한 자료에 따른 것과[3] 필자가 직접 현장을 답사하여 채집한 자료에 의한 것이다. 여기에 부족한 부분은 특정 지역의 군면(郡面)별로 우편에 의한 서면(書面) 자료[4]로 보완했다. <그림 2-13>의 민가 분포도는 이상

---

3) ① 무안군의 문화유적: 목포대학교 박물관·전남 무안군, 1986.
   ② 영암군의 문화유적: 목포대학교 박물관·전남 영암군, 1986.
   ③ 진도군의 문화유적: 목포대학교 박물관·전남 진도군, 1987.
   ④ 신안군의 문화유적: 목포대학교 박물관·전남 신안군, 1987.
   ⑤ 여천군의 문화유적: 조선대학교 국사연구소·전남 여천군, 1988.
   ⑥ 장흥군의 문화유적: 목포대학교 박물관·전남 장흥군, 1989.
   ⑦ 고흥군의 문화유적: 목포대학교 박물관·전남 고흥군, 1991.
   ⑧ 광양군의 문화유적: 순천대학교 박물관·전남 광양군, 1993.
   ⑨ 함평군의 문화유적: 목포대학교 박물관·전남 함평군, 1993.
   ⑩ 완도군의 문화유적: 목포대학교 박물관·전남 완도군, 1995.
   ⑪ 호남대학교 호남문화연구소, 「나주군 문화유적 지표조사 보고서」(전남 나주군, 1985).

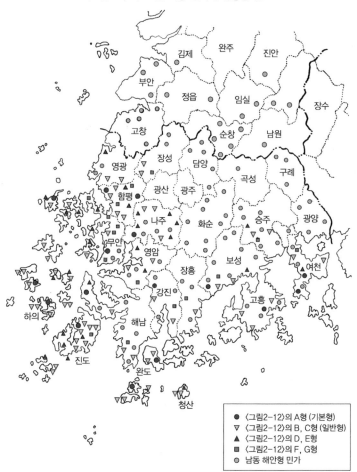

〈그림 2-13〉 호남 지방 민가의 유형별 분포

김제　완주　진안
부안
정읍　임실　장수
고창　순창　남원
영광　장성　담양　곡성　구례
함평　광산　광주
나주　화순　승주　광양
무안　영암
영암　장흥　보성　여천
강진　고흥
하의　해남
진도
완도
청산

● 〈그림2-12〉의 A형 (기본형)
▽ 〈그림2-12〉의 B, C형 (일반형)
▲ 〈그림2-12〉의 D, E형
■ 〈그림2-12〉의 F, G형
● 남동 해안형 민가

과 같은 자료에 의해 작성되었으며, 채집된 민가형은 그대로 도면상에 옮긴 것이기 때문에 정량적인 비율에 따라 나타낸 것이 아니다. 따라서 민가의 유형별 분포도는 점(点) 조사에 의한 결과와 같기 때문에 지역별

---

4) 전남 무안군, 해남군, 강진군, 보성군, 화순군 등 5개 군의 면사무소를 통해 <그림 2-13>의 4개 민가 유형을 제시하고 민가의 존재 여부를 서면으로 질의했다.

민가의 개략적인 분포 경향을 알기 위한 자료로서 유용할 것이다. 범례에 나타난 민가 유형은 <그림 2-12>의 계열별 민가형에 따라 분류된 것이다. 다만 호남 지방에 분포하고 있는 유형별 민가형 <그림 2-12>를 다시 분류해 보면 크게 4개 민가형으로 압축할 수 있다. 여기에서 이들 민가형의 의미를 알아보고 실제 어떻게 분포하고 있는가를 분석해 보면 호남 지방 민가의 발원(發源)적 형성 배경과 주문화적 발전 과정에 대한 유익한 실마리를 잡을 수 있을 것이다. 이를 요약하면 다음과 같다.

첫째, 호남 지방 민가의 기본형 <그림 2-12>의 A는 이 지방 민가의 발원적인 형태를 암시해 준다. 분포 지역은 일차적으로 서남 도서 지역과 여기에 인접한 연안 지역에 걸쳐있음을 알 수 있다. 이러한 분포 지역은 남해안을 따라 남해(南海)도와 거제(巨濟)도를 중심으로 하는 여타 도서 지역에까지 이른다.

둘째, 호남 지방 민가를 대표하는 일반형, 즉 <그림 2-12>의 B, C 계열 민가는 서남 도서 지역과 여기에 인접한 내륙에 걸쳐 분포하고 있다. 분포 지역의 특징은 전라남도 지역 안에서 전라북도에 인접한 북쪽 군(郡) 지역을 제외한 지역으로서, 호남형 민가 중 가장 분포 지역이 넓다.

셋째, <그림 2-12>의 D, E는 일반형에서 마루의 기능이 분화되는 계열과 부엌 쪽 모방 주변에 또 다른 방이 집중화되는 계열이다. 이러한 민가의 분포 지역은 호남 지방의 일반형 민가의 분포 지역에서 동시에 나타나고 있다.

넷째, <그림 2-12>의 F, G는 호남 지방 민가의 특징과 남동 해안 지방 민가의 특징이 동시에 나타나는 유형이다. 전자의 특징은 부엌 쪽에 모방(작은방)이 등장하고 폐쇄적인 마루가 존속된다는 점이고, 후자의 특징은 폐쇄적인 마루를 중앙에 두고 양쪽으로 온돌방이 배열되는 점이다. 그러므로 이러한 유형의 민가는 호남 지방의 민가형과 남동 해안 지방 민가형이 서로 영향을 주고받아, 제3의 유형으로 융합되어 나타난 결과이다. 분포 지역에 있어서도 호남 지방 민가형과 남동 해안 지방 민가형이 공존하는 지역에서 이러한 민가형이 채집되는 것은 당연하다 할 것이다.

다섯째, 호남 지방 민가형이 분포하는 지역에 인접한 남동 해안 지방 민가형은 <그림 2-13>에서처럼 그 분포 지역이 흥미롭게 나타나고 있다. 우선 호남 지방 민가가 분포하고 있는 내륙 지역에서 남동 해안 지방 민가는 공존하고 있다. 다음으로는 전라남도와 전라북도의 경계를 이루는 지역에서는 호남 지방 민가형은 채집되지 않고, 오로지 남동 해안 지방 민가형이 오막살이집 계열의 민가와 더불어서 분포하고 있다.

이상과 같이 호남 지방의 대표적인 민가형을 통하여 이들 민가가 어떻게 분포하고 있는가를 살펴보았다. 이를 통해 몇 가지 연구 주제를 선정할 수 있는데, 먼저 호남 지방 민가의 기본형과 일반형의 지리적 분포 지역을 분석해 보면, 호남 지방 민가형의 형성 발원이 서남 도서 지역과 남해 도서 지역에 있다는 점이다. 다음으로 호남 지방 및 남동 해안 지방의 민가에서 '마루'의 구성 형태와 성격이 유사한 점을 두고 볼 때, 마루의 실체를 구명하지 않고서는 그 지방 민가의 주문화적 위상을 밝히기가 어려울 것이라는 점이다. 호남 지방 민가의 주문화적 원형을 찾아내기 위해서는 위와 같은 점을 구명할 때만이 가능할 것으로 보인다.

4. 호남 지방 민가의 구조적 특성

1) 서남해 도서 지역의 기후

인간은 주택을 통하여 편안하게 잠을 잘 수 있어야 하고, 비바람이나 외부로부터의 어떤 침입에 대해서도 보호되어야 하는 등, 기본적인 욕구가 우선적으로 충족되어야 한다. 이러한 물리적인 환경은 지리적 위치, 기후 등 자연적인 것이 대부분이며, 그중에서도 기후는 불변적인 요소이다. 그러므로 그 지역에서만 나타나는 전통 사회의 주거 형태는 그 지역의 자연환경과 무관할 수가 없다.

서남해 도서 지역은 지리적·역사적 환경이 독특한 것처럼, 다른 지역에서는 볼 수 없는 자연환경, 특히 도서 지역이라는 환경 때문에 내륙 지역과는 다른 기후적 특징이 있을 것이다. 특히 태풍의 내습과 같은 대형 풍수해는 인간의 재산과 가옥을 송두리째 빼앗아가는 원인이 되어 막대한 재해를 입힌다. 따라서 이것이 주택 구조에 어떤 영향을 주었는지가 궁금해진다.

서남해 도서 및 해안 지역은 해수의 강한 침식작용으로 각 도서 주위가 리아시스식 해안을 형성하고 있으며, 산지(山地)는 대부분이 100m 이하의 구릉성 산지를 이루고 있다. 이 지역의 기상(1983~1988년의 평균치)은 맑은 날이 73일이며, 흐린 날은 121일, 그리고 폭풍일수(하루≧13.9m/sec)는 22.5일이며, 평균 풍속은 4.1m/sec이다. 풍속 10m/sec 이상의 바람을 폭풍이라 하며, 폭풍일수는 도서 및 해안 지역이 많고 내륙 지역은 적다. 폭풍은 강한 북서 계절풍의 영향으로 대체로 겨울에 많이 나타난다. 그러나 남부 해안 지역에서는 태풍과 저기압이 통과하기 때문에 여름에도 폭풍이 많이 불어 폭풍일수가 다른 지역보다 많다.[5]

남부 도서 지역은 이러한 위치인자 때문에 동일한 풍속이라도 내륙 지역에 비하면 2배 정도의 위력을 갖게 된다. 이것은 지형 마찰의 저항이 내륙 지역에서 크기 때문이다. 따라서 우리나라의 대체적인 연평균 풍속은 도서 및 해안 지역이 4.0m/sec 정도이고 내륙 지역은 1.5m/sec 정도에 머물고 있다.

---

5) 김연옥, 『한국의 기후와 문화』(이화여자대학교출판부, 1985), 174~175쪽.

2) 호남 지방 민가의 구조

(1) 민가의 가구 형식

건축의 구조가 그 지역 풍토와 밀접한 관계 아래 있음을 아는 것은 민가를 이해하는 첫걸음이다. 민가는 그 지역에서 살기 좋게 만들어져 있으며, 민가 건축의 구조가 이를 합리적으로 뒷받침해 줌으로써 건축의 정합성을 유지하고 있는 것이다.

앞에서 밝힌 바와 같이 호남 지방, 특히 서남해 도서 지역의 기상 환경에서 눈여겨볼 부분은 민가의 가구 형식이 이 지방 풍토에 어떻게 대응하고 있는가 하는 점이다. 이 지방 민가의 가구 형식은 여섯 가지 유형이 있는 것으로 조사되었다. 그 가운데 2고주 5량 구조가 72.4%로 가장 많이 분포하고, 반(半)5량 구조가 22.4%, 그 밖에 소수의 유형이 분포하고 있어 서남해 도서 지역의 구조 형식은 2고주 5량 구조가 일반적이다.[6] 따라서 민가 규모가 아주 영세할 때는 반5량 구조를 일부 사용하지만, 주로 2고주 5량 구조를 취하고 있다. 즉, 고주와 고주 상단에 큰 보를 걸치고 그 위에 대공을 세워 종도리를 올린다. 그리고 앞뒤 고주에서 돌출하여 툇기둥을 세워 툇간을 설치하고 툇기둥과 고주 사이에는 계보로서 연결시키는 것이다.

한반도 민가의 홑집에서 일반적으로 취하고 있는 가구 형식은 3량 가구이거나 4량(반5량) 가구이며, 특히 앞뒤퇴가 있거나 겹집 형식에서는 5량 가구를 주로 채택하고 있다는 것이 일반적이다. 그러므로 서남해 도서 지역에서 앞퇴를 둔 홑집 민가가 반5량 가구를 취하고 있는 것은 충분히 이해되지만, 2고주 5량 가구는 구조적인 어떤 연유가 있을 것이라 짐작된다. 지붕틀 구조가 바람의 수평력에 저항하는 데 효과적이라는 사

---

6) 신동철, 「남서해 도서 민가건축에 관한 연구」(홍익대학교 석사학위 논문, 1979), 188쪽.

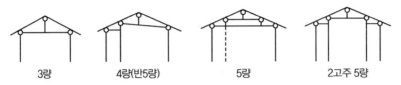

〈그림 2-14〉 민가의 가구 형식

| 3량 | 4량(반5량) | 5량 | 2고주 5량 |

실은 역학적으로 입증된 바가 있다. 즉, 다풍(多風), 강풍(强風) 지역에 속하는 제주도 민가에서 2고주 7량 구조를 취하고 있는 것이 그 예이다.[7] 다시 말해서 바람에 의한 수평하중 시에 두 개의 기둥, 즉 툇기둥과 포기둥(고주)이 좌우대칭의 위치에서 분담하는 구조는 기둥 하나로 부담하는 평주 체계의 경우보다 훨씬 안전한 구조가 되는 것이다.

한편 호남 지방에서 도서 및 연안 지방을 제외한 내륙 지방에서도 2고주 5량 구조가 상당한 비율의 분포를 보이고 있다. 즉, 전라남도 영광·나주·함평·담양·장흥·고흥·구례·장성군 등지에서도 이러한 가구 형식의 민가가 채집되고 있는데, 이는 도서 지역의 가구 형식이 그대로 내륙 지방에까지 영향을 미쳐, 결국 호남 지방 민가의 대표적인 구조로 정착해 있음을 알 수 있다.

다음으로 2고주 5량 가구에서 앞뒤의 툇기둥은 민가의 내부 공간에서 어떤 역할을 하고 있는지 알아보자. 먼저 앞퇴를 볼 때, 호남 지방 민가는 제주도 민가와 같이 앞퇴를 일반화시키고 있다. 이것은 구조적인 유효성이 있긴 하나, 앞퇴를 둠으로써 민가의 일조를 조절할 수 있고 악천후 시에 비바람의 피해를 최소화시킬 수 있는 공간을 만들어준다.

또 뒤퇴의 경우는 앞퇴의 경우처럼 분명하지는 않지만 오히려 다양한 공간적인 구획법을 보여준다. 뒤퇴의 일반적인 활용법은 첫째로, 방을 퇴

---

7) 김미령·조성기, 「제주도의 기후환경이 민가형성에 미친 영향에 관한 연구」, 대한건축학회 논문집, 제14권, 1호(1998).

물림하여 면적을 넓히는 데 주로 활용하고 있고, 둘째로, 온돌방에 인접한 뒤퇴 부분은 툇마루를 내거나 벽장을 설치하여 예비적 공간으로 활용하고 있다. 마지막으로는 뒤퇴 부분을 실내에 편입시키지 않고 툇간으로 비워두고 있다. 이곳은 주로 각종 농기구를 비롯하여 땔감이나 독, 항아리 등을 보관하는 옥외 수장 공간으로 활용된다.

(2) 민가의 도리 높이

다풍·강풍 지역에서 바람의 피해를 최소화하기 위해서는 민가의 구조적 시스템 이외에 민가의 높이를 되도록 낮추는 것이 중요하다. 왜냐하면 지표면 부근의 바람은 높이에 따라 풍속이 커지기 때문이다. 실제로 청산도(靑山島) 대목(大木)의 고증을 들어보면, 민가의 양쪽 단부 쪽은 중앙부보다 기둥 높이를 낮게 하는데, 이는 바람을 덜 타게 하기 위한 건축 기법으로서 이러한 건축 기법을 지방의 방언으로 "자순다"라고 했다.[8] 민가 건축에서 높이를 결정짓는 요소는 기단 높이, 툇마루 높이, 그리고 처마도리 높이 등이다. 이와 같은 세 가지 구성 요소를 호남 지방을 제외한 내륙 지방과 제주도의 경우를 서남해 도서 지방의 자료[9]와 비교한 것이 <표 2-1> ~ <표 2-3>이다.

서남해 도서 지방 민가의 기단 높이는 40cm 이하에 83.4%가 몰려있어 육지 민가에 비하면 대체로 절반 수준이다. 제주도의 경우는 현무암 지질로 인해 배수가 잘되기 때문에 비교가 되지 않는다. 다음으로 툇마루 높이는 40~60cm 이하의 범위에 82.8%가 머물고 있어 제주도의 경우보다 2배 정도 높지만 육지와는 큰 차이가 없다. 또 툇마루에서 처마도리

8) 김지민, 「19C 이후 청산도 민가의 시대적 변천과 그 특성」, ≪도서문화≫, 9집(목포대학교 도서문화연구소, 1991), 176쪽.

9) 목포대학교 박물관, 『남서해 도서지역의 전통가옥·마을』(전라남도, 1989).

<표 2-1> 기단 높이(m)

구분	0.1 이하	0.1~ 0.19	0.2~ 0.29	0.3~ 0.39	0.4~ 0.49	0.5~ 0.59	0.6~ 0.69	0.7~ 0.79	0.8 이상	합계 (%)	평균 (cm)
서남해 도서	-	18 (16.5)	32 (29.3)	41 (37.6)	8 (7.3)	6 (5.6)	3 (2.8)	1 (0.9)	-	109 (100)	27.1
제주도	32 (40)	25 (31)	17 (21)	6 (7)	-	-	1 (1)	-	-	81 (100)	15.8
육지	-	2 (2)	7 (7)	14 (14)	20 (20)	15 (15)	18 (18)	11 (11)	13 (13)	100 (100)	54.4

<표 2-2> 툇마루 높이(m)

구분	0.1 이하	0.1~ 0.19	0.2~ 0.29	0.3~ 0.39	0.4~ 0.49	0.5~ 0.59	0.6~ 0.69	0.7~ 이상	합계 (%)	평균 (cm)
서남해 도서	-	-	2 (1.7)	6 (5.2)	46 (39.6)	50 (43.2)	10 (8.6)	2 (1.7)	116 (100)	48.8
제주도	1 (1)	24 (29)	32 (38)	21 (25)	6 (7)	-	-	-	84 (100)	26.6
육지	-	-	1 (1)	10 (10)	29 (29)	37 (37)	16 (16)	7 (7)	100 (100)	50.4

<표 2-3> 툇마루~처마도리 높이(m)

구분	1.5 이하	1.6~ 1.69	1.7~ 1.79	1.8~ 1.89	1.9~ 1.99	2.0~ 2.09	2.1~ 2.19	2.2 이상	합계 (%)	평균 (m)
서남해 도서	9 (9.1)	19 (19.2)	29 (29.3)	25 (25.3)	16 (16.1)	1 (1.0)	-	-	99 (100)	1.74
제주도	6 (9)	15 (22)	23 (34)	12 (18)	7 (10)	4 (6)	1 (1)	-	68 (100)	1.77
육지	-	-	1 (1)	17 (17)	32 (32)	24 (24)	16 (16)	10 (10)	100 (100)	1.96

높이는 육지와 20cm 정도 차이가 있으며, 제주도의 경우와 유사하다. 옥내 공간은 인간의 활동공간이므로 인체 공학적인 모든 작업이 기본적으로 가능해야 하기 때문에 최소한의 높이에 머물게 된 듯하다.

이상과 같이 서남해 도서 지방의 민가는 물론 제주도의 민가와는 비교가 되지 않으나, 도서 지방의 기후 환경에 대응하는 데 나름대로의 대비책을 강구해 왔음을 알 수 있다. 따라서 아무리 영세한 민가일지라도 다른 지역에서는 생소한 2고주 5량집의 틀을 유지함으로써 구조적인 시스템을 갖추었으며, 배수에 유리한 도서 지방의 특성을 살려 민가의 높이를 최소화함으로써 비바람과 같은 자연재해를 줄일 수 있게 했다.

5. 맺는말

호남 지방의 민가는 한반도의 다른 지역 민가와 구별되는 뚜렷한 정형을 보여준다. 우선 민가의 기본형과 일반형부터 다른데, 호남 지방 민가의 기본형에는 여타 지역과는 다르게 곡물 수장을 위한 고상식 '마루'가 안채의 기본적인 공간 요소로 등장하고 있다. 또 일반형에서는 주 침실과 부침실이 정지를 사이로 갈라져, 여타 지방과는 부침실의 위치가 다르다. 이것은 호남 지방의 주거 문화가 독자적인 형성 배경과 뚜렷한 위상을 가지고 있음을 말해준다. 또한 민가의 규모가 증가함에 따라 다양한 단계별 모습을 보여준다. 먼저 '마루'가 곡물의 수장 공간과 제례(祭禮) 및 고상식 생활을 위한 공간으로 기능적으로 분화되고 있다. 다음으로는 민가의 '사랑채(바깥채)'가 발달하지 못하고 몸채에 부속 공간이 집중화되는 경향을 보인다. 설사 사랑채가 있을 경우에도 독자적인 생계가 가능하도록 안채의 기본적인 구성과 같은 정형을 보여준다. 이것은 안채의 부속 공간이 아니라 독자적인 가계를 이룰 수 있는 경제 단위의 가구(家口)를 분화시키는 것이다. 다만 여기서 외양간의 관리 기능이 포함되는 것이 다를 뿐이다.

이상과 같이 호남 지방 민가는 한반도의 여타 지방과는 다른 또 하나의 분명한 주(住)문화권을 이루고 있어 중부 지방과 영남 지방의 주거 문화와는 대극적인 문화적 위상을 보여주고 있으며, 그 중심에는 곡물을 수장하는 폐쇄적인 '마루'가 있다. 고상식 바닥인 '마루'는 곡창의 기능이 우선이지만 가신(家神)의 수장인 성주신이 정좌하는 곳이며, 여기에 조령(祖靈)과 곡령(穀靈)까지도 동거하는 신성한 장소이다. 그러므로 '마루'의 구조적인 의미는 '곡창과 수호신'의 관계로 설명될 수 있고, 자연스럽게 가제(家祭)가 열리는 제장(祭場)이 되고 있다.

호남 지방 민가의 분포 지역은 서남해 도서와 내륙 지역에 걸쳐있으며, 분포 지역의 동북부 지역과 남해안 도서 지역에는 또 다른 민가형, 즉 '남동 해안형 민가'의 문화권과 인접해 있다. 그리고 두 문화권의 중첩 지역에 두 민가형의 요소가 융합하여 제3의 변종(變種)이 등장하고 있는 것은 흥미롭다. 또 이러한 시각에서 남동 해안 지역의 민가형을 거시적으로 보면, 결국 영남 지방의 민가형과 호남 지방의 민가형이 서로 융합된 유형으로 해석된다.

호남 지방 민가의 또 다른 특징인 2고주 5량 구조는 서남해 도서 지역의 기후와 직접적인 관련이 있다고 볼 때, 결국 호남 지방 민가형의 발원지(發源地)는 서남해 도서와 연안 지역으로 좁혀 볼 수 있으며, 이 지역의 역사적 풍토와 환경적인 요인이 크게 작용해 왔음을 알 수 있다.

제3장
호남 지방 민가의 방어론적 해석

1. 머리말

인간은 자기를 둘러싸고 있는 자연 생태계 속에서 살아남기 위해 일정한 질서를 깨닫고, 자연과 대응하는 방법을 찾아왔다. 이러한 생활의 지혜는 다음 세대에 전해져 관습이 되고 전통이 되어서 하나의 문화계(文化系)라 할 수 있는 물적인 주거의 모습으로 나타나고 있다.

주거는 인간 생활의 거점으로서 자기중심의 동심원(同心圓)적 세계인데, 이것은 동물의 본능적인 대응과 마찬가지로 자기방어의 수단이기도 하다.

호남 지방 민가는 우리나라 어느 지방 민가와도 다르게 독자적인 정형을 보여주고 있다. 이는 민가를 구성하는 요소가 다른 지방과 다르다는 말이다. 다시 말해서 기본적인 주거 단위와 이들의 배열, 그리고 주거 공간을 집합하거나 분절시키는 방법 또한 다르게 보인다. 그 밖에 집단적으로 취락을 이루는 지혜도 특별하다. 이와 같은 독특한 민가형이 출현하게 된 배경에는 역시 다른 지방과 달리 독특한 풍토적·환경적인 요인과 사회·문화적 요인이 있었음을 알 수 있다.

호남 지방의 지리적·문화적 특성으로는 예로부터 쌀농사를 중심으로 한 농경사회가 가능하게 된 유수의 평야지대라는 점과 인접한 다도해 도서 지역이 해양 교통의 요충지라는 점을 들 수 있다. 이러한 지역적 특성으로 인해 호남은 역사적으로 고난의 땅이 되었으며, 주민들은 온갖 불안과 고통의 세월을 살아야 했다. 이러한 환경적 요인과 민가형 사이에 어떠한 상관관계가 있는지는 자못 관심거리가 아닐 수 없다.

이 글은 호남 지방의 지리적·역사적 환경 아래 가족과 동족의 혈연공동체가 안주하기 위해서 어떻게 '외부'를 의식하여 대응했는지, 그리고 이러한 대응 관계가 주택과 취락 구조에 어떻게 장치화되었는지를 알아보고자 한다.

2. 서남해 도서 지역의 지리적 · 역사적 특성

호남 지방의 주거 문화가 형성되었던 배경에는 영산강 유역의 광활한 평야지대를 배경으로 한 다양한 문화 기반을 들 수가 있다. 그러나 서남해 도서 지역의 지리적·역사적·문화적 배경은 직접적으로 호남 지방의 주거 문화 기반에 중요한 영향을 미쳤으리라 생각된다. 이를 종합적으로 조명해 보기 위해 관련 분야의 연구 성과[1]를 통해 개관해 보기로 한다.

서남해 도서 및 해안 지역은 예로부터 이 지역을 중심으로 하는 해상 교역로가 크게 발달해 있었으며, 서남해 도서 지역과 연안 사이의 해로(海路)는 고대문화의 중요한 이동로였다. 이 같은 해로상의 중요성 때문

---

1) ① 목포대학교 도서문화연구소, ≪도서문화≫, 3집(1985).

② 목포대학교 도서문화연구소, ≪도서문화≫, 4집(1986).

③ 목포대학교 도서문화연구소, ≪도서문화≫, 5집(1987).

④ 이해준, 「신안도서지역 문화의 역사적 배경」, 『신안군의 문화유적』(목포대학교 박물관·전남도 신안군, 1987).

〈그림 2-15〉 서남해 도서·연안 지역의 해로

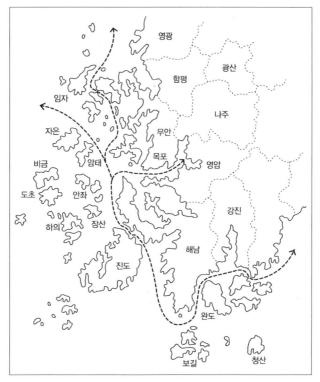

자료: 각주 1)에서 재구성.

에 고려 말 수많은 왜구들이 이 일대에 전횡하기도 했다.

　다음으로 도서 지역 연구에서 주목할 부분은 주민 이동과 관련된 문화 소재의 발견이다. 서남해 도서 주민들의 대부분은 그들이 살고 있는 섬에 처음 들어와 집안을 일으킨 어른을 입도조(入島祖)로 모시고 있으며, 대체로 이들 입도조의 생존 연대는 17세기에 해당된다. 그러나 이들보다 훨씬 이전에도 섬에는 주민들이 살고 있었다. 이미 삼국시대에 독자적인 몇 개의 군·현으로 통합되어 있었으며, 그 후 고려의 한반도 통일과 더불어 중앙 집권력이 강화되면서 내륙의 군·현에 예속되어 고려 말 왜구의 창궐기까지 존속했던 것이다.

그러나 왜구의 출몰이 잦아지고, 특히 이 지역의 역사적·지리적 위치와 경제적 중요성으로 말미암아 왜구의 침탈 대상지로 변하면서 정부는 이른바 공도(空島) 정책이라 하여 섬 주민을 내륙으로 옮겨 섬을 비워두게 했다. 진도(珍島)와 같은 큰 섬은 물론이고 장산·흑산·압해 등의 도서 지방이 나주(羅州) 부근으로 행정치소(治所)를 옮긴 것은 하나의 사례에 불과하다. 이 시기 조선의 중앙정부는 행정적·군사적인 면에서 서남해 도서 지방에까지 영향을 미칠 만한 여력이 없었고 세종 20년 전후(1430~1440)에 와서야 이 지역의 행정 체계를 겨우 수립하는 실정이었다. 결국 왜구로 인한 혼란과 중앙정부의 행정적 공백이 서남해 도서 지역을 이처럼 황폐화시킨 것이다.

그리하여 세종 이후, 왜구를 격퇴하고 조선의 국가 기반이 튼튼해지면서 연해 주민들이 도서 지방으로 급격히 이주하게 되었다. 물론 정부로부터 여러 종류의 규제를 받고 있었기 때문에 당시의 이주는 이러한 제약을 뛰어넘는 불법적 이주였으며, 그 수는 많지 않았을 것으로 보인다. 따라서 당시 서남해 도서 지방의 문화적 성격은 서남해 연안 지방의 내륙 문화와 크게 보아서 같은 계열인 셈이다.

이상과 같이 조선 초기에 섬으로 들어가 안전을 찾았던 이주민들은 이주한 지 1~2세기도 못 되어 다시 임진왜란이라는 커다란 외환을 맞게 되고, 이로 인해 또 다른 유랑의 길을 떠나게 된다. 즉, 당시의 도서 주민들은 왜적의 노략질을 피해 일부는 내륙 지방으로, 혹은 일부는 더 깊은 도서 지방으로 피난의 길을 떠나야만 했다. 그러다가 임진왜란과 정유재란이 종식되자 전보다 더 많은 수의 내륙인들이 섬으로 유입되어 실로 대대적인 주민 교체가 이루어진 것이다. 이들 이주민들은 왜란이 계속된 불안전한 환경 속에서 떠돌다가 주로 17~18세기에 집중적으로 도서 지방에 정착했다. 그들의 이주 경로는 주로 내륙의 서남단 해안 지역을 경유하여 서남해 도서 지역으로 이동하는 경로였다. 결국 이때의 입주자들이 '입도조'로 불리고, 이들은 현재의 도서 문화를 형성시키고 발전시켜 온 실질적인 주역이 되었다. 그러므로 현재 도서 지방에 남아있는 문화 요소들은 바로 이들 이주민들의 전(前) 거주지에서 이식해 온 것을 도서 지방의 환경에 맞게 발전·융합시켜 온 것이라 볼 수 있다. 따라서 현재의 도서 문화는 이들 문화 주체들의 이주 경로와 이주 배경을 떠나서는 생각할 수가 없다.

당시의 입도조들은 왜구들의 침탈 때문에 수세기 동안 고난을 이어받았다. 그것도 부족하여 왜란을 피해 낯설고 불안한 환경 속에서 이리저리 전전하던 피난민이었으므로, 막상 도서 지방에 정착하여 마련한 주거의 모습이 과연 어떠했을까 충분히 상상할 수 있을 것 같다.

3. 민가의 방어론적 요소

인간은 동물인 이상 생태적 유산으로서 방어 본능을 지니고 있다. 또 동물이 살아남기 위한 본능적인 행동은 직접적·간접적 방어에 이르기까지 그 방법을 어떻게 특수화시켜 종(種)의 보존을 성취시키느냐에 있다. 그런데 인간은 자기 신체를 특수화시키는 일, 가령 독침을 가진다든지, 몸의 색깔을 바꾼다든지 하는 방법으로 종의 보존을 하지 못한다. 그 대신에 자기 의복이나 주택을 신체화시킴으로써 생물로서의 기본적인 욕구를 충족시켜 왔다. 따라서 주택에는 동물의 본능적 행동과 같은 어떤 장치가 있어 인간의 육체와 상호보완적인 관계를 맺는 것이다.[2]

이에 따라 호남 지방 민가에는 그곳 주민들이 왜구의 노략질 속에서

---

2) 本多友常, 『ゆらく住まいの原型』(東京學藝出版社, 1986), pp.40~41.

살아남기 위해 어떻게 주거 공간을 신체화시켜 왔는지 유심히 들여다보자. 이 고장의 민가는 이 지방과 유사한 풍토의 민가와 비교했을 때 많은 차이를 보이고 있다.

1) 호남 지방 민가의 기본형의 의미

호남 지방 민가의 기본형은 왜 '정지·큰방·마루'의 구성인가. 이는 다른 지방의 '정지·큰방·작은방'의 기본적인 구성과는 사뭇 다르다. 무엇보다 곡식을 수장하는 '마루(마리·마래)'가 안채에 들어올 정도로 비중이 높은지에 대한 의문이 생긴다.

마루는 앞서 밝힌 것처럼 고상식 바닥에 각종 곡식을 갈무리하는 공간이다. 선조의 위패를 모시고 제사를 올리는 공간이다. 그리고 집안의 수호신인 성주신을 모시는 공간으로서, 바로 집 안의 성소(聖所)이기도 하다.

고상식 바닥은 벼농사를 짓던 사람들이 무엇보다 곡창으로서의 필요에 따라 기능적인 목적으로 채택했을 것이다. 우리나라에 언제부터 고상식 곡창(穀倉)이 존재했는지는 명쾌하게 말하기 어렵지만 이미 고대 신라시대 '경(椋)'의 기원에 관련된 가형(家形) 토기가 출토된 바 있다.[3] 이들 토기는 고상식 곡물 창고로 추정되는데, 고상식 곡창이 남쪽 나라에서 우리나라에 유입되었음을 알려준다. 동남아의 벼농사를 짓던 민족들은 오래전부터 벼를 안전하게 저장하기 위해 고상식 곡창, 즉 고창(高倉)을 건축해 왔으며, 또 그들은 전통적으로 벼에 대한 애정을 어떤 형식으로든지 고창 건축에 표현하려 했다. 예컨대 곡창에 저장된 곡식의 안전을 위해 수호신을 안치시키고 여기에 종교적인 성격을 부여하는 등, 곡창이 성옥(聖屋)화되는 것이 뚜렷하게 나타났다.[4]

---

3) 김원용, 「신라가형토기고」, 『김재원박사 화갑기념 논총』(을유문화사, 1969).

경(椋)은 민가의 몸채와는 별채로 세워져 있는 곡물 창고이다. 처음에는 남쪽의 농경민족처럼 집집마다 경과 같은 곡창 시설을 별동으로 짓고 있었을 것이다. 그리고 이러한 경이 조기 농경사회에서 곡물을 더욱 안전하게 보관하기 위해 신성시(神聖視)되었으며, 여기에 여러 가지 금기(禁忌, taboo)가 있었을 것이라 추측된다. 그러나 우리처럼 고상식 수장 기능을 주거의 중심부에 둔 사례는 찾아보기 어렵다.

일반 농가에서 곡식은 바로 그들 가족의 생존과 직결된다. 농민들은 파종에서 수확에 이르기까지 아무 탈 없이 농사가 잘되기를 바라는 간절한 마음에서 초자연적인 힘, 즉 신령님(수호신)의 힘에 의지하고자 했다. 이런 까닭으로 그들은 계절적인 단계에 따라 신비주의적인 의례를 많이 치렀다. 그 가운데 가장 초점이 되는 것이 수확제(收穫祭)이다. 우리나라 수확 의례로는 우선 추수가 끝났을 때 안택제(安宅祭)라든가 성주풀이, 고사(告祀) 등으로 불리는 가제(家祭)를 들 수 있다. 비록 명칭은 다르지만 어느 것이나 햇곡식을 가지고 가신을 제사하는 안택의 수확제라는 점에서 동일하다. 그러므로 안택제는 일반 농가에서 행하는 가장 큰 의례이며, 봉안되는 대상은 성조, 천신(天神)이며, 곡신(穀神), 그리고 조신(祖神)이기도 하다. 호남 지방의 경우, 주로 그해의 햇곡식은 신체(神體)가 되어 독에 담겨 민가의 마루에 봉안되는데, 많은 사례를 통해 보면 곡령(穀靈)에 대한 신화나 신앙은 일찍이 농경사회가 똑같이 공유하고 있는 문화적 특질이다.

수확제는 곡물의 풍요를 위한 의례로서 벼의 영혼, 즉 도혼(稻魂)이 그대로 보존되어 이듬해까지 왕성한 생명력을 발휘하여 풍작을 가져오기를 기원하는 것이다. 그뿐만 아니라 햅쌀을 넣은 신(神)단지는 죽은 가족의 위패에 해당된다고 하여 위령제로서의 기능도 있었다. 오늘날 죽은

---

4) 野村孝文, 『南西諸島の民家』(相模書房, 1961), p.247.

사람의 개인적 기일(忌日)에 대한 관념은 불교가 전래된 이후의 일이며, 원래 제사는 계절적·사회적으로 행해왔던 것이다. 전남 화순군과 곡성군에서 채집된 사례에 의하면, 곡물의 수확은 조상님의 영험에 의해 이루어진 것으로 인식했으며, 성주독은 조상의 위패를 대신하는 것으로서 해마다 햅쌀을 바꾸어 넣어 감사하고 위령했다.[5] 오늘날 '독'으로 불리는 마루의 선반에 안치된 선조의 위패 상자는 조선 시대 이후 사대부 계층의 영향으로 민간에서 받아들인 것이다.

이상과 같이 호남 지방 민가에서 마루는 일상 생활공간으로서보다는 곡물의 수장 공간으로서 기능하였다. 그러므로 고상식 바닥으로 시설되고 전면 개구부를 비호적인 널문으로 구성했다. 그리하여 부엌과 침실 공간인 온돌방(큰방)과 더불어 곡물 창고인 마루는 가장 기본적인 주거 단위의 요소가 된 것이다. 여기에서 우리는 마루가 별동으로 시설되지 않고 중심 공간인 몸채 속에 신체의 일부와 같이 구성된 것은 해마다 반복되는 위란의 일상, 즉 왜구의 침탈에 대비하는 유일한 자위 수단으로 이해할 수 있을 것이다. 여기에 덧붙여서 주민들이 농사의 풍작과 곡식의 안전, 그리고 집안의 무사와 안녕을 초월적인 신령의 힘, 즉 성조, 천신(天神)과 선조, 조령(祖靈)에 의지하려 했던 간절한 기원이 마루를 집안의 성소(聖所)로 만들어낸 것이다.

2) 민가의 집중화 경향과 배치 특성

호남 지방 민가의 배치를 살펴보면, 민가의 부속채가 다채롭지 못한 느낌이다. 서남해 도서 지방의 민가는 다소 영세성을 전제로 하더라도, 부속채가 많아 ㄷ자형이나 ㅁ자형으로 규모가 커지는 경우는 거의 나타

---

5) 三品彰英, 『古代祭政と穀靈信仰』(平凡社, 1973), pp.226~227, 258~259.

나지 않는다.

이 지방 민가의 배치 경향은 크게 세 가지 유형으로 나누어진다. 첫째는, 대지 중앙에 안채만 독채로 세워지는 유형이며, 둘째는, 안채를 두고 그 주변에 헛간·잿간·측간·가축사 등 순수한 농사용 부속채가 세워지는 유형이다. 셋째는, 안채 전면의 왼쪽이나 오른쪽에 튼ㄱ자형으로 독립된 '사랑채'가 세워지는 유형인데, 조사 가옥 100호 중 40여 호가 이에 해당된다.6) 이 경우의 사랑채는 대부분의 구성이 '외양간＋외양정지＋사랑방＋마래'이거나 이에 준하는 구성이다.

첫째와 둘째 유형의 차이점이라면 부속채의 유무에 있고, 공통된 점은 부속채에 온돌방이 등장하지 않는다는 점이다. 그러므로 이러한 유형의 배치에서 침실은 안채에 집중된 셈이다. 그리고 셋째 유형의 특징은 사랑채에 온돌방이 등장하는데, 안채의 기본적인 민가 요소를 그대로 갖추고 있다는 점이다. 이것은 제주도 민가의 경우와 같이 사랑채(부속채)의 구성이 독자적인 경제 단위로 주거 생활이 가능하도록 분가(分家)주의적인 구조를 보여준다. 이 부분에 대해서는 앞으로 추가적인 연구가 필요하다.

호남 지방 민가의 배치 유형과 안채 평면의 상관관계로 보아 관심을 끄는 부분은 셋째 배치 유형에서 안채가 거의 '까작집'(<그림 2-8>)의 일반형에 해당한다는 점이다. 까작집은 호남 지방 민가에서 60% 가까운 구성비를 보여주는 일반형에 속한다.7) 그러므로 까작집의 안채와 '사랑채'를 둔 민가는 이 지방에서 어느 정도 경제적인 기반이 있었던 계층으로 까작집 중 60% 정도가 여기에 해당된다. 이 지방 노인들의 증언에

---

6) 김지민, 「신안지방의 전통건축」, 『신안군의 문화유적』(목포대학교 박물관·신안군, 1987), 367쪽.

7) 같은 글, 368쪽.

따르면, 안채를 세운 뒤 가족 수가 늘어나고 살림 규모가 커지거나 혹은 큰아들이 혼인할 때쯤 사랑채를 지어 이곳에 머물게 한다고 한다. 물론 사랑채의 외양간 관리를 위한 배려도 포함된 것이다.

다음으로 안채의 유형 중 특별히 방어론적 시각에서 관심을 끄는 것은 <그림 2-9>와 같은 유형일 것이다. 이 유형은 호남 지방 민가의 일반형인 까작집에서 정지를 중심으로 했을 때 큰방과 마루 부분, 즉 가재 관리 부분은 동일하다. 그러나 반대쪽은 모방을 중심으로 가방과 외양간이 집중화되는 현상을 보여준다. 다시 말해서 모방 이외의 요소는 부속채에 있을 법한 공간인데 안채의 구성 요소로 들어와 있는 것이다. 또 이러한 민가는 채의 배치에 있어서도 사랑채는 등장하지 않는, 첫째와 둘째 배치 유형에 해당되며, 조사 가구 중 약 20%가 여기에 해당된다.

주거 공간이 대개 집과 마당으로 구성된다는 원칙에서 보면, 우리나라 민가는 내정형(內庭型)과 외정형(外庭型)으로 나누어진다. 외정형은 주거 공간의 주위에 노동과 생활의 외부 공간이 민가를 둘러싸는 구성을 보인다. 이러한 외정형은 우리나라에서 겹집이 분포하는 함경도와 영동 지방에서 볼 수 있다. 이에 비해서 내정형은 마당을 가운데 두고 그 주위를 주거 공간이나 주거 동(棟)이 에워쌈으로써 내정(마당)으로 의식이 모아지는 구심적인 구성을 보인다. 한반도의 민가는 주로 내정형에 속하며, 대개 홑집 구성이므로 자연과의 대응 관계가 원활한 편이다.

우리는 호남 지방 민가의 안채에서 침식 공간에 인접하여 수장 공간이 자기 몸의 일부처럼 신체화되어 있음을 보았다. 또 이 지방의 민가 유형 중 <그림 2-9>의 민가형은 비록 그 구성비가 20% 정도에 머물고 있으나, 부속채에 있을 법한 온돌방과 외양간이 겹집 형태로 안채에 들어와 있음을 볼 때, 이는 우리나라 남부 지방에서 일반화된 배치 경향과는 다른 모습이다. 즉, 부엌을 중심으로 한쪽은 홑집 구성이며, 반대쪽은 겹집화된 외정형의 구성을 보여주고, 동시에 부속채가 발달되지 못한 점 등은 분명히 파격적인 공간 구성 방법이다. 이러한 주거 형태는 결국 오랜 세월 왜구의 침탈이 대물림되는 동안 생존을 위한 자기방어를 위해 본능적으로 사회 거리를 좁혀온 결과로 짐작할 수 있다.

3) 마을의 집단적 경계 구조

인간이 주거와 취락 속에서 안주(安住)하기 위해서는 집단적인 사회관계를 조정하는 어떤 장치가 있어 가능하게 된다. 이 장치를 '문턱'이라 부르고, 그 개념은 취락에 대하여 침입해 오거나 혹은 외부로 유출하는 것에 대한 제어기구라고 한다.[8] '문턱'은 주거나 취락을 외부로부터 방어하고 내·외부가 교류할 때 조정하는 역할을 하고 있다. '문턱'이 형성될 때는 직접적으로 물적 장치가 될 수도 있고, 간접적으로 사회·문화적인 규약이 될 수도 있으므로 이들은 취락의 경계 개념이기도 하다.

우리나라의 자연부락은 대체로 혈연공동체로서 자연 취락을 이룬 마을이다. 주민들은 자율적이며 자기 충족적이지만, 생활공동체로서 결합되어 있으므로 집단의식으로는 배타적이다. 실제로 우리나라 취락의 진입부는 대체로 개방되어 있지만 무한히 트인 것이 아니라 동구(洞口)의 폭을 지형적으로 좁히거나 거기에 당수나무라든가 장승을 세워 마을의 수호신으로 삼았다. 이들은 일련의 경계 민속(警戒民俗)으로서 일차적인 조정 기능을 하고 있는 것이다. 이와 같이 취락의 영역 밖을 배타적으로 보는, 수세(守勢) 성향이 강한 취락의 폐쇄성은 마을 공동체의 결속을 다지는 습속이기도 하려니와 외침(外侵)과 내란(內亂)이 잦았던 역사적 배경도 간과해서는 안 될 것이다. 여기에서 실제로 서남해 도서 지역의 마을과 민가가 외부로부터 내부를 방어하기 위하여 '문턱' 장치를 어떻게

---

8) 原廣司, 「Complexity」, ≪住居集合論≫, SD別冊, No.8(鹿島出版會, 1976), p.13.

조성해 왔는가를 알아보자.

우선, 서남해 도서 지역의 마을 입구에는 예로부터 '우실'이라 불리는 수림대(樹林帶)가 바다 쪽으로 조성되어 있다. 이것은 마을의 담과 같은 역할을 하는 것으로 석축과 함께 큰 나무숲으로 이루어진다. 장산도(長山島) 도창리의 '우실'은 400여 년으로 추정되는 큰 나무숲인데, 팽나무·주엽나무·소나무·뚝나무 등 100여 그루 이상의 나무로 조성되어 있다. 마

안방문과 되창(오른쪽이 부엌이므로 되창은 아랫목에 위치한다)

을 사람들은 우실에서 휴식하거나 어린이 놀이터로 활용하는 등 일상생활을 즐기므로, 우실은 마을의 광장과 같은 기능을 한다.9) 이해준(李海濬) 교수는 우실의 구축 목적을, 첫째, 방사(防砂)·방풍(防風)을 위해서, 둘째, 외부로부터 마을을 은폐하기 위해서, 셋째, 풍수지리적인 이유 등으로 요약하고 있다.10) 그러나 세 가지 기능 가운데 특히 마을의 존립과 관련된 사항, 즉 외부로부터 마을을 은폐함으로써 주민의 생존을 보호해 주는 기능이 으뜸이다.

다음으로, 우리나라 민가의 굴뚝 형식은 온돌 구조만큼이나 독특하다. 호남 지방을 포함한 남부 지방 민가의 굴뚝은 연통이라기보다 배연구(排煙口)에 지나지 않는다. 그 이유는 굴뚝에서 솟아오르는 연기가 마을이 있음을 알려주는 증거가 될 수 있으므로 마을을 집단방어하기 위해서는

9) 박익수, 「서남해 도서지역 민가에 관한 연구」, ≪도서문화≫, 제3집(목포대학교 도서문화연구소, 1985).

10) 이해준, 「암태도의 문화유적과 유물」, ≪도서문화≫, 제1집(목포대학교 도서문화연구소, 1983).

〈그림 2-16〉 되창의 분포도

집집마다 자기 존재를 은폐해야 했던 것이 습속화된 결과이다. 배연구만의 굴뚝 형식은 풍향에 따라 바람이 굴뚝에서 아궁이로 역류 작용을 일으켜 화재를 발생시켰으므로 이를 극복하기 위해 여러 가지 굴뚝 형식이 고안되었다.

서남해 도서 지역의 굴뚝 형식은 하나의 아궁이에 두 개의 배연구가 있는 이공식(二孔式) 굴뚝이 분포하고, 남해 중앙 도서 지역은 부엌 안에 굴뚝이 서는 일공식(一孔式) 굴뚝이 분포하고 있다. 이들은 모두 굴뚝의 연기가 결코 민가의 지붕 위로 솟아오르지 않게 하는 형식이다. 한편 서남해 도서 지역 중 흑산도(黑山島)와 도초도(都草島) 등지에서는 일공식 굴뚝이 일부 분포하고 있는데, 이는 특기할 만하다.

마지막으로, 호남 지방 민가의 구성 요소 가운데 또 다른 특징으로 안채 전면의 '되창'을 들 수 있다. 이것은 곳에 따라 '호령창' 또는 '봉창'으로도 불리는데, 큰방문 옆 아랫목에 설치되는 세살창이다. 보통 바닥에서 30~40cm 높이에 내고, 폭 33~49cm, 높이 45~76cm 정도인데, 한반도에서는 주로 호남 지방을 중심으로 남해안의 한정된 지역에만 분포하고 있다(<그림 2-16>). 되창이 있는 자리는 가장(家長)이 자리하는 정(定) 위치이므로 큰방문을 열지 않고 되창을 통해서 아랫사람에게 지시를 내리기도 하지만, 특히 집 밖의 외부 동정을 살피는 효능이 주목되는 특이한 창이다. 민가의 정면 구성은 이로 인해 이색적인 인상을 주는데, 제주도 민가의 상방에 설치된 '호령창'과도 상관이 있어 보인다.

4. 맺는말

우리나라 마을은 전반적으로 외부에 대해 배타적이며, 취락 구조가 수세적인 경향이 강한 동족 마을이 많다. 이것은 역사적으로 수난의 세월이 많아 농민 스스로가 생존을 위해서 본능적으로 자연 속에 집단취락을 한 결과이다. 특히 남부 도서 지방은 예로부터 줄곧 계속된 왜구의 노략을 받아왔고, 여기에 국정의 문란과 도적의 횡행으로 그들은 가족의 생존을 위해 달리 의지할 곳이 없었다. 당시 중앙의 행정적·군사적 힘이 도서 지방에까지 미치지 못했기 때문이다. 그러므로 취할 수 있었던 유일한 방어 수단은 소극적으로 가족을 한곳으로 모으고 은폐시키려는 본능적인 대응이었다.

어느 지방이나 주민들의 소박한 꿈이란 한 해 농사가 잘되고, 한 가족이 안팎의 난리를 당하지 않고 대를 이어 평화롭게 살아가는 것이다. 호남 지방은 한반도에서 벼농사가 가장 먼저 정착한 지역이기도 하지만, 벼농사와 관련된 신비주의적인 의례가 아직도 남아있는 지역이다. 벼와 관련된 도미(稻米)의례는 모두 가족 단위로 곡령(穀靈)과 조령(祖靈)을 모시고 곡식의 풍작을 기원하기 위함이고, 이는 곧 가족의 생존과 직결되는 간절한 기원이다. 그런데 곡식의 풍작을 기원하는 것도 중요하지만 거둬들인 곡식을 안전하게 수장하는 문제도 이에 못지않게 중요하다.

그들이 생존과 직결되는 곡식을 지키는 확실한 방법은 침식 공간의 연장선에서 신체화시키는 것이다. 그뿐만이 아니라 가족의 기거 공간도 예외가 아니다. 이 지방의 민가 배치를 보면, 여타 내륙 지방처럼 안채와 부속채가 평화롭게 마당을 중심으로 둘러싸는 여유로움은 찾아볼 수 없다. 오히려 안채를 중심으로 가족의 기거 공간이 응집되는 몸채의 형태를 보여준다.

인간이나 동물이 어떤 위협을 느껴 통제할 필요가 생기면 사회 거리가

짧아진다. 더욱이 외부로부터 위해가 가해지는 빈도가 잦으면, 안쪽으로
올수록 견고한 자기방어의 대응을 하게 된다. 호남 지방 민가는 그들의
역사적인 아픔만큼 굴절된 주거 공간의 모습을 담아내고 있으며, 이것이
그들의 존재 방식이었다.

제4장

남동 해안 지방의 민가

1. 머리말

한반도의 남해와 남서해에는 이른바 다도해(多島海)가 형성되어 있고, 만곡된 해안선이 길어 독특한 풍물을 경험할 수가 있다. 이 지역은 육로(陸路)에 의한 교통보다 오히려 해상 교통이 일찍부터 발달되어 경제 활동과 문화 소통에 크게 기여해 왔다. 이와 같이 남해 연안 지역은 일상생활을 주로 해양 교통에 의존해 왔으므로 이것은 이 지역의 주거 문화 형성에 어떤 형태로든 영향을 끼쳤을 것이다.

그런데 이 지역은 서쪽에 인접한 호남 지방의 주거 문화와 동북쪽에 인접한 영남 지방의 주거 문화와는 다른 양상을 보인다. 다시 말해서 호남 지방의 문화 요소를 간직하면서도 이와는 또 다른 면모를 보여주고 있으며, 영남 지방의 주거 문화에서 보면 이 지방 주거 문화에 속하는 것 같으면서 반드시 그렇지 않은 양상을 보여준다. 왜 이러한 문화적 특성을 보이는 것일까.

결국 남동 해안 지방 민가형의 형성 배경을 밝히는 것은 문화의 전파 경로와 영남·호남 두 문화권의 중간지대의 특성을 밝히는 것이 관건이 될 것이다. 아울러 이 지역의 민가형 연구는 양쪽 문화권의 민가와는 다

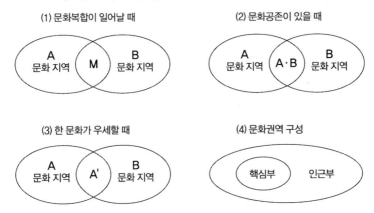

〈그림 2-17〉 두 문화권이 만날 때 일어나는 여러 가지 현상

(1) 문화복합이 일어날 때

A
문화 지역   M   B
문화 지역

(2) 문화공존이 있을 때

A
문화 지역   A·B   B
문화 지역

(3) 한 문화가 우세할 때

A
문화 지역   A'   B
문화 지역

(4) 문화권역 구성

핵심부   인근부

른, 제3의 다양한 민가를 발굴하여 이 지역 민가형의 정체성을 밝히는 작업이 중요하다. 남동 해안 지방의 주거 문화는 역사적으로 독자적인 뿌리를 두고 형성된 주거 문화라기보다 지리적 특성에 따라 형성된 문화 지역이라는 가정 아래 한반도에서는 독특한 문화 지역이 될 것이라 예상해 본다.

2. 민가형과 주문화권의 관계

소우주(小宇宙)를 이루었던 전통 사회의 생활공간에는 그 중심에 자연과 신(神)이 존재하고 있었으며, 그들의 공동체적 일상생활은 모두 여기에 연결되어 있었다. 그리하여 주민들은 그들의 생활공동체에서 벗어나는 생각이나 행동은 대단히 위험한 일이라 여겼다. 전통 사회에서 살림집을 짓고자 할 때, 이는 어느 개인이나 한 가족의 일이 아니라 바로 마을 공동체의 일이었으므로 구성원 모두가 직·간접으로 참여했다. 그들의 살림집이 오랜 세월 동안 큰 변화 없이 하나의 정형(定型)을 유지해 온 것은 그들 공동체적 삶의 가치관이 끈끈하게 유지되어 왔기 때문이기도 하지만, 살림집에 관한 어떤 규범이 강하게 형성되어 왔기 때문이다. 이러한 규범적 조영 작업은 결국 정형화된 민가형을 지역에 따라 형성하게 했던 것이다. 이것이 주(住)문화권이다.

그들 삶의 중심에 있는 자연과 신에 결부된 많은 금기와 성문화(成文化)되지 않는 사회규범들이 무언중에 그들의 조영 활동을 통제해 왔기 때문에, 그들이 속해있는 규범적인 민가형에서 벗어난다는 것은 있을 수 없는 일이었다. 그렇다고 이처럼 민가의 규범적 정형을 처음부터 철저하게 고집한 것은 물론 아니다. 그들이 고집한 것은 공동체적 삶의 가치관이 골격을 이룬 민가의 원형에 한정되었을 뿐, 민가의 부분적인 요소들을 개선하거나 외부에서 받아들이거나 수정하는 일은 그대로 인정되었다. 다만 합의에 도달하는 시간이 길어, 아주 완만한 수용 과정이 필요했을 뿐이다.

민가를 지표로 하여 주문화권을 구분할 때, 그 수단으로는 결국 민가의 동질적인 특정 요소에 따라 구분하게 된다. 이는 민가가 오랜 세월에 걸쳐서 그 지역의 자연에 적응하고, 환경을 조정하고, 기존 문화에 순응하는 과정을 거침으로써 특징적인 민가형이 형성되고, 이를 수용하게 되기 때문이다. 민가형은 동질적인 민가 요소가 일정 지역 안에서만 나타나기 때문에 자연스럽게 그 경계가 형성된다. 이러한 경계는 산맥이나 하천 등의 자연적인 장벽이 되기도 하고 국경이나 지역 경계와 같은 행정적 구획과 일치하기도 한다. 주문화권의 경계부에는 이웃하는 문화권이 형성되는데, 그 경계부는 서로 다른 문화권이 영향을 받기 때문에 마치 색깔이 다른 두 문화의 물(水)이 혼합되듯이 중간지대와 같은 제3의 영역이 형성된다. 일반적으로 두 문화가 접하여 형성되는 중간 지역에는 두 문화권의 특정 요소가 공존하기도 하고 두 문화의 중간형이 나타나기도 한다. 혹은 한쪽 문화가 다른 문화에 비해 우세한 경우, 그 중간 지역에는 A와 B, 두 문화의 중간형이라기보다 A형의 변형인 A'형이 출현하기도 한다.

남동 해안 지방의 민가를 들여다보면, 영남 지방의 민가 요소와 호남 지방의 민가 요소가 분명히 함께 공존하면서 융합되어 있음을 볼 수 있다. 영남 지방의 민가 요소로 보이는 것은 민가의 마루가 안채의 어간(御間)에 해당하는 중앙부를 차지하고 양쪽에 온돌방을 배열함으로써 가옥의 정면성을 강조하는 부분이다. 이때 마루의 용도는 영남 지방의 대청과 흡사하게 생활공간이면서 의례 공간이기도 하다. 또 호남 지방의 민가 요소에 속하는 부분은 마루의 구성이 한결같이 폐쇄적이며 수장 공간으로서의 비중이 높다는 점이다. 그런데 영남 지방의 주문화 지역과 호남 지방의 주문화 지역은 사실상 소백산맥을 경계로 하여 서로가 단절되면서 이웃하고 있는 양상이다. 그러므로 남동 해안 지방은 남해 바다를 통하여 두 문화권의 교류가 자유롭게 이루어져 두 문화권의 가교 역할을 묘하게 해내고 있는 셈이다.

3. 남동 해안 지방 민가의 실례와 분석

실례 1_경남 고성군 고성읍 무량리, 박씨 댁

박씨 집은 120여 년 전에 세워졌다고 전해지는데, 남동 해안 지방 민가의 전형적인 평면 구성을 보여주고 있다. 실의 구성은 정지·큰방·안청·작은방의 순서대로 一자형, 4칸 홑집을 이루고 있다. 안청은 호남 지방의 마루와 같이 가족의 생활공간이 아닌 수장 공간이다. 성주 가신의 상징적인 성주독을 여기에 두고, 그 밖에 각종 알곡식과 주류를 독과 항아리에 넣어 저장하는 공간이며, 조상에 대한 제사를 모시기도 한다. 다만 이 집의 안청은 두짝널문이 아니라 네짝세살문을 들어열개로 처리한 것

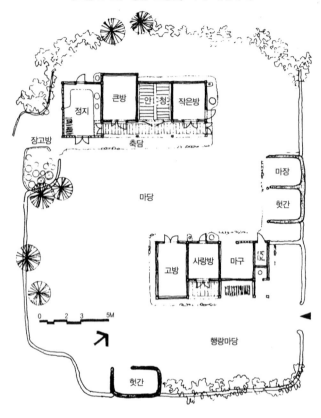

〈그림 2-18〉 경남 고성군, 박씨 댁(실례 1)

이 특징이다. 박씨의 말에 따르면, 툇마루 쪽을 완전히 틔워서 제청의 역할을 해낼 수 있도록 처리한 것이다.

작은방이 큰방과 안청에 연이어서 배열된 것은 호남 지방과는 다른 배열법이다. 사랑채의 위치는 안채의 독립성을 감싸주듯 자연스럽게 동선의 흐름을 유도하고 있다. 또 외양간과 마장의 위치, 그리고 사랑방과의 관계는 소를 가족의 일원으로 받아들여 중요시했음을 느끼게 한다. 굴뚝은 정지 안의 아궁이와 인접한 위치에 있는 형식이지만 박씨 댁은 굴뚝을 부엌에서 외부로 드러낸 개량형이다.

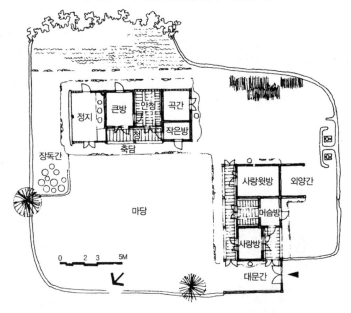

실례 2_경남 통영군 한산면 염호리, 김씨 댁

김씨 집의 건립 연대는 안채가 150여 년, 사랑채가 50여 년으로 전해지고 있다. 안채의 평면 구성은 4칸 一자형이지만 작은방이 툇마루에까지 전진하고, 그 뒤쪽에 곡간을 복렬시키고 있다. 안청 문은 널문이며 앞뒤 벽은 모두 널벽으로 처리했고, 곡간과 정지 벽 또한 널벽이다. 따라서 김씨 집의 외관은 주택이라기보다 마치 하나의 목(木)공예품을 보는 착각을 일으킨다. 김씨 집의 평면 구성과 같지만, 곡간이 모방이라는 침실로 대치된 경우도 있다. 이러한 사례는 작은방이 며느리방이지만 모방은 과년한 딸이 거처하는 침실로 사용된다. 또 사랑채는 사랑방과 머슴방, 그리고 광의 용도로 구성되고 있다.

안채의 좌향은 서북향이며, 이 마을의 민가들은 바다를 끼고 산세에 따라 취락을 이루고 있다. 김씨 집은 섬마을에 있고, 바다를 통한 배편만이

|왼쪽| 통영군, 김씨 댁 안청의 내부 |오른쪽 위| 안청의 널문 |오른쪽 아래| 안청의 외부 모습(출입문은
굽판을 붙이고 벽은 빈지로 처리했다)

이 마을의 유일한 교통로이기 때문에 민가의 좌향이 이와 무관하지 않은
듯하다.

실례 3_경남 울주군 상북면 길천리, 김씨 댁

김씨 집은 건립 연대가 200여 년으로 전해지고 있다. 평면 구성은 4칸
一자형인데, 작은방 부분이 복렬화되어 있는 점이 특징이다. 작은방은
모방이라고도 불리고, 그 뒤편에 광방을 두고 청방과 연결되어 있다. 그
러므로 마루가 청방과 광방으로 기능 분화된 것인데, 광방은 수장 공간

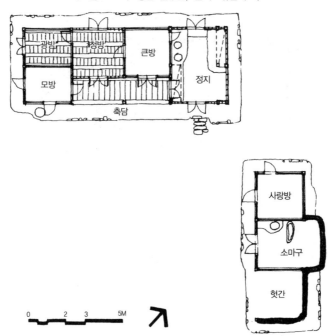

〈그림 2-20〉 경남 울주군, 김씨 댁(실례 3)

광방 청방 큰방

모방 정지

축담

사랑방

소마구

헛간

0   2   3   5M

이므로 곡식을 독에 넣어 보관하고 있다. 청방은 일부 가재도구를 두기도 하지만 주요 기능이 제청이며, 부수적인 기능은 가족이나 내객의 생활공간이기도 하고 응접 공간이다. 청방의 외벽은 앞뒤를 널벽으로 처리했고, 전면 출입문만 굽널을 붙인 두짝세살문이다.

실례 4_경남 양산군 정관면 예림리, 최씨 댁

최씨 집은 150~200여 년 전에 건립되었다고 전해진다. 평면 구성은 4칸 一자형인데, 이 집의 특징은 곡청이라 불리는 마루방이 있다는 점이다. 앞서 실례를 든 김씨 집과 같이 모방의 뒷공간을 수장 공간으로 이용하되 청방과 구획되는 벽이 없다. 따라서 곡청에는 성주독을 위시한 각종 대소의 독에 곡식을 갈무리하고, 청에는 일반 가재도구를 두고 있다.

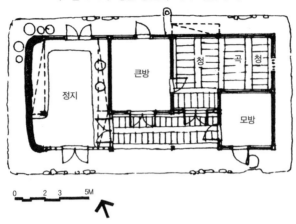

〈그림 2-21〉 경남 양산군, 최씨 댁(실례 4)

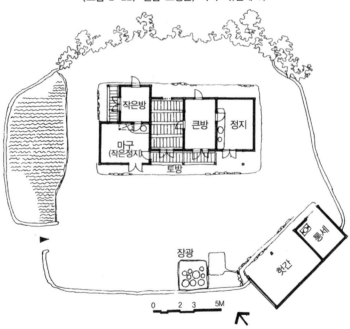

〈그림 2-22〉 전남 보성군, 박씨 댁(실례 5)

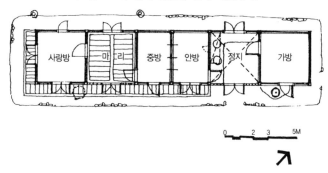

〈그림 2-23〉 경북 청송군, 심씨 댁(실례 6)

사랑방　마루　중방　안방　정지　가방

0　2　3　5M

또 청 뒤쪽에는 앞면이 트인 벽장이 있는데, 여기에 신주독을 두고 있다. 제사를 모실 때는 청에 제상을 차리고 툇마루에서 절을 한다. 따라서 이러한 유형의 평면은 안청의 수장 기능을 곡청으로 돌리고 청의 기능을 대청화한 좋은 실례가 된다. 그리고 보통 방문은 세살문이지만 청의 출입문은 굽널을 붙인 두짝세살문으로 처리하여 그 품격을 높이고 있다.

실례 5_전남 보성군 득량면 마천리, 박씨 댁

박씨 집은 150~200여 년 전에 세워진 것으로 전해오고 있다. 평면 구성은 4칸 一자형이지만, 작은방의 아궁이를 전면에 내고 이 부분을 외양간으로 처리하여 복렬화시킨 점이 특징이다. 이러한 평면의 착안점은 쇠죽과 아궁이의 최단거리이기 때문이며, 아궁이 상부에 벽장을 설치하고 있다. 따라서 작은방의 출입문은 주로 서쪽 툇마루이며 큰방과 최대한 독립적으로 처리되고 있다.

실례 6_경북 청송군 파천면 덕천리, 심씨 댁

심씨 집은 건립 연대가 90~100여 년으로 전해지는 특이한 평면의 민가이다. 앞뒤퇴가 없는 一자형 6칸 홑집으로서 사랑채도 갖추지 않고 있다. 특히 안방과 중방이 미닫이문을 사이로 연이어 있고, 필요할 때 문을 터서 한 공간으로 사용할 수 있다. 마리의 기능은 다른 민가의 경우와 같은 생활공간이며, 전면 벽은 널벽이며 출입문은 굽널을 붙인 두짝세살 문이다. 사랑방의 위치는 일반적으로 작은방의 위치이지만, 이 집은 중방 때문에 안채의 단부를 차지한 듯하다.

부엌의 상부는 전체가 다락이 되어 안방에서 사용하며, 마구는 현재 개조하여 가방으로 불리는 침실로 사용되고 있다. 따라서 이러한 유형의 민가는 남동 해안 지방의 민가가 산간 지방의 특수한 환경에 적응하려는 과정에 나타난 특수형의 민가로 보인다.

이상과 같이 남동 해안 지방의 민가들을 규모와 평면 계열에 따라 특징적인 민가의 실례를 들어보았다. <그림 2-24>는 남동 해안 지방을 중심으로 한 민가 유형을 총괄해 본 것이다. 이들 민가의 발전 과정을 알아보기 위하여 계열별로 순서에 따라 정리했고 대체적인 발전 단계의 흐름은 다음과 같다. 먼저 남동 해안 지방의 민가형은 호남 지방 민가형의 기본형, 즉 부엌·큰방·마루의 순서로 된 3칸 홑집(A 계열)을 기본형으로 하고, 여기에서 마루 옆에 작은방이 첨가되어 4칸 홑집의 형태를 취하고 있다. 따라서 마루의 구성이나 형태는 호남 지방의 민가형을 따르고 있으나 큰방과 작은방의 배열은 영남 지방의 민가형을 따르고 있는 것이다. 이러한 평면 구성은 이 지방에서 흔히 볼 수 있는 일반형(B0, B1, B2)인데, 여기에서 5칸 홑집으로 발전하는 계열과 4칸이면서 방의 일부, 특히 작은방 부분이 다양하게 복렬화되는 계열로 나누어진다. 이는 이 지역 민가형의 또 다른 특징이기도 하다. 남동 해안 지방 민가의 계열별 실례에서 그 특성을 분석해 보면 다음과 같다.

〈그림 2-24〉 남동 해안 지방 민가의 계열별 발전 상정도

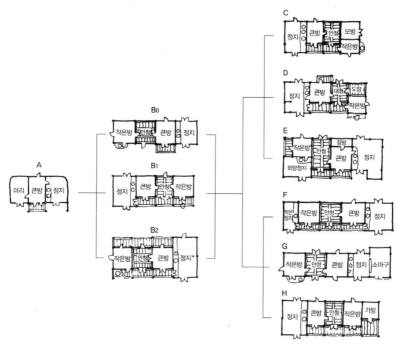

B0. 경북 월성군 양북면 송전리, 김씨 댁 B1. 경남 거창군 마리면 율리, 이씨 댁 B2. 전남 담양군 금성면 대성리, 최씨 댁 C. 경남 통영군 한산면 염호리, 김씨 댁 D. 전북 남원군 수지면 호곡리, 박씨 댁 E. 전남 무안군 망운면 연리, 기씨 댁 F. 경남 사천군 서포면 선전리, 김씨 댁 G. 경북 청송군 파천면 덕천리, 심씨 댁 H. 경남 사천군 서포면 차도리, 황씨 댁

(1) B0 계열

퇴가 없는 4칸 一자형 홑집이다. 퇴가 없기 때문에 들마루나 쪽마루 정도를 마루에 붙여 전면에 두는 것이 일반적이다.

(2) B1 계열

앞퇴가 있는 4칸 一자형 홑집으로서 가장 일반적인 유형이다. 다만 작은방의 전면 아궁이 부분만 툇마루를 생략하거나 누마루로 처리하기도 하고, 아궁이 위치를 측면으로 돌리는 경우도 있다. 안청의 전면 출입문

은 보통 두 짝의 널문이나 세살문으로 처리하지만 때로는 들어열개의 3~4짝 세살문으로 처리하기도 한다. 들어열개로 처리하는 경우는 툇마루까지 공간이 연장되어 제청의 기능을 해낼 수가 있기 때문이다. 또 벽장을 달아 더 많은 수장 공간을 확보하려는 의도도 엿보이는데, 벽장 밑은 비가 들이치지 않아 아궁이를 설치하거나 농사용 장비를 두기도 한다.

(3) B2 계열

앞뒤퇴가 있는 4칸 一자형 홑집이다. 평면상의 특징은 부엌이나 방의 면적을 크게 잡을 수가 있고, 뒤퇴 부분은 마루를 깔거나 농사용 장비를 보관하는 공간을 얻을 수가 있다.

전면 4칸이란 일반적으로 실 구성상의 개념이다. 따라서 안방이나 안청의 칸수는 1.5~2.0칸으로 크게 잡은 경우도 있다. 안청의 칸수가 늘어나는 경우는 수장 공간의 확장이 아니라 생활공간의 확장으로 생각되며, 이러한 경향은 경북 쪽으로 갈수록, 동진(東進)할수록 강하게 나타나고 있다. 따라서 안청에는 필수적인 가재도구만을 수장하고, 주된 수장 공간의 역할은 아래채의 도장이 맡는다. 그리고 전면 개구부도 생활공간에 적합한 세살문이다.

(4) C 계열

이 계열은 전면 4칸형에서 주로 작은방 부분이나 부엌 부분이 복렬된 유형의 민가이다. 방의 복렬은 적어도 앞퇴가 있어서 가옥의 상당한 깊이가 발생하여 복렬을 가능하게 한다. 복렬된 방은 윗방·뒷방·모방 등으로 불리는데, 그 용도는 침실·사랑방·광 등으로 사용된다. 아궁이 처리는 두 방이 통고래로 처리되므로 큰 변화는 없다.

(5) D 계열

이 계열은 C 계열과 같이 작은방 부분이 복렬된 유형이지만, 이때 복렬된 방은 마루이다. 따라서 안청과 인접한 위치에 수장 공간이 첨가되는 셈인데, 안청과 벽으로 구획되는 경우와 그렇지 않은 경우가 있다.

전자의 경우는 전북 남원 지방에 다수 분포하는데, '대청'과 '도장'으로 불리고 전라북도 지방의 도장방과 그 맥을 같이한다. 이때 수장 공간은 도장이며, 대청은 생활공간으로 기능이 분화된다. 후자의 경우는 경상남도 거제·동래·양산 지방에 다수 분포하고, '청'과 '곡청'으로 불린다. 주요 기능은 전자와 같이 기능 분화된 공간이다.

남동 해안 지방의 민가형은 부산 지방에서 동쪽으로 갈수록 안청의 수장 기능이 약화되고 생활공간화되고 있음이 뚜렷하게 나타난다. 동시에 전면 출입문도 널문을 찾아볼 수가 없으며 생활공간에 알맞은 세살문이다.

(6) E 계열

이 계열은 전면 4칸형에서 작은방의 전면 아궁이 부분을 작은부엌으로 꾸미며 복렬이 된 유형이다. 이 부엌은 헛간의 용도로 사용되지만, 이 아궁이에서 쇠죽을 끓이는 경우는 여기에 외양간을 꾸민다. 따라서 쇠죽과 외양간이라는 동선 처리와 소를 효과적으로 관리하기 위한 배려에서 나타난 형태이다.

(7) F 계열

작은방의 아궁이는 보통 전면에 두지만, 이 계열은 측면으로 돌리고 여기에 또 하나의 부엌을 꾸민 것이다. 따라서 결국 5칸 ―자형의 민가가 되었고, 큰정지와 같은 구성으로 처리한다. 이러한 계열은 아궁이가 측면으로 가기 때문에 툇마루는 전면에 모두 설치될 수 있다. 일반적으로 이 작은정지는 헛간의 대용으로 사용되고, 민가의 전면 구성은 좌우 대칭형이 된다.

(8) G 계열

이 계열은 4칸 一자형의 일반형에서 부엌 쪽에 한 칸을 달아내어 외양간을 첨가한 5칸 유형이다. 특히 경상북도 산간 지방에 다수 분포하는 유형으로서, 부엌 아궁이에서 쇠죽을 끓여 공급하기가 좋고 소를 관리하기가 효과적인 위치이다.

(9) H 계열

이 계열은 일반형에서 작은방 쪽으로 방을 하나 더 첨가하여 5칸형이 된 유형이다. 첨가된 방은 사랑방·예비 침실·광 등의 용도로 쓰인다. 사랑방으로 사용될 경우, 툇마루를 넓혀 마치 사랑대청이나 누마루의 효과도 기대할 수 있다.

4. 민가의 분포 지역과 안청의 변용

남동 해안 지방 민가의 기본형은 호남 지방 민가의 경우와 동일하다. 다만 민가형의 발전 계열이 다를 뿐이다. 따라서 호남 지방 민가의 특징인 부엌을 중심으로 침실이나 외양간이 안채에 집중화되는 경향을 찾아볼 수 없고, 동시에 부속채도 다른 지방의 경우와 같이 발달되고 있다. 그러나 호남 지방의 민가 요소인 수장 공간이 큰방에 인접해 있고, 마루의 주요 기능이 같고 공간 구성도 폐쇄적이다. 또 일부 인접 지역에서는 '되창'이 그대로 민가 요소가 되고 있어 호남 지방 민가형과 동질적인 요소가 많다. 그런데 남동 해안 지방 민가의 일반형은 정지·큰방·안청·

작은방이 순서대로 4칸 一자형을 보여주고 있다. 그러므로 안청의 위치는 영남 지방 민가의 대청과 동일하며, 민가의 정면성과 안청의 장소적 위치가 강조되고 있는 것이다.

남동 해안 지방에서 호남 지방과 동일한 수장 공간인 안청을 지표로 한 민가의 분포권을 보면, 대체로 호남 지방 민가형의 분포권에 인접한 지역과 전파 경로가 남해 어업 문화권에 따라 분포 지역을 형성하고 있는 것이 특이하다. 구체적인 분포 지역은 호남 지방 민가와 중첩되어 분포하고 있는 전라남도의 영광·장성·광산·나주·강진·장흥·보성군과 호서 지방 민가와 중첩되고 있는 전라북도의 고창·순창·남원군, 그리고 전라남도의 담양·곡성·승주·광양·여천군 등의 소백산맥 서쪽 지방에서도 나타나고 있다.

결국 남동 해안의 민가형은 남해 도서 연안을 따라 계속 동쪽으로 확산되어 경상북도 영일군에까지 이르고 있으며, 일부는 영천·청송 지방에까지 확산되고 있다. 이러한 분포 지역은 대체로 남해안에 솟아있는 단층성 구릉의 분수령 남쪽 지역과 이것이 태백산맥의 산계와 연결되어 있다. 이것을 우리나라 산경도(山經圖)에서 보면, 호남정맥과 낙남정맥(洛南正脈)이 남해 도서 연안과 내륙 지방 사이에 가로놓여 있어 문화전파상 하나의 장벽을 이루어 남동 해안 민가형이 형성되고 있는 것이다. 이러한 문화권은 동쪽으로 갈수록 영남 지방의 민가 요소와 중첩되어 나타난다. 이것은 특히 안청의 공간 구성과 내부 기능의 변질에서 찾아볼 수 있다. 다시 말해서 거제도를 경계로 동쪽으로는 안청의 수장 기능이 생활공간으로 급격히 변용되는데, 여기에 맞추어 안청 문이 판장문에서 세살문으로 바뀌고 되창도 소멸되어 버린다.

안청의 구체적인 변용 과정을 보면, <그림 2-25>와 같이 호남 지방 민가의 마루 뒷문이 경남 도서 지방에 들어와서 널로 짠 바라지창의 분포가 많아지고, 정면 출입문도 키가 높은 널문이 굽널만 있는 세살문으

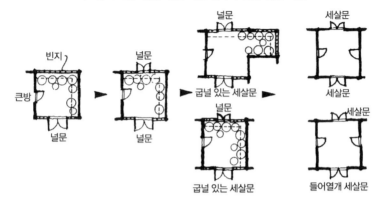

〈그림 2-25〉 남동 해안 지방 민가의 안청 변용 과정

로 진화되는가 하면, 최종적으로는 앞뒷문이 세살문으로 되거나 앞문이
들어열개문으로 변용되고 있다.

5. 맺는말

남동 해안 지방 민가는 호남 지방 민가의 영향을 많이 받은 것으로
보인다. 먼저 정지·큰방·마루로 구성되는 민가의 기본형이 경남 거제도
에 이르기까지 동일하다. 다음으로는 마루의 외형이 거제도에서 동쪽으
로 감에 따라 널문에서 세살문으로 변용되기는 해도 폐쇄적이다. 아울러
마루의 용도가 동쪽으로 감에 따라 생활공간으로 변질되고 있기는 하나
기본적으로는 곡식을 갈무리하는 수장 공간의 기능을 하고 있다. 이와
같이 동쪽으로 갈수록 변용된 사항들은 물론 동쪽에 위치한 영남 지방
민가의 개방적인 대청의 영향이다. 더욱이 안채에서 작은방(부침실)의 위
치가 호남 지방에서는 정지를 사이에 두고 큰방의 반대쪽에 위치했지만
호남 지방에 인접한 지역에서부터 작은방이 마루를 사이에 두고 위치한

것은 영남 지방 민가형의 영향이다. 다시 말해서 마루가 대청처럼 민가의 중심[御間]을 차지하게 된 것이다.

이와 같이 남동 해안 지방 민가형은 호남 지방과 영남 지방의 민가 특성이 서로 깊이 영향을 주고받아 제3의 민가형으로 융합하고 있는 것이다. 그러면서 인접한 주문화권으로 접근할수록 그 영향은 심대해지고 있다.

남동 해안 지방 민가의 특징으로서 '안청'은 외형상 수장 공간에서 생활공간으로 변용되고 있다. 이는 일반 민가에서 고상식 구조의 생활공간과 의례 공간에 대한 욕구가 강렬했음을 의미한다. 여기에서 '안청'은 '청'으로, 즉 생활공간이면서 의례 공간으로 돌리고, 종전의 수장 공간은 작은방을 툇마루로 밀어내면서 안쪽 공간을 '곡청' 또는 '도장'으로 횡분할하여 해결하고 있다. 이러한 공간 분할 방법은 남동 해안 지방 민가의 독특한 해법이라 생각된다.

끝으로 남동 해안 지방 민가의 분포 지역은 남동 해안 지역뿐만 아니라 호남 내륙 지방에까지 이르고 있어 독특한 양상을 보여준다. 다시 말해서 호남 지방과 영남 지방 민가의 분포 지역과 인접하고 있는데, 이것은 남동 해안 지역 민가뿐 아니라 호남 지방 민가형의 원류를 밝히는 데 눈여겨볼 부분이라 생각된다. 왜냐하면 민가형은 항상 인접 문화권의 영향을 받으며, 그 속에는 형성 과정을 볼 수 있는 많은 '창'이 있기 때문이다.

1. 머리말

한반도에 분포하고 있는 민가형 가운데 '서울·중부형' 민가는 일찍부터 그 독특한 형태로 인해 잘 알려져 왔다. 예컨대 곱은 자 모양의 평면 형태라든가 상류 주택과 유사한 구성 요소를 보여주는 점 등은 다른 지방의 민가형에서 찾아볼 수 없는 뚜렷한 특징이다.

주거와 취락 형태에 영향을 주는 요소로 자연환경도 중요하지만 사회와 문화적 환경도 중요하다. 또한 기술과 생활양식은 사회와 문화적 환경의 서브시스템(subsystem)으로서 주거와 취락 형태에 크게 영향을 미친다.[1] 우리나라의 중부 지방은 서울을 중심으로 하는 옛 수도권에 해당되는 지역이므로, 특히 전통 사회에서 이 지역의 사회·문화적 환경은 주택 건축에 큰 영향을 미쳤으리라 짐작된다. 다시 말해서 당시 한반도에서는 가장 우수한 건축 생산적·건축 문화적 환경이 조성되어 있었으며, 이것이 중부 지방 민가에 직접적으로 영향을 주었을 것으로 보인다.

중부 지방은 당시 조선 시대를 대표하는 사회·문화적 환경이 성숙되어

---

1) 石毛直道, 『住居空間の人類學』(鹿島出版社, 1976), p.238.

있었으며, 구체적으로는 사대부(士大夫)적인 생활양식과 여기에 대응하는 기술체계가 보편화되어 있었다. 결국 이들이 매개체가 되어 독자적인 '서울·중부형' 민가를 발전시켜 왔다고 생각된다. 그러므로 서울·중부형 민가와 이러한 환경적 특성 사이에 어떤 체계적인 관련이 있었으며, 또 상류 주택과 차별되는 독자적인 구성이나 요소는 무엇인가 등이 밝혀져야 할 과제이다.

이 글은 서울·중부형 민가의 이러한 위상과 구조를 체계적으로 정리·분석해 보려는 목적에서 출발했으며, 우선 서울·중부형 민가의 영역과 상류 주택의 관계, 그리고 평면상의 발전 계보와 구체적인 민가 특성을 살펴보고자 한다.

2. 서울·중부형 민가의 분포권과 형성 배경

민가는 전통 사회를 구성하고 있던 대다수의 민중, 다시 말해서 그 사회의 보편적인 핵(核)을 이루던 기층(基層)에 속한 사람들의 살림집이다. 그러므로 민가에는 민중의 일상생활이 구체적이며 종합적으로 투영되어 있다.

한국 민가의 기본형이라 생각되는 살림집은 오막살이집 계열이다. 이것은 온돌 난방 때문에 아궁이가 있는 부엌과 여기에 인접한 온돌방이 직결되는 형식인데, 이러한 민가형은 한반도에 널리 분포되고 있으며 '초가삼간'으로 대변된다.

오막살이집은 이와 같이 기본적인 구성인자 때문에 지역적인 민가형의 모형적(母型的)인 가옥 형태이며, 이것이 바탕이 되어 다양한 민가형이 지역에 따라 형성되었다. 여기에서 지역별 민가형이란 어떤 동질(同質)적인 민가 요소가 한정된 지역 안에서만 우세하게 나타나고 있는 상태로서 그 지역 특유의 풍토적 특징을 갖는다.

서울·중부형 민가의 특징은 안채 모양이 '곱패집' 혹은 '곱은자집'이라 불리는 ㄱ자형 가옥 형태를 보여주는데, 다른 지방에서는 볼 수 없는 독특한 형태이다. 민가의 구체적인 요소는 부엌·안방·대청·건넌방 등이며, 이것을 부엌·안방의 배열 축과 대청·건넌방의 배열 축으로 나누어 서로 직교되게 배열한 것을 기본으로 하고 있다. 여기에서 서울·중부형 민가의 분포권에 관한 연구를 찾아보면, 1974년에 이 지역의 민가 2,777호를 개관한 조사·연구가 있다.[2] 이에 의하면 분포 지역의 남쪽 경계는 소백산맥과 차령산맥으로 하고, 동쪽 경계는 태백산맥으로 하고 있으며, 북쪽 경계는 멸악산맥으로 하고 있어 남한에서는 가장 넓은 주문화권을 이루고 있는 셈이다. 또 조사 지역에서 대표적인 민가형의 분포도를 살펴보면, 서울·중부형의 특징적인 ㄱ자형 가옥이 32.9%를 차지하고 있는데, 경기 지역만을 따로 보면 46.8%를 차지하고 있어 서울·중부형 민가는 특히 경기 지역에서 우세한 분포도를 나타내고 있다. 반면에 서울·중부형 민가의 모형적인 오막살이계의 一자형 가옥은 21.8%를 차지하고 있어, ㄱ자형 가옥과 더불어 가장 보편적인 민가 형태임을 알 수 있다. 또 홑집과 겹집의 분포를 알아보기 위해 태백산맥을 중심으로 조사한 보고[3]에 의하면, 영동 지역은 겹집형이 우세하여 76.9%를 차지하고, 영서 지역은 홑집형이 80.9%를 보이고 있어, 서울·중부형 민가의 분포 지역은 태백산맥의 동쪽 경계임을 다시 확인시켜 준다.

서울·중부형 민가가 특히 경기 지역에서 우세한 분포를 보이는 것은 조선 시대 수도 서울의 건축 생산 및 문화 환경과 깊은 관계가 있음을

---

2) 이찬, 「중부지방의 민가형태 연구개관」, ≪지리학과 지리교육≫, 제4집(서울대학교 교육대학원 지리학 연구실, 1975).

3) 유승룡·박경립, 「강원도 민가에 관한 연구」, ≪대한건축학회지≫, 제28권, 제117호 (1984).

말해준다. 이 지역은 다른 지역과 달리 일반 민가가 상류 주택과의 활발한 교류를 통해 서로 유사한 문화적 규범을 갖게 되었다는 것이다. 서울은 당시 중앙집권적인 정치체제 아래에서 왕조 초기부터 임진왜란까지 약간의 기복은 있었으나 인구가 대체로 10만 명을 넘었고, 중기 말에서 말기에 이르는 동안 약 18만에서 20만을 전후하는 도시 인구를 유지하는 당시 세계 유수의 도시였다.[4]

이러한 서울 주민들은 세도정치를 담당했던 집권 양반층이 중심이 되어 조선 시대를 대표하는 양반 문화를 꽃피워 왔고, 이들의 건축 문화와 환경은 다른 어느 지역에서도 경험할 수 없는 훌륭한 것이었다. 우선 궁전 건축을 비롯하여 불사(佛寺), 서원 건축 등 기념적 건축물이 즐비했고, 당연히 주거에 대한 규범도 높아서 상류 주택을 중심으로 한 주택 건축이 선도적인 위치에 있었다. 물론 이러한 상황이 가능했던 것은 서울과 여기에 인접한 경기·충청 지역에 서울의 집권 양반층과 이들의 지방 세거지(世居地)가 많았기 때문이다. 여기에 건립된 중·상류 주택 또한 일반 민가에 큰 영향을 주었을 것으로 짐작된다. 또한 지방과는 달리 우세한 경제적 배경 아래에서 훌륭한 공장(工匠)들이 쉽게 참여할 수 있었기 때문이기도 하다. 따라서 서울을 중심으로 한 중부 지방의 일반 민가들은 이 지역의 상류 주택과 불가분의 관계에 있었던 것으로 보인다.

규범으로서의 주택 양식이라는 관점에서 보면, 일반 민가는 상류 주택에 비해 불완전한 것일 수도 있다. 일반 민가들이 상류계급의 주거에서 형성된 규범에 뒤따라 동화되어 가는 것은 당연한 주거 열망이며, 서울·중부형 민가의 형성 배경도 이와 같은 과정으로 설명될 수 있을 것이다. 다시 말해서 일반 민가들이 상류 주택의 양식을 쫓아 꾸준히 상향 조정됨으로써 나타난 것이 서울·중부형 민가이며, 이는 당시 이 지역의 중·

---

4) 손정목, 『조선 시대 도시사회 연구』(일지사, 1977), 157~204쪽.

상류 주택이 얼마나 두터운 층으로 넓게 분포되어 있었던가를 짐작하게
한다.

3. 서울·중부형 민가와 상류 주택의 관계

서울·중부형 민가의 평면 특성은 조선 시대 상류 주택과 유사점이 많
음을 쉽게 알 수 있다. 한국 상류 주택의 안채 평면은 두 가지의 명확한
유형을 고수하고 있는데, 그 하나는 주로 영남 지방의 민가형과 같이 부
엌·안방·대청·건넌방의 방 배열을 一자형으로 하는 경우이고, 다른 하나
는 중부형 민가와 같이 부엌·안방의 배열 축을 대청에서 직교되게 꺾어
배열하는 것을 각각 기본형으로 하고 있다.

민가와 함께 사용되는 유사한 개념의 용어에는 민속건축(folk architec-
ture)이나 토속건축(vernacular architecture)이 있는데, 이러한 건축과 상반
되는 개념의 용어에는 고급 설계 건축(grand design architecture) 또는 상류
건축(polite architecture)이 있다. 여기에서 토속건축과 고급 설계 건축을
비교해 보면, 고급 설계 건축이란 전문직 건축가이거나 비건축가라 할지
라도 건축적 전문 지식을 가진 사람이 설계한 경우이고, 토속건축은 비
전문가, 흔히는 사용자가 설계하는 경우가 많다.[5] 이러한 분류법은 라포
폴트[6]와 드류(P. Drew)[7]의 분류에서도 유사한 견해를 보이고 있다. 그러
므로 일반 민가와 상류 주택의 영역 개념은 주택 건축을 일정 수준 이상

---

5) R. W. Brunskill, *Vernacular Architecture*(Faber and Faber, 1978), p.25.

6) Amos Rapoport, *Houses Form and Culture*(Prentice-Hall, 1969), pp.2~3.

7) Philip Drew, 『現代建築·第三の世代』, 三宅理一 譯(鹿島出版社, 1975), p.25. 무
   자각한 문화(無自覺한 文化, unself conscious culture)와 자각한 문화(自覺한 文化,
   self conscious culture)로 분류하고 있다.

의 전문가가 담당했는가 혹은 농민 기술자와 같은 비전문가가 담당했는가 하는 차이로 해석할 수가 있다. 조선 시대의 공장은 사장(私匠)과 관장(官匠)으로 나누어지는데, 사장은 대개가 지방에 거주했던 수준이 낮은 공장이었거나 비전문가였으며, 관장은 모두 부(富)가 집결된 서울에 거주하면서 주로 궁전 건축이나 불사(佛寺) 건축과 같은 국가적인 기념 조영물을 담당했고 틈틈이 민간의 건축공사에도 종사했던 전업적인 기술자였다. 그러므로 당시 공장들의 수준은 중앙과 지방, 관장과 사장에 따라 기술적인 격차가 심했으리라 생각된다.

전통 사회의 주택은 대체로 가부장(家父長)이 가지고 있었던 문화적 규범에 따라 크게 좌우되었다. 특히 조선 시대 상류층을 형성했던 사대부, 향반(鄕班), 그리고 세도가들은 주거에 대한 규범을 일정 수준 이상으로 유지하고자 했다. 물론 그 수준은 그들이 확보했던 경제적 기반과 기술적 수준에 따라 차이가 있겠으나 유교적인 덕목이 반영된 표준적인 주거가 일차적인 목표였을 것이다. 이를 통하여 그들은 지배층인 상류사회의 성원(成員)임을 과시하고, 나아가서 자아실현과 존재 가치를 나타낼 수가 있었으므로 경쟁적으로 조영하려 했다. 따라서 그들의 사회적 신분이나 경제력, 높은 수준의 규범을 건축에 반영시키기 위해서는 우수한 공장들의 솜씨가 절대적으로 필요했던 것이다.

이에 비하여 일반 민가의 건축 행위는 우선 자연의 질서에 순응하여 조화를 추구하고, 삶의 초월적 영역과는 내적 합의를 이루려고 했다. 그뿐만 아니라 민가의 구성원들은 항상 공동체적 삶의 가치관에 끈끈히 매여있어 규약적이고 그들의 주거는 어떤 정형화된 민가형을 보여준다. 다시 말해서 그들의 건축 행위는 성문화되지 않았으나 마치 오늘날의 건축법과 같은 사회규범이 작용해 정형화된 틀에서 쉽게 벗어날 수가 없었던 것이다.

정인국(鄭寅國) 씨는 우리나라 상류 주택을 특징적으로 나타내 주는 점경물(點景物)로 다음과 같은 세 가지를 들고 있는데, 첫째, 별당·사랑채 건물, 둘째, 연당(蓮塘)의 정자 건물, 셋째, 사당 건축이다.[8] 물론 이러한 점경물들은 비단 예술적인 양식만을 의미하는 것이 아니라, 그 당시의 사회규범으로는 뚜렷하게 어떤 계층을 대변하는 대표적인 주택 양식을 의미하는 것이었다. 이 밖에도 행랑채의 규모 혹은 중문을 통한 외부 공간의 분할이라든가 솟을대문, 그리고 사랑대청의 규모와 형식 등은 상류 주택의 수준 높은 규범적인 요소가 될 것이라 생각된다. 따라서 상류 주택의 이러한 특징적인 요소는 서울·중부형 민가의 범위를 정할 때 유효한 척도가 될 수 있다. 더불어서 일반 민가는 지역별 특징이 현저하게 나타나고, 상류 주택은 동질적인 규범 때문에 전국적으로 표준적인 요소가 강하게 나타나므로, 이 점은 서울·중부형 민가의 분류 기준으로서 유용하게 적용될 수 있다.

4. 서울·중부형 민가의 평면 특성

1) 서울·중부형 민가의 실례와 분석

서울·중부 지역에 분포하고 있는 민가는 전술한 바와 같이 곱은자형의 민가와 이들의 모형적인 마루 없는 一자형 민가가 공존하고 있다. 한반도의 홑집 계열 민가에서 전면 3칸형과 4칸형 사이에는 큰 차이점이 있다. 왜냐하면 대청마루가 등장하는 것이 특별한 경우를 제외하고는 4칸형에서 나타나기 때문이다. 또 한반도의 지역별 민가형은 대체로 4칸형에서 그 지역 민가의 특징적인 모습을 보여주기 때문에 한국 민가에서

---

8) 정인국, 『한국건축 양식론』(일지사, 1982), 436쪽.

마루 있는 4칸형을 하나의 완성형으로 볼 수 있고, 3칸형은 상대적으로 불완전한 평면형이라 할 수 있다. 따라서 서울·중부형 민가는 곱은자형이긴 하나 一자형의 4칸 평면에서 주축(主軸)이 직교되는 두 개의 축으로 분화된 형태이므로 전면 4칸의 완성형에서 다음 단계로 발전된 평면 형태로 볼 수 있다. 여기에서 서울·중부형 민가의 대표적인 몇 유형을 실례를 통하여 살펴보기로 한다.

실례 1_강원도 영월군 남면 창원리 1구, 엄씨 댁

엄씨 집은 100여 년 전에 건축된 것으로 전해지는 초가이다. 전체적인 민가의 배치는 서울·중부형 민가의 전형적인 곱은자형인데, 안채는 뒷담으로부터 3~4m 폭의 뒤안을 두고 남향해 있다. 그리고 안채의 남쪽 끝에 바깥채가 안마당을 구획하면서 바깥마당을 향해 앉아있다. 장독이 있는 동쪽 뒤안은 반드시 부엌 뒷문으로만 출입되는 은밀한 공간이다. 안마당은 양지바르고 아늑한 느낌이 드는 영역이지만, 바깥마당은 마을 안길과 접해있고 일정한 구획이 없어, 조금은 어수선한 느낌의 작업 공간이다. 서울·중부형 민가에서는 이와 같은 세 가지 외부 공간이 명확하게 나타나며, 이것은 一자형 안채의 경우에도 동일하다.

안채의 구성은 대청을 사이로 하여 오른쪽에 윗방·안방·부엌이 놓이고, 왼쪽에 사랑(건넌방)이 자리 잡았다. 윗방은 자녀들의 거처인데, 안방에만 대청으로 향한 출입문이 있는 것으로 보아 윗방은 안방에 부속되어 있음을 알 수가 있다. 사랑은 이 집 주인의 거처이면서 접객을 위한 공간이지만 서울·중부형 민가의 기본형에 비하면 건넌방의 형식이다. 마당에 면한 사랑의 벽면은 채광만을 위한 봉창을 내었고 쇠죽가마가 걸린 아궁이가 있다. 그리고 마당을 향한 사랑에 퇴를 낸 것은 비가 들이치지 않게 하려는 배려이다.

엄씨 집은 전체적으로 서울·중부형 민가 형태에서 간결한 구성을 보여

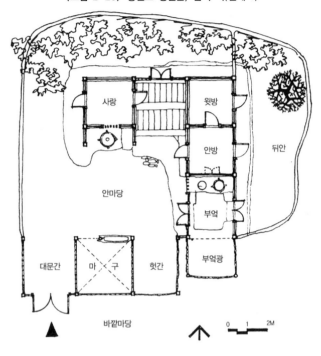

〈그림 2-26〉 강원도 영월군, 엄씨 댁(실례 1)

사랑

윗방

안방

뒤안

안마당

부엌

대문간

마 × 구

헛간

부엌광

바깥마당

0 1 2M

주는 소농(小農) 가구의 좋은 사례이다.

실례 2_경기도 평택군 오성면 금곡리, 이씨 댁

이씨 댁은 70여 년 전에 세워졌다고 전해지는데, 대체로 중부형 민가의 특징을 고루 갖추고 있다. 곱은자형의 안채가 조금 넉넉한 뒤안을 두고 동남향으로 앉아있고, 대지의 동남 끝에 대문간이 있는 바깥채가 바깥마당과 경계를 이루어 마주하고 있다. 뒤안은 밤나무를 비롯한 숲이 우거지고, 안마당은 다소 좁은 느낌이 들지만 바깥마당은 꽤 넓은 편이다. 이것은 안마당과 바깥마당의 고저 차이가 1.6m 정도 되기 때문이다.

안채의 구성에서 볼 수 있는 특징은, 첫째, 마루의 뒷벽에 벽감(壁龕)을 설치한 점이다. 이것은 중부 지방에서 가끔 볼 수 있는 '사당벽장'인데

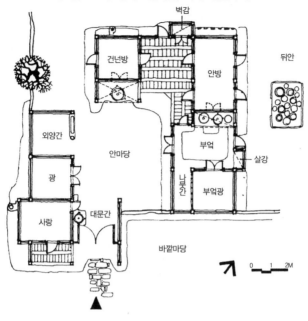

〈그림 2-27〉 경기도 평택군, 이씨 댁(실례 2)

이곳에 조상의 신주를 모셔둔다. 이씨 집의 경우는 한칸마루의 절반 폭의 벽장을 70cm 깊이로 설치했는데, 상하 2단으로 나누고 그중 상부를 사당벽장으로 쓴다. 이러한 시설은 중부 지방에 다수 분포했던 상류 주택의 가묘(家廟)에서 영향을 받은 것이다.

둘째, 부엌 공간의 기능적인 분화 현상을 들 수 있다. 이 집의 부엌은 마당 쪽으로 퇴를 내어 이 부분을 나뭇간으로 분화시키고 나머지 부분은 널문을 시설한 부엌광으로 처리하고 있으나 문짝이 없는 경우도 흔하다. 또 부엌에서 뒤안 쪽으로 조금 내밀어 찬장을 설치한 경우도 더러 있다.

셋째, 실례 1의 경우처럼 건넌방의 마당 쪽 벽면에 창을 내지 않는 처리 방식을 들 수 있다. 마당 쪽으로 퇴를 내어 여기에 아궁이를 설치하고 그 상부에는 개구부를 두지 않고 벽장을 시설하여 방에서 이용하고 있다. 이러한 벽면 처리는 건넌방이 며느리방인 경우 마당에서 오는 시선을 의식한 배려이다.

넷째, 민가의 가구 형식이 평4량으로 된 점이다. 이것은 주로 중부 지방에서만 볼 수 있는 형식인데, 연등천장으로 된 마루 부분에는 가구(架構) 내용이 그대로 노출되므로 가구 형식에 비해 독특한 공간감을 느끼게 해준다.

그 밖에 찾아볼 수 있는 특징은 온돌방의 굴뚝 형식이 '가랫굴'이라 부르는 다공식(多孔式) 굴뚝[9]으로 처리된 점인데, 이 또한 중부 지방에만 분포되고 있는 독특한 굴뚝 형식이다.

바깥채의 구성은 대지의 왼쪽 경계를 따라 외양간·광·사랑방을 一자형으로 배열하고 사랑에서 꺾어 대문간을 내었다. 이러한 형태는 역시 ㄴ자형 바깥채의 시작으로 보아도 좋을 것 같다. 그리고 바깥마당 쪽으로 면한 사랑방과 대문간에는 앞퇴를 내어 정면성을 보완했고, 대지의 오른쪽 끝에는 헛간을 겸한 안팎 뒷간을 인접시켜 서로 다른 공간에서 이용하기 쉽게 배려했다.

실례 3_충북 제천군 청풍면 양평리, 최씨 댁

최씨 집은 건축된 지 150여 년은 충분히 될 것이라고 전해지는데, 중부형 민가의 전형적인 가옥 배치법을 보여준다. 먼저 이 집은 튼 ㅁ 자[10]의 구성을 하고 있다. 이것은 바깥채의 구성이 일정한 규모 이상일 때 가능하므로 중부형 민가에서는 하나의 완성형이 된다. 다시 말해서 실례 1이나 실례 2에서는 바깥채의 규모가 작기 때문에 안채에 상응하는 튼 ㅁ 자의 구성이 불가능한 것이다.

---

9) 온돌 구조가 줄고래 형식일 때, 개자리 상부를 기단보다 조금 높게 축조하고 여기에 5~7개의 배연공을 낸 굴뚝 형식.
10) 김광언, 『한국의 주거민속지』(민음사, 1988), 202쪽. 김광언 교수는 튼ㅁ자집을 '기역니은자집'으로 분류하고 있다.

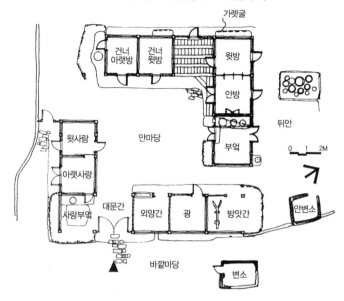

〈그림 2-28〉 충북 제천군, 최씨 댁(실례 3)

안채의 구성은, 대청마루를 중심으로 오른쪽의 안방과 윗방의 샛벽이 미서기문으로 되어있고 마루로 향한 출입문이 윗방에 있는 것을 보면 마루의 오른쪽 전체를 안방 계열의 공간으로 볼 수 있다.

따라서 마당에 면한 안방문(높이 111cm)은 창의 역할이며, 마루에 면한 윗방문(높이 149cm)이 출입문의 역할을 하고 있다. 또 마루에 면한 안방과 윗방 사이의 기둥을 여기에서는 '상기둥'이라 하여 가장 신성시하고 있으며, 이 기둥의 상부에 성주항아리를 매달고 있었다. 다음으로 마루의 왼쪽에 위치한 건넌방 계열은 윗방과 아랫방으로 나누어지는데, 마당 쪽으로 방문과 쪽마루를 시설하고 마루 쪽으로 출입문이 없는 것으로 보아 처음부터 자녀들의 방으로 계획한 듯하다. 그리고 난방은 건넌방 계열을 통고래로 시설했으므로 아궁이 위치를 측면으로 돌려내었다.

바깥채의 구성은, 대문간을 중심으로 바깥마당 쪽으로는 방앗간·광·외양간을 두고, 반대쪽으로 사랑방 계열의 공간을 두었다. 특히 사랑부엌을

사당벽장

찻방

건넌방

안방

뒤안

부엌

안마당

광

광

헛간

외양간

변소

헛간

대문간

0 1 2M

헛간

윗사랑

아랫사랑

문간방

바깥마당

대문간과 분리한 점과 사랑방을 민가의 정면을 피하고 머리를 돌려 배치한 점은 민가에서나 볼 수 있는 실용적인 배치법이다. 그 밖에 들 수 있는 특징은 모두 퇴가 없는 3량 구조이며, 그래서 그런지 처마 밑 공간을 활용하기 위해 까작을 여러 곳에 친 것이 돋보인다. 그 위치는, 부엌의 마당 쪽 공간을 나뭇간으로, 건넌방 측면의 건넌방 부엌, 사랑부엌 부분, 그리고 방앗간 부분의 처마 밑 공간 등이다.

실례 4_경기도 화성군 서신면 궁평리, 박씨 댁

박씨 집은 중요민속자료 제125호로 지정되어 있는 민가로서 두칸마루를 갖춘 튼ㅁ자집이다. 안채의 구성은, 두칸마루를 중심으로 했을 때 서쪽으로 부엌과 안방의 축을 꺾어 안마당을 감싸고 있으며 동쪽으로 건넌방을 배치하고 있다.

안방에 찻방을 부속시킨 것은 민가에서 흔한 일이 아니지만 과방(果房)의 기능을 안방에 더한 결과이며, 건넌방은 전면에 퇴를 내어 여기에 아궁이를 두고 그 위에 누마루를 설치했다. 두칸마루의 뒷벽은 안방 쪽 한 칸에 뒷문을 두었으나 건넌방 쪽은 2단 벽장을 만들고 윗부분에 사당벽장을 시설했다. 중부형 민가에서 사당벽장의 출현과 마루의 규모를 관련시켜 보면, 한칸마루의 민가에서는 찾아보기가 쉽지 않고 주로 두칸마루의 민가에서 두드러지게 나타나고 있다.

바깥채의 구성은 바깥마당 쪽에 대문간을 두고 그 양쪽으로 사랑방을 배치하고 여기에 앞퇴를 붙여 정면성을 강조하고 있다. 다른 쪽으로는 광·헛간·외양간 등 가사와 농용(農用) 공간을 돌려 배치하고 있는데, 이것은 앞에 든 실례와는 다른 배치법이다. 민가의 가구는 안채가 5량 구조이며, 바깥채는 사랑방 부분이 평4량 구조, 나머지 부분이 3량 구조로 처리되고 있는 등 다양한 구법을 보여주고 있다.

박씨 집을 실례 3과 비교해 보면, 최씨 집이 전형적인 중부형 민가라면 박씨 집은 상류 주택풍의 규범에 따라 세워진 민가의 좋은 사례로 볼 수 있다.

실례 5_충남 공주군 유구면 신영리, 신씨 댁

신씨 집은 외형상의 가옥 형태가 ㄷ 자 모양을 하고 있으나 대지가 협소한 경우에 볼 수 있는 서울·중부형 민가의 사례이다. 그러니까 곱은 자형의 서울·중부형 안채와 바깥채가 합성되어 만들어진 모양이다. 다시 말해서 마루를 중심으로 오른쪽의 윗방·안방·부엌과 왼쪽의 건넌방이 곱은자형을 이루는 안채이며, 여기에 사랑방·대문간·외양간·터두지로 구성되는 一자형의 바깥채가 건넌방에서 접속되어 나타난 형태이다.

안채의 구조는 평4량 구조이며 한쪽에만 퇴를 내었는데, 대청과 건넌방은 안마당 쪽으로, 윗방·안방·부엌은 뒤안 쪽으로 뽑았다. 그래서 안방

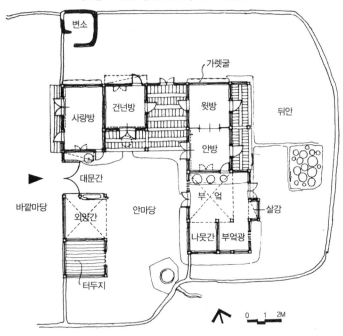

〈그림 2-30〉 충남 공주군, 신씨 댁(실례 5)

변소

가렛굴

사랑방 건넌방 윗방 뒤안

안방

대문간

바깥마당 외양간 안마당 부 엌 살강

나뭇간 부엌광

터두지

0　1　2M

과 윗방의 툇마루에서 뒤안의 조용한 분위기를 즐길 수 있게 했고, 건넌
방의 퇴는 누마루로 처리하고 그 밑에 아궁이를 설치했다. 사랑방과 건
넌방은 서로 인접되었을 뿐 실 공간의 연속성은 없다. 따라서 사랑방의
주 출입은 바깥마당 쪽으로 쪽마루를 내어 유도했고, 대문간 쪽에는 쇠
죽가마를 걸고 그 위에 벽장을 매달았다.

　이와 같이 대지가 협소한 경우의 서울·중부형 민가는 외형적으로 어떤
모양을 보여주더라도 안채의 기본적인 실의 배열 관계를 살펴보면 쉽게
알 수가 있다. 또 이러한 실 배열상의 원칙은 반드시 지켜져야 할 하나의
규범으로 받아들여졌다. 따라서 서울과 같은 도시에서 볼 수 있는 협소
한 대지의 민가도 이러한 관점에서 본다면 도시형의 독특한 사례로 유형
화할 수 있을 것이다.

|위| 화성군 박씨 댁의 안채(안방문과 부엌문) |가운데| 화성군 박씨 댁의 안채(대청의 평4량 가구)
|아래| 화성군 박씨 댁의 바깥채 광경

〈그림 2-31〉 서울 중구, 박씨 댁(실례 6)

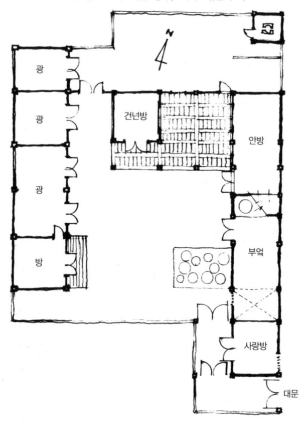

실례 6_서울 중구 만리동, 박씨 댁[11]

박씨 집은 서울 시내에 있는 민가답게 대지 모양이 반듯하고 민가의
배치가 훌륭하게 대응하고 있다. 대문을 들어서면 먼저 사랑방이 있고,
중문을 지나면 안마당에 이른다. 안채는 사랑방과 연이어 있으며, 부엌·
안방·대청·건넌방이 ㄱ자형으로 배열되어 있다. 이 집은 대지가 넉넉하
지는 않지만 안채는 두칸대청을 비롯하여 안방과 부엌이 비교적 짜임새

---

11) 주남철, 「서울의 고주택」, ≪문화재≫, 제6호(문화재 관리국, 1972).

가 있어 보인다.

안채의 맞은편에는 부속채가 있으며, 건넌방과 부속채 사이에 중문이 있고 이를 통해 뒷마당에 이른다.

박씨 집의 구조는 세 치 정도의 축담 위에 육모의 주초석과 네치각의 기둥으로 처리되고 툇간 형식의 4량 가구에 팔작지붕을 얹었다. 서울에서 채집된 민가와 상류 주택의 안채는 한결같이 중부 지방의 민가와 다름없이 방 배열상의 규범과 질서를 유치하고 있어 대체로 상류 주택풍의 품격을 느끼게 한다.

이상과 같이 서울·중부형 민가의 안채와 바깥채의 유형별 실례를 통해 민가의 대체적인 면모를 살펴보았다. 어떤 주(住)문화권의 민가를 안채와 부속채로 나누어 볼 때, 안채는 부속채와 달리 반드시 어떤 원형과 규범이 있어, 약속된 것처럼 잘 지켜진다. 그런데 원형을 구성하는 여러 요소들 하나하나에는 때때로 수정과 변형이 가해지기 때문에 다양하게 나타날 수도 있다. 그리고 하나의 원형은 요소들 간의 약속된 조합의 원칙에 따라 최종적으로 특정 유형의 경향을 만들어내고 있다.

서울·중부형 민가의 원형은 대청을 중심으로 했을 때 양쪽으로 침실을 배열하고 이 둘 중 안방 계열의 침실에 부엌을 붙여 이 부분을 곱은자형으로 꺾은 모양이다. 다시 말해서 서울·중부형 민가의 구성은 대청·안방·부엌·건넌방의 네 가지 실 요소로 크게 나눌 수 있으며, 이러한 요소들과 이들의 조합 법칙은 어떤 경우에도 절대적인 규범으로써 지켜지고 있음을 살펴보았다. 그러므로 중부형 민가의 원형은 이러한 실 배열상의 질서를 하나의 불변성으로 깔고 그 위에 요소별로 나타나는 여러 유형을 가변성으로 하여 전개되고 있다. 그러나 다른 지역의 민가에 비하면 한 차원을 더한 단계의 민가 형태라는 점에서 평면의 유형별 계열화 작업이 쉽지 않고, 더욱이 민가의 단계별 발전 과정을 체계적으로 설명하기가

〈그림 2-32〉 서울·중부형 민가의 평면 계열

	1단계	2단계	3단계	4단계
한칸 대청	M-1	M-2-1 M-2-2	M-3	M-4
두칸 대청	2M-1-1 2M-1-2	2M-2	2M-3-1 2M-3-2 2M-3-3	2M-4-1 2M-4-2

M-1. 충북 제원군 수산면 하천리, 김진갑 댁 M-2-1. 경기도 옹진군 영흥면 영흥리, 강대운 댁 M-2-2. 충북 단양군 적성면 상리, 권혁철 댁 M-3. 충북 청원군 남일면 문주리, 신창식 댁 M-4. 충북 중원군 주덕면 창권리, 조남성 댁 2M-1-1. 강원도 횡성군 갑천면 중식리, 진창두 댁 2M-1-2. 충북 괴상군 칠성면 율지리, 노용만 댁 2M-2. 강원도 영월군 남면 창원리, 고윤규 댁 2M-3-1. 충남 공주군 유구면 신영리, 강준식 댁 2M-3-2. 경기도 이천군 호법면 송갈리, 송순성 댁 2M-3-3. 경기도 수원시 파장도 383, 이병원 댁 2M-4-1. 충북 제원군 청풍면 후산리, 유영선 댁 2M-4-2. 강원도 평창군 평창면 천동리, 지동학 댁

어렵다.

여기에서 서울·중부형 민가의 다양한 공간 구성을 정리해 보기 위해 실제 사례를 통해서 목조 가구의 구조적인 다양성을 계열화시켜 보면 <그림 2-32>와 같다.

우선, 민가의 평면형은 대청의 전면 칸수에 따라 한 칸의 경우와 두

칸의 경우로 나누어진다. 홑집 계열인 서울·중부형 민가는 주로 툇간 없는 곱은자형의 3량 구조에서 출발하고 있다. 평면의 발전 과정에서 보면 기본형에 해당된다. 다음 단계는, 곱은자형의 두 축에서 대청·건넌방 축에만 앞퇴를 갖는 경우이다. 이렇게 되면 우선 대청의 면적이 늘어나겠지만 안방의 기둥 열에도 영향을 주게 되므로 안방의 면적도 자연히 늘어난다. 그리고 건넌방 앞에는 툇마루 또는 누마루를 설치하기도 하나, 때로는 전면에 아궁이와 벽장을 두어 폐쇄적으로 처리하기도 한다. 셋째 단계로는, 대청의 앞퇴와 더불어 안방·부엌 축의 앞마당 쪽에 앞퇴를 두는 경우이다. 이때 부엌에서는 툇간이 나뭇간으로 활용되기도 하고 안방에서는 대청으로 통하는 툇마루가 확보되는 이점이 있다. 마지막으로는, 안방·부엌 축의 툇간이 안마당의 반대편에 위치하는 경우이다. 이때는 주로 안방에 벽장을 부속시키거나 윗방에서는 후원 쪽에 출입을 위한 툇마루를 설치하여 안방의 영역을 넓혀준다. 또 건넌방에서도 때로는 측면 툇간을 두기도 하는데, 여기에 아궁이와 벽장을 두기도 하고 툇마루를 설치하여 건넌방의 영역을 그만큼 넓혀준다.

2) 서울 · 중부형 민가의 배치 유형

우리나라 민가에서 안채가 정형(定型)을 고집하는 경향과는 달리 부속채의 경우는 훨씬 자유로우면서 하나의 완성형을 향한 단계별 과정을 보여준다. 채집된 민가를 대상으로 서울·중부형 민가의 안채와 부속채를 포함한 실례에서 민가의 배치 유형을 단계별 개념도로 나타낸 것이 <그림 2-33>이다.

먼저 첫째 단계는, 안채만 있을 뿐 일정한 부속채가 전혀 없거나 변소 정도가 잿간과 겸해있는 정도이다. 어떤 경우에는 부속채가 있었으나 헐어버리고 없어진 사례도 물론 있다.

〈그림 2-33〉 서울·중부형 민가의 배치 유형

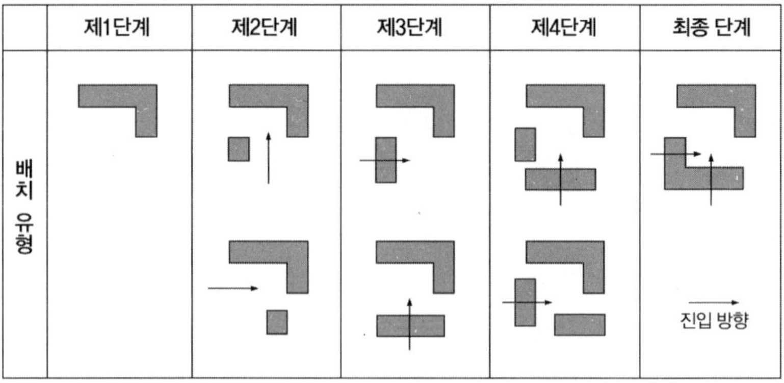

	제1단계	제2단계	제3단계	제4단계	최종 단계
배치 유형					진입 방향

둘째 단계는, 부속채의 초기 단계인데, 주로 헛간·외양간·잿간 등이 그 내용이며 잿간에 변소 등이 겸한 경우도 있다.

셋째 단계는, 하나의 부속채가 안채의 전면이나 측면에 一자형으로 등장하는 경우이다. 그 내용은 대문간·외양간·방앗간·헛간 등이거나 그 일부로써 채워지는데, 대문간이 이때부터 반드시 등장하는 것도 서울·중부형 민가의 특징이다. 그리고 때로는 여기에 사랑방이 1~2칸 범위로 부가되기도 한다.

넷째 단계는, 2동의 一자형 부속채가 안채의 전면과 측면에 등장하여 안마당을 에워싸는 모습을 하게 된다. 이 단계의 특징은 다양한 농용 부속 공간을 갖추게 되지만 사랑방 계열이 2~3실이 되어 훨씬 여유 있는 생활공간이 갖추어진다. 이 밖에도 부속채가 안채와 더불어 안마당을 에워싸게 됨으로써 안마당이 의미 있는 장소가 되기에 이른다.

마지막 단계는, 부속채가 안채와 같은 역(逆)곱은자형이 되고 이들의 조합이 튼 ㅁ 자를 이룬다. 이때의 부속채는 앞 단계에서 보여준 2동의 부속채가 곱은자형의 1동이 되어 안채의 곱은 자와 마주 앉게 된 것이다. 그런데 곱은자형의 부속채는 안채의 규모와 상응해야 하므로 자연히 부속채의 규모가 커지고 내용이 다양해지므로 중농(中農) 이상의 가계가 되지 못하면 경영하기가 어려운 수준이다.

그러나 서울·중부형 민가에서 안채가 ㄱ자형을 취한 것은 여기에 상응하는 ㄴ자형의 바깥채의 출현을 이미 전제로 했다고 생각되고, 안채와 바깥채가 안마당을 에워싸는 모습이 다분히 의도적이라는 느낌이 들기 때문에 튼 ㅁ 자의 배치 형태는 서울·중부형 민가가 도달한 완성형으로 볼 수 있다.12)

5. 맺는말

서울·중부형 민가의 대체적인 분포 권역은 남쪽 경계를 소백산맥과 차령산맥으로 하고 동쪽 경계를 태백산맥으로 하고 있다. 이 지역의 민가는 서울·중부형 민가의 특징인 ㄱ자형 가옥과 모형적인 오막살이계의 ㅡ자형 가옥이 공존하고 있다. 또 서울·중부형 민가는 서울과 여기에 가까운 경기 지방에 주로 분포한다. 이것은 중부형 민가가 조선 시대 수도 서울의 건축 환경과 깊은 함수관계에 있음을 말해준다. 다시 말해서 이 지역은 다른 지방과는 달리 일반 민가와 상류 주택의 교류가 활발했으며, 그 결과 유사한 문화적 규범에 접근했음을 말해준다.

서울·중부형 민가의 배치와 평면에서 찾아볼 수 있는 세부적인 요소별 특징을 요약하면 다음과 같다.

---

12) 경기도 내 전통 민가 중 곱은자형의 안채를 가진 1,052채를 조사한 사례를 보면, 이 가운데 601채(57%)가 곱은자형의 바깥채를 안채와 마주 보게 한 튼ㅁ자형 배치를 이루고 있어 민가 배치의 완성형인 동시에 하나의 배치 규범으로 생각할 수 있다. 한지만·이상해, 「경기지역 민가의 배치 형식과 외부 공간 구성에 관한 조사연구」, 대한 건축학회 논문집: 계획계, 제7권, 제9호(2001).

첫째, 민가의 외부 공간은 안마당·뒤안·바깥마당 등으로 명확히 구분을 보이며, 특히 바깥마당은 중부형 민가에서만 볼 수 있는 특징이다. 이 것은 안채가 一자형일 경우에도 그러하다.

둘째, 민가의 배치 유형은 곱은자형의 안채를 두고, 여기에 차츰 더해지는 부속채는 一자형에서 ㄱ자형에 이르기까지 다양한 배치 유형이 있다. 튼ㅁ자형의 가옥배치는 서울·중부형 민가가 지향한 완성형으로 볼 수 있다.

셋째, 대청의 규모는 전면 한 칸의 경우와 두 칸의 경우로 나누어지는데, 대체로 전면 두 칸일 때 벽감이 마루에 등장하고 튼ㅁ자형의 배치가 되는 등, 마루의 규모가 주문화의 규범을 상징적으로 나타내 주는 하나의 기준이 되고 있다.

넷째, 안방은 하나의 안방 계열 공간으로 나타나고 있는데, 보통 안방과 윗방으로 분화된다. 윗방의 용도는 안방의 부속실이며, 때로는 어린 자녀들의 침실로 이용하는 등 안방의 기능 분화 현상을 찾아볼 수 있다. 여기에 머리퇴가 있을 때는 골방이나 툇마루가 다시 부가되기도 한다.

다섯째, 부엌은 안으로 나뭇간을 구획하여 만들거나, 각종 독이나 항아리를 정리해 두는 수장 공간으로 분화시키고, 또 부뚜막과 부엌의 상부 공간을 안방에서 이용하도록 다락과 누다락을 두는 것을 일반화하고 있다.

여섯째, 건넌방 부분은 비교적 계획상의 가변성이 있는 곳인데, 하나의 건넌방이 있는 경우가 원형이며, 전면 벽에는 출입문을 내지 않고 아궁이와 봉창을 내고 때로는 그 상부에 벽장을 설치하기도 한다. 이것은 건넌방이 일반적으로 며느리의 거처라는 것을 의식한 계획상의 배려이다.

1. 머리말

민가의 안채와 바깥채가 곱은자형의 튼 ㅁ 자로 배치되는 것은 서울·
중부형 민가의 큰 특징이다. 그래서 그런지 서울·중부형 민가에서 여러
가지 배치 유형이 있긴 하지만, 이것이 최종적으로 도달했던 이상적인
민가의 배치 유형이다.

이러한 튼ㅁ자형의 민가 배치는 어떤 내용으로 조직되어 있으며, 어떤
규모로 구성되어 있는가, 혹은 튼 ㅁ 자의 민가 형태가 지향하는 의도는
무엇인가 등은 안마당과 민가의 관계에서 더 구체적으로 해명되어야 할
과제이다. 물론 서울·중부형 민가가 이 지역의 상류 주택과 공존하고 있으
며, 그 영향 아래에서 형성되었다는 사실은 앞선 연구에서 밝힌 바 있다.
그러므로 어떤 의미에서 튼ㅁ자형의 서울·중부형 민가는 서민 주택이라
기보다 중류 주택의 영역에 들어가는 규모나 내용을 갖춘 것이 사실이다.

우리가 '집'이라고 할 때, 이는 가옥·대지·가구, 그리고 생산수단인 토
지까지도 포함하는 개념이다. 집이 하나의 사회집단인 이상 전체 사회와
불가분의 관계가 있다. 집 그 자체로 경제적 가치를 지니고 있으므로, 사
회·경제·가치체계의 세 가지는 상호작용을 통해서 우리들의 집에 직·간

접으로 영향을 미치게 된다.[1] 이러한 측면에서 보면 튼ㅁ자형의 서울·중부형 민가는 가부장적 가족제도 아래에서 중농 이상의 계층에 해당되며 사대부 계층의 규범을 따르려는 의지가 주택의 여러 곳에서 나타나고 있다. 그러나 서울·중부형 민가의 위상은 상류 주택과의 상호 교류에 관한 내용도 중요하지만, 민가의 발전 과정상 一자형의 민가에서 한발 앞선 민가 형태라는 점에서 민가의 실체가 밝혀져야 하고, 이를 위한 연구의 축적이 필요하다.

2. 안채와 바깥채의 구성

서울·중부형 민가의 튼ㅁ자형 배치를 볼 때, 우리는 곱은 자 모양의 안채와 바깥채가 마주 서있음을 발견하게 된다.

튼ㅁ자형의 서울·중부형 민가가 이러한 형태를 갖추기 위해서는 몇 가지 조건이 채워져야 한다. 먼저, 곱은자형의 안채와 여기에 대응하는 또 다른 곱은자형의 바깥채는 적어도 안채의 규모와 어느 정도 상응되는 규모여야 한다. 왜냐하면 이것은 안마당을 포근하게 감싸줄 수 있는 최소한의 조건이기 때문이다. 둘째는, 이처럼 일정 규모 이상의 바깥채가 되려면 그 속에 담길 내용과 이를 가능케 할 경제적인 뒷받침이 있어야 한다. 그러므로 서울·중부형 민가에서 곱은자형의 바깥채에는 농사용 공간이나 사랑방 계열의 온돌방이 一자형의 경우보다 훨씬 다양한 형태로 등장하고 있다.

또 한편으로 서울·중부형 민가의 구조는 대체로 홑집 계열에 속하는데, 사실 이러한 구조 특성 때문에 안마당을 둘러싸는 튼 ㅁ 자의 배치가

---

1) 이광규, 『한국가족의 구조분석』(일지사, 1977), 314~315쪽.

〈표 2-4〉 안채와 사랑채의 각 실 구성과 규모

단위: 칸수

번호	안채							바깥채								
	부엌	안방	윗방	마루	건넌방	기타	계	대문간	사랑방	사랑마루	사랑부엌	외양간	헛간	광	방앗간	계
1	1.5	1.5		1	1		5	1.5	1.5			1	1	1		6
2	1.5	1.5	0.5	1	1		5.5	1	3			1		1	1	7
3	2.5	1		1	1		5.5	2	2				1	1		6
4	1.5	1	1	1	2		6.5	1	2.5	1	1			1	1	7.5
5	2	1	0.5	2	1		6.5	1	3			1		2		7
6	1.5	1	1	2	1		6.5	1	1			1	1	1	1	6
7	1.5	1.5	1	2	1		7	1	3				1	2		7
8	2	1	1	2	1		7	1	1			1	1	1		5
9	1.5	1.5	1	2	1		7	1	2.5		1.5	1	1			7
10	2	2		2	1		7	1	2	1	1	1		2.5		8.5
11	1.5	1.5	1	2	1		7	1.5	4			1	1	1		8.5
12	1.5	1.5	1	2	1		7	1	3		1	1		2		9
13	2	2		2	1		7	2	4			1	1	2		10
14	1.5	2		1.5	2		7	1	3		1	1	1	3		10
15	2	1.5	1	2	1		7.5	1	2	1		1	1	1		7
16	2	1.5		2	1		7.5	1	2			1	1	2		7
17	2	1.5	1	2	1		7.5	1.5	3.5	1			2	2 ·		11
18	2	2		2	1	아랫방1	8	1	3			1		1		6
19	2	1.5	1	2	2		8.5	1.5	3.5				1	2		8
20	2	1	1	2	1.5	광1	8.5	2	4	1	1			2		11

가능해진다. 또 설사 앞뒤퇴가 있다 하더라도 겹집화의 경향은 부분적인 현상으로 나타나고 있으므로 어떤 면으로는 균일한 채광과 통풍을 얻을 수 있는 이점도 있다. 따라서 튼ㅁ자형의 서울·중부형 민가는 이러한 배경 때문에 중류 주택에 해당되는 규모를 갖추게 된다. 그렇다면 안채와 바깥채는 어떤 규모의 범위에 있는 것일까. <표 2-4>는 20가구의 민가를 분석 대상으로 하여 각 실의 구성과 규모를 나타낸 것인데 안채와 바깥채의 칸수는 곱은자형을 一자형으로 환산했을 때의 전면 칸수이다.

먼저 안채의 규모는 가장 큰 것이 8.5칸이며, 가장 작은 것은 5칸이었다. 또 이 가운데 7칸 계열이 11가구로써 55%를 차지할 만큼 높은 빈도를 보여주었다. 이에 비해서 바깥채의 경우는 규모의 편차가 심한 편이다. 이 가운데 7칸 계열이 7가구로써 안채의 경우와 같이 가장 빈도가 높은 규모였으며, 6~8칸의 범위는 14가구의 70%를 보여주고 있어 역시 주류를 이루는 규모임을 알 수가 있다. 또 안채와 바깥채의 규모를 비교해 보면, 바깥채가 안채와 같거나 큰 경우는 14가구로 70%를 보여주고 있어 안채보다 바깥채의 규모를 대체로 크게 잡는 경향이다.

한편 안채의 실 구성에서 그 특징을 찾아보면, 안채 고유의 실 조직이라는 어떤 원형을 두고 볼 때 여기에서 벗어나는 것은 4가구뿐이었다. 벗어난 경우의 내용을 보면, 건넌방이 하나 더 추가된 경우와 부엌 아래쪽에 광이나 아랫방이 부가된 경우이다. 이것은 한국 민가에서 지역별로 지켜져 왔고 집단적인 규제 형태(規制形態)로 작용해 온 하나의 규범과도 같은 것인데, 서울·중부형에서도 예외가 아님을 알 수가 있다. 이러한 안채의 경향에 비하면 바깥채는 퍽 자유스러우며, 이 때문에 안채보다 바깥채의 규모가 더 커질 수 있는 것이다. 이 밖에 특징적인 것은 안채의 마루가 2칸인 경우는 15가구로 75%를 보여주고 있어, 2칸의 대청마루는 튼ㅁ자형의 민가 규모에 걸맞은 하나의 양식으로 생각되어 왔음을 알 수가 있다. 또 이와 함께 안방의 기능 분화로 등장한 윗방은 13가구로 65%를 보여주고 있다.

다음으로 바깥채의 실 구성은 주로 가사와 농사에 필요한 광·헛간·외양간·방앗간 등이거나 사랑방과 같은 온돌방이 여기에 포함되어 있다. 이처럼 내용이 다른 두 계열의 공간이 바깥채를 구성하고 있는 것도 한국 민가의 특징이다. 바깥채에는 으레 대문간을 두고 있는데, 대문간을 통한 진입 방향은 안채의 대청마루 쪽과 부엌 쪽으로 진입하는 유형으로 나누어지고, 이 가운데 대청 방향의 진입이 12가구로서 다소 우세한 편이다. 바깥채에서 농용 공간과 온돌방의 배분은 대체로 대문간을 경계로 하여 나누어진다. 그리고 사랑방을 비롯한 온돌방의 비중을 보면 3실의 온돌방이 8가구로 40%를 차지하여 가장 높은 빈도이지만 사랑마루를 갖춘 경우는 4가구뿐이었다. 끝으로 사랑방의 좌향이 바깥마당을 통한 대문간의 진입 방향과 같은 경우가 16가구로 80%를 차지하고 있어 대다수의 민가에서 상류 주택의 절대적인 규범에 따르고자 했음을 알 수가 있다.

3. 안마당의 규모와 척도

중부형 민가는 곱은 자 모양의 안채와 바깥채가 안마당을 사이로 하여 만나 하나의 민가형을 완성시키고 있다. 그러니까 안채와 바깥채는 개별적인 존재라기보다 상호보완적인 관계에 있으며, 새로운 '하나'를 만들어내기 위해 서로가 힘을 합치고 있는 형국이다. 그러므로 서울·중부형 민가라는 전체를 두고 볼 때, 안채와 바깥채, 그리고 안마당을 비롯한 여러 구성 요소들을 독자적인 개체성으로 보는 시각은 아무런 의미가 없다.

집과 사람의 관계는 사람이 사는 곳으로서의 장소라는 개념보다도 더 역동적이고 상호 교감적인 관계를 의미한다. 사람이 물리적 환경과 서로 교감하고 감응하는 장(field)이 동양적인 집의 개념이다. 이런 점에서 집 또는 삶의 환경이라는 것은 물리적인 조건만으로 결정되는 것이 아닌, 물리적 조건으로 일어나는 상호감응이라는 무형적인 질의 문제로 넘어간다.[2]

한편 우리가 '가정생활'이라고 할 때 이는 한 단위의 가족이 영위하는

---

2) 김성우, 「동양건축에서의 집과 사람」, 《공간》(1987년 6월), 54쪽.

공동생활을 말하는데, 그 삶의 무대는 예로부터 집과 마당이 중심이 되어왔다. 그런데 마당은 민가의 내부 공간과는 달리 특정인이나 혹은 특정 행위만을 위한 공간이 아니다. 그래서 그런지 마당은 그대로 텅 비워두고 있다. 이렇게 보면 가정생활의 의미는 마당과 이를 둘러싸고 있는 주거 공간에서 가족 단위의 생활이 얼마나 역동적이고 상호 교감적인 관계를 통해 꾸려지느냐에 달려있다.

서울·중부형 민가에 있어서도 집과 마당이라는 물리적인 공간에서 얼마만큼의 질적인 교감이 가능할 것인가 하는 문제는 먼저 안마당과 이를 둘러싸고 있는 민가의 규모에서 찾아볼 수가 있다. 그 이유는 민가의 물리적인 공간이 밀도 높은 삶의 감응장치가 되기 위해서는 어떤 범위의 공간적 스케일이 반드시 필요할 것이라는 생각 때문이다. 인간관계의 공간적 거리는 특히 지각에 의한 커뮤니케이션이라는 측면에서 몇몇 기준치를 찾아볼 수가 있다. 먼저 홀(Hall)은 대개 30ft(9.14m) 이상의 거리가 되면 보통 목소리로 말하는 정밀한 뉘앙스나 얼굴의 상세한 표정, 움직임을 느낄 수가 없게 된다고 했다.[3] 그리고 마르텐스(Maertens)나 슈프라이리겐(Spreiregen)에 의하면 개인의 표정을 인식할 수 있는 최대 거리는 12~13.6m이다.[4] 그러면 여기에서 서울·중부형 민가의 안마당이 어떤 거리의 범위에 들어있는지 알아보자.

민가의 안마당은 튼 ㅁ 자의 민가 형태 때문에 자연스럽게 구획된다. 그러므로 안마당의 크기는 대체로 사각형 평면에서 두 변의 길이로 나타낼 수가 있다. 분석 대상 민가에서 대청마루의 좌향을 앞면으로 했을 때, 안마당의 가로 길이를 X축으로 하고 세로 길이를 Y축으로 한 마당의

---

3) 에드워드 홀, 『보이지 않는 차원』, 김광문 외 옮김(형제사, 1976).
4) Hoblumenfelt는 *Scale in Civic Design*에서 개인의 얼굴 표정을 인식할 수 있는 최대 거리를 13.6m로 설정했고, P. D. Spreiregen은 *The Architecture of Town and Cities*에 서 12m를 표정 식별이 가능한 최대 거리로 규정했다.

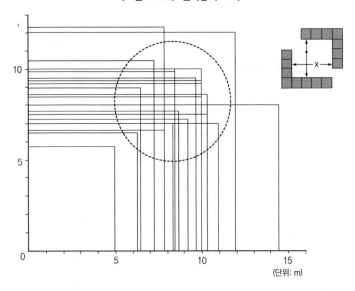

〈그림 2-34〉 안마당의 크기

(단위: m)

규모를 나타낸 것이 〈그림 2-34〉이다. 그림에서처럼 대체로 안마당의 규모는 어떤 경향으로 모아지고 있음을 알 수가 있다. 즉, 안마당의 평균 면적은 79.7m²(24.1평)로 나타났으며, 안마당의 평균 가로 길이는 9.1m (최대 14.5m, 최소 5.0m), 세로 길이는 8.6m(최대 12.2m, 최소 5.7m)의 거리 를 보여주고 있다. 한편 이러한 결과는 결국 곱은자형의 안채의 규모가 하나의 기준으로 작용하고 있음을 알 수가 있다. 다시 말해서 곱은 자의 두 변에서 어느 정도의 여유 공간을 가산한 거리가 바깥채와의 인동(隣 棟) 거리가 되고 있다. 이러한 뜻에서 곱은자형의 안채를 다시 가로세로 칸수로 나누어 살펴보면, 가로 칸수는 3~3.5칸이 16가구로서 80%의 압 도적인 빈도를 보여주고 있으며, 세로 칸수는 2~2.5칸이 12가구로서 60%를 차지하고 있다.

그렇다면 서울·중부형 민가의 안마당은 대청마루에 앉은 자세에서 일 상적인 음성으로 가족과 대화가 가능하고, 가족 구성원의 얼굴 표정을

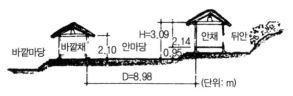

〈그림 2-35〉 민가의 단면도

통해서 의사소통이 이루어지는 그야말로 인간적인 척도의 범위에 들어 있음을 알 수가 있다. 중부형 민가가 이와 같이 인간적인 척도로 조직되어 있는 것은 안채의 규모와 구성에서 출발했지만 퍽 의도적이라는 느낌을 주고 있으며, 결국 밀도 높은 삶의 감응장치로서 훌륭한 주거 기능을 발휘하고 있음을 이해하게 된다.

한편으로 안마당이 안채와 바깥채로 감싸여질 때, 안마당의 크기와 안채 혹은 바깥채의 높이는 안마당의 성격을 좌우하는 중요한 인자가 된다. 여기에서 안마당의 공간적인 폐쇄도를 알기 위해서는 계량적인 자료가 도움이 될 것이다. 그뿐만 아니라 안채와 바깥채를 시각적으로 감상하기 위해서도 안마당의 적절한 크기는 반드시 필요하다.

안채에서 상징적인 중심은 역시 대청마루에 있고, 안마당에서의 공간적인 방향성 또한 대청마루 쪽에 있다. 그러므로 안마당의 공간적인 성격을 알아보기 위해서 대청마루와 대문간을 통하는 단면을 중심으로 이를 검토해 보기로 한다. 분석 대상 민가 중 자료화가 가능한 16가구를 통해 얻은 평균치를 옮겨본 것이 <그림 2-35>이다.

우리나라 취락은 평지에 위치한 경우도 적지 않지만 주로 산복(山腹)에 해당하는 지형상의 천이점(遷移點)에 위치한 경우가 많아 완만한 경사지에 터를 닦아왔다. 그러므로 민가의 앞쪽 바깥마당과 맨 뒷쪽 뒤안까지는 상당한 지형상(地形上)의 고저 차가 있기 마련이다. 특히 그 가운데에서 바깥마당과 바깥채, 그리고 안마당과 안채의 고저 차는 가장 두드러진 부분이다. 그리고 안채의 도리 높이는 한결같이 바깥채보다 높게 계

획되고 있으므로 안채가 공간적으로
높은 위계에 있음을 인정하지 않을
수 없다.

여기서 안채의 도리 높이(H)와 마
당의 깊이(D)의 관계를 보면 대체로
D/H=8.98/3.09≒2.9를 보여주고 있
는데, 이는 우리가 대문간에 들어섰
을 때 안채의 모습이 한눈에 들어올
수 있는 공간적인 장치이다.[5]

한편 반대로 안채 쪽에서 보았을
때는 또 다른 풍경이 펼쳐진다. 왜냐
하면 안채 쪽에는 마당·기단·디딤돌·
마루 등의 다양한 바닥층이 있기 때

대청에서 대문간을 바라보다.

문이다. 이들은 결국 시점의 다양한 이동과 위치 때문에 그때그때 전개
되는 시야에 따라 안마당의 폐쇄성과 개방성을 달리 경험할 수 있게 한
다. 특히 마룻바닥은 안마당에서 평균 94.9cm 위에 있으므로, 마루에 앉
아서 바깥채의 지붕 위까지 시야를 넓힐 수 있도록 계획되고 있는 점은
안마당의 또 다른 공간적인 특징이다.

4. 맺는말

튼 ㅁ 자 모양의 서울·중부형 민가는 처음부터 의도적으로 계획된 민
가 형태이다. 서울·중부형 민가가 튼 ㅁ 자 모양을 갖추기 위한 조건으로

---

5) 芦原義信, 『外部空間の構成』(彰國社, 1865), p.36.

서는, 첫째, 바깥채의 규모가 안채에 상응하는 규모가 되어야 하는데, 이는 안마당을 포근하게 감쌀 수 있어야 하기 때문이다. 둘째, 일정 규모의 바깥채는 그 속에 생활이 담겨야 하는데, 이러한 내용이 유지될 수 있도록 집안의 경제력이 또한 뒷받침되어야 한다. 따라서 튼ㅁ자형의 서울·중부형 민가는 중류 주택 수준의 가구이다.

안채와 바깥채의 규모를 칸수로 나타내 보면 양쪽 모두 7칸인 경우가 가장 많고, 특히 바깥채는 안채와 같거나 크게 잡는 경향이 있다. 이것은 안채가 민가의 원형에 구속을 받았으나, 이에 비해 바깥채는 아무런 제약 없이 자유롭게 계획할 수 있었기 때문이다. 한편 바깥채의 실 구성은 가사와 농사를 위한 공간에 사랑방과 같은 온돌방이 합성되어 있고, 대체로 그 경계부에 대문간이 위치하고 있으며, 온돌방은 3실인 경우가 가장 많았다.

서울·중부형 민가는 안마당을 매개로 하여 밀도 높은 삶의 감응장치가 되기 위한 규모로 구성되어 있다. 안마당의 규모를 보면, 가로세로의 평균 길이는 9.1m와 8.6m이며 평균 면적은 79.7㎡를 보여주고 있다. 이 정도의 규모는, 우리가 마루에 앉은 채 일상적인 음성으로 가족과 대화할 수 있고 가족이 얼굴 표정을 통하여 서로 교감할 수 있는 거리이다.

한편 안마당의 크기와 안채·바깥채의 높이는 안마당의 성격을 좌우하는 인자이다. 실제로 마당의 깊이(D)와 안채의 도리 높이(H)의 관계를 보면 D/H≒2.9를 보이고 있다. 이러한 결과는 우리가 대문간에 들어섰을 때 안채의 모습이 완전히 시야에 들어올 수 있는 공간적인 크기이며, 반대로 안채 쪽에서는 안마당의 폐쇄성과 개방성을 다 같이 경험할 수 있는 몇 단계의 시야가 형성되도록 구성된 것이다.

제7장

영남 지방의 서울 · 중부형 민가

1. 머리말

　서울·중부형 민가는 서울을 중심으로 한반도 중부 지방에 분포하는 우리나라의 대표적인 민가형이다. 서울·중부형 민가의 큰 특징은 안채의 평면이 곱은 자 모양을 보여주는 것이다. 민가의 분포 지역은 남쪽 경계를 소백산맥과 차령산맥으로 하고, 동쪽 경계는 태백산맥으로 하는 중부 지역이다. 현재 북쪽 경계는 확인할 길이 없지만 황해도 멸악산맥으로 상정되어, 한반도에서는 가장 넓은 주문화권을 보여주고 있다. 서울·중부형 민가에서 나타나는 또 다른 특징은 조선 시대 상류 주택과 비교해 볼 때 안채 평면에서 유사점이 많다는 점이다. 이것은 일반 민가와 상류 주택의 상호 교류에 의한 것이다. 즉, 서울과 인접한 경기·충청 지방에는 서울의 집권 양반층과 이들의 지방 세거지(世居地)가 많았고, 여기에 세워진 중·상류 주택들과 일반 민가들이 서로 영향을 주고받았을 것이다. 다시 말해서 이 지방은 다른 지방과는 다르게 일반 민가와 상류 주택들이 활발한 교류를 통해 서로가 유사한 주문화적 규범을 갖게 된 것이다.

　영남 지방은 지리적으로 중부 지방과는 소백산맥이라는 험준한 자연적인 경계로 인하여 각각 독자적인 주문화권을 이루고 있다. 일찍이 영남 지방은 각 지역별로 토성(土姓)들이 터를 잡으면서 신흥 사대부(士大夫)로 성장하거나 중앙에 진출하여 권세 있는 집안을 이루거나 혹은 후에 낙향하여 지방의 사족(士族)이나 토착 양반이 되는 경우가 허다했다. 또 여말선초(麗末鮮初)부터는 영남·북 간의 인구 이동이 빈번했는데, 대개 흉황(凶荒)이나 전란 등으로 인한 유이민(流移民)과 국가정책으로 인한 북방 도민(徒民)이었다. 유이민은 대체로 북에서 남으로, 산간지대에서 평야지대로 옮기려 했던 것이었고, 북방 도민은 당시 국가의 척경(拓境) 사업과 병행하여 추진된 것이었다. 영남 지방과 영북 지방 사이에 죽령·조령·추풍령과 같은 준령이 병풍처럼 둘러치고 있기 때문에 북쪽으로부터 외침(外侵)이 있을 때에는 서북 또는 중부 지방 주민들이 많이 모여들게 되었다. 그리하여 상주목(尙州牧)과 안동부(安東府)의 영하(嶺下) 지역에서는 사족의 왕래가 특히 많았다. 이곳은 일찍부터 농경법이 발달한데다 경지 면적도 넓고, 물산(物産)도 비교적 풍부했기 때문에 타도(他道)로부터 유입해 오는 피난민이나 유목민을 받아들일 수 있는 여력을 갖고 있었다.[1)]

이상과 같이 영남 지방은 지리적으로나 주거 문화에 있어서 독자적인 권역을 형성하고 있으면서, 영남·북부 지역은 서울·중부 지역과 인적·문화적 교류가 빈번했다. 그렇다면 중부 지방의 주거 문화는 소백 이남의 영남 지역에 어떤 형태로 영향을 주었는가? 이러한 의문은 한반도 주거 문화의 다양한 형태와 그 발전 과정을 가늠해 보기 위해서도 밝혀져야 할 과제이다.

---

1) 이수건, 『영남 사림파의 형성』(영남대학교 민족문화연구소, 1980), 149~150쪽.

2. 서울·중부형 및 영남형 민가와 상류 주택

서울·중부형 민가의 평면상의 특징은 '곱패집' 혹은 '곱은자집' 등으로 불리는 ㄱ자형을 보여주는 것이며, 민가의 기본적인 공간 구성 요소는 부엌·안방·대청·건넌방으로 되어있다. 이들은 두 가지 배열 축으로 구성되어 있는데, 하나는 부엌·안방의 배열 축과 다른 하나는 대청·건넌방의 배열 축이며, 이들이 서로 직교하여 만나고 있다. 구성 요소 중 안방은 안방 계열의 공간으로 구성되어 있는데, 보통 안방과 윗방으로 분화되고 있다. 윗방은 보통 안방에 종속되는 공간이기 때문에 안방의 부속실이거나 때로는 어린 자녀의 침실로 쓰이는 등, 말하자면 안방의 일부 기능이 분화된 공간이다. 또 건넌방은 비교적 계획상의 가변성이 많은 곳인데, 흔히 아들 내외가 거처하는 방으로 이용되고 있다. 민가의 배치 유형은 곱은자형의 안채를 두고, 여기에 차츰 더해지는 부속채가 一자형에서 ㄱ자형에 이르기까지 다양한 배치 유형을 보여준다. 다만 ㄱ자형의 안채와 ㄴ자형의 바깥채가 만들어내는 튼ㅁ자형의 배치 유형은 서울·중부형 민가가 지향해 온 이상형으로서 의미가 있다. 한편 영남형 민가의 평면상의 특징은 서울·중부형과는 달리 一자형을 취하고 있으며, 기본적인 공간 구성 요소는 정지·큰방·대청·상방으로서 이름만 다를 뿐 중부형 민가의 구성 요소와 큰 차이가 없다.

우리나라 상류 주택의 안채 평면은 두 가지의 명확한 평면적인 유형을 고수하고 있다. 하나는 영남형 민가와 같이 정지·큰방·대청·상방이 一자형으로 구성되는 것이고, 다른 하나는 서울·중부형 민가와 같이 부엌·안방의 배열 축이 대청에서 직교되게 꺾여 배열되는 것을 각각 기본형으로 하고 있다. 전자의 평면형은 주로 영남 지방을 중심으로 남부 지방에 걸쳐 분포되고 있으며, 후자의 평면형은 주로 서울·중부 지방에 분포되고 있고, 그 밖에 다른 지방에서도 드물게 볼 수 있다.

그런데 이러한 방 배열상의 차이점은 같은 곱은자형의 안채에서도 각각 다른 양상을 보이고 있다. 두 배열 축이 직교되는 위치가 서로 다른 경우가 있는데, 흔히 볼 수 있는 경우는 서울·중부형의 경우처럼 대청에서 꺾어지는 것이고, 또 다른 경우는 안방에서 꺾어지는 것이다. 그러므로 안채의 전면을 바라보았을 때 전자는 대청 부분이 마당 쪽 전면을 차지하게 되고, 후자는 안방과 대청이 전면에 위치하게 되므로 이것은 영남형 평면에 그 근거를 두고 있음을 알 수 있다.

우리나라 전통 주택은 일반 민가와 상류 주택으로 크게 나누어 볼 수 있다. 조선 시대 상류계급을 형성했던 사대부(士大夫), 향반(鄕班), 세도가들은 주거에 대한 규범을 일정 수준 이상으로 유지하고자 했다. 그들은 이를 통하여 지배계급인 상류사회의 성원임을 과시하고 그들의 권세를 드러내고자 했다. 그러나 민가의 경우, 어떤 우수한 전문가의 손을 빌린 것이 아니라 일상생활의 필요에 따라 실용화된 모습이다. 그러므로 일반 민가는 시대를 초월한 기나긴 생활의 경험이 집약되고 생활 속에서 얻은 지혜가 축적되어 자연스럽게 나타난 결과이다. 이처럼 일반 민가와 상류 주택은 그 형성 배경이나 조영 담당자에 따라서 차이가 있음을 알 수 있다.

3. 영남 지방의 서울·중부형 민가

1) 일반 민가의 실례

실례 1_경북 예천군 용운면 대제리, 박씨 댁

박씨 집은 100여 년 전에 지었다고 전해지는 민가이다. 안채의 구성은 정지·큰방과 봉당·상방의 배열 축을 ㄱ자형으로 꺾은 서울·중부형의 특

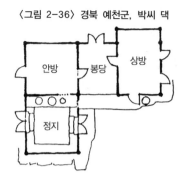

〈그림 2-36〉 경북 예천군, 박씨 댁

예천군, 박씨 댁의 봉당(오른쪽부터 봉당의 바라지문,
안방문, 부엌 광창이 보인다)

징을 그대로 보여주고 있다. 박씨 집은 무엇보다 민가의 대청 부분이 봉당이라 부르는 흙바닥으로 된 점이 특이하다. 흔히 가계가 어려운 집에서 장차 마루를 깔기로 하고, 우선 흙바닥으로 둔 채 마루의 용도로 사용하는 것이다. 봉당은 뒤쪽으로 두짝널문을 내고 막았으며, 앞쪽으로는 마당 쪽으로 열려있다. 흙바닥은 축담에서 42cm가량, 그리고 축담은 마당에서 55cm가량의 고저 차가 있다. 그 밖의 특징으로는 안방이 중부 지방처럼 분화되지 못한 것과 안마당에 면한 전면 대지 경계만을 울타리로 구획하고 한정된 마당 속에 외양간과 헛간을 둔 것이 있다.

실례 2_경북 영주군 풍기읍 백동리, 황씨 댁

황씨 댁은 100여 년 전에 지은 것으로 전해지는데, 바깥채 없이 안채만으로 구성된 퇴 없는 3량집이다. 안채의 구성은 전형적인 중부형의 평면을 보여주고 있는데, 정지 옆에는 눈썹지붕으로 한 칸을 달아내어 헛간으로 쓰고 있다. 이 집의 특징은 먼저 민가의 뒷벽을 진흙으로 벽을 맞춘 담집으로 되어있다.

그리고 안방을 대청의 도리 선보다 앞으로 늘려서 여기에 광창을 내었

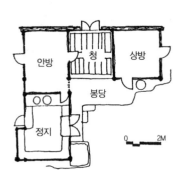

〈그림 2-37〉 경북 영주군, 황씨 댁

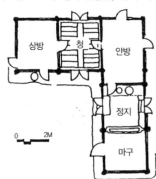

〈그림 2-38〉 경북 안동군, 유씨 댁

다. 이러한 특징은 서울·중부형 민가에서는 흔한 일이지만, 이것은 윗방을 둘 때 일어나는 현상이다. 또 상방과 대청 사이의 출입문을 두지 않고, 두 공간의 독립성을 높인 점과 마루 앞의 기단을 넓혀 이 부분을 봉당이라 부르고 있는 점이 돋보인다.

실례 3_경북 안동군 임동면 증평동, 유씨 댁

유씨 댁은 중부형의 기본적인 구성과 형태를 다 같이 취하고 있다. 즉, 정지·큰방의 배열 축과 마루·상방의 배열 축이 그것이다. 다만 정지에 인접하여 마구가 배치된 점과 마루의 마당 쪽 전면에 쌍여닫이를 달고 벽을 친 점이 독특한 부분이다. 정지에 마구를 붙인 것은 특히 영남 북부 산간 지역에서 흔히 볼 수 있는 현상인데, 정지의 아궁이에 쇠죽가마를 걸고 소의 관리를 쉽게 하려는 배려이다. 또 간혹 이 지방에서 마루의 전면을 개방시키지 않는 것을 볼 수 있는데, 겨울철 실내 환경을 개선하려는 의도이다. 그러나 민가의 기본적인 구성에는 변화가 없다.

실례 4_경북 예천군 용운면 하학리, 권씨 댁

권씨 댁은 100여 년 전에 지은 것으로 전해지는 퇴 없는 3량집이다.

안채의 형태는 ㄷ자형으로 되어있으나 기본적인 방의 배열은 중부형의
골격을 그대로 취하고 있다. 즉, 정지·큰방·대청·골방의 배열이 ㄱ 자의
기본적인 배열이고, 다만 골방에 인접하여 상방을 꺾어 달아낸 점이 다
르다. 이것은 골방과 상방이 자리바꿈한 때문인데, 서울·중부형의 민가
에 골방을 덧붙인 형태와 동일한 것이다. 골방은 곡식을 담은 각종 독을
갈무리하는 곳인데, 침실의 용도로 겸용되기도 하고, 상방은 사랑방으로
겸용된다.

실례 5_경북 안동군 풍천면 화회리, 유씨 댁

이 집은 유태화 씨 댁의 가림집이었던 초가인데, 150여 년 전에 지었
다고 전해진다. 민가의 전체 모습은 ㄷ 자이긴 하나 기본적인 방의 배열
은 서울·중부형의 골격을 유지하고 있다. 다만 상방에서 배열 축을 다시
꺾어 사랑방과 마구를 연이어 달아낸 형태이다. 그리고 마루 앞 외부 공
간을 봉당이라 부르고 있는데, 마당보다 높여서 내부 공간화시키고 있는
점이 돋보이는 부분이다. 결국 유씨 집은 서울·중부형 민가에서 사랑방
을 추가로 덧붙이고, 사랑방 아궁이 시설을 마구로 활용한 결과이다.

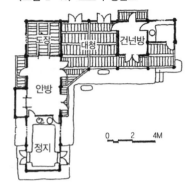

〈그림 2-41〉 소요각 평면도

〈그림 2-42〉 경북 예천군 예천읍, 권씨 댁

2) 상류 주택의 실례

실례 1_경북 달성군 하빈면 묘동, 소요각

소요각은 이 집 사랑채의 명칭으로 충효당으로도 알려져 있는데, 전형적인 서울·중부형의 안채와 여기에 나란하게 배치된 一자형의 사랑채로 구성되어 있다. 안채의 구성 중 특징적인 부분은 두칸안방에 마루를 깐 도장을 붙인 점과 정면 두 칸의 대청, 그리고 건넌방 부엌이 내부화되어 있는 점이다. 이러한 특징을 일반 민가와 비교해 보면, 역시 주거 양식과 내용이 다양하고 규모가 커짐에 따라 자연스럽게 주택의 외양과 품격으로 이어지고 있음을 엿볼 수 있다.

실례 2_경북 예천군 예천읍 상동, 권씨 댁

권씨 댁은 ㄷ자형의 안채와 一자형의 사랑채로 구성되어 있으나, 안채의 기본적인 방의 배열은 서울·중부형의 배열 방법을 따르고 있다. 즉, 이 집은 일반 민가의 실례 4의 경우와 유사한 평면을 보여주고 있다. 다만 안방에 인접하여 머릿방을 부속시키고 있는 점과 대청이 두 칸 규모인 점이 다를 뿐이다. 전체적으로는 일반 민가에 비해 규모가 커진 ㄷ자

〈그림 2-43〉 경북 안동군 도산면, 신씨 댁

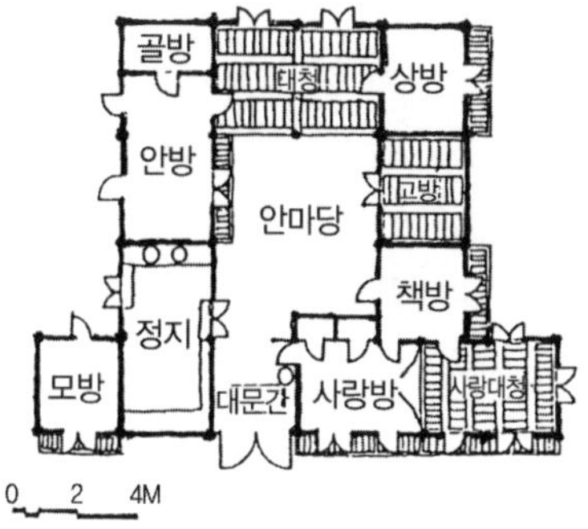

〈그림 2-44〉 영남형을 바탕으로 한 뜰집
(안동군 풍산읍 오미동, 김원재 씨 댁)

형의 안채와 一자형의 사랑채가 안마당을 사이에 두고 배치되는데, 이는 상류 주택풍의 평면이다.

실례 3_경북 안동군 도산면 서부동 195, 신씨 댁

신씨 댁은 지방민속자료 4호로 지정되어 있는 '뜰집'이다. 뜰집은 경북 안동 지방을 비롯한 동부 지역과 일부 영동 지방에 집중적으로 분포하고 있는 ㅁ자형 주택이다. 이 지방의 뜰집은 살림집의 안채 부분과 사랑채 부분, 그리고 농사용 공간을 ㅁ자형의 공간 속에 담고 있는데, 이 집은 전면이 좌우대칭이 되도록 양쪽 날개를 달아내어 주택의 외모가 더욱 당당해 보인다.

신씨 댁의 기본적인 공간은 역시 안채에 해당되는 정지·안방·골방의 축과 대청·상방의 축이 직각으로 교차되는 부분이다. 따라서 이 집 구조의 모체는 서울·중부형의 민가에서 찾아볼 수 있지만, <그림 2-44>와 같이 영남형 민가의 공간 배열 형식에 따라 구성된 뜰집도 있다. 이들 두 형식의 차이점은 신씨 집과 같이 안마당의 가로 방향 폭을 대청 부분이 차지하느냐 혹은 그렇지 않느냐에 따라 달라지기도 하고, 안방의 채광 효율에 따라 달라지기도 한다.

4. 서울·중부형 주택의 분포 상황

1) 일반 민가의 분포 상황

영남 지역에서 중부형 민가는 대체로 소백산맥과 가까운 이남 지역에서 채집되고 있다. 이것은 소백산맥 이북 지역이 중부형 민가의 분포 지역이기 때문이다. 필자의 조사에 따르면, 특히 영남·북의 주요 관문이었던 소백산맥의 죽령과 가까운 영주군 풍기읍·문수면과 예천군 용문면·풍양면 등지에서 집중적으로 채집되고 있는데, 이는 우연이 아닐 것이다.

또 현재까지 조사된 문헌에서도 영남 북부 지방에서 소백산맥과 가까운 안동군 풍천면·임동면2)·일직면,3) 청송군 진보면4) 등지에서 일부 채집되고 있음을 볼 수 있다. 그 밖에도 이름 있는 반촌(班村)을 대상으로 조사한 결과, 이를테면 안동군 풍천면 하회마을,5) 도산면 의촌동,6) 달성군 하빈면 묘동,7) 월성군 강동면 양동리,8) 영덕군 영해면 호지마을9) 등

---

2) 안동군·안동대학 박물관, 「임하댐 수몰지역 문화재 지표조사 보고서」(1986), 65, 160쪽.
3) 김택규, 「안동 문화권 문화재 지표조사 보고서(II)」(경상북도, 1981), 200쪽.
4) 이응희·김영철·이중우, 「안동 문화권의 주거 공간 구성에 관한 연구」, 대한건축학회 논문집, 제7권, 제1호(1991년 2월).
5) 경상북도, 「하회마을 조사 보고서」(1979).
6) 울산공대 건축학과, 『의인·섬마을』(울산공대, 1976).
7) 울산대학교 건축학과, 『묘동』(울산대학교, 1987).
8) 경상북도, 「양동마을 조사 보고서」(1979).
9) 명지대학교 한국건축문화연구소, 「농촌주거환경 조사연구 보고서」(한샘, 1989).

지에서도 중부형 민가가 채집되고 있음을 볼 수 있다. 그러나 흥미롭게
도 소백산맥과 가까운 문경군과 상주군[10] 및 그 남쪽 지역에서는 아직
중부형 민가가 채집되었다는 보고가 없다.

따라서 영남 지방에서 중부형 민가가 분포되고 있는 지역은 소백산맥과
가까운 예천·영주군을 주요 분포 지역으로 하고, 그 밖에 안동 등지와 다
소 거리가 있어도 이름 있는 반촌에서 일부 채집되고 있음을 알 수 있다.

2) 상류 주택계의 분포 상황

영남 지방의 사대부 계층은 전술한 바와 같이 일찍부터 서울 중심의
정계·학계와 깊은 인연을 맺어왔으므로 이들 지역과는 빈번한 문화적 교
류가 있었음을 쉽게 짐작할 수 있다. 따라서 사대부 상류계급의 주거는
당연히 서울을 중심으로 하는 중앙 상류층의 주거 문화를 쉽게 받아들였
을 것이라 생각된다. 그러므로 영남 지방의 상류 주택은 이 지역 특유의
주거형이라 할 수 있는 뜰집을 중심으로 다음과 같은 문헌상의 자료를
통해 주거 문화의 교류 관계를 살펴보기로 한다.

첫째, 봉화·청송·영양·영주 등 4개 군에서 채집된 뜰집 41개 사례에서
는 중부형의 영향을 받은 집이 33개, 영남형은 8개였다.[11]

둘째, 예천·안동·봉화·영주·울진 등 5개 군에서 채집된 뜰집 26개 사
례에서는 중부형의 영향을 받은 집이 18개, 영남형은 8개였다.[12]

셋째, 봉화·안동·영양·영덕 등 4개 군에서 채집된 뜰집 24개 사례에서

---

10) 영남대학교, 「경북 문화재 지표조사 보고서(IV)」(경상북도, 1987).
11) 김태현, 「조선후기 ㅁ자형 주택의 구조와 부재비례에 관한 연구」(홍익대학교 석사
　　학위 논문, 1983).
12) 정명섭, 「한국 전통 창·문의 개폐방법에 관한 연구」(영남대학교 석사학위 논문,
　　1986).

는 중부형의 영향을 받은 집이 18개, 영남형은 6개였다.[13]

넷째, 필자가 조사한, 안동·예천·영주·봉화·울진 등 5개 군의 23개 사례에서는 중부형의 영향을 받은 집이 18개, 영남형은 5개였다.

다섯째, 그 밖에도 영남 지방 반촌의 가옥을 조사한 문헌에서도 중부형 가옥 구조를 선호하고 있음을 확인할 수가 있다.

이상과 같이 경북 북부 지방에 분포되고 있는 뜰집 가운데 평면 구성상의 기본적인 바탕이 서울을 중심으로 하는 중부 지방의 가옥 구조를 따르고 있는지, 혹은 영남 지방 고유의 가옥 구조를 따르고 있는지의 문제를 살펴보았다. 그 결과 위와 같은 전체 114개 뜰집 자료 중 87개가 서울·중부형 구조를 바탕으로 하고 있어 76.3%라는 압도적인 비율을 보여주고 있다. 따라서 영남 지방의 사대부 상류계급은 서울·중부형의 가옥 구조를 선호하고 있음을 알 수가 있다.

5. 맺는말

우리나라 서울·중부 지방의 민가형은 소백산맥을 넘어 영남 지방에까지 영향을 미치고 있는데, 주로 영남 북부 지방에 그대로 이식되어 있는가 하면, 일부는 변용되는 경향이 있다. 이를 구체적으로 나타내 보면 다음과 같다.

먼저 서울·중부 지방처럼 안방 계열의 공간이 안방·윗방 등으로 분화되지 않고 단일 공간의 '안방'으로 나타나고 있다. 그리고 서울·중부형 민가의 기본적인 공간 외에 외양간·사랑방·골방 등이 몸채에 첨가되어, 결국 민가의 평면형이 ㄱ자형에서 ㄷ자형으로 확장·변용되어 가는 경향

---

13) 김명복, 「조선 시대 주택평면 구성에 관한 연구」(영남대학교 석사학위 논문, 1986).

이 있다. 특히 중부 지방 민가에서는 쉽게 볼 수 없는 봉당이라는 공간이 등장하고 있다. 이는 흙바닥으로 된 내부 공간이거나 ㄷ자형 평면의 마루 앞 외부 공간으로 나타나고 있다.

영남 지방의 상류 주택에서도 서울·중부형의 기본적인 공간 이외에 첨가되는 공간으로 인하여 뚜렷한 변용 현상을 보여주고 있다. 즉, 건넌방에 부엌이나 사랑방이 첨가되거나, 안방이나 상방에 수장 공간이 부속되는 것 등이며, 이들이 결국 ㄱ자형의 안채를 ㄷ자형으로 변용시키고 있다. 또 주택의 배치 경향은 ㄱ자형의 안채와 ㄴ자형의 사랑채, 혹은 ㄷ자형의 안채와 ㅡ자형의 사랑채가 합성하여 튼ㅁ자형의 배치 경향을 보여주고 있다. 이러한 배치 경향은 종국적으로 ㅁ자형의 뜰집으로 발전되고 있다.

영남 지방에서 서울·중부형 민가가 채집되고 있는 지역은 소백산맥과 가까운 예천·영주군을 주된 분포 지역으로 하고, 그 밖에 안동 등지와 다소 거리가 있어도 이름 있는 반촌에서 일부 채집되고 있다. 한편 상류 주택의 경우는 이 지역 특유의 주거형이라 할 수 있는 뜰집을 통하여 살펴본 결과, 경북 북부 지방은 압도적으로 서울·중부형 민가의 영향을 받고 있으며, 대체로 영남 지방의 사대부 상류계급은 서울·중부 지방의 가옥 구조를 선호하고 있음을 알 수 있다.

제8장

중부 지방 민가의 평4량 구조

1. 머리말

한반도의 중부 지방에 자생하고 있는 대표적인 민가는 대청이 있는 곱은자형의 민가이며, 이와 더불어 대청 없는 一자형의 민가도 이들 민가와 공존하고 있다. 중부 지방 민가는 대청을 중심으로 했을 때 양쪽에 온돌방을 두고 안방 계열의 온돌방에 부엌을 붙여 ㄱ자형으로 꺾은 모양이다. 이러한 민가는 기본적으로 4칸 一자형의 민가가 직교되는 두 개의 축으로 분화된 형태이다. 그러므로 다른 지방의 민가에 비하면 한 단계 앞서 발전한 평면형이다. 그런데 중부 지방 민가에는 가구(架構)상의 특징으로서 평4량(平四樑) 구조가 채택되고 있다. 평4량 구조는 외형상의 지붕 형태와는 관계없이 서까래의 물매가 대단히 완만하고, 4량 구조에서도 이와 유사한 경향을 보여주고 있다.

민가를 포함한 한국 건축은 목조 가구식 구조로 일관해 왔다. 한국 건축에서 내부 공간을 구성할 때 가장 기본이 되는 것이 가구법이다. 가구법은 기본적으로 기둥·보·도리 등의 부재가 어떠한 결구(結構) 형식을 취하느냐에 따라 달라진다. 내부 공간은 이러한 부재들이 복합적인 결구에 따라 결정되는 것이다. 특히 연등천장을 보여주는 대청과 부엌의 상부

천장은 이러한 가구법이 그대로 노출된다는 점에서 내부 공간의 구성과 밀접한 관계가 있다. 평4량 구조가 중부 지방에서 채택되고 있다는 점은 이미 보고된 바가 있었고, 간간이 그 존재 사실이 알려져 왔다. 그러나 이 지방 민가의 평4량 구조와 4량 구조의 관계, 그리고 이들 구조의 특성과 배경에 대한 본격적인 조사와 연구는 그 이상 진행되지 못했다.

이 글은 다음과 같은 의문점, 즉 중부 지방 민가에서 평4량 구조는 어떻게 형성되었는가, 그리고 평4량 구조를 비롯한 4량 구조에서 서까래의 물매가 완만하게 된 이유는 무엇인가, 또 평4량 구조가 종도리를 생략해 버린 구조라면 민가에서 종도리가 갖는 상징성을 두고 볼 때 이로 인한 내부 공간의 변용과 주의식(住意識)의 변화는 어떤 것인가, 그뿐만 아니라 이들 가구법은 지역적으로 어느 정도의 분포 권역을 형성하고 있는가 등에 대해 살펴보려 한다.

2. 평4량 구조의 정의

가구(架構)란 지붕을 구조적으로 받들기 위한 보, 도리와 같은 여러 종류의 부재들이 이루는 복잡한 조합을 통틀어 말할 때 부르는 용어이다. 민가는 비교적 규모가 작은 편이므로 고급스러운 기념적 건축물과 같이 복잡하지는 않다. 그러므로 민가의 가구 형식은 몇몇 유형으로 설명될 수 있으나 때로는 살림집으로서 그런 대로 갖추어야 할 부분들도 있다.

민가의 내부 공간은 이러한 가구 형식에 따라 구속받지 않을 수가 없다. 가령, 보 방향의 구조와 툇간의 있고 없음을 두고 볼 때 가구 형식의 차이는 크다. 그뿐만 아니라 민가의 방들은 그 용도에 따라 가구의 노출·은폐와 같은 내부 공간의 다양한 공간 구성을 가능하게 해준다. 즉, 대청은 천장 없이 도리와 보, 서까래를 그대로 노출시켜 멋진 가구미(美)를

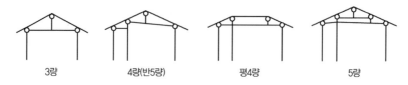

〈그림 2-45〉 민가의 가구 형식

| 3량 | 4량(반5량) | 평4량 | 5량 |

보여주며, 반대로 온돌방은 가구 형식이 천장 때문에 은폐되어 대청과는 대조적인 공간이 된다. 그런가 하면 부엌은 흙바닥을 그대로 이용하여, 다른 방에 비하면 바닥이 낮으므로 상부 공간에 다락을 설치하기도 한다. 이와 같이 서로 다른 성격의 내부 공간들이 횡적(橫的)으로 길게 이어지는 것은 가구 때문에 구속받은 공간을 기능적으로 만족시키기 위한 오랜 노력의 결과이며, 한국 민가의 공간적인 특성으로 설명될 수 있다.[1)]

목조건축에서 가(架)는 간(間)과 함께 집의 규모를 나타낸다. 도리간의 위치는 구조상의 한계가 있기 때문에 임의로 증감(增減)하는 경우가 거의 없어서 이것으로 집의 보 방향 규모를 나타내는 기준을 삼는다.

일반 민가에서 가구의 기본 형식은 3량집이며, 5량집과 더불어 가구 형식의 주류를 이루고 있다. 이들 가구법의 사전적 정의[2)]를 찾아보면, 3량집은 "전후 처마도리와 마룻도리로 구성된 지붕틀로 꾸며진 집"이며, 5량집은 "처마도리, 중도리, 마룻도리 등 5개의 도리로 구성된 집"이다. 일반적으로 가구의 구성은 마룻[宗]도리가 있기 때문에 모두 홀수의 도리 가구 형식이 되고 있으며, 따라서 짝수로 되는 가구는 특수한 경우에 해당한다. 그런데 옛날 선인들은 특히 5량의 가구를 좋아했으므로 이 형식은 대단히 다채로운 내용을 갖게 되었다. 가령 반5량가(半五樑架)와 같은 특별한 형식을 고안하게 된 것도 5량 가구를 특히 선호해 나온 것인

---

1) 박언곤, 『한국 건축사 강론』(문운당, 1988), 106~107쪽.
2) 대한건축학회, 『건축용어집』(야정문화사, 1982).

듯하다.[3] 반5량 형식은 짝수의 4량 구조를 말하는 것인데, 종도리를 중심으로 한쪽은 5량 구조, 다른 쪽은 3량 구조와 같은 도리 배치를 하여 도리의 수가 모두 4개로 되는 경우이다. 그런데 3량집이건 5량집 혹은 반5량집이건 간에 칸의 입면 구조는 종도리를 정점으로 하여 좌우로 물매를 잡는 형식이며, 다만 툇간의 경우는 주로 한쪽으로 물매를 취할 때가 많다. 한편 5량 구조에서는 언제부터인지는 알 수 없으나 종도리를 슬쩍 생략해 버린 것과 같은, 종래의 가구법으로 보면 기형적이라고 할 수 있는 평4량 구조가 등장했다. 다시 말해서 처마도리와 중도리에는 경사서까래를 걸고, 중도리와 중도리에는 수평서까래를 걸어 용마루 부분을 적심(積心) 또는 덧서까래로 꾸민 지붕틀이다.[4] 이와 같은 평4량 형식은 결국 종도리가 생략된 형태이므로 5량 구조에서 비롯된 것처럼 보이기도 한다. 아무튼 평4량 구조는 종래의 목조 가구법의 규범으로 보면 파격적인 면이 있어 가구법의 형식 배경이 더욱 궁금해진다.

지붕틀 가운데 종(마룻)도리는 도리 가운데 으뜸이 되기 때문에 여러 가지 상징적인 의미가 있다. 우리가 상량식을 올릴 때 상량문(上樑文)을 마룻도리에 쓰는 의미도 여기에 있다. 그런데 대청은 연등천장이므로 천장의 가구가 그대로 드러나게 된다. 이때 5량 구조와 같이 종도리를 정점으로 하는 삿갓천장일 때와 평4량 구조에서 마룻대가 생략되어 사다리꼴이 된 천장일 때의 차이점은 크다. 더욱이 평4량 구조는 서까래의 물매가 완만한 경사도를 보여주는 점에서 평4량 구조의 대청 공간은 독특한 분위기의 내부 공간을 경험하게 한다. 이러한 느낌은 4량 구조인 반5량 구조의 경우에도 예외가 아니다.

---

3) 신영훈·김동현, 「한국고건축 단장, 가구(하)」, ≪공간≫(1968년 7월), 84쪽.
4) 대한건축학회, 『건축용어집』(야정문화사, 1982).

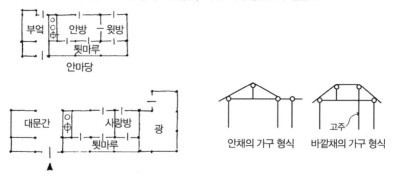

〈그림 2-46〉 경기도 안성군, 허씨 댁의 평면도와 입면도

3. 평4량 구조의 실례와 분석

실례 1_경기도 안성군 삼죽면 기율리, 허씨 댁
(一자형 안채는 4량, 바깥채는 평4량인 경우)

허씨 집은 안채가 150여 년, 바깥채가 100여 년 전에 지어졌다고 전해
지는데, 안채와 바깥채 모두 앞퇴를 둔 一자형 평면이며 대청이 없다.
또 안채의 가구 형식은 4량 구조이며, 바깥채는 평4량 구조인데 원래 초
가였으나 지금은 슬레이트로 지붕을 개량했다. 안채와 바깥채는 비슷한
평면 구조이면서 가구 형식이 각각 다른 점에 대하여, 허씨는 건립 연대
의 차이에서 알 수 있듯이 바깥채는 안채의 가구 형식을 개선한 결과라
고 말한다. 중부 지방의 4량 구조는 흔히 알려진 반5량 구조와는 다르다.
즉, 이 지방의 4량 구조는 보 방향의 단면이 온돌방 부분과 툇마루 부분
으로 구분되는데, 전자의 몸채 부분은 3량 구조가 되고 후자의 툇간은
여기에 달아낸 듯한 구조이다. 다시 말해서 3량 구조 부분은 앞뒤 도리
의 높이가 같지만 앞퇴의 처마도리는 조금 낮거나 거의 같은 높이로 만
들어진다. 따라서 중부 지방의 4량 구조는 일반 민가에서 쉽게 구하기
어려운 대들보나 고주(高柱)와 같은 큰 부재가 없어도 지붕을 만들 수가

있다.

한국 민가에서 서까래의 물매는 대체로 40/100~50/100의 범위에 있는데, 허씨 집의 경우 안채의 서까래 물매가 30/100 정도였고 바깥채는 27/100에 불과했다.

그러나 외형상 지붕 선이 보여주는 물매는 일반 민가의 경우와 다를 바가 없다. 그러므로 서까래

경기도 안성군, 허씨 댁의 안채 툇마루 위에 설치된 가구

의 물매와 지붕 선이 보여주는 물매 사이에는 상당한 지붕 속 공간이 있게 되는데, 평4량 구조에서 종도리가 생략된 부분은 더욱 그러하다. 이러한 지붕 속 공간은 주로 솔가지와 짚, 혹은 억새 등으로 채워진다. 그러므로 지붕 개량을 할 당시, 기존 서까래는 그대로 두고 헛서까래를 이중으로 걸어 지붕 물매를 잡아야 하는 번거로움도 있었다.

실례 2_충남 서산군 운상면 여미리, 이씨 댁
(一자형 안채가 평4량인 경우)

이씨 집은 80여 년 전에 건립된 것으로 전해지는데 一자형의 안채와 바깥채가 나란히 배치되어 있는 초가이다. 안채는 대청이 없으나 툇마루를 두었고 오른쪽 단부에 사랑방을 붙여 외부에서 출입이 가능하도록 배려한 점이 특징이다. 반면에 바깥채는 퇴가 없으며 온돌방도 없는 순수한 농사용 부속채이다. 이씨 집의 이러한 평면 구조는 그대로 지붕의 가구 형식으로 이어진다. 즉, 안채의 가구 형식은 평4량이며 바깥채는 3량 구조이다. 이와 같이 대청이 없는 一자형 민가에서 평4량 구조를 취할 때는 가구가 드러나 보이는 연등천장이 없으므로 대청을 둔 민가에 비하

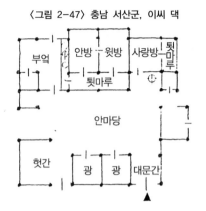

〈그림 2-47〉 충남 서산군, 이씨 댁

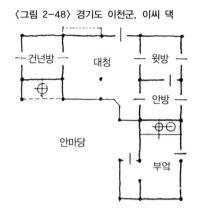

〈그림 2-48〉 경기도 이천군, 이씨 댁

면 전혀 부담이 없어 보인다.

실례 3_경기도 이천군 호법면 송갈1리, 이씨 댁
(ㄱ자형 안채가 4량 구조인 경우)

이씨 집은 건립 연대가 100여 년은 충분히 될 것이라고 전해지는 중부 지방의 전형적인 민가이다. 원래의 지붕은 초가였으나 평기와로 지붕을 개량했고 바깥채는 현재 헐리고 없다. 이 집은 두 칸의 대청과 앞퇴가 있으나 대청 중앙에 긴보가 걸리지 않고 민가의 몸채 부분 앞뒤에 평주를 세워 3량 구조를 형성한 후, 다시 툇간을 달아낸 4량 구조이다. 그러므로 대청의 중앙 전면에 세워진 평주는 대단히 거추장스럽다. 이와 같이 민가의 평면은 전형적인 중부 지방의 민가형을 따르면서 가구 형식만은 5량이나 평4량 구조를 취하지 못한 것은 일반 민가에서 대들보와 같은 지붕 가구재를 쉽게 구하지 못함으로써 보여주는 궁색한 모습이다. 이씨 집의 보 방향 단면을 보면 마루에서 처마도리 높이가 1.85m이다. 그런데 툇간의 서까래 물매는 거의 수평으로 처리했고 몸채 부분의 3량 구조에서 서까래 물매가 3/10 정도이므로 마루에서 지각되는 천장 높이는 대단히 답답하게 느껴진다.

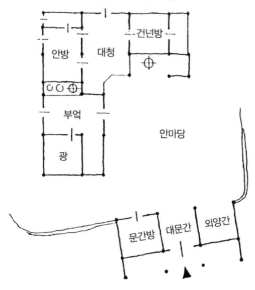

〈그림 2-49〉 경기도 평택군, 이씨 댁

안방　대청　건넌방

부엌

광

안마당

문간방　대문간　외양간

실례 4_경기도 평택군 오성면 금곡3리, 이씨 댁

(ㄱ자형 안채와 바깥채가 평4량인 경우)

이씨 집은 1918년에 건립된 것으로 상량문에 명기되어 있으며, 안채는 전형적인 중부형의 특징을 고루 갖추었다. 평면은 앞퇴가 있는 곱은자형인데, 특히 부엌광과 나뭇간을 갖춘 부엌의 구성, 골방을 부속시킨 안방, 그리고 건넌방의 출입을 단부 쪽으로 퇴를 내어 돌린 점 등이 돋보인다. 안채와 바깥채의 가구 형식은 모두 평4량 구조이며 지붕은 초가였으나 지금은 골슬레이트로 개량했다.

평4량 구조에서 종도리의 위치는 고주의 위치 때문에 퇴의 깊이만큼 앞뒤에서 자리를 잡게 된다. 그래서 이씨 댁에서도 긴보의 3등분 되는 위치에 있다. 서까래의 물매는 대략 25/100 정도로서 아주 완만한 편이며, 지붕 개량 전에는 중도리에서 용마루까지의 깊이가 적어도 1.5m 이상은 되었으리라 추정된다. 따라서 이러한 지붕 구조는 철저하게 겨울의 혹한을

|왼쪽| 경기도 평택군, 이씨 댁의 대문채 평4량 |오른쪽| 경기도 평택군, 이씨 댁의 안채 평4량

대비한 방한 구조(防寒構造)였음을 알 수 있다.

한편 평4량 구조는 5량이나 3량 구조와 같은 종도리가 없으므로 종래 삿갓천장에서 정점(頂点)을 차지했던 마룻대의 위계성은 없어진 상태이다. 그렇다면 평4량 구조에서 종도리의 역할을 대신하는 부재는 어느 것인가. 이씨 댁에서는 두 개의 중도리 가운데 마당에서 안쪽에 있는 중도리가 그 역할을 담당하고 있었다. 즉, 안쪽 중도리에 상량문(上樑文)이 기록되어 있었고 또한 성주의 신체(神體)도 여기에 걸려있었는데, 한지를 가늘게 오려 붙인 것이었다.

실례 5_경기도 수원시 파장동 383번지, 이씨 댁
(ㄱ자형 안채에서 5량과 평4량 구조가 합성된 경우)

이씨 집은 중요민속자료 제123호로 지정된 민가인데, 안채는 1888년에 건축된 중부형 민가이다. 평면은 ㄱ자형이며 건넌방 부분을 상하 두 칸으로 만들어서 집 머리를 ㄷ 자로 구부렸다. 민가의 구조적인 특징은 안채의 경우, 대청과 부엌 부분에 앞퇴를 두었고, 또 대청 부분은 긴보 5량이지만 안방과 부엌 부분은 평4량 구조이다. 한편 바깥채의 가구 형식은 사랑방 부분이 1고주 5량이고 나머지 부분은 3량 구조이다.

|왼쪽| 경기도 수원시, 이씨 댁의 마당 쪽 전경 |오른쪽| 경기도 수원시, 이씨 댁 지붕 이엉의 두께(건넌방 마당 쪽 모서리에서 본 모습)

안채의 가구 형식에서 5량과 평4량 구조가 공존하고 있는 것은 이들 두 가구 형식의 특성을 부분적으로 잘 살려내고 있다는 것이다. 다시 말해서 대청 부분의 5량 구조는 종도리를 정점으로 하는 공간의 규범을 그대로 따르고 있으며, 안방과 부엌 부분의 평4량 구조는 역시 안방 상부 공간의 단열 성능(斷熱性能)을 높이려는 의도일 것이다.

그런데 부엌 부분의 평4량 구조는 안방 부분의 가구 형식을 그대로 연장시킨 것 이외에 또 다른 효용성은 없는 것일까. 사실 부엌은 아궁이에서 나오는 연기 때문에 부엌의 내벽과 천장이 까맣게 그을게 되어있다. 특히 5량 구조에서 다락이 있는 경우는 예외겠지만 종도리와 중도리로 구성되는 천장 부분은 가장 높은 위치이므로 그을음이 집중적으로 모이게 되고 이로 인해 부엌 내부는 대단히 불결한 상태가 되기 쉽다. 부엌의 가구 형식이 평4량으로 처리된 또 다른 사례는 연경당(演慶堂)의 반빗간이 있다. 이 건물은 ㄱ자형 평면인데 유독 부엌 부분만이 평4량의 구조를 취하고 있다. 이것은 평4량의 천장이 5량의 경우보다 조리 공간의 위생적인 환경 조건에 보탬이 될 것이라는 인식 때문이다. 그러므로 이는 평4량

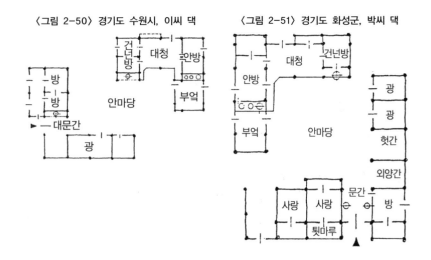

〈그림 2-50〉 경기도 수원시, 이씨 댁

〈그림 2-51〉 경기도 화성군, 박씨 댁

구조의 또 다른 효용성으로 보아도 될 것이다.

실례 6_경기도 화성군 서신면 궁평리 108, 박씨 댁
(ㄱ자형 안채는 5량이지만 바깥채가 평4량인 경우)

박씨 댁은 중요민속자료 제125호로 지정된 민가이며, 건축 연대는 100여 년은 충분히 될 것이라고 추정되고 있다. 안채의 특징으로는 대청·건넌방 부분에만 앞퇴가 설치되어 있고, 안방에 고방, 대청에 사당벽장 등이 부설된 점이다. 한편 바깥채의 평면은 대문간을 중심으로 한 앞면에 퇴를 둔 사랑방 계열이 차지하고 오른쪽 문간방 뒤를 농용 공간이 곱은자형으로 자리하고 있다. 민가의 구조 형식은 우선 안채의 경우 대청 부분이 긴보 5량이며, 안방·부엌 부분은 퇴가 없어 3량 구조가 되었다. 그러나 바깥채는 전면 사랑방 부분이 평4량 구조이며 꺾어진 헛간·광 부분은 3량 구조이다.

이와 같이 박씨 집이 다양한 가구 형식을 보여주고 있는 것은 퇴의 유무와 관련이 있으며, 안채에서는 아직도 5량 구조의 전통적인 가구 형식을 선호하고 있는 것과 관련이 있어 보인다. 다만 서까래의 물매가 다소 완만하게 처리되고 있는 점이 주목될 뿐이다. 이에 비해서 사랑방 부분의 평4량 구조는 안채의 대청 공간처럼 어떤 공간적인 규범을 갖추어야 할 부담이 없어 자유롭게 사랑방 상부 공간의 단열성을 높일 수 있었던 것으로 보인다.

4. 평4량 구조의 형성 배경

중부 지방에서 평4량과 4량의 가구 형식은 대청이 있는 ㄱ자형 민가와 대청이 없는 一자형 민가에서 모두 나타나고 있으며, 이들 민가는 앞퇴를 갖춘 초가이다. 그리고 높은 단열성을 얻기 위하여 완만한 서까래의 물매를 유지하고 있다. 여기서 일반 한옥의 지붕 구조가 기존 기후에 대하여 어떻게 대응해 왔는지 알아보자. 한옥의 지붕 구조는 일반적으로 서까래를 먼저 걸고 산자를 엮은 후, 그 위에 진흙을 덮는다. 그리고 새나 이엉의 마름을 잇거나 기와를 얹어 지붕을 완성한다. 이러한 구조는 지붕의 방수(防水)를 목적으로 하지만, 어떤 면에서는 단열 효과를 높이기 위한 의도가 있는 것이다. 그런데 초가의 지붕 구성재(構成材) 하나하나에는 유동(流動)되지 않고 밀폐되어 있는 무수한 기관(氣管)이 적층(積層)되어 있어 이것이 바로 고성능의 단열 구조가 되고 있다. 그러므로 평4량 구조에서 1.5m 이상의 지붕 속 공간이 단열층을 형성하고 있다면 이는 지붕 구조체의 높은 열용량으로 인하여 일사(日射)의 차단 효과와 보온 효과를 충분히 기대할 수가 있다. 그러므로 지붕의 단열 성능은 일단 지붕 속 공간의 깊이와 비례한다고 생각할 수가 있을 것이다. 사실 이러한 관점에서 평4량 구조가 등장한 것인데 그렇다면, 평4량의 원형은 무엇이며 어떠한 과정을 거쳐서 형성·정착하게 되었는지, 가구상의 여러 특징을 통해 미루어 보면 대체로 두 가지 경로를 상정해 볼 수가 있다. 하나는 4량 구조에서 평4량 구조로 발전해 간 경로이며, 다른 하나는 5량 구조에서 종도리를 생략해 버린 경로이다.

먼저 전자의 경로를 보자. 중부 지방 민가의 4량 구조는 앞서 살펴본 바와 같이 구조적으로 영세한 가구 형식이다. 그래서 대들보나 고주와 같은 큰 부재가 없어도 쉽게 가구를 짤 수 있는 장점이 있긴 하나 내부 공간의 구성에 있어서는 다소 취약한 점이 발견된다. 한식 가구(韓式架構)에서는 서까래의 물매가 완만하면 처마 끝이 위로 들리므로 실내가 밝아지고, 반대로 서까래의 물매가 급하면 서까래의 끝이 아래로 숙여지므로 실내가 어두워진다. 그래서 집이 낮은 민가에서는 서까래의 물매를 5/10 정도로 했고, 집이 높은 요즈음은 7/10 정도로 하고 있다.[5] 그러나 중부 지방의 4량 구조에서 민가의 몸채 부분의 서까래만 24/100~30/100 정도로 할 뿐, 앞퇴 부분은 거의 수평면을 유지하고 있다. 여기에서 중부 지방 민가의 집 높이를 알아보기 위해 마루 없는 一자형 민가와 마루 있는 ㄱ자형 민가를 각각 25개의 사례를 조사한 결과는 다음과 같다. 즉, 민가의 마루에서 처마도리까지의 평균 높이는 一자형 민가에서 1.96m, ㄱ자형 민가에서는 2.03m로서 두 경우 모두 2m 내외의 낮은 높이를 보여주고 있다. 따라서 실제로 경험되는 천장 높이는 특히 툇마루 부근이 대단히 낮고 답답하다. 그렇다면 어느 정도의 실내 채광을 유지하면서 적절한 천장 높이를 얻는 가구법은 없는 것일까. 물론 이때 지붕의 단열성을 위해 서까래의 완만한 경사도는 유지되어야 한다. 그리고 4량의 영세한 구조 형식을 탈피하기 위해서는 물론 5량의·가구 형식을 취하면 된다. 그러나 이것은 부재의 경제성에도 문제가 있으나 두터운 지붕 속 공간을 얻기 위해서는 바람직하지가 않다. <그림 2-52>는 이러한 과제를

---

5) 김홍식, 「한국 민속종합조사보고서·충남편」(문화공보부, 1975), 560쪽.

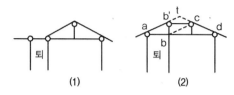

풀어보려는 과정을 추정하여 나타낸 것이다.

즉, 실내 공간의 천장 높이를 4량 구조의 종도리에 맞추어두고 기존 4량 구조의 틀을 크게 흩뜨리지 않는 가구법을 생각해 본 것이다. 다시 말해서 민가의 몸채 부분의 3량 구조에서 앞쪽에 있는 평주(平柱)를 종도리 높이의 고주로 교체해 버리면 평4량 구조를 쉽게 얻을 수가 있다. 그러니까 민가의 가구 형식은 abcd의 4량 구조에서 ab'cd의 평4량 구조로 개선된 것이다. 이때 b'와 c 도리는 5량 구조의 중도리에 해당되는데 민가의 툇간은 기본간(基本間)의 절반 정도가 되므로 이들 중도리 위치는 대체로 삼분변작법(三分變作法)[6]에 해당된다. 결국 이러한 과정을 통해 얻은 성과는 툇간을 포함한 실내 천장 높이가 크게 개선된 것이다. 그뿐만 아니라 실내 채광에 있어서는 별 문제가 없으며 또 적절한 서까래 물매를 유지함으로써 두터운 지붕 속 공간은 그대로 얻을 수가 있다.

다음은 후자의 경로인데, 평4량 구조는 5량 구조에서 종도리를 생략하여 얻은 구조인가? 한국 건축의 내부 공간에서 종도리를 정점으로 하는 가구 형식은 구조적인 규범으로 여겨졌다. 특히 성성(聖性)의 중심 공간인 대청에서 종도리의 상징성은 절대적인 것이어서 상량고사 때의 상량은 마룻대에 해당되는 종도리이다. 그러므로 외형상 종도리가 생략되어

---

6) 신영훈, 『한국의 살림집』(열화당, 1983), 306쪽. 5량집에서 중도리의 위치를 결정하는 전통적인 방법 중 하나로서, 건물의 전간(全間) 사이를 3등분한 위치에 중도리를 배치하는 방법이다.

버린 평4량 구조는 기형적(畸形的)인 가구 형식이 되어버린다. 사실 민가의 5량 구조에서 종도리를 제거해 버리면 평4량 구조가 되고, 다른 점이 있다면 평4량 구조의 서까래는 5량 구조의 경우보다 물매가 훨씬 완만하다는 점이다. 그런데 중부 지방에서 ㄱ자형 민가가 보여주는 가구 형식은 전면 5량, 일부 5량 및 평4량, 그리고 전면 평4량 등 다양한 형식을 보여주고 있다. 여기에서 5량과 평4량이 혼용된 '실례 5'의 경우를 다시 살펴보자. 이는 분명히 5량과 평4량 구조의 장점만을 취하여 교묘하게 합성시킨 형식이다. 그러니까 대청 공간의 5량 구조를 통하여 종도리의 상징적인 위계성을 보여주었는가 하면 안방 부분의 평4량 구조는 지붕속 공간의 단열성을 높이려는 의도에서 채택된 것이다. 그러므로 대청있는 ㄱ자형 민가에서 전면적으로 평4량 구조를 채택한 '실례 4'의 경우는 결국 대청 공간의 전통적인 규범보다 단열 성능을 높이려는 실용성에더 큰 비중을 둔 결과이다. 그러면 종도리의 상징성은 평4량 구조에서어떻게 나타나는가. 4량 구조에서 종도리는 민가의 몸채 중앙 상부에 위치하고 있다. 그런데 평4량 구조에서 두 중도리 가운데 위계성이 높은것은 안쪽 중도리이다. 이 중도리는 4량 구조일 때 종도리에 해당되는부재이므로 평4량 구조에서는 어떤 의미에서 종도리를 생략해 버렸다고할 수가 없는 것이다.

이상과 같이 평4량 구조가 형성된 과정을 상하 경로를 따라 추정해 보았으나 어떻게 보면 두 경로가 모두 나름대로 설득력이 있어 보인다. 그러나 평4량 구조의 형성 배경은 무엇보다 지붕 속 공간의 단열성에 목적을 두고 있으며, 이러한 구조에 대한 동기(動機) 부여는 생계가 어려운 서민 계층에서 담당해 왔다는 점을 상기할 필요가 있다. 그뿐만 아니라 4량 구조는 3량 구조의 원형을 유지하고 있으며, 평4량 구조의 발달 과정상 앞 단계에 해당된다는 사실, 그리고 4량 구조는 마루 없는 一자형 민가에서 주로 채택되고 있다는 점 등이 위와 같은 결과를 뒷받침해 준다.

〈그림 2-53〉 평4량 구조의 조사 지역

5. 평4량 구조를 통해 본 주의식

중부 지방 민가에서 평4량 구조가 얼마나 널리 확산·분포되고 있는지를 보면 일반 민가에서 이러한 구조를 얼마나 받아들이고 있었는지를 알 수 가 있을 것이다. <그림 2-53>은 그동안 필자가 조사한 평4량 구조와 이의 앞 단계인 4량 구조의 채집지를 중심으로 분포 지역을 알아본 것이 다. 분포도를 보면 채집지는 중부형 민가의 분포 지역, 다시 말해서 남쪽 으로 차령산맥이 그 경계가 되고 있으며 주로 경기도와 충청남·북도에 집 중되고 있다.

그러면 평4량의 가구 형식은 어떠한 주의식(住意識)에서 비롯되었을까. 종래의 구조적인 규범에서 보면 4량 구조가 평4량 구조로 발전했다든지, 5량 구조에서 부분적이긴 하나 평4량 구조를 혼용했다는 것 등은 대단한 발상의 전환이라 할 수 있다. 왜냐하면 일반 민가에서 종도리가 제거된 모습으로 가구 형식이 등장한 것은 파격적인 변용이 되기 때문이다.

주택의 본질적인 기능은 그 하나가 자연 기후의 완화 작용(緩和作用)에 있으며, 이것은 어느 특정 지역의 기존 기후를 수정하는 방식으로 재료와 구조를 개량해 가는 것이다. 이렇게 보면 중부 지방의 민가는 평4량의 구조와 같은 가구 형식의 개량을 통해서 민가의 실내 온도를 완화시키고 수정함으로써 하나의 훌륭한 은신처를 만들어낸 것이다. 이러한 가구 형식의 개량이 전통적인 실내 공간을 크게 변용시켰다는 점도 있지만, 이것이 가능하도록 작용한 주의식이 형성된 것은 확실히 주거 문화의 근대화를 위한 긍정적인 움직임이라 할 수 있다. 그리고 이것은 일상적인 주생활에서 제기된 문제들을 합리적으로 개선해 보려는 기운이 자생적으로 널리 조성되어 있었음을 말해준다.

우리나라에서는 18세기 중반, 특히 조선 정조(正祖) 대에 실학사상이 융성했으며, 현실 생활에 대응하려는 실용적인 학문이 일어나고 있었다.[7] 또한 근대 지향적인 몸부림으로써 합리주의적인 사고방식으로 건축에 접근하려는 기운도 싹트고 있었다.[8] 그러나 이러한 움직임은 일부 상류 지식층이나 지도층에서 이루어졌던 것이었다. 한편 조선 후기에 농촌사회의 계급 구성이 전국적으로 재편성되는 과정에서 신분 구조보다 경제적 수준에 상응하는 상향적 가사 조영(家舍造營)이 일부 성행했다.[9] 이는 전통적인 주거 공간의 규범을 중히 여기는, 다시 말해서 상류계급의 주거 규범을 받아들이려는 경향이었다. 그러므로 평4량 구조를 통해 볼 수 있는 합리주의적인 접근은 이와는 또 다른 흐름을 보여주는 것이다. 그리고 이러한 가구 형식은 중부 지방에 한정되긴 했으나 사회 저변에서 꾸준히 전파되고 분포 지역을 확산시켜 감으로써 서울·중부형 민가의 새

---

7) 김홍식, 『민족건축론』(한길사, 1988), 113쪽.

8) 김순일, 「조선 후기의 주의식에 관한 연구」, 《건축》, 제25권, 제98호(대한건축학회지, 1981년 2월).

9) 최일, 「조선 시대 한옥 변천과정의 해석방법에 관한 소론」, 대한건축학회 논문집, 제5권, 제1호(1989년 2월).

로운 민가 특성으로 자리를 잡게 되었다.

생계가 어려운 일반 민중이 자연환경에 소극적으로 적응해 왔던 태도를 벗어나 차원 높은 은신처를 개선해 간 것은 적극적인 주거 조절(住居調節)의 차원으로 보아야 할 것이다. 조선 후기에 서울을 비롯한 중부 지방에서 상류 지식층의 실학 운동과는 별도로 일반 서민층에서 실용주의적인 주의식이 자생적으로 널리 자리 잡고 있었다는 사실은 주문화의 근대화를 향한 귀중한 디딤돌로 높이 평가된다.

6. 맺는말

한반도의 중부 지방에 자생하고 있는 4량과 평4량 형식을 그 실례를 통해 구조 특성과 형성 배경, 그리고 주의식의 배경 등에 관하여 분석해 보았다.

중부 지방의 4량 구조는 주로 대청 없는 一자형 민가에서 찾아볼 수 있는데, 고주를 사용하지 않고 평주(平柱)만으로 도리를 받치고 있는 형식이다. 다시 말해서 민가의 몸채 부분은 3량 구조가 되고 여기에 앞 뒷간이 붙여지는 영세한 구조이다. 그러므로 중부 지방과 다른 지방의 4량 구조는 형태상의 차이가 있다.

한편 중부 지방의 평4량 구조는 대청 없는 一자형 민가와 대청 있는 ㄱ자형 민가에서 다 같이 볼 수 있으며, 이들 민가는 앞뒤가 있는 초가이다. 이 가운데 후자의 ㄱ자형 민가에서는 이를 전면적으로 채택하거나 혹은 축을 달리한 일부분에만 채택하는 경우가 있다. 그뿐만 아니라 안채와 바깥채가 채를 달리하여 평4량과 4량 구조를 각각 보여주는 경우도 있다.

중부 지방의 4량과 평4량 구조에서 서까래의 물매는 24/100~30/100

의 범위에 있으며, 특히 4량 구조의 앞퇴 부분은 거의 수평이다. 그러나 외형상 지붕 선이 보여주는 물매는 일반 민가의 경우와 같으므로 서까래의 물매와 지붕 선의 물매 사이에는 상당한 두께의 지붕 속 공간이 있다. 결국 중부 지방의 민가에서 서까래의 물매가 완만한 이유는 두터운 지붕 속 공간을 얻는 것이 일차적인 목표로 단열 구조의 성능을 좋게 하는 데 있다.

중부 지방 민가에서 대청과 앞퇴가 있는 ㄱ자형 민가의 경우, 대청 부분의 축을 5량 구조로 하고 안방 부분의 축을 평4량 구조로 혼용한 것은 5량과 평4량 구조의 장점을 합성시킨 결과이다. 반면에 ㄱ자형 민가에서 전면적으로 평4량 구조를 취한 경우는 대청 공간의 전통적인 규범보다 주거의 성능을 높이려는 실용성에 더 큰 비중을 둔 결과이다. 종도리가 없어진 평4량 구조에서는 두 중도리 가운데 안쪽에 위치한 것이 종도리를 대신하여 높은 위계를 갖는다. 따라서 상량문이 쓰이는 마룻대와 성주신의 신체(神體)도 여기에 자리하고 있다.

평4량 구조의 형성 과정은 대체로 두 경로를 상정해 볼 수 있다. 하나는 4량에서 평4량 구조로 발전해 간 경로이며, 다른 하나는 5량 구조에서 종도리를 생략해 버린 경로이다. 이 가운데 앞의 경로는 평4량 구조의 동기 부여라는 측면에서 타당성이 있다. 즉, 4량 구조는 서까래의 물매가 완만하고, 특히 앞퇴 부분의 서까래는 거의 수평에 가까우므로 도리 높이가 낮을 경우 실내 공간이 문제가 된다. 결국 4량 구조의 몸채 부분에서 앞쪽에 있는 평주를 고주로 교체함으로써 간단히 평4량 구조를 얻을 수가 있었다.

평4량 구조의 고안과 확산은 일상적인 주생활에서 제기된 문제들을 더욱 합리적으로 개선해 보려는 주의식이 밑바탕에 있었기 때문에 가능했다. 이것은 서울을 비롯한 중부 지역에 한정되긴 했으나 조선 후기의 실학 운동과는 별도로 일반 서민층 사이에서 자생적으로 형성된 것이다.

생계가 어려운 서민층이 자연환경에 소극적으로 적응해 왔던 태도를 벗어나 차원 높은 은신처로 개선해 간 것은 주거 조절의 적극적인 차원으로 보아야 할 것이다.

제9장
중부 지방 민가의 폐쇄적 변용

1. 머리말

민가는 단순한 물리적 대상이 아니다. 집을 짓는다는 것은 문화적 현상이기 때문에 집의 형태와 주거 공간의 구성은 그들이 속해있는 문화적인 환경에 크게 영향을 받는다. 산업화 이전 시대의 어떤 문화권 안에서 민가의 건축 과정을 보면, 하나의 원형(原型)이 있었고 여기에 부분적인 요소들이 첨가되어 원형에 수정과 변형이 가해졌다. 바뀌고 덧붙여지는 것은 단편적인 민가 요소이지 민가의 원형이 틀에서 벗어나는 것은 아니다. 사실 그 지역 민가의 원형이나 형태에 대한 지식은 지역민이면 누구나 가지고 있었고 이러한 전통은 마을 사람들의 무의식적인 동의에 의해 모두가 지켜야 하는 일종의 규율과 같았으므로 쉽게 전통으로 받아들여지게 된 것이다. 예컨대 서울·중부형 민가의 안채에서 주거 공간의 배열 방식은 철저하게 규범으로 정형화되어 왔으며, 이는 한반도의 다른 지역 민가에서도 실증적으로 나타나고 있다.

한편 인간은 동물인 이상 생태적 유산으로서 방어 본능을 가지고 있다. 또 동물의 본능적인 행동의 목적은 직접·간접적인 방어에 이르기까지 그 방법을 어떻게 특수화시켜 종(種)을 보존하느냐에 있다. 그런데 인간은

자기 신체를 특수화시키는 일, 가령
독침을 갖는다든지, 몸의 색깔을 바
꾼다든지 하는 방법으로 종을 보존하
지 못한다. 그 대신에 의복이나 주거
를 신체화시킴으로써 생물로서의 기
본적인 방어 욕구를 충족시켜 왔다.
우리의 주택에도 분명히 어딘가에 인
간 신체와 상호 보완적이고 본능적인
방어 장치가 되어 있을 것이다.

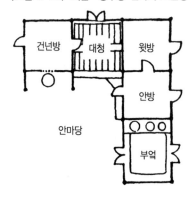

〈그림 2-54〉 서울·중부형 민가의 표준형

　우리나라에서 서울·중부형 민가의 분포 지역은 남쪽 경계를 소백산맥
과 차령산맥으로 하고, 서쪽 경계는 서해, 동쪽 경계는 태백산맥으로 하
는 중부 지역이다. 그런데 이러한 분포 지역의 서쪽과 동쪽의 단부(端部)
지역, 즉 경기도 서해 도서 지역과 경북 북부 산간 지역에는 폐쇄적인
특징을 보이는 민가형이 자생하고 있다. 서해 도서 지역의 민가에는 방
배열 형식이 서울·중부형의 민가와 동일한 홑집이 있는가 하면, 여기에
서 폐쇄적인 형태로 변용(變容)된 민가형이 자생하고 있다. 그런가 하면
분포 지역의 동쪽 끝에 해당되는 경북 북부 지역에서 흔히 '여칸집'으로
불리는 민가도 마찬가지로 폐쇄적인 외관을 보이는 겹집이다.

　이상과 같이 두 지역의 민가형은 홑집과 겹집의 차이에도 불구하고 평
면상의 기본적인 방 배열이 서울·중부형을 따르고 있으며, 또 폐쇄적인
외관을 보이고 있는 점에 주목하고자 한다. 따라서 서울·중부형 민가의
분포 지역 중 동쪽과 서쪽 주변부에서 이차적으로 변용된 부분은 무엇이
고, 왜 추가되고 보완되었는지, 여기에 작용되었던 요인, 다시 말해서 새
롭게 발생된 주거 욕구는 무엇이며 이로 인한 변용 과정은 어떻게 충족
되었는지를 살펴보는 것은 의미가 있을 것이다.

2. 강화도 주변 민가의 폐쇄적 변용

1) 경기 서해 도서 지역의 민가

경기도에 속하거나 여기에 인접된 도서 지역의 민가는 선행 연구를 통하여 대체로 알려져 있다. 도서 지역은 다분히 육지 의존적인 경향이 있어, 접근성이 좋은 육지 쪽으로 하나의 생활권을 이루게 된다. 따라서 도서 지역의 민가형이 밝혀지면 그 지역과 상호의존적인 육지의 생활권과 문화권이 밝혀지는 것이다. 서울·중부형 민가의 분포 지역에서 남쪽 경계가 차령산맥 이북의 충청도·경기도 지역임을 감안한다면 이들 도서 지역은 서울·중부형 민가가 분포하고 있을 것이라고 예상되는 지역이다.

이러한 관점에서 경기만(灣)에 산재해 있는 서해 도서들은 육지와의 지리적인 관련성에 바탕을 두고 조사된 자료에 따라 도서 지역의 민가형을 분류해 보면 <그림 2-55>와 같이 대체로 3개 지역으로 나누어진다.

첫째, 강화도·석모도·교동도에 집중적으로 분포하고 있으며,[1] 영종도·삼목도에서도 채집되고 있는[2] 폐쇄적인 형태의 민가형이 있다.

둘째, 경기도 화성군에 인접한 영흥도·덕적도·대부도 등에 분포하고 있는[3] 전형적인 서울·중부형 민가형이 있다.

셋째, 황해도 서단에 있는 백령도·대청도·소청도 지역에 분포하고 있는[4] 겹집 형태의 민가형이 있다.

---

1) 박민수, 「강화도 전통 민가의 특성에 관한 연구」(인하대학교 석사학위 논문, 1989); 김광언, 『한국 주거 민속지』(민음사, 1988), 214쪽.
2) 김광언, 『한국 주거 민속지』(민음사, 1988), 219~224쪽; 인천직할시립 박물관, 「영종·용유지역 문화유적 지표조사 보고서」(1994).
3) 김광언, 『한국 주거 민속지』(민음사, 1988), 225~236쪽.
4) 김광언, 「경기 서해도서 지방의 고가옥 연구」, 인하대학교 인문과학연구소 논문집,

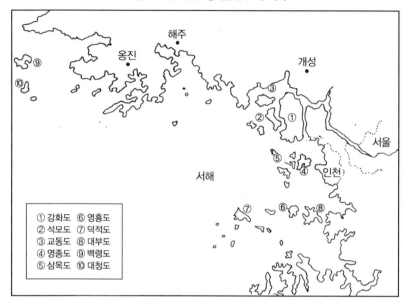

〈그림 2-55〉 서해 경기만의 도서 지역

해주
옹진
개성
서울
서해
인천

① 강화도　⑥ 영흥도
② 석모도　⑦ 덕적도
③ 교동도　⑧ 대부도
④ 영종도　⑨ 백령도
⑤ 삼목도　⑩ 대청도

이 가운데 셋째 민가형은 황해도 산간 지역 민가와 유사성이나 관련성
이 있는 민가이다. 그러므로 경기 서해 도서 지방의 민가는 강화도를 중
심으로 한 민가형만이 중부형 민가와 관련성이 있을 것으로 생각되는 특
징적인 민가이다. 강화도는 우리나라 도서 중 다섯째로 큰 섬이고, 10개
면 단위로 구성될 정도의 규모이므로 주변 도서에 대해 모도(母島)와 같
은 위치에 있다. 따라서 강화도의 민가는 강화도 주변 도서 지역 민가에
직접·간접으로 큰 영향을 주었으리라 생각된다.

　<그림 2-56>은 강화도에서 채집된 민가 중에서 대표적인 유형을 모
은 것이다. 이들 민가형을 살펴보면 강화도 주변 민가형이 보여주는 일
관된 경향을 읽을 수 있다. 물론 강화도에 오막살이 계열의 一자형 민가

제9집(1983).

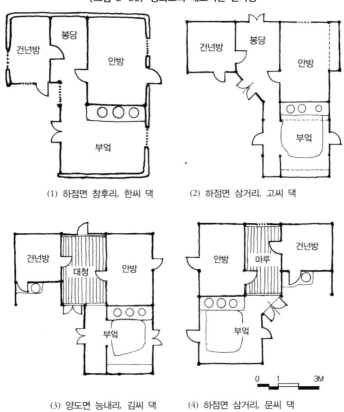

〈그림 2-56〉 강화도의 대표적인 민가형

(1) 하점면 창후리, 한씨 댁   (2) 하점면 삼거리, 고씨 댁

(3) 양도면 능내리, 김씨 댁   (4) 하점면 삼거리, 문씨 댁

가 전혀 없는 것은 아니지만, 현존하는 민가의 분포에서 ㄱ자형 민가가 가장 보편적이며, 하나의 규범적인 민가형으로 받아들여지고 있다. 그러면 여기에서 강화도 일대의 민가와 서울·중부형 민가의 관련성을 살펴보자. 먼저 민가의 평면을 비교해 보면, 부엌·안방의 배열 축과 대청(봉당)·건넌방의 배열 축이 직교하여 만나고 있는데, 곱은자형의 평면 특성과 방 배열 방식이 서울·중부형 민가와 동일하다. 다음으로 곱은자형을 이루는 두 배열 축 가운데 청(봉당)·건넌방의 축에서는 앞퇴가 없기도 하지만 부엌·안방의 축에서는 반드시 앞퇴를 두는 점이다. 특히 부엌에 앞퇴

를 두는 목적은, 부엌에서 대청(봉당)으로 왕래할 수 있는 옥내 통로를 확보하기 위함이다. 셋째, 서울·중부형 민가의 대청은 안마당 쪽으로 개방되어 있는데, 강화도 지역의 민가는 이 부분이 폐쇄적으로 처리되어 있다. 또 강화도 지역에서는 대청 대신에 봉당으로 불리는 경우가 많은데, 봉당은 살림 규모가 크지 않은 민가에서 대청을 설치하기 전에 흙바닥 그대로 이용하는 것이다. 봉당의 규모는 대부분이 전면 한 칸 정도이며 마루를 깔지 못한 경우가 상당수이다. 대체로 이러한 봉당은 규모가 작아 도리 방향의 폭이 1.5m 내외의 경우도 더러 있는 것을 보면 서울·중부형의 평면을 고수하려는 주의식이 높고, 봉당이라는 옥내 공간이 일상생활에 꼭 필요했음을 말해주고 있다. 봉당의 마당 쪽 구조는 일반적으로 쌍여닫이를 내지만 영세한 집에서는 외여닫이를 달거나 부엌문으로 대신하기도 한다. 실제로 강화도에서 1910년 이전에 만들어진 민가 자료를 종합해 보면,[5] 대부분의 안채 평면이 곱은자형이며 봉당은 전면이 널문이 달린 경사진 벽면으로 싸여있다.

2) 강화도의 정주 환경

크고 작은 수많은 섬들이 올망졸망 자리 잡고 있는 경기만에 상좌격(上座格)으로 군림하고 있는 섬이 강화도이다. 강화도는 우리나라에서 다섯 번째로 큰 섬인데, 폭이 1km 내외인 강화해협을 사이에 두고 육지와 마주하고 있다. 또 강화도는 한강·예성강·임진강, 3대 하천의 어귀에 있어 물길이 고리같이 둘러싸고 있으며, 섬 안에는 두 산줄기가 하구를 에워싸서 천연의 성벽을 이루고 있고, 땅은 자못 기름지다. 이와 같이 강화도

---

5) 박민수, 「강화도 전통 민가의 특성에 관한 연구」(인하대학교 석사학위 논문, 1989), 58~66쪽.

는 섬 아닌 섬인 것이다. 그런데 경기만으로 둘러싸여 있는 도서 지역의 민가는 섬이기 때문에 나타나는 민가의 특징적인 요소를 특별히 찾아보기 어렵다. 강화 일대의 민가는 해안과 내륙을 가릴 것 없이 한결같이 폐쇄적인 모습을 보이고 있지만 강화도와 해협을 사이에 둔 경기도 김포 해안 쪽에는 전형적인 서울·중부형 민가가 그대로 분포하고 있다. 따라서 강화도 민가에서 폐쇄적인 변용을 일으키게 한 요인은 자연적인 풍토에서 찾기보다 사회적인 풍토, 다시 말해서 국가에 변란이 있을 때마다 강화도민이 겪었던 수난의 역사에서 찾아야 할 것이라 생각되어 그 역사적인 사실을 요약해 보기로 한다.[6]

강화도는 병화가 일어나 방어와 피난의 길을 찾을 때마다 수도(한양)에서 가장 가까운 요새지로서 우선적인 피난지의 대상이었다. 처음으로 강화에 천도했던 것은 고려 23대 고종 때(1232)였다. 그해 대륙에서 득세한 몽고가 송도(개성)를 침공하자 고려는 강화로 천도한 후 39년간이나 버티었으므로 강화는 사실상 나라의 수도였다.

당시 몽고군이 할퀸 상처는 몹시도 가혹하여 전 국토가 황폐화되었으며, 《초조대장경》이 불탄 후 결사항쟁의 각오 아래 16년간이나 걸려 《팔만대장경》을 제작한 것도 이때였다. 그 뒤 고려 25대 충렬왕이 또다시 거란군의 화를 입어 강화에 피난했다가 2년 후에야 송도로 환도하는 등, 강화는 두 차례나 고려 정치의 중심지였다. 한반도에 잡다한 외침은 수없이 많았지만 몽고의 침략은 그때까지의 외침사(外侵史)에 있어서 하나의 절정을 이룬 것이어서 전쟁이 끝났을 때 강화는 백성이 살기 어려울 정도로 황폐화되었다.

강화의 수난사는 조선 시대에 들어와서도 계속되어 태조·정종·태종, 3대 왕이 일시적이나마 강화에 잠행한 일이 있었고, 결국 병자호란 때 인

---

6) 강화문화원, 『보증 강화사』(1994).

조는 강화로 피난할 수밖에 없었다. 인조 14년(1636) 12월에 청군이 10만 대군으로 침공해 오자 왕은 남한산성으로 입성하고 봉림대군은 강화로 피난했다. 그러나 그때 방비가 소홀했던 강화는 결국 갑곶진에서 홍이포를 앞세운 청군에게 도강을 허용했고, 결국 인조는 청군과 굴욕적인 강화조약을 맺었다. 강화성이 함락되자 청군은 방화·약탈·살육·파괴 등을 무차별로 자행했고 그 행패가 극에 달했다. 이 호란으로 강화 성내가 폐허화됨은 물론이고 강화도 일대가 무인지경이 되다시피 했으며, 이는 강화의 전란 사상(戰亂史上) 가장 참혹한 것이었다.

이러한 역사적 사실 때문에 임진왜란과 병자호란을 겪은 조선조는 강화의 군사 시설을 튼튼하게 하기 위하여 성의 보축과 함께 진(鎭)·보(堡)·돈(墩)을 완성했고, 또한 강화 해안 전역의 돌출부에 돈대를 설치하여 강화 전역을 요새화했다. 이처럼 당시 강화도를 중심으로 한 경기 도서 지역 주민 모두가 서울을 방비하기 위한 해안 경비의 대열에 적극 참여했음을 알 수 있다.

이상과 같이 강화도는 도서 특유의 지정학적 위치 때문에 백성들은 숙명적으로 난리를 겪으면서 평안한 날이 거의 없었다. 지금도 강화에는 외적과 항쟁했던 흔적들이 성곽 곳곳에 남아있고, 이 언덕 저 갯가에 역사의 사연이 서리지 않은 곳이 없을 정도이다.

3) 강화도 민가의 폐쇄적 변용

강화도를 중심으로 경기·서해에 분포하고 있는 폐쇄적인 민가는 강화도 이외에도 석모도·교동도·영종도·삼목도에서 채집되고 있다. 따라서 이러한 민가형이 서해의 일정 지역에 걸쳐서 하나의 주문화권을 형성하고 있다고 할 수 있다. 강화도 민가의 외관은 마루(봉당)와 부엌의 마당 쪽 개구부 때문에 대단히 폐쇄적인 모습이다. 특히 마루의 출입문은 그 재료에 따라 민가의 외형적인 인상을 달리하는데, 흔히 안채만으로 구성된 민가에서 마루의 출입문은 대문 구실을 하기 때문에 더욱 인상적이다. 안마당에서 봉당이나 마루로 들어가는 출입문은 널문이 많지만 세살문을 달기도 한다. 대개 널문 구조는 민가의 건립 연대가 오래된 집일수록, 마루보다 봉당인 경우에, 그리고 봉당의 전면 벽이 경사진 민가에서 많이 나타나고 있다. 결국 강화도 민가의 변용은 영세한 계층의 주민이 일상생활 중 앞으로 열린 봉당의 외벽을 막아야 할 필요성을 절실히 느낀 것에서 비롯되었을 것이다. 조사된 자료에 의하면 봉당이 있는 민가 17개 사례 중 12개가 널문이었고, 마루가 있는 민가는 13개 사례 중 7개가 널문, 6개가 세살문이었다.[7] 이것은 마루(봉당)의 전면 벽을 설치하려는 의도가 민가의 방어적이고 비호적인 목적에 있었음을 말해준다. 그러므로 마루의 널문은 부엌의 널문과 더불어 외부에 대해 안채 전체가 철저하게 차단되어 있는 모습을 보여준다. 그리고 이러한 마루(봉당)는 널문을 닫았을 때 실내가 너무 어둡기 때문에 이를 개선하기 위해서 세살문으로 개조한 것이 최근의 경향으로 보인다.

봉당의 전면 외벽은 안방의 외진주(外陣柱)와 건넌방의 외진주를 연결한 형태인데, 보통 안방의 위치가 앞서있기 때문에 자연스럽게 경사진 벽면이 된다. 그런데 봉당의 외벽이 정형(整形)으로 처리된 경우도 있다. 즉, 건넌방의 앞퇴를 안방의 외진주 선에 맞추게 하면 경사진 외벽이 앞퇴 선과 같게 되어 정형으로 구획된다. 사실 서울·중부형 안채의 내부 공간에서 부엌과 마루(봉당)는 서로 드나들기가 어려운 구조였다. 그러나 부엌에 앞퇴를 내어 이 부분이 통로가 됨으로써 부엌과 내부 공간이 자유로운 하나의 옥내 공간으로 통합된 것이다. 이때 마루의 전면 벽이 부

---

7) 박민수, 「강화도 전통 민가의 특성에 관한 연구」(인하대학교 석사학위 논문, 1989), 58~60쪽.

엌 쪽으로 경사진 것은 그만큼 부엌과 마루의 연결이 원활해진 것이다. 다음으로 강화도 민가의 봉당에 대하여 좀 더 살펴보자. 일반적으로 마루(봉당)는 생활공간이면서 접객을 하거나 제사를 지내는 공간이지만, 역시 미분화된 다목적 공간으로 볼 수 있다. 민가는 생활공간과 작업 공간으로 나누어 생각하기가 어려운데, 그 이유는 일반 농민의 경우 하루 일과 자체가 노동이며 곧 생활이기 때문이다. 그런 의미에서 흙바닥으로 된 봉당은 여러 가지 사정으로 옥외 작업이 제한을 받을 때 최소한의 옥외 생활이 가능하도록 옥내에 마련된 공간이다. 예를 들면 해가 진 후 수확해 온 밭작물을 가족이 모여 앉아 손질하고 다듬는 작업, 베를 짜거나 길쌈을 하는 작업, 혹은 화문석을 짜는 작업 등이 그것이다. 따라서 강화도의 영세한 민가가 서울·중부형 민가를 규범적인 주거로 받아들인 것은 봉당(대청)과 같은 안전하고 방어적인 옥내 작업 공간이 반드시 필요했기 때문일 것이다.

이상과 같이 강화도 민가의 특징이라 할 수 있는 봉당의 폭넓은 등장과 방어적인 외벽 구조, 자유롭게 왕래할 수 있는 내부 통내 공간 등은 서울·중부형 민가에서는 찾아볼 수 없는 특징적인 부분이다. 그러면 이러한 변용 부분이 절실하게 요구되었던 배경은 과연 무엇인가. 이를 위해서는 먼저 강화도 주민들이 역사적으로 끊임없이 병화의 세례를 받아 왔고, 그 와중에서 어떤 곤욕을 치렀는지를 생각해 볼 필요가 있다.

아마 대부분의 주민들은 오랜 세월 동안 대대로 물려받은 전란에 시달린 나머지 정상적인 생업 활동이 어려웠을 것이다. 불길한 소문이 들리는 날 밤이면 봉당문을 걸어 잠그고 온 가족이 한 방에 모여 문 밖 동정에 온 신경을 곤두세우며 뜬눈으로 밤을 새웠을 것이다. 그때 민가의 폐쇄적인 외벽 구조가 방어선이라면 내부 공간의 통내 구조는 은신처로서의 폭을 그만큼 넓혀주는 것이었다.

민속학자 김열규 씨의 말을 빌리면 우리나라 여인네들의 곡성(哭聲)으

안동군 도진리, 조씨 댁과 유사한 영남대학교 민가원의 여칸집

로는 강화 여인네를 따를 수가 없다고 한다. "몽고군과 대항하면서 아들을 잃고, 남편을 잃고, 그리고 가정을 잃어버린 여인네들. 섬 안이 온통 상가(喪家)였던 고장의 여인네들이고 보면 땅을 치고 가슴을 두드리는 통곡, 그 소스라치는 곡성은 남달리 하늘에 사무쳤으리라"라고 했다.

이와 같이 강화 민가는 계속된 전란 속에서 오로지 생존을 위한 방어본능에 따라 서울·중부형 민가를 폐쇄적인 구조로 변용시킨 결과이다.

3. 태백 산간 지역 민가의 폐쇄적 변용

1) 태백산 주변 영남 지방의 민가

서울·중부형 민가의 동남쪽 경계가 대체로 태백산맥과 소백산맥으로 구획되어 있다는 것은 잘 알려진 사실이다. 여기에서 다루고자 하는 민가는 서울·중부형 민가의 동남쪽 분포 지역에 인접하고 있는, 즉 태백산맥과 소백산맥에 인접한 영남 북부 지방에 분포하는 민가이다. 이 지역의 민가는 흔히 '여칸집', '까치구멍집'으로 불리는 독특한 민가형으로 일찍부터 알려져 왔으나 민가의 형성 배경에 대한 논의는 활발하게 전개되지 못했다. 여칸집의 일반적인 민가 특성을 보여주는 실례를 들면 <그림 2-57>과 같다.

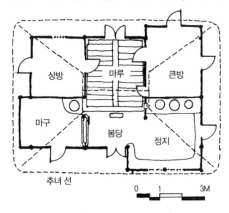

〈그림 2-57〉 경북 안동군 북후면 도진리, 조씨 댁

이 집은 경북 안동군 북후면 도진리에 있는 조씨 댁인데, 전면 3칸 측면 2칸의 6칸 겹집이다. 정면 중앙의 두짝 열개 널문을 열고 들어서면 흙바닥으로 된 봉당이 있고, 여기에서 전면의 마루에 오른다. 마루를 중심으로 좌우에 큰방과 상방이 있어 침식과 기거를 위한 거주 공간이 된다. 큰방 뒤쪽으로는 도장방이 있는데, 곡식을 갈무리할 수 있는 큰방에서만 출입된다. 큰방에서 아래쪽에 아궁이를 내어 정지를 두고 상방 아래에 쇠죽가마를 걸어 외양간을 배치했다. 이와 같이 여칸집은 대문과 봉당을 중심으로 전면 부분은 흙바닥 공간이 차지하고, 후면 부분은 바닥을 높인 거주 공간으로 양분된다. 특히 봉당은 날씨가 좋지 않거나 해가 진 후 혹은 겨울철에 옥내 작업을 위해서 요긴한 공간이다. 그리고 부뚜막과 봉당·마루 사이 벽에는 화창(火窓)을 두고 관솔불로 조명을 하여 야간작업에 대비한다. 옥내·외 환기와 배연은 지붕의 합각 부분에 뚫어둔 '까치구멍'을 통해서 이루어진다. 조씨 집은 특별히 울타리도 없고 정지 밖으로 싸리울을 부분적으로 쳐둔 정도이며, 집 뒤는 경사진 언덕이 경계를 이룬다. 그러므로 이 집은 채의 분화 없이 몸채만으로 구성된 단순한 형태이며, 외부에 대해서는 철저하게 폐쇄적인 구조를 취하고 있다.

태백산 주변 영남 지역에서 여칸집의 분포 지역을 알아보는 것은 여칸

〈그림 2-58〉 서울·중부형과 여칸형 민가의 분포 지역

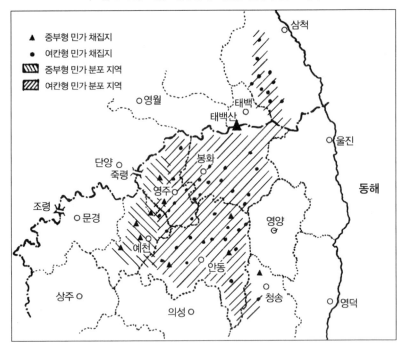

집의 형성 배경을 가늠하는 데 도움을 줄 것이라 보고 중부형 민가의 분포 지역과 함께 나타낸 것이 <그림 2-58>이다. 여칸집의 분포 지역에는 규모가 큰 9칸의 '두렁집'도 여칸집 계열로 보고 포함시켰다. 분포도를 보면 여칸집 계열의 민가는 안동·영주·봉화의 3개 군 지역에 집중적으로 분포되고 있으며, 예로부터 이 지역과 삼척 사이의 거래가 많았던 오십천(五十川) 주변 산간 지역에도 이어지고 있다. 그러므로 여칸집의 분포 지역은 태백산맥과 소백산맥에 면한 산간 지역이라는 지역 특성이 있다. 그리고 영남 북부 지역의 서울·중부형 민가는 죽령(竹嶺) 남쪽의 영주군 서쪽과 예천군 동쪽 지역에서 집중적으로 채집되고 있고, 이들은 여칸집 분포 지역의 서쪽 경계 지역과 인접해 있는 점이 큰 특징이다.

2) 태백 산간 지역의 정주 환경

(1) 자연적 풍토

태백 산간 지역은 한반도의 등줄기 부분에 해당하는 태백산맥이 영남에 접어든 지역에 해당하며, 산맥의 평균 높이가 훨씬 낮아지고 몇 줄기의 산맥으로 갈라진다. 또 산골짜기 사이에 발달한 하천 상류에는 침식작용에 의하여 이루어진 산간분지가 곳곳에 발달하여 이 지역의 활동 무대가 되고 있다.

일반적으로 기후는 인간의 건강과 활동에 직접적인 영향을 줄 뿐만 아니라 인간의 경제 활동의 방향을 정해준다. 태백산맥에 인접한 이 지역은 계곡이 깊고 산이 높아 일조시간은 짧고, 특히 일교차가 심하다. 또 겨울이 길고 강설량이 많아 우리나라에서는 대표적인 다설 지역으로 손꼽힌다. 그래서 폭설이 내릴 때는 교통이 두절되어 며칠씩 고립되는 경우도 많다. 따라서 태백산맥이라는 험준한 산간에서 생활하는 사람들은 그들의 주거를 독특한 이 지역 풍토에 어떻게 대응시켜 갈 것인가를 제일 먼저 고민했을 것이다.

(2) 생업 형태

산업화 이전에는 깊고 험한 산간지대가 평야지대에 비해 비거주 지역으로 남아있는 경우가 많았다. 그리고 농사는 일반 경작보다 회비(灰肥)를 이용하는 화전(火田) 경작이 생산성을 높일 수 있었다. 화전 경작은 산림을 불태운 후 2~3년 동안 회비의 힘만으로도 농사가 가능했으므로 화전의 분포는 우리나라 산악의 분포와 거의 일치했다. 개간 당초에는 수확이 크지만 몇 해 동안 약탈적인 농법을 계속하다 보면 수확량은 차츰 감소하게 되어 새로운 땅을 찾아 이동해야 했으므로 화전의 형태는 정착 화전과 이동 화전으로 구분된다. 현존하는 산악지대의 민가들은 대부분이 다분히 옛날 정착 화전민의 주거로 볼 수 있으며, 이들이 부족한 식량을 확보하기 위해 주거지와 근거리에 새로운 화전을 개간한 것으로 볼 수 있다. 태백산 주변 지역은 남한에서도 대표적인 산촌(散村) 지역으로 알려져 있는데, 산촌은 가옥이 완전히 고립되거나 수호(數戶) 단위로 작은 무리를 이루는 취락의 유형으로 집촌(集村)과 대조적인 .개념이다.8)

이 지역의 농사는 거의 밭농사이며, 고원 분지의 경우 논이라야 대부분이 계단식 논이기 때문에 소출은 넉넉하지 못하다. 밭작물은 벼농사와 근본적으로 다르기 때문에 자연히 주거에 미치는 영향이 다르다. 밭농사 위주의 생업(生業) 형태는 우선 작물의 파종과 수확 시기가 서로 다르고 수확량 또한 소량이므로 논농사에 비해 외부 마당보다 옥내에서 작업하고 잔손질이 많이 가는 특징이 있다. 따라서 외부 마당도 대체로 좁은 편이며 거의 없는 경우도 있다.

(3) 야수의 피해

옛날 산간 지역에서는 사람과 가축이 호환(虎患)으로 희생되는 사례가 대단히 많았던 것으로 알려져 왔다. ≪조선왕조실록≫에 의하면 태종 2년에 경상도의 호환이 가장 심하여 한 해 겨울부터 봄까지 호환으로 죽은 자가 거의 100여 명에 가까웠다고 한다.9) 그러므로 호환을 비롯한 야수(野獸)의 위험에 대해서 산간 주민들은 대단한 공포심에 사로잡혀 있었고, 동시에 야수들의 근거지로서 깊은 산, 울창한 숲은 두려움의 대상이었다.

호환을 당한 사람들을 위한 산간지대의 독특한 장례 풍습인 호식장(虎食葬)에 대한 연구가 나와 화제가 되었던 일이 있다.10) 저자 김강산 씨에

---

8) 오홍석, 『취락지리학』(교학사, 1980), 152~154쪽.
9) 이승녕, 『한국 전통적 자연관』(서울대학교출판부, 1985), 3~5쪽.

의하면, 왕조실록 등 문헌상에 나타난 호환은 빙산의 일각에 불과하며, 태백산을 중심으로 한 산간 마을에는 호환을 당하지 않은 마을이 없을 정도로 호식(虎食)터가 폭넓게 분포되어 있었다 한다. 이를 뒷받침하듯 호환을 당한 유족이 유구를 발견한 그 자리에 조성한 호식총(虎食塚)이 태백시에 50여 곳, 정선 80여 곳, 삼척 70여 곳 등이 발견되었으며, 봉화·영월·울진 등에서도 수십 곳이 있었다는 것이다. 그래서 옛사람들은 호환을 예방하기 위하여 굵은 밧줄로 그물을 엮어 민가의 외벽을 감싸기도 하고, 방문에 두꺼운 나무빗장을 대거나, 또 다른 대책으로는 산신에 제사를 올려 호환의 예방을 기원하는 산맥이를 했다.[11]

3) 여칸집의 형성

우리나라 민가를 분류할 때 몇몇 기준이 있긴 하나, 그중 하나가 홑집과 겹집으로 나누는 분류법이다. 알려진 것처럼 여칸집은 겹집이며 서울·중부형 민가는 홑집 형식이다. 그러므로 홑집인 서울·중부형 민가와 겹집인 여칸집이 서로 변용 관계에 있다는 가설은 쉽게 설명되기가 어려울지도 모른다. 여칸집과 서울·중부형 민가의 관련성을 찾기 위하여 서울·중부형 민가가 분포 지역을 넘어 영남 지역에는 어떤 형태로 존재하고 있는지를 알아보면 다음과 같다.

첫째, 영남 지역에서 서울·중부형 민가가 분포하고 있는 지역은 영남·

---

10) 김강산, 『호식장』(태백시 향토사 연구소, 1988), ≪조선일보≫, 1989년 2월 17일자 재인용.

11) 호환은 산속이나 동네, 심지어 집 안에서 잠자다 물려가기도 했다. 일단 사건이 일어나면 동네 사람들이 횃불을 들고 찾아 나서고, 찾은 유체는 그 자리에서 화장한 뒤, 위에 돌무덤을 쌓아 올리고 시루를 씌운 다음 시루 구멍에 물렛가락을 꽂아둔다. 이는 호식 당한 사람의 귀신인 창귀의 발호를 막기 위한 것이다.

북 간의 주요 관문이었던 소백산맥의 죽령과 가까운 예천군·영주군을 주요 분포 지역으로 하고, 그 밖에 안동군과 다소 거리가 있어도 이름 있는 반촌(班村)에서도 채집되고 있다. 이와 같이 영남 지역에서 서울·중부형 민가가 유독 죽령과 가까운 지역에만 분포하고 있는 것은 서울과 왕래가 빈번했던 안동 문화권과의 관계를 말해준다.

둘째, 영남 동북부 지역에 다수 분포하고 있는 중·상류 주택인 '뜰집' 평면을 분석한 결과 76.3%에 달하는 뜰집이 서울·중부형의 기본적인 평면 형식을 따르고 있어, 영남 지역의 사대부 계층이 서울·중부형의 가옥 구조를 선호하고 있음을 알 수 있다.

이상과 같이 영남 북부 지역에는 서울·중부형 민가가 동쪽의 여칸집 분포 지역에 인접하거나 중첩하여 엄연히 자생하고 있는데, 이것은 여칸집과 서울·중부형 민가의 관련성을 말해주는 부분이다. 그런가 하면 서울·중부형의 민가 평면이 일부 변용된 형태로 곳곳에서 채집되고 있는데 그 경향을 요약해 보면 다음과 같다.

첫째, 중부 지역에서처럼 안방이 윗방으로 분화되지 않고 큰방이라는 단일 공간이거나 윗방 대신에 골방 혹은 도장방 등의 수장 공간으로 분화되고 있다.

둘째, 서울·중부형 민가의 기본적인 공간 이외에 마구(외양간)·골방·사랑방 등이 첨가되어 결국 민가의 몸채가 ㄱ자형에서 ㄷ자형으로 확장되는 경향을 보인다.

셋째, 서울·중부형 민가에는 쉽게 볼 수 없는 봉당이 등장하고 있다. 이는 마루 부분이 흙바닥으로 된 내부 공간이거나 마루 앞 외부 공간을 지칭하고 있다.

여기에서 일부 변용된 서울·중부형 민가의 대표적인 사례를 보기로 들어보자. <그림 2-59>는 안동 하회리 남촌 댁의 가림집(소유주: 유태기)이었던 초가이다. 민가의 전체 모습은 ㄷ 자이긴 하나 기본적인 방의 배열

〈그림 2-59〉 경북 안동군 풍천면 하회리, 유씨 댁

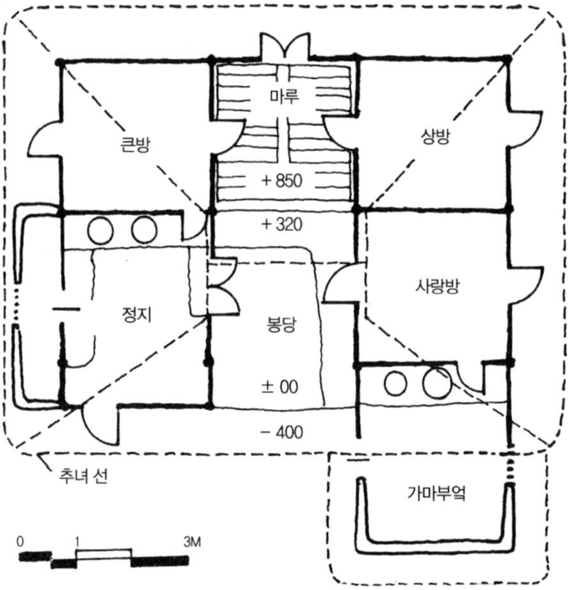

마루

큰방

상방

+ 850

+ 320

정지

봉당

사랑방

± 00

- 400

추녀 선

가마부엌

0   1   3M

은 서울·중부형의 형식을 따르고 있다. 즉, 정지·큰방·마루·상방의 배열 형식이 그렇다. 다만 상방에서 배열 축을 다시 꺾어 사랑방과 마구를 달아내어 서울·중부형 민가의 기본형을 변용시키고 있다. 그리고 마루 앞 외부 공간을 봉당이라 부르고 있는데, 마당보다 30cm 높여서 내부 공간화시키고 있는 점이 돋보이는 부분이다. 그리고 정지의 봉당 쪽 벽에는 화창(火窓)을 설치하고 여기에 관솔을 태워 조명함으로써 정지와 봉당에서 밤에도 작업이 가능하도록 했다. 또 이 집은 서울·중부형 민가와 같이 홑집으로 보는 것이 당연하지만, 지붕 구조를 보면 3량 구조이긴 하나 겹집 형식의 지붕틀을 보여주고 있다. 즉, ㄷ자집에서 봉당을 내부 공간으로 편입시키면 6칸 집이 되는데, 이 집은 봉당에도 지붕을 덮어 겹집(여칸집)의 지붕 형식을 취하고 있다. 결국 봉당의 앞면이 열려있긴 해도 봉당을 내부 공간화시키기 위한 배려로 볼 수 있는 것이다. 이와 같은

안동군, 유씨 댁 전경

유형의 민가는 서울·중부형 민가의 분포 지역인 예천군 동부, 그리고 안동군 서부 지역에서 가끔 볼 수 있는데, 여칸집의 미완형(未完型)이라 할수 있다. 이곳 주민들은 여칸집을 '옳은 여칸'과 '잔여칸'으로 구분하고있다. 전자는 정상적인 구조를 갖춘 전면 3칸 겹집으로서 몸채 안에 외양간까지 반듯하게 들어있는 집을 말하고, 후자는 어설프게 여칸집 흉내를 냈을 뿐 옳은 여칸집의 구조에 미치지 못한 것으로 구분하고 있다. 따라서 이 집은 비록 건축된 지 80여 년을 넘지 못한다 하더라도 잔여칸계열의 민가로서, 서울·중부형 민가와 여칸집의 관계를 말해주는 중요한자료가 된다.

결국 여칸집과 서울·중부형 민가의 관련성은 서울·중부형 민가에 편입된 것으로 보는 봉당의 성격이 명확해져야 하고, 외양간이 몸채 안으로들어오게 된 배경을 이해할 필요가 있다. 한국 민가에서 봉당은 옥내 혹은 옥외 공간으로 존재하고 있다. 옥외 공간으로서의 봉당은 주로 태백산맥에 가까운 산간 지역의 서울·중부형 민가에서 많이 볼 수 있다. 이때 봉당은 2면 혹은 3면이 주거 공간으로 포근하게 둘러싸여 있으므로 공간의 구성에 있어서 마당과는 또 다른 특별한 장소성이 있다. 그리고 부엌과의 샛벽에 화창을 설치하여 조명까지 하게 되면 그야말로 전천후의 반(半)옥내 작업장이 되는 셈이다.

또 옥내 공간으로서의 봉당은 영동과 영서 지방의 겹집에서 쉽게 찾아볼 수 있다. 옥내 봉당은 정지·마구 등과 같은 흙바닥으로 이어져 있고, 물론 화창이 있어 야간 옥내 작업이 가능하다. 이와 같이 옥내·외의 봉당은 여기에서 이루어지는 작업의 성격상 부엌이나 마루와 가까운 위치에 있어야 한다. 그리고 다 같이 마당과는 또 다른 아늑한 토상 공간이며, 주야를 가리지 않고 작업이 가능한, 산골 농가에서는 반드시 있어야 할 내부 공간이다.

한편 농우(農牛)는 우리나라 농가에서 귀중한 노동력을 제공해 주는 동물 이상의 존재이다. 그러므로 험한 산간 지방에서는 홑집이나 겹집을 가리지 않고 몸채 안에 외양간을 두고 소를 한 가족처럼 보살펴 왔다. 보통 외양간은 부엌 아궁이와 가까운 위치에 두는데, 이것은 해 진 뒤 추위와 맹수로부터 보호하려는 이유도 있지만, 쇠죽 아궁이와도 근접해야 편리하기 때문이다.

이상과 같이 태백 산간 지역에 자생하고 있는 여칸집은 중부형의 홑집이 이 지역의 공격적인 풍토와 대응해 가면서 얻어진 결과이다. 다시 말해서 여칸집은 서울·중부형 민가가 설사 외부와 고립된다 해도 생존에 필요한 가장 기본적인 공간을 최소한의 겹집 속에 조직화시킨 형태로 구성되어 있는 것이다.

4. 맺는말

이 글은 서울·중부형 민가의 분포 지역에서 서쪽과 동쪽 단부 지역, 즉 서해 강화도의 주변 지역 민가와 경북 북부 산간 지역의 민가가 다 같이 서울·중부형 민가에서 변용된 것이라는 가설 아래, 이들 민가가 어떤 요인에 따라 폐쇄적인 형태로 변용되었는지를 알아보기 위해 기술되었다.

강화도와 주변 도서 지역의 민가는 서울·중부형 민가와는 다르게 지역 내에서 정형화된 민가 요소가 나타나고 있다. 그것은 마루(봉당)의 마당 쪽 외벽에 널문을 달아 폐쇄적인 외벽 구조로 하고, 부엌과 마루(봉당) 공간을 옥내에서 쉽게 통행할 수 있도록 앞퇴를 내어 해결했다. 이러한 특징적인 민가 요소는 고려·조선 시대 이래 두 왕조를 거쳐오면서 대대로 물려받은 외적의 병화에 시달린 강화도민들의 방어 본능과 관련이 있다. 즉, 한 가족의 생존을 위한 은신처로서 '내부'를 조성하기 위해 개방적인 서울·중부형 민가를 방어적인 민가 구조로 변용시킨 것이다.

또 경북 북부 산간 지역의 '여칸집'은 태백 산간 지역의 공격적인 자연 풍토에 대응하기 위해 홑집인 서울·중부형 민가를 원형으로 하고, 여기에 옥내 작업을 위한 봉당, 농우를 위한 외양간, 곡식을 저장하기 위한 도장 등을 옥내로 편입시켜 최소한의 자족적인 공간으로 조직화했다. 또한 민가의 외벽은 폐쇄성이 높은 방어적인 경계구조로 하고, 옥내 공간은 설사 외부 세계와 고립된다 해도 기본적인 생활이 가능하도록 집약적인 생활공간으로 변용시킴으로써 훌륭한 은신처를 창안해 낸 것이다.

제10장
태백 산간 지역의 민가 형식: 여칸집과 두리집

1. 머리말

태백산 주변 지역 중, 특히 영남(嶺南)에 가까운 지역에 분포하고 있는 겹집 형태의 민가는 일찍부터 널리 알려져 있었다. 흔히 '여칸집', '두리집', '까치구멍집' 등으로 불리는 이들 민가는 안동댐의 건설로 상당수의 민가가 수몰되자, 그 독특한 형태와 구성으로 인해 대단한 흥미와 관심을 끌었다.

여칸집 계열의 민가는 폐쇄적인 외관을 보여주는 겹집인데, 유사한 모습의 '영동형'[1] 민가와는 분명히 구분된다. 평면 구성을 보면, 전열(前列)은 봉당을 중심으로 정지와 외양간이 흙바닥으로 처리되고 있으며, 후열(後列)은 마루를 중심으로 큰방과 상방 등, 주로 침상 공간이 배열되는 것이 일반형이다. 전열의 흙바닥 부분은 외벽을 빈지로 짜 맞추고 여기에 널문을 달기 때문에 민가의 외관은 대단히 폐쇄적이고 비호적인 모습을 보여준다. 이러한 민가는 대체로 경북의 안동·영주·봉화 등의 3개 군

---

1) 강원도 영동 지방에는 '함경도형' 민가에서 정주간이 없는 형태의 겹집이 분포하고 있는데, 田자형 온돌방에서 부엌 쪽 한 칸이 마루로 구성되어 있다.

지역에 집중적으로 분포되고 있으며, 이 지역과 강원도 삼척 지역 사이에 왕래가 많았던 오십천 주변 산간 지역에도 다수 분포되고 있다. 그러므로 이들 민가는 태백과 소백이라는 양대(兩大) 산맥이 만나는 험준한 산간 지역에 분포하는 지리적 특징이 있다.

태백 산간 지역 민가들은 대체로 부속채가 발달되지 못하고, 모든 주거 공간이 몸채에 집중되는 평면형을 보여주고 있다. 다시 말해서 민가의 기본적인 부속 공간이 몸채에 통합되는 경향을 보이고, 마당과의 관계에 있어서도 몇몇 주거동이 안마당을 둘러싸는 내정형(內庭型)이 아니라 외정형(外庭型)2)의 모습을 보인다. 이것은 이들 민가들이 험준한 산간 지역이라는 자연환경에 적응해 온 결과이다. 잘 알려진 것처럼 태백 산간 지역은 산세가 험하고, 계곡이 깊어 일조시간이 짧으며 겨울이 길다. 겨울철에는 강설량이 많아 때때로 교통이 두절되기도 하고 며칠씩 고립되는 경우도 허다하다. 이러한 풍토적인 배경은 어쩔 수 없이 그들의 생업 형태와 주거 형태까지 규정하게 했다.

사실 어떤 문화권 안의 민가 형태는 하나의 원형이 있고, 그 후 계속 일어나는 주거 욕구에 따라 원형에 대한 수정과 변용이 가해져서 다양한 민가 형식을 보여주게 된다. 태백 산간 지역에 자생하는 민가의 원형은 홑집 형태인 ㄱ자형 민가이며, 이것이 오랜 세월을 겪으면서 겹집으로 변용된 것이다. 이들 민가형은 험준한 산간 지역에서 외부와 고립된 최악의 주거 환경에서도 기본적인 옥내 생활이 가능하도록 주거 공간을 꾸준히 변용시켜 온 결과라고 말할 수 있다. 다시 말해서 이 지역의 풍토는 홑집 구조의 서울·중부형 민가가 자생하기에는 견디기 어려운 부적절한

---

2) 내정형과 외정형의 공간 개념은 지구 상에서 사막역(砂漠域), 삼림역(森林域)에서 각각 조성되어 온 주거 형태이다. 풍토적 환경 조건 이외에 주민들의 세계관, 사고방식, 종교 등과 불가분의 관계가 있는 것으로 알려져 있다. 우리나라에서는 내정형이 주류를 이루고 있으나, 함경도와 영동 지방에서 외정형의 주거 형태를 보여준다.

환경이었으며, 여기에 적응하기 위해서는 결국 겹집 구조를 취함으로써 대응해 나갈 수가 있었던 것이다.

이 글에서는 태백 산간 지역에 분포하고 있는 여칸집 계열의 다양한 민가형을 조사·발굴해 보고, 이들 민가가 변용해 온 과정과 여기에 영향을 주었던 요인은 어떤 것인가를 밝혀보기로 한다.

2. 집중형 민가의 발전

태백 산간 지역의 민가가 열악한 풍토 속에서 주거 공간을 어떻게 만들어왔는지를 알아내기 위해서는 우선 다양한 민가형을 채집해야 하고, 그 속에서 이 지역 민가의 생명력을 새롭게 밝혀내는 일이 무엇보다 중요하다. 태백 산간 지역에 분포하는 집중형(集中型) 민가는 '여칸집' 민가가 대표적이다. 집중형 민가는 홑집형 민가와는 다르게 안채와 부속채 공간이 겹집형의 몸채 속에 집중화된 유형이다. 따라서 집중형 민가를 이해하기 위해서는 여칸집 민가에 대한 철저한 분석이 선행되어야 한다.

여칸집은 일반적으로 정면 3칸, 측면 2칸의 한정된 공간 속에서 최소한의 옥내 생활이 가능하도록 구성된 형태이다. 그러나 일부에서는 농사용 부속 공간을 바깥채의 형태로 두거나 혹은 몸채의 일부에 편입시키는 형태로 다양한 민가형이 채집되고 있다. 여칸집의 일반적인 구성은 기본적으로 서울·중부형의 안채에 봉당·외양간, 그리고 수장 공간 등이 편입된 형식이다. 민가의 내부에서 중심 공간은 마루와 봉당이 되고 토상(土床) 공간과 침상(寢床) 공간으로 양분되고 있는데, 옥내 환기를 위해 속칭 '까치구멍'을 지붕의 양쪽 합각 부분에 두고 있다.

여칸집은 이처럼 한정된 공간으로 구성되어 있으므로 주거 공간을 극대화하기 위한 방편으로 흔히 부엌·온돌방 등을 추녀 끝까지 퇴물림으로 확장하기도 하고, 외양간 상부에 다락을 설치하여 농기구와 각종 가재도구를 수납한다. 또 부엌 아궁이 상부에는 으레 벽장을 두고 수납공간으로 요긴하게 이용한다. 이러한 여칸집의 공간 구성은 이것이 몸채만으로 자족적인 생활이 가능하기에는 여러 가지 미흡한 점이 많다. 따라서 이 부분은 부속채 형식으로 마련되거나 여칸집의 규모를 넘어서 필요한 공간을 추가로 편입시켜 충족되어야 한다. 여칸집 형태의 수준에서 주거 생활이 불편한 점을 상정해 보면 다음과 같다.

먼저 여칸집 계열의 민가는 안채와 부속채가 통합되어 몸채만으로 이루어져 있기 때문에 가장 취약한 부분은 외부 사람이 방문했을 때 부엌을 비롯한 내부 공간이 노출되는 점이다. 그러므로 집 안으로 들어온 방문객의 동선을 고려할 때 어떻게 하면 방문객의 시야에서 벗어나고 은폐될 수 있는지에 대한 고려가 절실한 것이다. 전통 주거의 칸잡이를 보면 3개의 기본적인 생활공간이 있음을 알 수 있다. 즉, 침실·부엌·접객 공간이 그것이다. 침실과 부엌이 주거에서 갖추어야 할 기본임은 설명할 필요가 없으나, 접객 공간은 반드시 그렇지가 않다. 결과적으로 접객 공간은 주거를 개방시키는 쪽과 폐쇄시키는 쪽의 문제가 되고, 여기에서 민족문화의 특질을 찾아볼 수가 있는 것이다. 우리의 사랑방과 같은 접객 공간은 사회적 인간관계의 욕구를 충족시켜 주는 개방적인 공간이며, 이를 통해 가문(家門)의 긍지와 정신적인 규범을 나타내 주는 공간이다. 따라서 여칸집 계열의 민가에서 접객 공간을 마련하고 안채의 내부 공간과 물리적·시각적으로 일정한 거리를 유지하고자 한 것은 당연한 일이다.

한정된 규모의 몸채에서 곡식을 수장하기 위한 공간을 확보하는 일 역시 기본적으로 해결해야 할 문제이다. 이것은 혹한기에 외부와 완전히 고립되었을 때 가족의 생존과 직결되는 문제이다. 그 밖에 식구가 많을 경우 주 침실과 부침실만으로 가족의 취침 공간을 충족시키기엔 어려움이 많았을 것으로 보인다. 그러므로 추가적인 침실을 마련하는 문제도 쉽지 않기 때문에 사랑방이나 수장 공간이 가족의 침실과 겸용되는 경우가 허다했다.

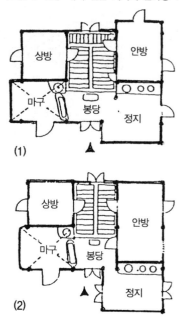

〈그림 2-60〉 태백 산간 지역의 민가형 1

(1)

(2)

(1) 안동군 북후면 도진리, 조씨 댁 (2) 안동군 월곡면 가류동, 박씨 댁

3. 태백 산간 지역의 민가형

민가 형태는 오랜 세월 동안 벅찬 생활 속에서 얻은 삶의 귀한 경험과 지혜가 축적되어 형성된 결과물이다. 그러므로 민가의 '단면(斷面)'을 관찰해 보면 '생활과 공간', '인간과 자연'이라는 직접적인 대응 관계가 잘 나타나 있다. 태백 산간 지역의 민가는 열악한 이 지역의 풍토 속에서 어떤 주거 공간을 어떻게 만들어왔는지, 그동안 조사된 민가를 평면 특성과 규모에 따라 유형화시키고 그 대표적인 사례를 들어보면 다음과 같다.

민가형 1

이 유형은 흔히 '여칸집'으로 불리는데, 서울·중부형 민가에 외양간과 봉당이 편입됨으로써 겹집 형태가 된 것이다(<그림 2-60>). 여칸집은 전면 3칸, 측면 2칸의 한정된 공간 속에서 최소한의 옥내 생활이 가능하도록 구성된 형태이다. 따라서 일부에서는 농사용 부속 공간을 바깥채의 형태로 두거나 혹은 몸채의 일부에 편입시키는 등 다양한 민가형으로 발전되고 있다. 먼저 몸채의 대문으로 들어가면 봉당에 이르게 되고 봉당

|왼쪽| 영주군 북지1리, 김씨 댁 정면(왼쪽부터 정지와 대문이 보이고, 정지 상부의 환기구가 이색적이다)
|오른쪽| 영주군 북지1리, 김씨 댁의 대청(왼쪽에 안방문, 뒤쪽에 바라지창이 보인다)

과 마루가 옥내 동선의 중심이 되고, 안방과 정지, 상방과 마루의 축이 옥내 생활의 축을 이루고 있다.

<그림 2-60>의 (2)와 같이 부엌이 돌출된 경우는 외부 사람이 봉당에 들어왔을 때 부엌 내부가 보이지 않아서 좋고, 또 큰방의 면적을 크게 넓힐 수 있다. 여칸집의 규모는 14개 사례에서 39.8~64.4m²(6~7칸)의 범위에 있고, 봉당·정지·마구 등의 토상 공간을 제외한 건축 면적에 대한 침상(寢床) 면적비, 즉 거주면율(居住面率, habitable floor ratio)은 평균 54.3% 이다. 분포 지역은 주로 안동을 중심으로 영주·봉화 지역, 그리고 일부 예천 지역에서도 채집되고 있다. 이러한 여칸집은 1960년대 농촌 주택 개량 사업 때에 옥내 외양간이 비위생적이라는 이유로 옥외로 축출되고 대신 그 자리에 사랑방이 들어서는 흐름으로 변했다.[3]

---

3) 태백 산간 지역에 해당되는 봉화·영주·청송군에 거주하는 대목(大木)들은 외양간을 포함한 부속채의 공간이 1945년 광복 이전까지만 해도 살림채 안에 있었다고 증언하고 있다.

민가형 2

이 유형은 여칸집인 전면 3칸 겹집에서 도리 방향으로, 다시 말해서 상방 옆으로 한 칸을 더 늘려 4칸 겹집이 된 것이다(<그림 2-61>). 늘어난 공간에는 사랑방 계열의 온돌방이 들어서서 흔히 '사랑윗방', '사랑아랫방'으로 불리고 있다. <그림 2-61>의 (1)은 민가의 중심인 마루와 봉당에서 사랑방의 연결이 어려워 주로 외부에서 출입하는 형태이며, <그림 2-61>의 (2)는 마루와 봉당에서 옥내에 통로 공간을 내어 옥내·외에서 출입이 가능하도록 한 경우이며, 사랑방 외부에 쪽마루를 내어 외부에서 출입이 편하도록 배려하고 있다. 이러한 유형은 여칸집에서 얻기 어려운 접객 공간을 도리 방향으로 한 칸 늘려 확보하고 있는 유형이다. 민가형의

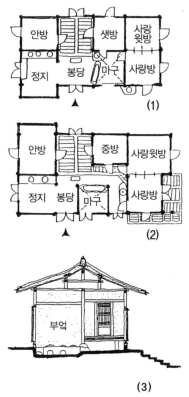

〈그림 2-61〉 태백 산간 지역의 민가형 2

(1) 영주군 부석면 북지1리, 김씨 댁 (2) 봉화군 봉성면 금봉1리, 민씨 댁 (3) 일반 단면도

규모는 3개 사례에서 48.7~62.5m²(8칸)의 범위에 있으며, 거주면율은 평균 63.6%로 나타나고 있다. 그리고 분포 지역은 봉화·영주 지역에서 주로 채집되고 있다.

민가형 3

여칸형은 큰방 아궁이에 정지를 두고 상방 아궁이에 외양간을 배치하여 겹집의 전열이 봉당과 더불어 토상 공간이 된 형태이다(<그림 2-62>).

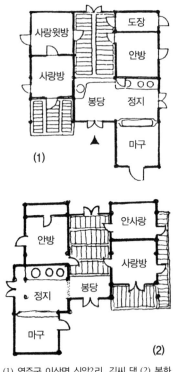

〈그림 2-62〉 태백 산간 지역의 민가형 3

(1)

(2)

(1) 영주군 이산면 신암2리, 김씨 댁 (2) 봉화군 명호면 고감1리, 강씨 댁

민가형 3은 여칸형에서 외양간의 위치를 정지 쪽에 붙여 외부로 돌출시키고 원래 외양간의 자리에 사랑방을 배치한 형태이다. 그러므로 엄밀히 말하여 전면 3칸 겹집이지만 규모는 7칸 집이다. 돌출된 형태의 외양간은 바닥을 정지보다 조금 낮게 하여 오물이 외부로 흐르도록 하고 지붕은 전면 서까래 물매를 그대로 따라 내려오므로 외양간 상부에는 다락을 두기가 곤란하다. 그러나 천장이 낮아도 무방한 외양간을 외부로 돌출시킴으로써 원래 자리에 사랑방을 둘 수가 있고, 외부로 돌출된 외양간은 통풍이 좋아 위생적으로 개선된 것이다. 또 사랑방은 툇마루를 외부로 확장하여 아쉬운 대로 사랑마루의 대용으로 이용하기도 하고, 보통 쪽마루 정도는 갖추고 있다. 이러한 민가의 규모는 6개 사례에서 42.1~58.7m²의 범위에 있으며, 거주면율은 평균 61.4%이다. 그리고 분포 지역은 봉화·영주 지역에서 주로 채집되고 있다.

민가형 4

이 유형은 민가형 3에서 상방 옆 도리 방향으로 한 칸을 늘려 전면 4칸 겹집에 마구가 돌출된 형태이므로 정확히 말하면 9칸 집 규모이다 (<그림 2-63>). 내부 공간에 다소 여유가 생긴 탓인지 모두 도장방을 두

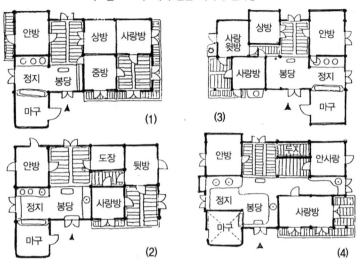

〈그림 2-63〉 태백 산간 지역의 민가형 4

(1) 봉화군 봉성면 동양3리, 홍씨 댁 (2) 영주군 장수면 화지1리, 장씨 댁 (3) 영주군 이산면 신암2리, 김씨 댁 (4) 영주군 장수면 반구2리, 손씨 댁

고 있으며, 늘어난 공간에는 사랑방 계열이 공간을 채우고 있다. 또 민가형 2의 경우처럼 민가의 중심인 봉당과 마루에서 확장된 부분에 대해 동선을 어떻게 취하느냐에 따라 다양한 평면을 보여주고 있다. <그림 2-63>의 (1)은 확장된 부분이 사랑방과 사랑마루이며, 전면과 측면에 쪽마루를 두르고 있다. 또한 <그림 2-63>의 (2)와 (3)은 안마루에서 중복도를 통해 확장된 사랑방을 연결하고 있으며, 사랑방에는 개방적인 사랑마루를 두고 있다. <그림 2-63>의 (4)는 봉당 옆에 사랑 계열의 공간을 두고, 그 후면에 외부와 통하는 흙바닥의 통로를 두고 있으므로 접객 공간은 주거 부분과 평면상 격리되어 있다. 이러한 유형은 봉화·영주 지역에서 채집되고 있으며 5개 사례에서 얻은 민가의 규모는 $44.6 \sim 73.8 m^2$의 범위에 있고, 거주면율은 평균 65.2%이다.

|왼쪽| 봉화군 고감1리, 강씨 댁(사랑마루 밑에 '가마부엌'이 보인다) |오른쪽| 영주군 화지1리, 장씨 댁의 봉당 옆 '사랑부엌'(왼쪽에 마루가 보인다)

민가형 5

이 유형은 여칸집에서 상방에 인접된 마구를 옥외로 끌어내려 돌출시키고, 그 자리에 '마구정지' 혹은 '가마부엌'이라 불리는 작은부엌을 둔 형태인데, 이 부분이 내객 전용의 대문간이 된다(<그림 2-64>). 여칸집 계열의 민가는 대문을 통하여 봉당에 이르면 사실 부엌을 비롯해서 집안 살림살이가 한눈에 들어오는 단점이 있다. 이것은 옥내에서 안채에 속하는 공간과 사랑채에 속하는 공간이 적절하게 구획될 수가 없기 때문이다. 따라서 이러한 유형은 봉당으로 들어오는 대문을 일상적인 안대문의 기능으로 한정시키고, 내객용 바깥대문을 추가로 설치한 형태이다. 여칸집의 대문이 '전입(前入) 대문' 형식이라면 민가의 측면에 위치한 내객용 대문은 '측입(側入) 대문' 형식4)이라 할 수 있으며, 민가의 안마당도 전

---

4) 장보웅, 『한국의 민가 연구』(보진재, 1981), 115쪽. 민가의 전면과 지붕의 관계에서 대문으로 향한 진입 방향이 용마루 선과 수직일 때 전입(前入) 민가, 평행일 때 측입(側入) 민가로 분류하고 있다.

입 대문 앞에서 측입 대문 앞으로 옮김으로써 방문객을 의식한 배려가 뚜렷하게 나타나고 있다.

따라서 집으로 찾아오는 손님은 마당에서 사랑방으로 직접 오르거나 측입 대문을 통해 출입하게 된다. 이러한 유형은 일반화된 민가형이라기보다는 오히려 '9칸 두리집' 유형에서 영향을 받아 나타난 유형으로 생각되고, 현지에서는 '여칸 두렁집',5) '두리 6칸 집'6) 등으로 불리고 있다. 민가의 분포 지역은 주로 삼척 지역에서 채집되고 있으며, 민가의 규모는 5개 사례에서 55.3~72.5m²(7칸)의 범위에 있고, 거주면율은 평균 51.4%에 이르고 있다.

〈그림 2-64〉 태백 산간 지역의 민가형 5

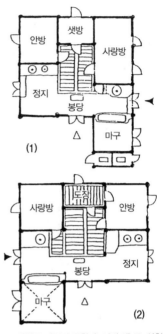

(1) 삼척군 가곡면 동활리, 이씨 댁 (2) 삼척군 신기면 대이리, 이씨 댁

민가형 6

이 유형은 삼척 지역에서 '두리집', '두렁집', '둘거리집' 등으로 불리는 전면 3칸, 측면 3칸의 9칸 집으로서 몸채의 외곽이 거의 정사각형에 가깝다(〈그림 2-65〉). '두리집'은 일찍부터 민가의 형성 배경이 여칸집과 깊은 관련이 있는 것으로 학계에 보고되어 왔다. 사실 여칸형은 한정

---

5) 임상규, 「두렁집 주거형식에 관한 연구」, 대한건축학회 논문집, 제11권 8호(1995). 두렁집은 "둘레둘레 돌아가며 주위에 방들이 있다"라는 의미에서 붙여진 이름이라 한다.

6) 박재승, 「강원도 삼척지역 민가 평면의 특성과 변천에 관한 연구」(영남대학교 석사학위 논문, 1985), 27쪽 참조.

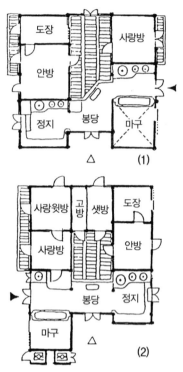

〈그림 2-65〉 태백 산간 지역의 민가형 6

(1) 삼척군 노곡면 주지리, 이씨 댁 (2) 삼척군
원덕읍 축전리, 김씨 댁

된 공간 속에서 자족적인 생활을 꾸려나가기에는 기본적인 생활공간이 부족하다. 그중에서도 특히 내객을 위한 공간 구성에 있어서 주거 욕구를 채우기가 어려운 상태이다. 두리집은 이러한 배경에서 여칸집의 측면 2칸 규모를 보 방향으로 한 칸을 더 늘려서 확장시킨 형태이다. 이러한 민가형은 주로 봉화와 삼척을 잇는 오십천 주변 험준한 산간 지역을 중심으로 분포하고 있다. 그러므로 두리집의 부속채는 농사용 공간이거나 거의 몸채만으로 구성되어 있으며, 울타리가 없거나 있어도 매우 허술한, 전형적인 외정형 주택의 모습이다. 따라서 두리집은 철저하게 몸채 위주의 옥내 공간만으로 자족적인 생활이 가능하도록 꾸며져 있고, 변소까지도 몸채에 들어온 마구에 붙여 설치되어 있다.

두리집의 내부 공간은 여칸집의 구성과 큰 차이가 없다. 그러나 기본적인 토상 공간 이외에 민가형 5처럼 측입 문간과 사랑방 계열의 공간이 뚜렷한 영역을 보여주고 안방에 부속된 도장방의 구성과 부침실 등이 예외 없이 등장하고 있다. 두리집에서도 옥내 공간의 중심은 봉당과 마루인데, 여칸집처럼 마루의 뒤편에 바라지문을 낸 유형이 있으나 마루의 뒷부분을 수장 공간이나 온돌방으로 구획하는 등, 실리를 앞세운 칸잡이를 하는 경우가 많다[<그림 2-65>의 (2)]. 이러한 경향은 마루 공간의 의

|위 왼쪽| 삼척군 대이리, 이씨 집의 측면(오른쪽부터 외양간·대문·사랑방이 보인다) |위 오른쪽| 이씨 집은 너와 지붕에다 합각 구조이다. 장방형 평면이지만 출입문과 마당을 측면에 두었다. |아래 왼쪽| 대이리, 이씨 집의 내부(왼쪽부터 마구와 대문, 그리고 사랑방 출입문과 마루가 보인다) |아래 오른쪽| 사랑방 모서리의 코클

미를 퇴화시켰고, 결국 서울·중부형 민가의 원형이 소멸되어 버리게 했다. 그리하여 살림집의 중앙마루는 채광이 부족하여 낮에도 침침하고 어두워 옥내 주거 환경이 열악해지는 결과를 가져왔다. 두리집의 규모는 11개 사례에서 59.2~99.4m²의 범위에 있고, 거주면율은 평균 65.3%를 보이고 있다.

4. 민가 형식의 발전 과정

이상과 같이 태백 산간 지역에 자생하고 있는 여칸집을 비롯하여 이와 유사한 여러 가지 민가형을 살펴보았다. 이들 민가형을 서로 비교·관찰해 보면, 이러한 민가형이 등장하게 된 배경뿐 아니라, 이 지역 민가형의 발전 과정을 가늠해 볼 수가 있다.

원래 여칸집은 영세한 민가에서 폐쇄적인 옥내 생활이 가능하도록 기본적인 주거 공간만으로 구성된 것이다. 그러므로 자족적인 몸채 위주의 주거에서 부족한 공간에 대한 욕구를 어떤 형태로 충족시켜 가느냐가 하나의 과제였다. 앞서 살펴본 대표적인 민가형의 사례에서 내부 공간의 이용을 극대화시켜 가는 과정을 정리해 보면 다음과 같다.

첫째, 여칸집은 부족한 공간을 몸채 밖의 부속채를 통해 보완하려는 전통적인 방법을 일부 택하고 있다. 그러나 이것은 지역의 풍토적인 환경에 따라 허용되는 곳과 그렇지 못한 곳이 있다.

둘째, 구조적으로 한정된 공간 속에서 주거 부분을 극대화시켜 이용하고 있다. 다시 말해서 민가의 처마 공간에 해당되는 서까래 끝까지 퇴물림하여 내부 공간을 확장하거나, 그렇지 않으면 천장이 낮아도 무방한 외양간을 지붕 선을 따라 몸채 밖으로 돌출시키는 방법을 택하고 있다.

셋째, 몸채의 규모, 즉 칸수를 보 방향과 도리 방향으로 확장시킴으로써 필요한 내부 공간을 얻어내는 적극적인 방법을 택하고 있다.

집중형 민가가 다양한 방법으로 내부 공간을 확장하는 목적은 주로 접객 공간과 수장 공간을 얻으려는 데 있다. 여칸집 계열의 민가는 안채와 바깥채(부속채)가 통합된 몸채만으로 이루어진 형태이므로, 여기에서 가장 취약한 부분은 역시 손님이 찾아왔을 때 부엌을 비롯한 안채의 내부가 노출되는 점이다. 그런데 사랑방은 성격상 사회적 인간관계의 욕구를 충족시켜 주는 개방적인 공간이면서 가문의 긍지와 가장의 정신적 규범을 그대로 나타내 주는 공간이기도 하다. 영세한 여칸집 계열의 민가에서도 접객 전용 공간을 확보하고, 이것이 안채 부분의 공간과 물리적·시각적으로 일정한 거리를 유지하고자 한 것은 당연한 일이다. 그러므로 집으로 찾아온 손님의 동선을 고려할 때, 어떻게 하면 안채 내부가 내객의 시야에서 벗어나 은폐될 수 있는가 하는 문제에 대한 고민은 절실해진다. 그 다음의 문제점은 한정된 규모의 몸채에서 수장 공간을 확보하는 일이다. 혹한기와 같은 유사시에 외부와 완전히 두절되었을 때 사용할 곡식을 수장하기 위한 공간을 확보해 두는 것은 가족의 생존과 직결되는 일이기 때문에 우선적으로 시설될 필요가 있었다.

민가형은 무엇보다 '생활'과 직결된 필연적인 결과로서 나타나는 것이다. 그러나 '생활'이란 지역의 풍토에 따라 영향을 받기도 하고, 또 지역의 문화적인 배경에 따라 달라지기도 한다. 여기에서 '지역'이란 넓은 범위와 좁은 범위의 지역으로 나누어 생각할 수가 있다. 그것은 당시의 교통수단으로 미루어 보아 험준한 산악 지역일수록 좁은 지역으로 볼 수 있을 것이다. 그런데 하나의 민가형은 넓은 지역에 걸쳐 분포하기도 하고, 때로는 좁은 지역에 분포하기도 한다. 사실 태백 산간 지역에서 여칸집 계열의 민가가 자생·분포하는 지역은 한반도에 분포하는 다른 주문화권과 비교해 볼 때 가장 좁은 문화권으로 보아도 좋을 것이다. 어떤 민가형이나 민가 요소가 한정된 지역에 자생한다는 것은, 주문화의 전파 과정에서 그 지역민들의 '합의'를 얻은 결과이며, 이를 위해서는 여기에 소요되는 일정한 시간이 필요하다. 이것을 지형과의 관계에서 보면 주거 관련 정보의 흐름에 있어서 용이한 지역과 장애물이 많아 그렇지 못한 지역이 있어 차이가 많을 것이다.

이렇게 보면 태백산맥을 사이에 두고 영서(嶺西)와 영동(嶺東) 지역에 겹집 계열의 민가형이 분포하고 있다든지, 삼척이라는 좁은 지역에 한해서 두리집이 분포하고 있는 것은 주목을 받을 만하다. 여기에서 안동과 삼척, 즉 영서와 영동의 문화권을 나누어 민가형을 다시 비교해 보면, 삼척 지역의 오십천 주변 마을에는 두리집과 영동형 겹집이 혼성하여 나타나는 경우가 많다. 안동 지역의 마을에는 주로 여칸집으로 구성되거나 ㄱ자형 혹은 一자형 홑집이 혼성되어 나타나는 경우가 많다. 이것은 주

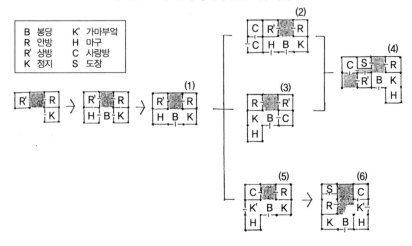

〈그림 2-66〉 민가 형식의 발전 과정 상정도

B 봉당　K′ 가마부엌
R 안방　H 마구
R′ 상방　C 사랑방
K 정지　S 도장

문화의 전파 경로를 잘 말해주고 있다. 다시 말해서 태백 산간 지역이
사실상 위와 같은 두 문화권의 점이지대(漸移地帶)에 해당되고 있음을 실
증적으로 보여주고 있는 것이다.

　이상과 같이 여칸집에서 출발한 다양한 민가형들은 한정된 내부 공간
을 어떻게 하면 지혜롭게 활용하고 공간의 이용을 극대화하느냐에 관심
을 쏟았음을 알 수 있다. <그림 2-66>은 이러한 민가형들이 단계적으
로 발전해 온 과정을 상정하여 나타낸 것이다. 먼저 중부형 민가에서 여
칸집의 기본형 (1)에 이르는 사이에는 상방 앞에 외양간과 마루 앞에 봉
당이 위치한 중간 단계를 상정할 수가 있다. 다음으로 여칸집에서 출발
하는 민가 발전의 첫째 단계는, 도리 방향으로 확장하는 경우이다. 오른
쪽 그림 (2)는 외양간을 그대로 둔 채 한 칸을 도리 방향으로 확장하여
사랑방을 두는 과정이며, 이에 비해 아래쪽의 그림 (3)은 외양간을 부엌
으로 옮겨 돌출시킨 후 원래 외양간이 있던 자리에 사랑방을 두는 과정
이고, 그림 (4)는 도리 방향으로 한 칸을 확장한 후 정상적인 사랑방 계
열의 공간을 두는 과정이다. 이때 마루에서 사랑방으로 가기 위한 복도

가 발생한 것은 주목되는 부분이다.

둘째 단계는, 보 방향으로 확장되는 경우인데, 이 단계의 민가는 두리집 계열 혹은 그림 (5)의 측입 민가형이 여기에 해당된다. 그 특징은 민가의 전면 대문 외에 내객 전용의 측입 대문과 마당을 두는 유형이며 종국적으로는 여칸집 단계에서 보 방향으로 한 칸을 더하여 그림 (6)의 9칸 두리집으로 발전하고 있다. 이 밖에도 전면 3칸, 측면 4칸의 12칸 두리집도 드물게 채집되고 있다.

5. 맺는말

여칸집은 태백 산간 지역에서 외부에 대하여 폐쇄적인 옥내 생활이 가능하도록 기본적인 공간만으로 구성된 집이다. 따라서 자족적인 몸채 위주의 주거에서 부족한 공간에 대한 욕구를 충족시키기 위해 여러 가지 다양한 민가형으로 전개되고 있다. 이들 민가는 전면의 토상 공간과 후면의 침상 공간으로 양분되고 있는데, 거주면율의 평균값은 규모가 작은 여칸집에서 54.3%, 가장 큰 두리집에서 65.3%를 보이고 있다.

여칸집의 규모에서 몸채의 주거 공간을 확장시켜 사용하는 방법에는 두 가지가 있다.

첫째, 구조적으로 한정된 범위 안에서 공간 이용을 극대화시켜 나가는 방법이다. 여기에는 몸채의 처마 선까지 외벽을 퇴물림하여 면적을 확대시키거나, 몸채 안의 외양간을 지붕 선을 따라 외부로 돌출시키고 그 자리에 온돌방을 추가로 확보하는 방법이다.

둘째, 여칸집의 규모에서 몸채의 칸수를 뛰어넘어 전체적으로 면적을 키워가는 방법인데, 여기에는 두 단계가 있다. 먼저, 도리 방향으로 확장시켜 전면 4칸 겹집이 되는 단계이다. 다음으로, 보 방향으로 확장되는 단계인데, 전면 3칸, 측면 3칸의 9칸 두리집이 되는 단계이다. 이 과정의 민가는 전입 대문 외에 내객 전용의 측입 대문과 마당을 갖추어 사실상 사랑채를 통합한 복합 공간에 이르고 있다.

몸채 위주의 민가에서 규모를 확장하는 목적은 주로 접객 공간과 수장 공간을 얻으려는 것이다. 이때 가장 취약한 점은 방문객이 왔을 때 부엌을 비롯한 안채 내부가 노출되는 것이다. 따라서 안채 부분과 물리적·시각적 거리를 최대한 유지하려는 의지가 강하게 나타나고 있다.

제3부

함경도형과 제주도형 민가

1. 머리말

민가는 사회의 저변을 이루고 있던 기층민들의 생활양식을 반영해 주는 주거 형태이므로 그 당시의 주문화적 계보를 잘 말해주고 있다. 또 민가는 오직 편리하고 살기 좋은 집을 짓고자 하는 소박한 바람으로 지어졌으므로, 그 지방의 기층민들이 자연적 요인과 사회·문화적 요인을 융합하여 축적해 온 지혜에 따라 형성·발전되었다. 그러므로 민가는 특정 지역 고유의 공통된 문화를 나타내는 등질(等質) 문화권을 형성하게 된다.

한국의 민가에서 '함경도형'과 '제주도형'은 지리적으로나 기후적으로 대극적인 위치에 있다. 민가형은 매우 복잡한 요인에 의하여 형성되므로 민가가 함유하고 있는 기능적·형태적 내용을 파악하기 위해 비교지리학적인 방법을 원용하는 것도 유익할 것이다. 바꿔 말하면 한반도에서 대극적인 위치에 있는 두 민가형의 비교연구는 한반도 민가의 문화적 원류와 그 전파 경로를 규명하는 데도 유익하리라 생각된다. 이미 알려진 바와 같이 '함경도형'과 '제주도형'은 '온돌'과 '마루'라는 한국 민가 특유의 요소를 포함하고 '부엌＋α＋온돌방'이라는 방 배열상의 공통점이 있

으므로 이들 민가형의 비교연구는 한국 민가의 문화적 본질을 구명하는
데 도움이 될 것이다.

당시 사회의 저변을 이루었던 기층민들의 주거는 매우 느리게 변화했
다. 그리고 이들 민가는 역사시대에 들어와서도 오랫동안 수혈주거에 가
까운 면모를 보였다. 민가의 옥내 흙바닥은 수혈주거 이래의 생활이 지
면(地面)에 그대로 잔류되어 온 역사에서 연유되었을 것이다. 흙바닥으로
된 부엌이나 작업장, 혹은 몇몇 다른 용도를 가진 방들은 수혈주거 이후
큰 변화가 없었을 것이며, 오늘날과 같은 평면은 근세에 와서야 비로소
갖추어진 것으로 보인다.

우리나라의 원시 주거는 수혈주거로서, 먼저 노(爐)를 중심으로 한 공
간이 가족의 기거·취사·작업·저장 공간 등으로 사용되었으며, 농경시대
에 접어들면서 차츰 기능적인 분화 현상을 일으키게 되었을 것이다. 공
간의 변모는 대체로 가장 깊숙한 곳에 토기를 두고 주로 여성들의 생활
공간이 되었으며, 중간 위치는 도구들을 제작하는 작업장이 되었고, 출입
구 근처는 주로 야외 활동에 쓰이는 각종 도구를 두는 남성들의 공간이
었을 것으로 추정된다. 따라서 화로와 같이 불씨가 있었던 중간 위치는
부엌에 해당되며 민가 건축의 변천 과정을 규명하는 중요한 부분이라 생
각된다.

이 글은 민가의 공간적인 기능 분화 과정을 주목하면서, '함경도형'과
'제주도형' 민가가 어떤 경로를 통해 형성되어 왔는지를 비교해 보기로
한다.

2. 함경도형 민가

1) 함경도형 민가의 평면 특성

함경도형 민가는 조사 자료가 양적으로 불충분한 상태이긴 하나, 민가의 일반적인 특징은 대체로 잘 알려져 있다.

먼저 이 지방의 민가는 이른바 양통형(겹집)의 구조인데, 주로 낭림산맥 동쪽의 함경도에 분포하고 있다. 양통형 민가는 한 용마루 밑에 각 방들이 주로 두 겹으로 배열된 구조이다. 그러므로 한반도에서는 주로 외줄로 방이 배열된 외통형을 보여주는 것을 감안한다면 독특한 형태의 민가형이라 할 수 있다. 민가는 몸채를 중심으로 하는 집중식 평면을 보여주는데, 험준한 산간지대와 혹한 지역이라는 자연환경 때문이라 생각된다. 따라서 고상식 마루는 발달되지 못하고 쪽마루 정도에 그치고 있다.

또 다른 특징은 온돌 구조의 '정주간'이 부엌, '바당'과 통합되어 큰 공간을 이루고 있으며, 정주간에 붙여서 田자형의 온돌방이 배열된다. 그리고 반대쪽에 외양간이나 방앗간 또는 고방을 붙여 一자형을 보여주는 것이 일반적이다. 양통형의 온돌방은 앞줄에 주인과 손님을 위한 샛방과 윗방이 배열되고, 뒷줄에는 주부와 가족을 위한 안방과 고방이 배열된다. 그러나 북한 학자 리종목에 의하면, 이러한 민가형은 주로 함경북도에 분포하고 있으며, 함경남도에는 부엌에서 외양간이 외부로 돌출하여 곱은자의 형태를 보인다고 했다. 그뿐만 아니라 田자형의 방들 가운데 앞줄의 방이 뒷줄의 방보다 넓고, 방의 이름도 앞줄은 아랫방과 윗방으로, 뒷줄은 아랫고방과 윗고방으로 불린다.[1]

함경도형 민가에서 주거 생활은 옥외에 나가지 않아도 옥내에서 정주

---

1) 리종목, 「우리나라 농촌주택의 유형과 그 형태」, 《문화유산》, 5호(1960).

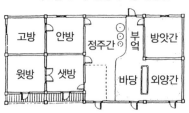

〈그림 3-1〉 함경북도형 양통집

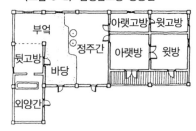

〈그림 3-2〉 함경남도형 양통집

간을 중심으로 모든 생활이 가능하도록 짜여진 평면형이다. 정주간은
<그림 3-3>과 같이 부엌에 연이어 시설하고 솥걸이는 다른 지방의 부
뚜막이 확장된 형식이다. 솥의 수는 양통집의 경우 보통 4개의 큰 솥과
그 사이에 작은 솥을 걸어 모두 4~8개가 된다. 정주간은 아궁이에서 때
는 불의 열기와 온돌바닥의 난방열을 최대한 이용하려는 혹한 지방의 효
과적인 공간 분할 방식이다. 보통 부엌과 정주간 바닥의 높이 차이는
50~70cm가량이므로 한쪽 모서리에 2~3단의 계단을 둔다. 정주간의
바닥에는 한쪽에 바닥 보온을 위해서 이불을 깔아두므로 밖에서 들어온
가족이 몸을 녹이는 데 안성맞춤이다. 여기에다 조명과 보조 난방을 위
해서 벽 모서리에 '코클'을 설치해 둔다.

그리고 천장에는 줄을 매어 젖은 옷가지를 걸어두기도 하고, 한쪽에는
찬장을 두거나 선반을 걸어 갖가지 정주간 생활에 필요한 것들을 비치해
둔다. 함경도는 지형이 험준하고 추운 산간 지역으로, 특히 겨울철이 길
고 낮 시간이 짧다. 따라서 겨울철의 외출이 제한되어 옥내 기거 생활이
길기 때문에 정주간의 활용도가 높다. 그러므로 정주간의 공간적인 성격
은 조리·식사·옥내 작업·취침·가족 화목의 용도뿐 아니라 그 밖의 어떤
생활에도 대응될 수 있는 다목적·미분화 공간이다.

함경도 지방의 민가는 이 지방의 풍토와 관련된 또 다른 특징이 있다.
민가의 재료와 구법(構法)에서 그렇거니와 민가의 형태와 마당의 관계에

〈그림 3-3〉 함흥 읍내 민가의 정주간

서도 그러하다. 먼저 이 지방의 민가는 귀틀집 구조로 지어진 경우가 많다. 귀틀집은 지름 15cm쯤 되는 통나무를 우물 정(井) 자 모양으로 귀를 맞추어가며 쌓아 올려 벽체를 짜 맞추고 나무와 나무 사이에는 진흙을 발라 메우기 때문에 단열성과 기밀성(氣密性)이 우수하다. 한반도의 귀틀집은 함경도를 비롯하여 강원도·충청북도 등 산악지대에 주로 분포했고, 현재는 멀리 울릉도에서 귀하게 볼 수 있다. 고구려 시대의 고분 벽화에서 고상(高床)의 귀틀집이 그려져 있음을 보면, 예로부터 채용되었던 구법이라 짐작된다.

다음으로 양통집은 유독 한반도에서 함경도 지방과 강원도 영동 지방에 한정되어 분포하고 있다. 이는 기후적으로 혹한 지대라는 환경 때문에 민가의 외벽 길이를 최소화하고 주거 공간을 집중화시키려는 방어적이고 열 경제적인 모습을 보여주는 것으로 이해할 수 있다. 주거 공간이 마당과 같은 외부 공간과 어떤 관계를 맺느냐에 따라 내정형(內庭型)과 외정형(外庭型)으로 나누어 보는데, 이들은 지구 상에서 각각 사막지대와 산림지대에 주로 조성되어 있다. 한반도에서는 대체로 몇몇 주거동이 마당을 중심으로 둘러싸는 배치 경향이 있어 내정형의 원리로, 그리고 일본 민가는 외정형의 원리로 설명되고 있다. 그런데 함경도 지방을 비롯한 강원도 영동 지방에서는 대체로 부속채가 발달되지 못하고 주거 공간이 몸채에 집중화되는 평면형을 보이고 있다. 다시 말해서 최소한의 부속 공간이 몸채 공간 속에 통합되는 경향, 즉 외정형의 경향을 보이는 것이다.

여기에서 함경도 지방 민가를 한반도 주변 국가의 경우와 비교하여 어떤 관련이 있는지 살펴보자. 그런데 귀틀집은 동유럽에서 스칸디나비아, 시베리아와 캄차카 반도에 이르는 유라시아 대륙의 북부, 그리고 북미(北美) 대륙의 중부 및 북부 침엽수림 지대 주민들이 살고 있는 전형적인 주택이다.[2] 이렇게 보면 한반도의 귀틀집은 북방 침엽수림 지대에 그 원류가 있을 가능성이 있다. 또 주거 형태의 외정식은 울창한 주변 산림지대의 풍부한 목재 산지와 관련된다는 점에서, 함경도 지방의 민가형은 유라시아 대륙의 주거 문화대(帶)와 무관하지 않을 것으로 보인다.

2) 함경도형 민가의 발전 과정

이상과 같이 함경도형 민가에 대한 고찰을 토대로 실제 민가의 사례를 통해 발전 과정을 그 계보에 따라 상정해 본 것이 <그림 3-4>이다.

먼저 살펴볼 것은, 온돌이 발생하여 발달하는 과정에 취사와 난방을 겸한 ㄱ자형 구들이 벽선을 따라 축조된 것은 획기적인 일이었다. B-1은 그러한 형태의 구들이 방의 크기에 따라 고래의 수가 점차 늘어난 결과 정주간이 형성되고, 반대쪽에 바당과 같은 옥내 작업 공간이 양분된 형태를 상정해 볼 수 있다. 또 바당 옆에 외양간이 수용된 형태가 B-2의 경우이다. 다음은 정주간에서 온돌 구조의 연장으로 온돌방이 독립된 단계로서 기능의 1차 분화 과정을 보여준다(C-1, C-2, C-3).

함경도형 민가에서 어느 평면에서나 온돌 좌식의 정주간이 등장하는 것은 기후적인 환경 때문에 취침과 기거 행위를 겸용할 수가 있기 때문이다. 이를 뒷받침하는 자료로서 B-2의 경우 조사 당시에 가족 수가 4명, B-1의 경우 2명이 기거하고 있었다는 기록을 보아도 알 수 있다. 부차적인 기록으로서, 이들 민가에는 정주간 시설로 '코클'이 시설되어 조명했

---

2) 杉本尙次, 『住まいのエスノロジ』(住まいの圖書館出版局, 1987), pp.150~153.

〈그림 3-4〉 함경도형 민가의 발전 상정도

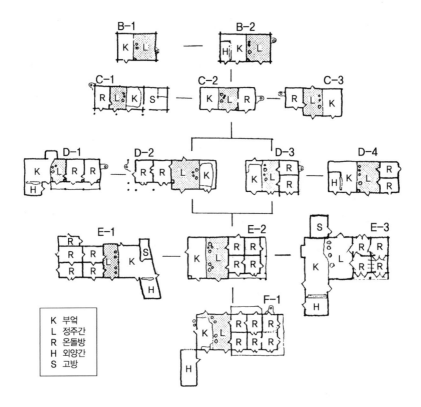

K 부엌
L 정주간
R 온돌방
H 외양간
S 고방

B-1. 함경남도 장진군: 小田內通敏, 『朝鮮部落調査報告』第1冊(朝鮮總督府, 1924), 圖版 5. B-2. 함경남도 장진군: 小田內通敏, 같은 책, 圖版 5. C-1. 함경남도 장진군: 小田內通敏, 같은 책, 圖版 6. C-2. 함경남도 장진군: 小田內通敏, 같은 책, 圖版 6. C-3. 함경남도 장진군: 今和次郎, 「朝鮮の 民家(I)」, ≪建築雜誌≫, 第445號(1927), p.302. D-1. 함경남도 장진군: 小田內通敏, 『朝鮮部落調査 報告』第1冊(朝鮮總督府, 1924), 圖版 7. D-2. 함경남도 장진군: 小田內通敏, 같은 책, 圖版 6. D-3. 함경남도 장진군: 今和次郎, 「朝鮮の民家(I)」, ≪建築雜誌≫, 第445號(1927), p.317. D-4. 함경남도 장진군: 小田內通敏, 같은 책, 圖版 7. E-1. 함경남도 장진군: 小田內通敏, 『朝鮮部落調査報告』, 第1 冊(朝鮮總督府, 1924), 圖版 7. E-2. 함경남도 장진군: 小田內通敏, 『朝鮮部落調査豫察報告』第1冊 (朝鮮總督府, 1923), 圖版 15. E-3. 함경남도 북청군: 今和次郎, 「朝鮮の民家(I)」, ≪建築雜誌≫, 第 445號(1927), p.362. F-1. 함경남도: 今和次郎, 『民家論』(ドィス出版, 1971), p.71.

고 모두 귀틀집 구조였다.

다음은 두 번째 단계로서, 부침실이 추가되는 경우, 방의 분할 방법이 종(縱: 보 방향) 분할과 횡(橫: 도리 방향) 분할로 나누어지는데, 그 이유는 정주간의 면적이 경중(輕重)을 따라 나누어지기 때문으로 생각된다. 예컨 대 D-4의 경우는 가족 수가 5명으로 기록되어 있었는데, 횡 분할되었을 때 방의 폭이 커짐으로써 이들에게 필요한 면적의 정주간을 얻을 수가 있다.

세 번째 단계는, 함경도 민가의 큰 특징인 田자형의 침실군(群)이 등장 한다. 이 단계는 앞의 종·횡 분할(D 계열)이 정형(整形)의 田자형 평면으 로 발전된 과정이다. E-1의 경우 가족 구성이 남자 5명, 여자 8명의 대가 족인데, 앞서 밝힌 바와 같이 부엌이나 정주간의 넓이가 절실히 요구되 었기 때문으로 보인다. 또 부엌에서 온돌 난방을 관리하는 구조로서 E·F 계열의 평면형이 최선이며 열 경제성이라는 측면에서도 효율적인 배열 방법이기 때문이다.

3. 제주도형 민가

1) 제주도형 민가의 평면 특성

제주도형 민가는 일반적인 것이라면 부엌·상방·온돌방의 기본적인 방 배열로 구성되고 있어서 한반도의 민가형과는 배열 방식이 다르다.

제주도형 민가의 평면상의 특징은, 첫째, 한반도의 민가형과는 달리 '정지'라고 불리는 부엌에는 취사용의 아궁이만 독립되어 있다. 둘째, 정 지에 인접되어 있는 위치에 '상방'이라 불리는 마루방이 있고, 정지와 상 방 사이에 식사 공간인 챗방이 등장하는 경우가 있다. 셋째, 구들이라 불

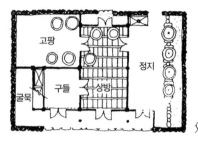

〈그림 3-5〉 제주도 민가의 실례 1
(전면 3칸의 일반형)

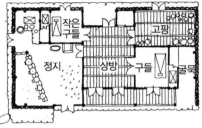

〈그림 3-6〉 제주도 민가의 실례 2
(작은방 있는 3칸형)

리는 온돌방은 정지와는 반대쪽 끝에 있으며, '굴묵'이라 불리는 온돌 난 방용의 함실아궁이가 있다. 그리고 구들의 뒤쪽에는 수장 공간인 '고팡' 이 있으며, 작은구들이 있는 경우는 보통 정지 옆에 위치한다. 이러한 평 면 구성상의 특징은 방의 위치와 기능적인 내용을 구체적으로 살펴봄으 로써 민가형의 형성 과정과 주문화적 배경을 이해하는 데 도움이 될 것 이다.

먼저 제주도 민가의 정지는 그 주요 기능이 취사·식사·옥내 작업장·건 조장·저장 공간 등으로 다채롭게 이용되며, 온돌방에 대한 난방과는 무 관한 것이 한반도의 민가와 크게 다른 점이다. 취사용 솥은 상방과 반대 쪽 벽선을 따라 배열하고 솥의 수는 4~5개 정도이며, 크기 순서에 따라 배열하는 것이 보통이다. 솥에 불을 때는 열은 취사에만 쓰고 여열을 구 들에다 들이지 않는 것은 온돌 구조가 전파되기 이전의 솥걸이임을 말해 준다.

정지 앞면과 상방 쪽의 샛문 앞은 식사 공간으로 이용되는데, 농번기 이거나 간단한 식사를 할 때에 흔히 쓰이고, 이곳을 '정지마리'라고 부른 다. 식사 때는 바닥에 앉을 수 있도록 검질을 까는 것이 보통이지만 평상 이 놓이는 경우도 있다. 옛날에는 정지의 중앙부에 '부섭'이라는 돌화로 를 묻어 채난을 했다고 하는데, 여기에 불을 피워 길쌈질을 하거나 불씨

|위| 전면 3칸의 제주도 민가(왼쪽부터 정지문, 상방문, 구들문이 보인다) |아래 왼쪽| 정지의 솥걸이 형태 |아래 오른쪽| 상방의 내부

를 묻어두었다고 한다. 또 정지 안에는 보통 물 항아리와 찬장을 두는데, 물 항아리의 위치는 일반적으로 큰솥 옆에 두고 찬장은 물 항아리 옆이나 상방 가까이에 두었다.

상방은 2칸형 민가에서 3칸형으로 발달하는 과정에서 정지가 기능 분화한 공간이다. 일반적으로 상방의 기능은 조상을 위한 제사, 가족 간의 화목, 여름철의 취침, 접객, 식사 등의 다양한 용도가 있으며, 여기에서 정지·구들·고팡 등으로 직접 연결되므로 민가의 중심이 되는 공간이다.

상방은 흔히 마루를 깔지만 흙바닥으로 된 경우도 가끔 있다. 이때는 마른 새[乾茅], 보릿짚, 조짚을 깔거나 멍석을 사용하기도 한다. 마루를 깔기에는 많은 재료와 노력이 들기 때문에 경제적으로 능력이 부족한 사람은 그냥 흙바닥으로 두었다가 다음에 마루를 놓기도 한다. 그러나 상방의 바닥은 근세에 와서야 마루를 깔았는데, 그 이전에는 토좌식(土座式) 상방이었을 것으로 추정되고 있다. 오래된 민가의 상방에는 중앙에서 뒷문과의 사이에 '부섭' 또는 '봉덕'이라 불리는 돌화로가 있는데, 그 기능은 난방·조명·건조·간단한 식사 등에 이용되었다. 옛날에는 어느 민가에서나 난로가에 앉아 길쌈, 베틀로 옷감짜기, 바느질, 새를 이용하는 집안일을 했고, 혼상제(婚喪祭) 때는 적을 부치거나 천장에 철사를 걸어 무쇠냄비를 매달고 물을 끓였다. 또 부녀자와 어린애들은 구들에서 자고 성인 남자들은 옷을 입은 채로 난로 옆에서 취침했다고 한다. 그 밖에 상방의 뒷문 쪽에는 '장방'이라 불리는 벽장이 있는데, 여기에는 특히 제기(祭器)들을 수장하고 부엌과의 샛벽에 문짝을 달지만 없는 경우도 있다.

챗방은 식당, 취사 준비, 밥상보기 등에 이용되는 공간으로서 작은방이 없는 3칸 집의 정지에 있던 식사 공간이 위생상 기능 분화하여 하나의 방으로 독립된 곳이다. 따라서 작은방이 있는 4칸 집(웃3알4칸집)에서 흔히 볼 수 있는 형태인데, 지방에 따라 '찻방'이라 불리기도 한다. 챗방의 바닥은 상방의 경우와 같이 흙바닥 또는 마룻바닥으로 나누어지며, 정지와의 사이에는 보통 벽이나 출입문이 없는 경우가 많으므로 상방보다 부엌 쪽에 가까운 공간이다. 이와 같이 정지의 다양한 고유 기능은 차츰 분화하여 나가버리고 단순화된 부엌의 기능 때문에 민가에서 정지의 비중은 크게 감소되었다.

정지의 반대쪽 단부에 있는 방이 일반적으로 '구들'이라 불리는 주 침실이다. 제주도에 온돌이 보급된 것은 조선 중기 이후로 추정되고 있으며,[3] 제주도의 온돌 구조는 미(未)발달 단계의 형태로서 그 역사가 극히 짧다. 이것은 제주도의 온돌이 늦게 전파되었던 탓도 있겠지만 기후가 온난하여 온돌 난방이 절실히 요구되지 않았고, 해풍과 계절풍이 강하게 불어 불내기가 일쑤였으며, 구들장의 채취가 어려웠고 축조 기술이 부족했기 때문이기도 하다. 따라서 온돌이 전파되기 200여 년 전만 해도 가난한 사람들은 흙바닥에서 자거나, 땅을 파고 돌을 메워 바닥의 습기를 제거한 다음, 검질이나 멍석류를 깔고 살았으며 여유가 있는 사람들은 마루를 깔고 살았던 것 같다. 그러므로 만일 온돌 구조가 일찍부터 보급되었더라면 아궁이와 부뚜막의 처리나 정지와 온돌방의 배열이 달라졌을 것이다. 그 좋은 예로서 정지가 상방 옆에 인접해 있고 정지 안에 따로 취사용의 아궁이를 만들었다는 것은 주실이 온돌방이 아니고 마루방이라는 증거이다. 그리고 정지 옆에 인접한 작은구들은 제주도형 민가의 발전과정을 보아 3칸 집에서 2개의 침실이 등장하는 초기 형태로서 훨씬 뒤의 일이다. 따라서 정지의 기능 축소 때문에 넓어진 정지의 일부에 하나의 침실을 추가하여 집약화시킨 형태로 생각된다. 주 침실인 큰구들 뒤쪽은 으레 수장 공간인 '고팡'이 차지하는데, 이것은 큰구들이나 상방 혹은 정지 일부에 산재되어 있던 각종 중요한 수장물을 한데 모아서 관리하는 곳이다. 따라서 고팡은 구들의 위치처럼 생존을 위해서는 결코 소홀히 할 수 없는 방어적인 공간이며, 동시에 구들에서 가재 관리를 하기에 제일 좋은 위치이다. 이와 관련하여 상방에서 부부의 관습적인 착좌(着座) 위치를 보면, 주부가 고팡 출입문 근처에 앉고 주인이 외부와 통하는 상방의 호령창 근처에 자리하는 것은 상징적인 착좌 방식이 아닐 수 없다. 그런데 제주도 민가에서 상방과 고팡은 고상식 바닥이면서 생활공간과 곡식의 수장 공간으로 분화되어 있다. 여기에 흥미로운 것은 상방의 출입문을 '대문'이라 하고 그 옆에는 외부 동정을 살피기 위한 '호령창'이라

---

3) 주남철, 「온돌과 부뚜막의 고찰」, 《문화재》, 제20호(문화재관리국, 1987), 151쪽.

는 개구부를 둔 점인데, 모두 두터운 널문으로 시설되어 있다. 이를 호남과 남동 해안 지방의 민가와 비교하면, 비록 곡식의 수장 기능과 생활 기능이 통합된 모습이긴 하나 이들 공간이 살림집의 중심 공간이라는 점에서, 그리고 외부에 시설된 개구부의 기능과 형태를 두고 볼 때 어떤 연관성이 분명히 있어 보인다.

2) 제주도형 민가의 발전 과정

이상과 같이 제주도형 민가에 있어서 방의 기능 분화 과정을 바탕으로 하여 민가의 칸잡이 형식의 계보를 나타낸 것이 <그림 3-7>이다.

먼저 A-1은 수혈주거와 유사한 일실(一室) 주거를 생각할 수 있다. 취사용 솥걸이가 있고 흙바닥에 검질이나 멍석을 깔고 침식을 해결하는 수준이다. 바닥에는 난방을 위한 '봉덕'과 같은 돌화로가 놓여있다. 여기에서 첫 번째 기능 분화는, 먼저 침실이 구획되고(B-1), 취사 시설 주변에 흩어져 있던 독과 항아리를 고팡에 모아 수장했다(B-2).

두 번째 단계로는, 정지와 구들에서 복합적으로 이루어졌던 기능 중 일부가 상방으로 기능 분화되었다. 즉, 가족 화목, 접객, 식사, 제사와 같은 의례 기능을 상방에 모아 구획했다. 이로써 제주도 민가의 일반적인 안채(안거리)의 형태가 완성된 것이다(C-1).

세 번째 단계의 기능 분화는, 작은구들과 챗방의 분화인데, 그 위치는 부침실이 정지의 전면(D-1, D-3)이나 정지의 후면(D-2, D-4)으로 나누어진다. 제주도 민가에서 정지의 기능 중 식사 준비와 상차리기, 그리고 배선의 기능이 챗방으로 분화되는 것은 한국 민가에서 특이한 현상이다. 그림 D-1, D-2에서 정지 공간의 일부에 있던 작은구들은 전면, 혹은 후면에서 그 크기는 정지 폭의 1/2 정도이다. 여기에서 챗방은 나머지 1/2의 폭을 채우면서 등장하고 있는데, 그 위치는 기능적으로 정지와 상방

〈그림 3-7〉 제주도형 민가의 발전 상정도

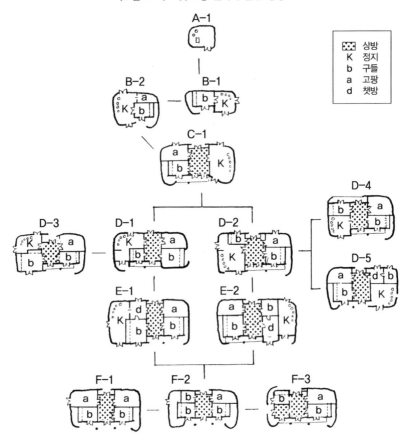

A-1. 북제주군 조천면 신촌리: 김광언, 『한국주거민속지』(민음사, 1988), 462쪽. B-1. 남제주군 표선면 성읍리: 김홍식, 「민속촌지정대상지 조사보고서」(제주도, 1978), 도판 88. B-2. 북제주군 한경면 도수리: 장보웅, 「제주도 민가의 연구」, ≪지리학≫, 10호(대한지리학회, 1974), 16쪽. C-1. 남제주군 표선면 표선리: 장보웅, 「제주도 민가의 연구」, ≪지리학≫, 10호(대한지리학회, 1974), 17쪽. D-1. 북제주군 한경면 명월리: 김홍식, 「민속촌지정대상지 조사보고서」(제주도, 1978), 도판 6. D-2. 북제주군 한경면 명월리: 김홍식, 같은 책, 도판 1. D-3. 남제주군 표선면 성읍리: 장보웅, 「제주도 민가의 연구」, ≪지리학≫, 10호(대한지리학회, 1974), 18쪽. D-4. 북제주군 애월면 애월리: 장보웅, 같은 책, 18쪽. D-5. 북제주군 애월면 하가리: 필자 조사. E-1. 북제주군 한경면 조수리: 장보웅, 「제주도 민가의 연구」, ≪지리학≫, 10호(대한지리학회, 1974), 20쪽. E-2. 북제주군 애월면 하가리: 필자 조사. F-1. 남제주군 표선면 성읍리: 김홍식, 「민속촌지정대상지 조사보고서」(제주도, 1978), 도판 72. F-2. 남제주군 표선면 성읍리: 김홍식, 「민속촌지정대상지 조사보고서」(제주도, 1978), 도판 19. F-3. 남제주군 성산면 수산리: 장보웅, 「제주도 민가의 연구」, ≪지리학≫, 10호(대한지리학회, 1974), 19쪽.

의 중간 위치를 고수하고 있다. 즉, D-1의 경우는 작은구들의 뒤쪽(E-1)에 자리하고, D-2의 경우는 작은구들의 앞쪽(E-2)이나 혹은 작은구들을 왼쪽으로 밀어버리고 상방 사이(D-5)에 자리 잡고 있다.

그런데 <그림 3-7>에서 E-1, E-2의 평면은 특이한 측면이 있다. 즉, 평면상으로는 4칸 집처럼 보이지만 구조적으로 지붕의 가구는 3칸 집인 것이다. 제주도에서는 이를 '웃3알4칸집'으로 부른다. 이러한 형태는 제주도 민가의 일반형에서 3칸 구조의 틀 속에 챗방과 작은구들이 추가됨으로써 별종의 형태가 된 것이다.

마지막 단계로서 F 계열의 민가는 결국 정지가 소멸되어 버리고 그 자리에 또 다른 고팡이나 구들이 들어서게 된다. 축출된 정지는 독립된 정지채로 나타나거나 헛간채와 겸용되기도 한다. 분포 지역은 주로 제주도의 동부 지역에 집중적으로 나타나는데, 화재를 예방하고 실내 공기를 개선하려는 의도가 작용한 것으로 알려져 있다.

4. 맺는말

한반도에서 지리적으로 대극적인 위치에 있는 함경도형과 제주도형 민가에 대해 수혈주거에서 출발되는 민가의 발전 계보를 상정해 보고, 이를 비교 고찰한 결과 몇 가지 유사한 점과 상반되는 점이 드러난다.

먼저, 수혈주거의 흔적이 남아있는 정지와 인접해 있는 공간은 함경도형에서는 '정주간'이고 제주도형에서는 '상방'이다. 이들 공간은 침실이 독립하기 이전에 주요 생활공간이 정주간과 상방이었음을 말해준다. 정주간과 상방은 한 가족이 공동체를 이루어 생활하는 데 상응하는 '가족의 방'이었다. 이러한 측면에서 함경도의 정주간과 제주도의 상방은 가족을 결속시켜 주는 장소로서 큰 의미가 있다. 또한 기후적인 조건에 따라 거실 바닥이 생활을 가능하게 한 온돌과 마루라는 점에서 한반도의 주거 특성을 그대로 대변해 주고 있다.

다음으로, 두 민가형은 양통형이라는 점에서 유사한 평면을 보이고 있다. 그러나 함경도형은 혹한 지대라는 기후적인 환경과 온돌방의 열 경제성이나 열 공급상의 문제 때문에 온돌방이 집중화된 양통형인 반면에, 제주도형은 앞뒤퇴가 있는 구조적인 문제 때문에 보 방향으로 구들과 고팡을 둘 수 있었던 점과 정지 기능의 축소로 작은구들이 추가로 등장한 결과이므로, 이들 두 민가형의 양통형은 그 출발이 다르다. 그뿐만 아니라 함경도형의 양통형은 이 지방의 정형화된 평면이지만 제주도형의 양통형은 그렇지가 못하다는 점에서 이론의 여지가 충분히 있다.

한반도의 부엌은 취사와 난방을 겸한 공간이지만, 이것이 분리되어 있는 제주도형은 방의 기능 분화가 퍽 자유롭게 이루어져 있다. 다시 말해서 침실이 추가될 때 그 위치가 분산되고 상대적으로 정지의 면적이 줄어들다가 급기야는 별채로 축출되는 방의 분산적인 경향이 강하다. 이에 반하여 함경도형 민가는 방의 기능 분화가 활발하지 못하고 응축된 집중적인 평면을 보여주고 있다.

제2장
영동 북부 지방의 민가

1. 머리말

전통적인 민가는 건축 이전에 하나의 자연적인 현상이며, 지방의 풍토가 다른 만큼 민가형도 서로 다르다. 이것은 무엇보다 민가가 자연의 일부임을 증명하는 것이다. 또 전통적인 민가에는 생활과 생산의 구체적인 모습들이 담겨있다. 오랜 세월 동안 지역의 생활과 풍토가 변하면서 민가도 변해왔고 또 조금씩 개선되어 오기도 했다. 그리하여 지역민들의 축적된 경험과 전해져 온 지혜를 바탕으로 한 집짓기는 관습이 되고 전통이 되어, 결국 종합적인 문화계(系)라 할 수 있는 그 지방 특유의 민가형을 형성했다.

영동 지방은 과거로부터 한반도의 민가형 분류에서 '함경도형'의 주문화권에 속해있다는 가설이 지배적이었고, 그동안 단편적으로 발표되었던 보고[1]에서도 이를 뒷받침하고 있다. 이 글의 대상 지역은 태백산맥의 동쪽에 위치한 영동(嶺東) 지방으로서 영서(嶺西) 지방과는 절대적인 지형

---

[1] 백홍기, 「영동지방의 고민가 조사」, 강릉교육대학 논문집, 제8집(1976); 유승룡·박경림, 「강원도 민가에 관한 연구」, 《건축》, 제28권, 제117호(대한건축학회, 1984).

〈그림 3-8〉 조사지 분포도

고성군
속초
설악산
동해
인제군
양양군
주문진
강릉
평창군
명주군
북평
정선군
삼척군

적 장벽으로 인하여 문화적 교류가 크게 제약되어 온 지역이다. 조사 지역의 북쪽 경계는 조사가 가능한 강원도 고성군이며, 남쪽 경계는 경북 영덕군에 이르는, 남북 간 190여 km의 범위이다. 조사 지역은 서쪽으로 태백산맥이라는 장벽이 가로놓여 있고, 동쪽으로는 동해(東海)에 면해있는 아주 기다란 형상을 하고 있다. 따라서 이 지역의 민가형 분포는 퍽 흥미롭다. 이 지방 민가를 실례를 들어 분석함에 있어서 조사 과정에 드러난 민가형에 근거를 두고 영동 북부와 영동 남부 지방으로 나누어 풀어나가기로 한다.

두 지역의 경계지대는 강원도 명주군과 삼척군의 군계(郡界)에 해당되며, 이곳은 비령을 비롯한 준령(峻嶺)들이 남북 간 교통을 가로막고 있어, 예로부터 생활권을 달리 하고 있다. 따라서 이 글의 조사 지역은 강원도 고성(高城)·양양(襄陽)·명주(溟洲)군에 한정하기로 했고, 구체적인 조사지는 〈그림 3-8〉의 점으로 표시된 부분이다.

2. 영동 지방의 정주 환경

주거를 하나의 창(窓)으로 바라보는 시각은 창을 통해서 문화의 사회적 구조·종교·세계관, 그리고 문화적 환경과의 상호관계들을 동시에 볼 수 있음을 말해준다. 이러한 의미에서 영동 지방 특유의 정주 환경 요소들을 개관해 보면 다음과 같다.

한반도의 척추에 해당되는 태백산맥은 함경도 최남단에서 솟아올라 남진(南進)하면서 향로봉(香爐峰)을 지나 기세 있게 내려오다 영동·영서의 관문인 대관령(大關嶺)에서 잠시 머문다. 다시 동해안을 따라 내려와 태백산 부근에서 소백산맥과 갈라지고 경북 지방에 들어오면서 평균 높이가 훨씬 낮아진다. 여기에는 산맥 사이에 발달된 몇 개의 종곡(縱谷)과 산맥을 끊는 횡곡(橫谷)이 발달되어 동서 간의 교통장애가 북쪽에 비하여 훨씬 덜하다. 예로부터 태백산맥은 영동·영서 지방의 분계산맥(分界山脈)으로서 평균 높이가 800m에 이르므로 영동·영서 간의 기후·문화·역사 및 풍습까지도 갈라놓았다. 한편 영동·영서 간의 문화적 교류는 태백산맥의 횡곡통로(橫谷通路)에 간신히 의존했고, 이 가운데, 특히 유명한 것은 서울·경기 지방에 이르는 대관령과 경북·안동 지방에 이르는 유령(楡嶺)이었다. 그리고 영동 지방의 내부 교통은 큰 어려움이 없었지만, 특히 긴 해안선을 따라 해상교통이 발달했다.

태백산맥은 동해에 바싹 붙어있으므로 영동 쪽 사면(斜面)은 급하고 해안선은 융기해안(隆起海岸) 특유의 단조로운 선을 유지하고 있다. 따라서 평야의 발달이 미약하지만 산지에서 표고 200m 부근을 경계로 경사가 완만하게 변하여 구릉지가 해안까지 임박해 있다. 그러므로 이 지방은 농촌·어촌·산촌 등의 다양한 촌락 구성과 이들의 경제적 특성이 혼재되어 있다.

영동 지방의 기온은 동해 해류의 영향으로 위도상 낮은 남해안 지방과 비슷한 온도 분포를 보여주고 있다. 연평균 기온을 보면, 대체로 영동 북부가 11℃, 영동 남부가 13℃이므로 두 지역 간의 차이는 미미하다. 그러나 1월 평균 기온을 보면, 영동 북부가 영하 4℃이고 영동 남부가 0℃이다. 그리고 영동 북부 지방의 적설량은 최대 80~100cm로 남부의 40~60cm에 비할 바가 못 되고, 그 밖에 산간과 해안 지방의 국지(局地) 기후 차가 큰 것도 하나의 특징이다.

이러한 자연적 조건으로 인해 외지에서 이주해 오는 사람이 별로 없이 자연스럽게 동성촌(同姓村)이 이룩되었고, 혈연적 관계에 의한 상부상조(相扶相助)의 미풍을 그대로 이어왔다. 다시 말해서 이 지방 주민은 거의 한 지방에만 고착하여 농경과 어로 중심의 문화와 생활 습속을 이루어왔고, 폐쇄적인 고착성을 조장하여 외부 사회의 문물 수용에는 대체로 뒤떨어져 있었다고 보인다. 또한 당시 사람의 힘으로 감당하기 어려웠던 각종 재앙은 이를 해결하기 위해서 뚜렷한 종교관 없이 귀(鬼)와 신(神)을 제사했고, 이를 위무(慰撫)하는 것만으로 극복할 수 있다고 믿어온 것은 다른 지방의 경우와 유사하다.

3. 영동 북부 지방 민가의 실례와 분석

실례 1_강원도 양양군 현남면 정자리, 조씨 댁

3대째 살고 있는 이 집은, 대략 90여 년 전에 세워진 까치구멍집이다. 평면은 마루방이 없는 田자형의 침실 구성을 보여주고 있고 굴뚝 하나로 배연(排煙)하고 있다.

또 정지에서 마구를 달아내어 집의 바깥 모양이 ㄱ자를 이루고 있는데 돌출부는 몸채 지붕 밑에 붙이고 있다. 외벽 가운데 마구와 정지 부분은 널판 빈지로 처리했고 마구 위에는 마구다락을 꾸몄다. 방의 이름은 앞줄의 방을 구들·사랑, 뒷줄의 방을 뒷방·도장이라고 부르며, 방의 용도는 구들이 주 침실이다. 뒷방은 부침실로 사용되거나 구들의 부속실로 사용되는데, 현재는 구들과 통간하여 사용하고 있다. 도장은 알곡식을 독에 넣어 수장하는 방인데, 흔히 뒷방에서만 출입되고 가끔 침실로 전용되는 경우도 있다. 사랑은 주인이 거처하거나 접객을 위한 공간이다. 이

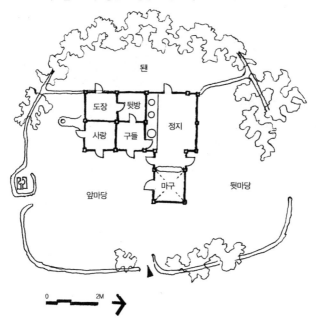

〈그림 3-9〉 강원도 양양군 정자리, 조씨 댁(실례 1)

러한 살림집의 일반적인 취침 관습은, 사랑에 할아버지가 거처하고, 할머니는 손자들과 구들에서 생활하고, 아들 내외는 뒷방에서 어린아이들과 기거한다. 그러나 아들 내외가 살림을 맡으면 뒷방에서 구들로 옮기고 할머니는 뒷방이나 사랑으로 옮긴다. 이 집의 출입문은 정지와 마구의 문이 판장문이고 나머지는 모두 띠살문이다. 정지의 부뚜막에는 솥이 셋 걸리고, 이 가운데 맨 앞의 솥이 쇠죽가마이다. 따라서 외양간의 위치가 기능적으로 자연스러운 배치가 된다. 그리고 부뚜막 위에는 고미다락을 설치했고, 외부 공간은 앞마당·뒷마당·됀으로 3분되어 있다. 됀은 뒤안의 준말인 듯싶고, 여기에는 장독대를 두는 등 여성의 은밀한 공간이다. 뒷마당은 일종의 가사 공간이면서 앞마당에 비해 여러 가지 용도로 쓰이는 예비 공간이며, 집안의 자질구레한 물건들을 둔다.

이러한 유형의 민가는 기본적으로 취침·접객·수장의 세 부분이 田자

형의 평면 속에 합리적으로 배치되어 있고, 부속채가 발달되지 못한 이
지방에서 웬만한 가족 형태는 융통성 있게 수용될 수 있는 일반형의 민
가이다.

실례 2_강원도 양양군 손양면 주리, 신씨 댁

신씨 집은 80여 년 전에 세워진 것으로 전해지는 까치구멍집이다. 근
년에 달아낸 광을 제외하면 이 지방의 전형적인 마루 있는 田자형 집이
다. 앞줄에 마루와 사랑이 배열되고 뒷줄에 구들과 도장이 있다. 이 지방
민가에서 마루가 있는 경우는 부엌 쪽 앞줄에 들어서고 구들은 뒷줄에
위치하게 된다. 이 집의 마루는 사랑방을 넓혔기 때문에 전면 폭이 줄어
들었을 뿐이다. 정지와 마루의 고저 차는 91cm 정도로, 정지에서 사다리
를 마루에 걸쳐 오르내리며, 마루의 부엌 쪽 벽은 절반 정도를 판자 빈지
로 막아놓았다. 이것은 부뚜막 아궁이에서 나오는 연기를 막아보려는 의
도이다. 부뚜막은 마루 때문에 구들 쪽에만 설치되고, 이때에도 앞쪽에
걸리는 솥이 쇠죽가마이다. 쇠죽가마는 직경이 76cm나 되고 부뚜막 깊
이는 120cm나 된다. 마구 바닥은 정지 바닥보다 30cm 정도 낮고, 마구

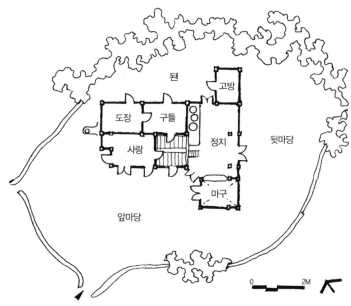

〈그림 3-10〉 강원도 양양군 주리, 신씨 댁(실례 2)

높이는 140cm 정도이므로 마구 위에 마구다락을 꾸몄다. 이러한 살림집은 마루가 있는 민가에서 가장 일반적인 유형인데, 다만 마루가 등장함으로써 취침 공간이 줄어든 것이다. 그러나 부엌과 침실 사이에 마루라는 제3의 공간을 도입함으로써 침실을 가급적 전용화시키고 민가의 옥내 생활에서 동선의 공간화, 옥내 가사, 생산 작업, 식사, 휴식 등의 다양한 효능을 마루가 수용할 수 있게 되었다.

실례 3_강원도 명주군 구정면 여찬리, 김씨 댁

이 집은 100여 년 전에 지었다고 전해지는 민가로서 조사할 때에는 빈 집이었다. 원래 초가의 까치구멍집이었으나 현재는 슬레이트 지붕으로 개조된 전면 4칸 겹집이다. 이 집의 바깥 모습은 다른 집과 다를 바 없으나, 전면 3칸 집에 사랑방을 덧붙인 구조이다. 다만 실례 1의 민가에

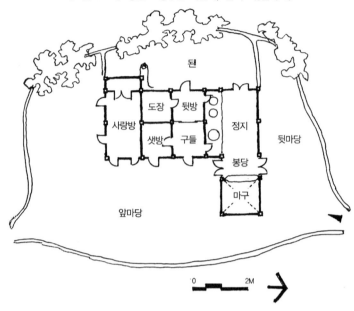

〈그림 3-11〉 강원도 명주군 여찬리, 김씨 댁(실례 3)

된

도장　뒷방

사랑방

샛방　구들

정지

뒷마당

봉당

마구

앞마당

0　　2M

서 사랑방 위치에 샛방에 들어서고 있는데, 이 방의 주된 용도는 며느리 방이다. 그러므로 이러한 유형의 집은 각 방의 주생활이 어느 정도 여유가 있는 집이다.

민가의 기단을 이 지방에서는 '뜰팡'이라 부르는데, 사랑방의 아궁이는 전면 뜰팡에 별도로 설치했고, 굴뚝은 한곳에 모았다. 그리고 사랑방 아궁이 부분은 짚단으로 울을 쳐서 비바람을 막도록 했다. 부뚜막 상부에는 구들과 뒷방에서 이용하도록 벽장을 설치했고, 사랑방 뒤편에도 이러한 시설을 두었다. 영동 북부 지방의 민가는 대체로 부속채가 발달되지 못하고, 민가의 실 구성이 몸채에 모아지는 집중적인 평면 경향을 보이고 있다. 이 집은 이러한 측면에서 볼 때 살림을 차린 2대의 가족과 접객을 위한 공간이 한 지붕 안에 집중화된 경우이며, 어느 정도 정상적인 주생활이 가능한 민가형이다.

|왼쪽| 양양군 우암리, 김씨 댁(<그림 3-12>의 B2-1) |오른쪽| 고성군 오봉리, 함씨 댁(<그림 3-12>의 C-2)

이상과 같이 영동 북부 지방의 민가를 평면 계열에 따라 특징적인 민가의 실례를 들어보았다. <그림 3-12>는 조사된 민가를 규모별, 마루의 유무에 따라 유형별로 묶어본 것인데, 그 특징을 살펴보면 다음과 같다.

(1) A1 계열

전면 3칸의 마루 없는 겹집 계열이다. A1-1의 경우, 디딜방앗간을 마구 옆에 붙여 집중화시킨 것이 돋보인다.

(2) A2 계열

전면 3칸의 마루 있는 겹집 계열이다. 마루의 규모가 반 칸, 1칸 등으로 다양하게 분할되고 또 필요에 따라 내부 칸살을 다양하게 구획하고 있다. A2-1은 마루가 있을 부분이 봉당이라는 흙바닥으로 되어있는데, 이것은 영세한 살림집에서 마루를 시설하기 전에 잠정적인 공간으로 유보시켜 두는 경우이다.

〈그림 3-12〉 영동 북부 지방 민가의 유형

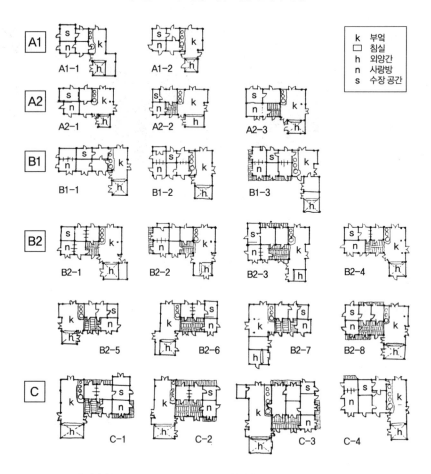

k	부엌
☐	침실
h	외양간
n	사랑방
s	수장공간

A1-1. 명주군 옥계면 천남리, 신종승 댁 A1-2. 양양군 현남면 정자리, 조중관 댁 A2-1. 양양군 손양면 우암리, 김옥순 댁 A2-2. 속초시 중도문리, 엄계춘 댁 A2-3. 양양군 손양면 주리, 신수영 댁 B1-1. 명주군 구정면 여찬리, 강대길 댁 B1-2. 명주군 구정면 여찬리, 성명 미상 B1-3. 양양군 현남면 죽리, 정병종 댁 B2-1. 양양군 손양면 우암리, 김준옥 댁 B2-2. 속초시 하도문리, 김근수 댁 B2-3. 고성군 죽왕면 삼포1리, 어기백 댁 B2-4. 양양군 손양면 주리, 김시흥 댁 B2-5. 고성군 죽왕면 구성리, 안명환 댁 B2-6. 고성군 죽왕면 인정2리, 이총균 댁 B2-7. 양양군 현남면 시변리, 김택준 댁 B2-8. 속초시 중도문리, 김종우 댁 C-1. 고성군 죽왕면 구성리, 정양명 댁 C-2. 고성군 죽왕면 오봉리, 함정균 댁 C-3. 고성군 죽왕면 삼포1리, 어명기 댁 C-4. 명주군 성산리 부산2리, 김덕기 댁

(3) B1 계열

전면 4칸의 마루 없는 겹집 계열이다. 마루가 없는 대신에 2칸 규모의 안방 계열의 온돌방이 등장하고 있다.

(4) B2 계열

전면 4칸의 마루 있는 겹집 계열이다. 가장 큰 특징은 앞줄의 사랑과 마루의 칸수 조절이 변수이며, 뒷줄의 안방과 도장은 큰 변화가 없다.

(5) C 계열

전면 4칸, 측면 2.5~3칸의 겹집 계열이다. 마루가 없는 경우도 있으나 대체로 1.5~2칸의 마루가 있다. 툇마루가 발달된 점이 특징이고, 실 구성은 다른 유형과 비교해서 큰 변화가 없다.

이 지방 민가의 이러한 계열별 특징들을 종합해 보면 다음과 같이 실 조합상의 특성과 민가의 발전 과정을 정리해 볼 수가 있다.

첫째, 민가의 규모는 측면 2칸 겹집에서 전면 3~4칸 계열과 측면 2.5~3칸 겹집에서 전면 4칸 계열로 구분되는데, 이 지방의 일반형 민가는 측면 2칸, 전면 3칸 계열이다.

둘째, 측면 2칸, 전면 3칸의 경우는 마루가 있는 경우와 없는 경우로 나누어지는데, 마루가 있는 경우는 부엌 쪽 전열에 마루와 사랑방이 배열되고, 후열에는 안방과 도장이 위치하는 것이 일반적인 배치법이다. 마루가 없는 경우는 대체로 마루의 위치에 온돌 침실이 위치하고 다른 변화는 없다. 또 어떤 경우이거나 이러한 배치법은 정형의 田 자 배치법이 많지만, 안방이나 사랑방의 면적을 늘리면서 전·후열이 서로 엇갈린 비정형의 田 자 배치가 되기도 한다.

셋째, 측면 2칸, 전면 4칸의 경우에도 마루가 있는 경우와 없는 경우로 나누어진다. 마루가 있는 경우는 부엌 쪽에서 전열에 1칸이나 2칸의 마루와 2칸 규모의 사랑방이 배열되고, 후열에 2칸의 침실과 1칸의 도장이 배열되어 일반형의 기본적인 배치법과 차이가 없다. 그러나 마루가 없는 경우는 방의 배열법이 달라진다. 즉, 안방이 마루의 위치를 차지하면서 횡렬로 2칸의 안방 계열이 배열되고, 사랑방 또한 횡렬로 2칸을 차지하게 된다. 그리고 그 사이에 후열의 도장과 전열의 샛방이 위치한다. 그 밖에 도장의 위치는 어떤 경우에도 안방 계열에 인접된 고정적인 위치에 있다.

넷째, 전면 4칸인 경우에 측면 2.5칸이나 3칸에 이르는 민가는 특수형에 속한다. 측면 2.5칸의 경우는 실 배열상의 특징은 보이지 않고, 다만 뒤퇴 부분에 툇마루를 설치하거나 도장과 정지 부분의 확대 현상이 두드러지고 있다. 그리고 측면 3칸의 경우에는 마루의 유무에 따라 달라지지만 전면 4칸의 겹집에서 보여준 배치 방법과 크게 달라지지 않는다. 그러나 마루의 규모라든지 사랑마루가 별도로 시설되는 등, 상류 주택의 요소가 두드러지게 나타나는 점이 특징이다.

4. 함경도형 민가와의 비교

<그림 3-13>은 광복 후 북한 학자가 발표한 문헌과 과거 일본 학자들이 채집한 함경도 지방의 민가 중 영동 지방의 민가와 유사한 평면을 모은 것인데, 이것을 영동 북부 지방의 민가와 비교한 것을 요약하면 다음과 같다.

첫째, 침실군(群)이 田자형의 경우, 안방·윗방·사랑·도장의 실 배열이 영동 지방의 마루 없는 민가와 동일하고, 전면이 한 칸 늘었을 때 단부와 횡렬이 사랑방이 되는 것도 동일하다.

둘째, 북한 학자들의 견해에 따르면, 함경남도와 함경북도의 민가형은 서로 다른 특징을 가지고 있다. 즉, 함경남도 민가형은 우선 외양간의 돌출로 인해 ㄱ자형을 보이는데, 이는 함경북도의 一자형 민가와 다른 점이다. 다음으로 田자형 온돌방의 용도는 유사하지만 분할 방법과 방의 이름이 다르다. 아무튼 이렇게 보면, 영동 북부 지방 민가형에서 외양간이 돌출하고 있는 점은 인접한 함경남도 민가형의 영향으로 보아도 좋을 것이다.

〈그림 3-13〉 함경도형 민가의 유형

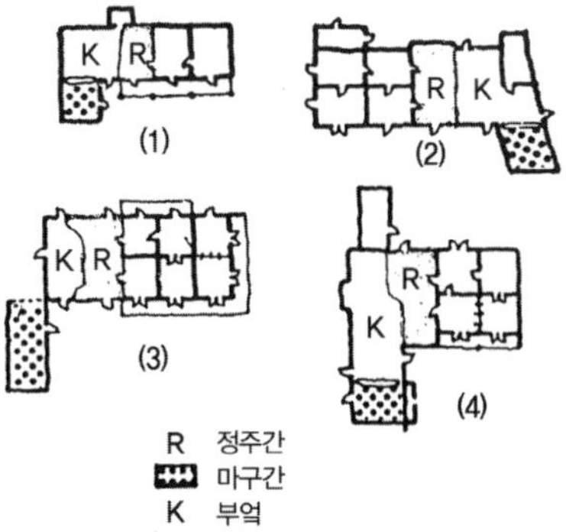

R 정주간
ⵘ 마구간
K 부엌

(1) 小田內通敏, 『朝鮮部落調査報告』, 第1冊 (朝鮮總督府, 1924), 図版 5. (2) 같은 책, 図版 7. (3) 今和次郎, 『民家論』(ドメス出版, 1971), p.349. (4) 같은 책, p.223.

셋째, 함경도 민가형에서 하나의 특징은 정주간이 있는 점과 고상식 마루가 등장하지 않는다는 점이다. 이들 두 민가 요소는 영동 지방 민가에서 서로 상반되는 점이다. 즉, 영동 지방 민가에서 정주간은 없고 마루는 흔하게 등장하고 있다. 이것은 추정컨대, 영동 지방이 지리적으로 남쪽으로 온화한 지역이므로, 매운 연기로 가득 찬 정주간이 생활공간으로서는 부적합하여 퇴화해 버린 것이 아닌가 생각된다. 그리고 영동 지방의 마루는 이 지방에 인접된 지역, 즉 영서의 중부 지방과 경북 지방 민가에서 모두 고상식 마루가 일반화되고 있는 것을 감안하면, 일반 민가에서 필요에 따라 쉽게 고상식 마루를 수용한 것으로 보인다.

영동 북부 지방의 민가에는 이미 언급된 바와 같이 田자형 평면 중 마루가 있는 경우와 이 부분이 온돌방으로 된 경우가 혼재하고 있다. 이것을 이 지방에 속하는 고성(高城)·양양(襄陽)·명주(溟州) 군으로 나누어 살펴보면, 현재로선 고성·양양 지방에서는 마루가 많이 분포되고 있고 명주 지방은 그 반대로 마루를 찾아보기 어렵다. 여기에서 특기할 사항은,

고성 지방의 마루는 그 원형이 봉당이라는 흙바닥이었고, 이것이 일제(日帝) 중기에 마루로 개조된 것이라는 보고가 있다.[2] 필자의 조사에서도 봉당이 있는 민가가 양양·명주 지방에서 채집된 바가 있고, 또 이와 유사한 평면이 황해도를 동서로 흐르는, 멸악산맥을 중심으로 한 일부 지방[3]과 황해도에 인접한 몇몇 도서 지방에서도 채집되었다는 보고[4]가 있다.

그러나 함경도 지방에서 이러한 민가가 조사되었다는 보고는 아직 없다. 그런데 영동 지방 민가의 특성으로 보아 이 지방의 민가를 함경도 지방형에서 파생된 하나의 유형으로 본다면, 어디까지나 田자형 온돌 침실군이 그 원형임에 틀림없다.

여기에서 '봉당'의 기능적인 특성을 살펴보면, 마치 현관홀과 같은 동선의 공간이기도 하고, 어떤 특정 기능에 한정하지는 않지만 주로 옥내 작업 공간으로서 유효하게 쓰이는 공간이다. 따라서 봉당은 한랭한 산간 지방의 민가에서 마당의 일부 작업 공간이 옥내에 편입된 것이라 생각된다.

주거 형태는 주어진 여러 가지 제약 속에서 가능성을 전제로 한 선택의 결과이며 어떤 불가피성이란 없는 것이다. 이렇게 볼 때 영동 지방 민가에서 함경도형의 정주간이 소멸되었다든지, 田자형 온돌방의 한 칸이 마루가 되거나 봉당이 되거나 하는 변형은 그 지방 특유의 기후적 혹은 사회·문화적인 여건 아래에서 선택된 결과로 볼 수 있다.

다시 말해서 정주간이 소멸됨에 따라 옥내 작업과 가사 공간이 협소해지는 불편이 생겼으므로, 마루와 같은 다목적 공간의 출현은 기후적인 여건까지 감안할 때 자연스러운 결과이다. 그러나 영세한 살림집에서는

2) 백홍기, 「영동지방의 고민가 조사」, 강릉교육대학 논문집, 제8집(1976), 228쪽.

3) 김홍식, 「주생활」, 『한국민속종합조사보고서: 함경남북도 편』(문화재관리국, 1981), 220쪽에서 재인용.

4) 김광언, 「옹진 백령도·대청도·소청도·연평도의 주생활」, 한국민속종합조사보고서, 제16책(문화공보부, 1985), 73쪽.

마루를 설치하는 것이 큰 부담이었으므로, 이 지방 민가의 봉당은 임시적인 흙바닥이거나 그 후에 마루를 설치하기로 하고 부엌 공간이 봉당의 기능을 수용하기로 한 것이다.

5. 맺는말

영동 북부 지방 민가의 공통된 특징은 기본적으로 田자형의 실 배열을 하고 있고, 외양간이 부엌에서 ㄱ 자로 돌출되어 있으며, 까치구멍이 있는 팔작지붕을 정형(定形)으로 하고 있다. 민가의 규모는 측면 2칸의 겹집에서 전면 3칸, 4칸 계열과 측면 3칸의 겹집에서 전면 4칸 계열의 민가가 구분·채집되었다.

또 이 지방의 민가는 마루가 없는 경우와 있는 경우가 혼재하고 있다. 전면 3칸의 민가에서 마루가 없는 경우의 실 배열은 2칸의 취침 공간, 1칸의 접객 공간과 수장 공간으로 구성되고 있으며, 마루가 있는 경우는 2칸의 취침 공간 중 전면 1칸이 마루가 된다. 전면 4칸의 민가는 이러한 민가에서 사랑방이 본격적으로 등장한 경우로서 마루의 유무에 따라 사랑방의 배열법이 달라진다. 측면 3칸의 경우는 기본적인 실 배열법에 큰 변화가 없고, 다만 실면적의 확대 현상과 상류 주택의 요소가 두드러지게 나타나고 있다.

이 지방 민가를 함경도 지방형과 비교해 보면, 실의 배열법과 외양간의 위치가 유사하며, 민가의 구성 요소가 집중화된 점에서 함경도 지방형의 동일 계열로 생각된다. 다만 여기에 마루가 등장하기도 하지만 마루가 없는 민가도 상당수가 있는 것을 보면 남방적인 고상식 요소가 가미된 것으로 생각된다. 그리고 이러한 민가의 분포 권역은 더 북상하여 적어도 강원도와 함경도의 경계 지방에까지 연장될 수 있을 것으로 추정된다.

제3장
영동 남부 지방의 민가

1. 머리말

영동 지방 민가형의 분포 지역은 한반도의 척추에 해당되는 태백산맥 동쪽의 기다란 형상의 지역으로서 남북으로 190여 km에 이르고 있다. 영동 북부와 남부는 대체로 생활권역상 뚜렷한 차이를 보이고 있거니와 민가형에서도 다 같이 '함경도형'의 민가 계열이지만 다소의 변형을 보이고 있다. 이것은 영동 지방의 주거 문화가 자연적인 조건 때문에 전파 경로가 남북 간 교류에 의존해 왔으며, 영동과 영서 간의 문화전파는 어려웠기 때문이다.

주택은 단순한 물리적인 대상이 아니다. 집을 짓는다는 것은 문화적인 현상이기 때문에 집의 형태와 방의 구성은 그것이 속해있는 문화적 환경에 크게 영향을 받는다. 한 문화권 안에서는 민가의 원형이 있고 원형에 대한 수정과 변형은 부분적인 민가 요소이며 유형의 큰 틀에서 벗어나는 것은 아니다.

영동 남부 지방에서도 북부 지방의 민가형과 비교해 볼 때 함경도형 민가의 원형에서 어떻게 수정과 변형이 가해졌는지를 알아보는 것은 흥미로운 일이다. 물론 이것은 지역 특유의 문화적 환경에 따라 일어난 것

이며, 이 또한 긴 세월 동안 지역 주민의
동의에 의해서 하나의 전통으로 굳어진 것
이다.

이 글의 조사 대상 지역은 <그림 3-14>
와 같이 강원도 삼척군, 경북 울진군·영덕
군이며, 조사지는 점으로 표시했다. 그리고
조사된 민가의 건축 연대는 한일병합 이전
의 것으로서, 다소 원형이 변형되었다고 생
각되는 부분은 주민의 진술에 따라 그 원
형을 추적했다.

〈그림 3-14〉 조사지 분포도

2. 영동 남부 지방 민가의 실례와 분석

실례 1_ 강원도 삼척군 미로면 길천리, 최씨 댁

최씨 집은 100여 년 전에 건립되었다고 전해지는데, 지붕은 한식 기와
를 이은 팔작지붕이다. 실 구성은 마루가 없는 영동 북부 지방의 민가와
같이 정지 쪽에서 앞줄에 구들과 사랑, 뒷줄에 뒷방과 도장이 田자형으
로 구성되고 있다. 그리고 방의 용도는 영동 북부 지방의 경우와 같다.
다만 마구의 위치가 정지에서 ㄱ자로 꺾어지는 위치에 있지 않고, 一
자로 정지에 붙어있다. 그리고 마구의 지붕은 몸채의 팔작지붕과 관계없
이 지붕을 따라 경사져 있다. 민가의 창호는 정지와 마구의 문이 판장문
이고, 나머지는 모두 띠살문이다. 특히 마구와 정지의 외벽은 모두 널판
빈지로 처리되고 있어 집의 외관이 독특하다. 굴뚝은 전·후열에 각각 하
나씩 시설했고, 외부 공간은 뒷과 앞마당으로 양분되어 있다. 이러한 마
루 없는 민가는 이 지방에서 흔히 보이는 유형은 아니고, 삼척 일부 지방

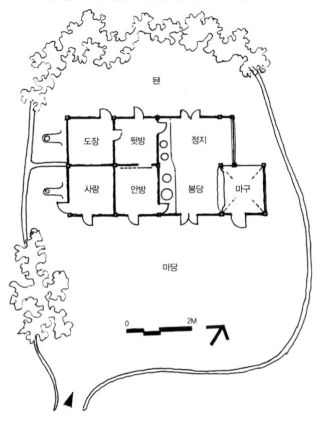

〈그림 3-15〉 강원도 삼척군 길천리, 최씨 댁(실례 1)

에서만 분포되고 있다. 또 민가의 방 배열이 영동 북부 지방과 같이 田자형을 이루고 있으나, 다만 외양간의 접속 위치가 민가의 종축(縱軸) 방향으로 부엌에 부속되어 있는 점이 다를 뿐이다.

실례 2_경북 울진군 근남면 행곡리, 신씨 댁

신씨 집은 현재 한식 기와로 이어진 팔작지붕을 하고 있으며 집을 지은 지 약 200여 년으로 전해지고 있다. 방의 구성은 田자형 배열을 보이고 있는데, 전열에 마루와 사랑, 후열에 안방과 도장이 배열되어 있다.

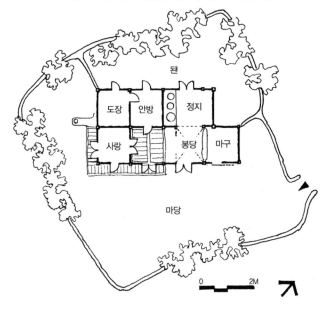

〈그림 3-16〉 경북 울진군 행곡리, 신씨 댁(실례 2)

된

도장　안방　정지

사랑　봉당　마구

마당

0　　　2M

그러므로 마루가 없는 실례 1의 민가에서 구들 부분에 마루가 들어서고 뒷방 부분이 안방이 되고 있는 점이 다르다. 마구의 위치는 실례 1의 경우와 같은데, 이 부분의 지붕은 맞배지붕이며 몸채의 팔작지붕 밑에 붙여놓았다. 이러한 구조는 빗물 처리가 좋으나 높이가 낮아 마구의 상부에 다락을 둘 수가 없으므로 신씨 집은 봉당 윗부분에 다락을 꾸몄다. 이것은 마치 중이층(中二層)의 구조와 같고, 여기에 출입하기 위한 통나무 사다리를 마루 끝에 설치했다.

　이 지방에서는 부엌 출입문 부근의 내부 흙바닥을 '봉당'이라 부르고 있으며, 봉당을 사이로 하여 마루와 외양간을 마주 보게 하는 것은 소의 관리를 쉽게 하는 것을 비롯하여 마루의 다양한 용도와도 연결된다. 부뚜막 위에는 안방에서 쓸 수 있도록 벽장이 설치되어 있고, 부뚜막과 봉당 사이에는 부뚜막 깊이만큼의 벽이 있어, 연기가 직접 마루 쪽으로 가

|왼쪽| 울진군 행곡 2리, 최씨 댁 전경(<그림 3-18>의 C1-2) |오른쪽| 울진군 명도 1리, 장씨 댁 전면(<그림 3-18>의 C1-5), 정지·마루·마구 문이 모두 판장문이다.

지 않도록 배려하고 있다. 이것은 영동 북부 지방의 마루에서 보여준 시설과는 다른 점이다. '화티'는 이 벽의 아래쪽에 원형대로 보존되어 있다. 민가의 외벽은 정지, 마구, 그리고 마루에까지 널판 빈지로 처리하고 있는데, 특히 마루문을 판장문으로 시설한 것은 영동 북부 지방의 민가와 다른 점이다. 따라서 민가의 바깥 모습은 퍽 폐쇄적인 느낌을 준다.

이러한 살림집은 이 지방에서 흔히 볼 수 있는 가장 일반적인 유형인데, 영동 북부 지방의 마루 있는 민가와 닮은 점이 많다. 다만 마구의 위치가 달라짐으로써 민가의 전체 표정이 크게 달라지고 있다. 그 이유는 분명하지는 않지만, 먼저 지붕의 구법(構法)과 빗물 처리의 문제도 있으려니와 민가의 정면성(正面性)에 관한 문제도 있을 것으로 생각된다.

실례 3_경북 울진군 울진읍 읍남2리, 유씨 댁

유씨 집은 100여 년 전에 세워진 것으로 전해지는데, 한식 기와의 팔작지붕을 하고 있는 중류 주택이다. 민가의 규모는 전면 5칸, 측면 2칸, 즉 10칸의 안채 이외에 2동의 부속채가 ㄷ자 모양으로 배치되어 있다.

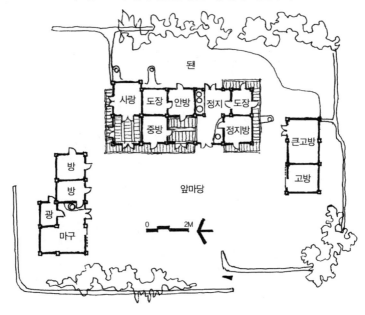

〈그림 3-17〉 경북 울진군 읍남2리, 유씨 댁(실례 3)

실 구성의 기본은 田자형이며, 여기에 2칸의 사랑방 계열을 붙인 모양을 하고 있다. 실례 2의 민가와 비교하면, 우선, 사랑 위치에 중방이 들어선 점이 다르고, 특히 사랑마루를 꾸민 것은 일반 민가에서는 흔한 일이 아니다. 사랑마루의 외벽은 판장 빈지로 처리했고 출입문은 굽널을 붙인 띠살문이다. 이것은 특정 공간의 위계를 높일 때 흔히 쓰는 수법이다. 그리고 온돌 난방은 정지에서 안방과 도장을 묶은 계열과 전면 쪽마루 밑에서 중방과 사랑방을 묶은 계열로 나누어지고 있다. 영동 남부 지방 민가의 큰 특징은 정지를 중심으로 田자형 침실군의 반대쪽 공간의 구성에 있다. 이 부분은 흔히 마구를 중심으로 하고 있으나 가끔 부엌의 위생적인 환경을 목적으로 마구를 별동으로 보내고 취침 공간이나 수장 공간 등으로 다양하게 구성하기도 한다. 유씨 집의 경우는 정지방과 도장을 두고 있으며, 정지방은 며느리방으로 사용되고 있다.

〈그림 3-18〉 영동 남부 지방의 민가 유형

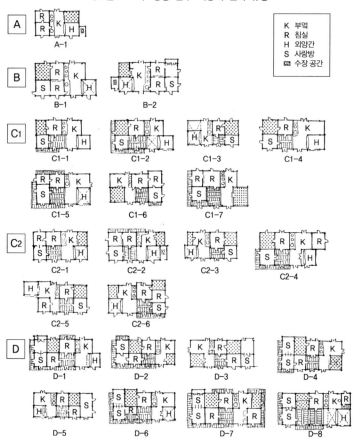

A-1. 삼척군 근덕면 교곡리, 김천근 댁 B-1. 삼척군 미로면 길천리, 최원규 댁 B-2. 동해시 도경동, 김동순 댁 C1-1. 울진군 북면 나곡2리, 최응락 댁 C1-2. 울진군 근남면 행곡2리·최대래 댁 C1-3. 울진군 온정면 덕산3리, 엄봉출 댁 C1-4. 영덕군 지정면 눌곡리, 김두만 댁 C1-5. 울진군 울진읍 명도1리, 장성윤 댁 C1-6. 영덕군 영해읍 괴시1리, 김복순 댁 C1-7. 울진군 북면 부구3리, 노경국 댁 C2-1. 삼척군 근덕면 교곡리, 성명 미상. C2-2. 삼척군 근덕면 교곡리, 김연하 댁 C2-3. 삼척군: 서경태, 「삼척 지방의 민가에 관한 연구」, 대한건축학회 논문집(1986년 4월). C2-4. 삼척군 근덕면 궁촌리, 전 갑표 댁 C2-5. 울진군 온정면 덕산3리, 엄주섭 댁 C2-6. 삼척군: 서경태, 「삼척 지방의 민가에 관한 연구」, 대한건축학회 논문집(1986년 4월). D-1. 울진군 울진읍 고성1리, 주경영 댁 D-2. 울진군 원남면 매화2리, 전춘수 댁 D-3. 울진군 기성면 사동1리, 황병세 댁 D-4. 울진군 기성면 정명1리, 김진우 댁 D-5. 울진군 온정면 덕산1리, 박정화 댁 D-6. 울진군 기성면 정명1리, 안용호 댁 D-7. 울진군 울진읍 읍남2리, 유영숙 댁 D-8. 울진군 근남면 구산3리, 임무성 댁

이상과 같이 영동 남부 지방의 민가를 평면 계열에 따라 특징적인 민가의 실례를 들어보았다. <그림 3-18>은 영동 남부 지방에서 채집된 민가를 칸수 규모별, 마루의 유무 등에 따라 유형별로 나타낸 것이다. 그 특징을 요약해 보면 다음과 같다.

(1) A 계열

田자형 겹집의 전 단계를 이루는 민가이다. 전면 3칸이지만 영세한 서민 주택임을 알 수가 있다. 그러나 부엌에서 외양간 쪽의 발전 단계는 다른 민가의 경우처럼 완형(完形)에 이르고 있다.

(2) B 계열

마루가 없는 田자형 겹집 계열인데, 삼척 지방에서 일부 채집되고 있다. 田자형 실 구성은 동일하지만 부엌에서 외양간 쪽의 공간 분할이 다양하게 변용되고 있음을 엿볼 수가 있다.

(3) C1 계열

마루 있는 田자형 겹집 계열 중에서 봉당 옆으로 외양간만을 설치한 민가형이다. 이러한 유형은 이 지방에서 흔히 볼 수 있는 일반형이다. 민가에서 외양간만을 돌출시켜 부속시킨 경우와 외양간이 부엌 속에서 1/4의 면적을 차지한 경우가 있다.

(4) C2 계열

C1 계열에서 외양간 쪽의 다양한 변화를 보여주는 계열이다. 일반적인 경우는 외양간 뒤쪽에 수장 공간이 복렬(複列)로 들어서지만 부침실이 등장하기도 한다.

(5) D 계열

田자형 겹집에 日자형 사랑방 계열이 부가되어 전면 5칸을 이루는 계열로서 울진 지방에 집중 분포되고 있다. 다만 그 반대쪽 외양간 부분은 그 변화가 다양한 과정을 보여주고 있다. 또 반드시 봉당 옆에 외양간을 고집스럽게 두지 않고 수장 공간이나 침실이 들어서는 등 비교적 자유스럽게 나타나고 있다.

<그림 3-19>는 영동 남부 지방에서 채집된 민가를 토대로 그 개념적인 발전 과정을 단계별로 상정해 본 것인데 대체적인 특징은 다음과 같다.

민가의 규모는 측면 2칸의 겹집으로 전면 4칸의 민가가 일반형이며, 여기에서 전면 5칸의 민가로 발전된 것을 상정할 수가 있다. 또 마루가 없는 경우와 있는 경우로 나누어지는데, 마루가 있는 민가가 일반형이며 마루가 없는 민가는 삼척 지방에서 일부 채집되었을 뿐이다.

이 지방의 민가는 田자형의 실 조합을 기본으로 하고 있지만, 여기에서 봉당과 부엌을 중심으로 하여 두 방향으로 발전해 온 경향을 엿볼 수가 있다. 그 하나는 田자형 침실군의 변용 계열인데, 부엌 쪽 전면 1칸이 먼저 마루로 바뀌었다. 그리고 여기에 日자형의 사랑방 계열이 덧붙여져서 전면 5칸의 민가로 발전된 것으로 보인다. 이때 田자형 평면에서 사랑방은 중방으로 불리는 부침실로 변한다. 여기에서 영동 북부 지방의 고상식 마루와 비교해 보면, 다양한 구성이 드러나지 않는 것이 하나의 특징으로 생각되지만 그 배경을 설명하기는 어렵다.

다른 하나는 봉당과 부엌에서 외양간 쪽으로 발전해 가는 경향을 들 수가 있다. 먼저 외양간은 전면 3칸의 민가에서 외부에 돌출한 모양으로 봉당에 인접시키다가 다음 단계에는 외양간을 포함하여 전면 4칸의 정형으로 부엌 속에 들어가 버린다. 그리고 마지막 단계는 외양간의 후열 부분이 수장 공간이 되거나 침실이 들어서는 등, 부엌을 제외한 좌우 공간

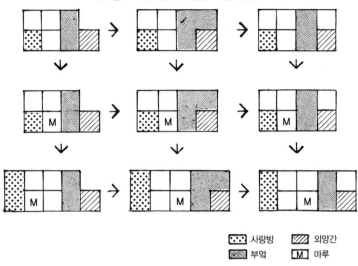

〈그림 3-19〉 민가의 발전 과정 상정도

[∵] 사랑방   [/] 외양간
[▦] 부엌   [M] 마루

이 완전한 복렬 형태에 이르게 된다. 이때 외양간의 위치는 반드시 일반
형을 고집하지 않고 별동의 부속채에 두기도 하는 것은 영동 북부 지방
의 경우와 다르다. 이것은 함경도와 영동 북부 지방을 포함한 다설 지방
(多雪地方)의 경우 긴 겨울철 동안 활동 범위를 주로 옥내 생활에 두었으
므로 집중식 평면 속에서 주택 규모를 확대해 왔기 때문일 것이다. 이에
비해서 영동 남부 지방의 유리한 기후적 환경은 부속채의 발달을 허용했
고, 동시에 외양간을 부속채로 축출함으로써 부엌의 위생적 환경을 도모
할 수가 있었다고 생각된다.

3. 맺는말

영동 지방의 조사 지역은 지리적으로 강원도 고성군에서 경북 영덕군
에 이르는 190여 km에 달하는 독특한 지형이다. 이 지방은 태백산맥이

라는 장벽 때문에 영서 지방과의 문화적 교류가 별로 없이 오로지 해안을 통한 남북 간 교류에 의존했음이 민가 조사에서 드러나고 있다. 그래서인지 영동 북부와 남부 지방은 동일한 주문화권이면서 부분적으로 민가 요소를 보는 시각이 달리 나타나고 있다.

영동 남부 지방의 민가가 북부 지방 민가와 공통된 특징은, 기본적인 평면이 田자형의 겹집 형태를 보이며, 민가의 구성 요소가 몸채에 집중되어 있고 까치구멍이 있는 팔작지붕을 한 점이다. 다른 점은, 외양간이 一자형의 평면 속에서 부엌에 인접한 것과 고상식 마루가 일반화되어 있는 점이다. 이것은 이 지방에 인접해 있는 남부형 민가의 영향 때문이라고 생각되며, 특히 평면형이 一자형을 보이는 것은 민가의 정면성을 강조한 남부형 민가와 그 맥을 같이하고 있음을 알 수가 있다. 그 밖에 다른 점은 마루의 출입문과 외벽이 판장 빈지로 처리되고 있는 점인데, 이것은 주거의 비호성(庇護性)을 강조한 결과이다.

민가의 규모는 측면 2칸의 겹집에서 전면 4칸의 민가가 일반형이며, 여기에서 전면 5칸의 규모로 발전된 것을 상정할 수가 있다. 민가의 발전 과정상 특색은 부엌과 봉당을 중심으로 하여 양쪽 두 방향으로 발전되고 있음을 알 수 있다. 그 하나는, 田자형의 기본 조합에서 사랑방이 추가되어 전면 5칸이 되는 변용 계열이며, 또 외양간 이외에 수장 공간·침실 혹은 변소 등이 집중되어 복렬이 되는 경향이다.

그 밖에, 이 지방 민가의 일반형에 따르지 않거나 혹은 이 지방에 인접된 다른 주문화권에서 영향을 받은 듯한 특수형이 있다. 그 가운데 하나는 삼척 서부 지방에 분포되고 있는 '두리집' 계열로서, 이 지역이 경북 안동 지방 주문화권의 영향 아래에 있음을 알 수가 있다. 그 다음으로는 영덕 지방에 일부 분포되고 있는 홑집 계열의 민가가 있다. 이것은 한반도 남부형 민가의 요소와 영동 지방의 민가 요소가 서로 충돌하여 나타난 제3의 유형으로 생각된다.

제4장
봉당의 공간적 성격

1. 머리말

언어(言語)란 인간이 사고하는 바를 표현하는 수단이며, 언어는 사고의 범주를 형상한다. 그러므로 언어는 인간의 생활양식을 반영하는 틀이기도 하다.

모든 동물은 종류가 같은 무리 사이에서만 서로의 목소리를 통해 마음속의 뜻한 바를 전달하고, 또 받아들인다. 마찬가지로 인간의 언어사회에서도 같은 공동체의 한 가지 말이 넓은 지역에서 사용되는 경우에 시간이 흘러가면 변화하고, 또 같은 말이라 할지라도 지역에 따라서 서로 교통·교화가 없으면 분열하게 된다. 가령 두 가지 사투리가 서로 혼합되면서 말소리·낱말·말법·소리의 높고 낮음 등에서 두 사투리를 구분할 수 없는 선(線)이나 지대(地帶)가 생기는데, 이와 같은 선이나 지대를 언어학에서 등어선(等語線)이라 한다. 한국 민가에서 공간의 구성 요소의 명칭에도 일종의 등어선이 존재하고 있다. 살림집의 공간은 그 부분이 어떤 용도로 사용되고 있느냐 하는 문제도 있으려니와, 이러한 공간을 지칭하는 명칭이 뜻하는 바가 정확히 전달되어야 하는 것이다. 또 공간의 효용성에서도 지역에 따라 쓰임새의 많고 적음이 있을 것이며, 효용성이 낮으면 자연히 교화할 기회가 없어지기도 하고, 공간을 지칭하고 표현할 빈도가 낮아지므로 이른바 말의 갈라짐 현상이 일어날 수 있을 것이다.

한국 민가에서 '봉당'의 공간적 효능에 대해서는 어느 정도 알려져 있으나 공간적인 위치와 성격에 대해서는 아직도 모호한 상태이다. 다만 봉당은 태백산맥과 소백산맥이 만나는 산간 지역의 민가에서 두드러지게 나타나고 있다는 정도만이 알려져 있다. 우선 여기에서 '봉당'이라는 말의 국어사전적 풀이를 알아보자. 첫째는, 경기·강원·충북·경북 지방의 뜰에 대한 방언이며, 둘째는, '封堂'이라는 한자어의 건축적 용어로서 안방과 건넌방 사이의 마루를 놓을 자리에 마루를 놓지 아니하고 흙바닥 그대로 둔 곳을 이른다.[1] 또 건축용어집의 풀이를 보면, "헛간·툇간 등에 마루나 온돌을 놓지 아니하고 흙바닥 그대로 다지거나 강회·백토 반죽 다짐으로 한 바닥·토방"[2]으로 말하고 있다.

여기에서 흥미로운 것은 사전적 풀이와 건축용어집에서 지칭하고 있는 봉당과 오늘날까지 조사·채집된 봉당은 다 같이 흙바닥이긴 하나 공간적인 위치가 일치하지 않고 있는 것이다. 왜냐하면 채집된 민가의 봉당 중 주로 경북 북동부와 영동 지방의 양통형(겹집) 민가에서는 옥내의 일정한 공간을 지칭하고 있기 때문이다. 다시 말해서 민가의 봉당이 옥내와 옥외 공간으로 서로 다르게 또는 양쪽 모두로 지칭되고 있는 것이다. 따라서 이러한 봉당의 공간적·장소적 모호성이 해명된다면 민가의 새로운 해석 또한 가능할 것으로 기대된다.

이 글은 이상과 같은 논의에 바탕을 두고 봉당이라는 공간의 지역적 분포권을 알아보고 다양한 공간적 성격을 밝혀보는 것을 목적으로 한다.

---

1) 한국어사전 편찬위원회, 『한국어사전』(현문사, 1976).

2) 대한건축학회, 『건축용어집』(대한건축학회, 1982), 170쪽.

2. 옥외 공간으로서의 봉당

옥외 공간으로서의 봉당은 옥내의 봉당과 마찬가지로 그 사례가 적지 않다. 대체로 옥외의 봉당은 두 가지로 나누어 말할 수 있다. 하나는 一자형과 ㄱ자형 민가에서 어떤 사정으로 마루를 깔지 못하고 '흙마루'가 되었을 때, 이 부분을 봉당으로 부르거나, 혹은 일정한 넓이가 있는 마루 앞 기단(基壇) 부분을 봉당이라 부르는 경우이다. 다른 하나는 안채의 기단 부분을 통틀어 봉당이라 부르는 경우이다. <그림 3-20>의 박씨 댁은 서울·중부형 민가의 방 배열 방식을 따른 평면인데, 경제적 사정으로 마루를 깔지 못하고 우선 흙바닥을 그대로 다져서 마감하고 있다. 이 부분은 앞으로 사정이 호전되었을 때 마루를 깔 계획으로 봉당이라 부르고 있다. 물론 이 지방에서는 마루에 해당되는 부분 이외에도 기단 부분까지 봉당이라 부르고 있다. 박씨 집의 봉당은 기단보다 10cm 정도 높게 조성되어 있으며, 봉당과 기단 사이의 경계는 통나무로 막아 터를 만들어두었다. 특히 돋보이는 부분은 부뚜막과 인접한 벽에 봉당 쪽으로 화창(火窓)을 설치한 부분이다. 여기에는 관솔불을 얹어 해 진 뒤에 부엌 내부와 봉당을 다 같이 조명할 수 있도록 했다.

경북 지방에서 마루가 깔린 서울·중부형 ㄱ자집은 ㄷ자형 평면으로 변용되어 가는 경향이 있다. <그림 3-21>의 권씨 집이 하나의 사례인데, 마루 앞 외부 공간을 마루로 가기 위한 통로를 제외하고 부엌 쪽으로 바닥을 고르게 조성하여 이 부분을 봉당이라 부르고 있다. 이 부분은 주위가 ㄷ자형 평면으로 포근하게 둘러싸여 있으므로 공간의 구성에서 특별한 장소성이 있음을 알 수 있다.

다음으로, 안채의 전면 기단부를 봉당이라 부르는 경우인데, 산간 지역에 분포되고 있는 민가에서 폭넓게 찾아볼 수 있다. 안채의 기단부는 마루와 온돌방과 같은 주거면(住居面)과 마당 사이에 축조된 시설인데, 지역

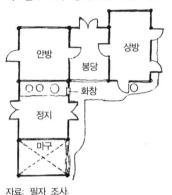

〈그림 3-20〉 경북 예천 지방의 민가 1

자료: 필자 조사.

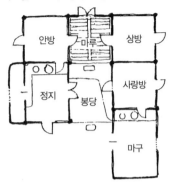

〈그림 3-21〉 경북 안동 지방의 민가 1

자료: 필자 조사.

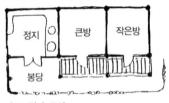

〈그림 3-22〉 경북 안동 지방의 민가 2

자료: 필자 조사.

에 따라 '축담', '토방', '뜰방', '처막', '뜨럭' 등으로 불리는 것으로 보아
단순한 외부 공간이 아니라 민가의 공간적인 장소성이 독특한 부분이다.

다시 말해서 기단은 지붕 처마가 기단 위를 덮어주는 탓으로 웬만한
눈비는 피할 수가 있으며, 마당과도 일정한 높이 차를 보여주므로 표면이
습해지지 않는 공간 특성이 있다. 그래서 기단 부분을 내·외부 공간과는
다른 중간 매개 공간, 혹은 회색 공간(灰色空間)으로 부르기도 한다. 그런
데 이러한 기단부 중에서도 특별히 부엌과 인접된 기단부는 부엌의 내부
공간과 마당 사이에 위치한 중간지대로서 주부들의 작업 공간과 밀접한
관계가 있다. <그림 3-22>는 이러한 공간의 성격을 구체적으로 보여주
는 사례이다. 즉, 앞퇴가 있는 3칸 집에서 정지 앞 툇간을 그대로 외부화

|왼쪽| 경북 예천군, 박씨 댁의 옥외 봉당(왼쪽부터 정지광창, 안방문, 봉당 바라지문, 상방문이 차례로 보인다) |오른쪽| 경북 울진군, 최씨 댁의 옥내 봉당(왼쪽에 마루와 광창이 보이고, 오른쪽으로 부뚜막과 뒤안으로 통하는 정지문이 보인다)

시켜 봉당에 내어놓은 것이다. 흔히 이 부분의 툇간은 부엌 공간 속에 포함시키고 나머지 툇간은 툇마루, 아궁이 시설 등을 하는 것이 일반적인 방법이기도 하다. 또 정지 앞 툇간에 솥을 걸고 '한데부엌'이라고도 하고 정지의 측면 외벽을 봉당에까지 감싸 안은 모양은 이 부분의 공간을 밀도 있게 구획하려는 의도로 볼 수 있다.

이상과 같이 기단부의 봉당은 외통형(홑집) 민가에서 특히 궂은 날씨일 때 옥외 작업이나 통행이 가능한 공간이다. 그렇기 때문에 민가의 온갖 세간이나 물건들을 둘 수 있는, 아주 요긴하게 쓰이는 공간이다. 이러한 기단부를 봉당이라 부르는 지역은 경북 북부의 예천·영주·안동 지방과 충북의 단양·제원·중원·진천·괴산 등지에 이르기까지 산간 지역의 민가에 널리 분포되고 있다.

3. 옥내 공간으로서의 봉당

한국 민가에서 옥내 공간으로서의 봉당은 깊은 산간 지역의 정주 환경과 관련이 있어 보인다. 특히, 태백산맥에 인접한 영동 지방의 민가에서는 하나의 민가 요소로서 봉당이 등장하고 있는 것이다.

영동 지방의 민가는 함경도 지방의 '북부형' 민가 계열에 속한다고 볼 수 있는데, 정주간은 없지만 田 자의 양통형 온돌방이 독특한 구성 요소가 되고 있다. 그런데 조사·보고에 의하면,[3] <그림 3-23>과 같이 田자형 온돌방 중 부엌 쪽의 앞줄 온돌방이 부엌과 통하는 흙바닥 공간이 되는데 이 공간을 봉당이라 하고, 이것이 강원도 양양 이북 고성(高城) 지방 민가의 원형(原形)이라는 것이다. 물론 지금은 마루를 깔아버렸지만 이러한 민가형이 또 다른 조사에서도[4] 그대로 일치되고 있어 이러한 민가의 실재(實在)를 뒷받침해 주고 있다. 즉, 태백산맥에서 서쪽으로 뻗은 황해도 멸악산맥의 일부 산간지대에는 <그림 3-24>와 같이 고성 지방의 민가형과 유사한 민가형이 분포되고 있다. 이 집에서는 현재 고성 지방의 민가와 같이 부엌과 통하는 전면 1칸에 마루를 깔고 이곳을 봉당이라 부르고 있다. 또 봉당에서 공간적인 분화를 시도하고 있는 사례도 있다.

즉, <그림 3-25>의 민가는 부엌 앞부분을 '아랫봉당', 아랫방 앞을 '윗봉당'으로 나누어 부르고 있는데, 이들은 어떤 구획물도 없지만 때로는 윗봉당 부분에 마루를 깔고 '봉당마루'라 하기도 한다.[5]

영동의 강릉·명주 지방은 다른 영동 지방의 민가형처럼 田자형을 기

---

3) 백홍기, 「영동지방의 고민가 조사」, 강릉교육대학 논문집, 제8집(1976).

4) 김홍식, 「주생활」, 『한국 민속 종합 조사 보고서: 함경남북도 편』, 제12집(문화재 관리국·문화공보부, 1981), 220쪽.

5) 같은 책, 220~222쪽.

〈그림 3-23〉 강원도 고성 지방의 민가

자료: 백홍기, 「영동지방의 고민가 조사」,
강릉교육대학 논문집, 제8집(1976), 373쪽.

〈그림 3-24〉 황해도 산간 지역의 민가 1

자료: 김광언, 『한국의 주거민속지』(민음사,
1988), 176쪽.

〈그림 3-25〉 황해도 산간 지역의 민가 2

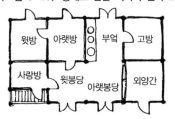

자료: 김홍식, 「주생활」, 『한국 민속 종합
조사 보고서: 함경남북도 편」, 제12집(문
화재 관리국·문화공보부, 1981), 220쪽.

〈그림 3-26〉 강원도 삼척 지방의 민가

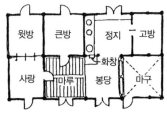

자료: 필자 조사.

본으로 하고 있으나, 마루 없는 온돌방만으로 구성되어 있고 봉당이라는
옥내 공간은 찾아볼 수가 없다. 그러나 삼척·울진·영덕 지방에서는 田자
형으로 방을 구성하고 이 가운데 부엌 쪽 전면 1칸을 마루로 구성하는
것은 고성 지방의 민가형과 같으나, 다만 대문을 열면 마루와 인접된 부
엌의 전면 토상 공간(土床空間)을 봉당이라 부르고 있다.

<그림 3-26>은 영동 남부 지방의 전형적인 민가형인데 전면 4칸의
양통형이다. 정지를 향해서 대문을 열면 바로 봉당(1,530×2,610mm)에 이
르게 된다. 여기에서 왼쪽은 마루를 포함하여 田 자 구성으로 된 거주
공간이며, 봉당 오른쪽은 마구가 인접되어 있다. 봉당과 정지는 바로 인

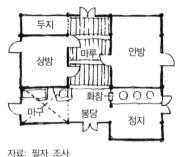

〈그림 3-27〉 경북 예천 지방의 민가 2

자료: 필자 조사.

접되었으나 정지는 봉당보다 26cm가량 낮게 시설되어 있어 봉당은 정지와는 다른 독자적인 공간 영역을 형성하고 있다. 더욱이 정지 부뚜막과의 사이에는 마루에서 55cm, 봉당에서 115cm 높이에 '두둥불'로 통칭되는 화창이 설치되어 있고 봉당 쪽 화창 아래에는 '화티'라 불리는 숙화(宿火) 시설까지 있음을 보면, 이곳에서 행해지는 잦은 야간작업을 대비하고 있음을 알 수 있다.

이상과 같이 태백산맥과 인접된 영동 지방의 민가형은 고성 지방을 시작으로 남쪽으로 영덕 지방까지 양통형 평면을 기본으로 하지만 봉당에 관한 한 다소간의 지역적인 차이를 보이고 있다. 즉, 봉당은 강릉·명주 지방에서는 찾아보기 어렵지만 고성 지방과 삼척 지방에는 각기 위치와 공간을 달리하여 등장하고 있으며, 특히 태백산맥에서 가지를 친 멸악산맥을 따라 황해도 지방에서도 양통형의 민가와 더불어 봉당이 옥내 공간 요소로 들어서 있다.

한편 영동 지방에 분포되어 있는 함경도형 계열의 민가와는 또 다른 민가형이 삼척·울진 지방의 서부, 즉 태백산맥과 소백산맥이 만나는 산간 지역에 자생하고 있다. 이것은 <그림 3-27>과 같이 흔히 '여칸집'으로 불리는 전면 3칸 양통형 집이다. 전면 중앙의 대문을 열면 바로 봉당(2,460×1,740mm)에 이르게 된다. 봉당 전면에는 마루가 있고, 봉당 양쪽으로 정지와 마구가 같은 흙바닥으로 이어지고 있다. 그러므로 봉당은 전면 마루와 양쪽 토상 공간으로 통하는 요충적인 공간이 되고 있다. 더욱이 정지 부뚜막과 봉당 샛벽에 화창을 둔 것은 영동 지방의 양통형 민가의 경우와 같다. 이러한 여칸집이 안동을 중심으로 봉화·영주 지방에까지 분포되고 있음을 보면, 이 또한 깊은 산간 지역의 정주 환경과 무관하지 않음을 알 수 있다.

이상과 같이 민가의 옥내 공간으로서의 봉당은 몇 가지 공통된 점이 있음을 알 수 있다. 즉, 옥내 봉당은 양통형 민가의 토상 공간이며, 그 위치는 외부 마당에서 대문을 열고 들어서는 첫 공간이다. 여기에는 부엌과 외양간, 그리고 마루, 고방 등이 인접되어 있으므로 옥내 토상 공간의 중심이 되며, 아울러 부녀자들의 활동 영역으로서 여러 가지 작업 공간으로 원활하게 기능하고 있음을 알 수 있다.

4. 조사 결과와 논의

민가의 옥내 공간으로서의 봉당은 그 분포 지역을 살펴보면, 태백산맥을 따라 분포하고 있는 양통형 민가와 불가분의 관계에 있음을 알 수 있다. 전술한 바와 같이 민가의 옥내 봉당은 비록 강릉·명주 지방에서 단속적으로 분포하고 있으나 태백산맥을 따라 남쪽으로 경북 영덕 지방에서부터 북쪽으로 강원도 고성 이북 지방까지 넓은 지역에 분포하고 있다. 영동 지방의 양통형 민가는 대체로 함경도 지방의 민가인 '북부형'과 같은 계열로 해석되고 있다. 그런데 북부형 민가에서 바당문을 열고 들어서면 '바당'과 부엌이 있고 여기에 붙여서 '정주간'이 있다. 바당은 대문 안쪽의 '봉당'과 유사한 공간이며 그 안쪽으로 아궁이가 있는 부엌이 있다. 그러므로 북부형 민가에서 봉당과 같은 장소적 성격은 주로 바당과 정주간에서 찾아볼 수 있다.

한반도에서 옥내에 봉당이 있는 양통형 민가는 태백산맥과 관련된 또 다른 산계(山系)의 분포 지역으로 태백산맥에서 서남쪽으로 달리는 멸악산맥 지대가 주목을 받고 있다. 김광언(金光彦) 씨는 <그림 3-28>과 같

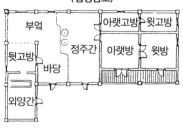

〈그림 3-28〉 정주간이 있는 양통집
(함경남도)

이 북한 학자의 보고를 바탕으로 "멸악산맥의 중심부인 황해도 봉산군과 재령군·평산군·벽성군·옹진군 등지에는 겹집이 집중적으로 나타나고 있다"라고 했다. 그런데 동해안의 봉당이 서해안에서도 나타난다는 사실은 어떻게 설명될 것인가. 이에 대하여 다시 덧붙이기를 "황해도 중심부와 서남 지역에 이러한 집이 밀집하는 가장 큰 이유는 함경도에 뿌리를 둔 언진산맥과 멸악산맥의 영향 때문으로 생각된다"[6]라고 말하고 있다.

산업화 이전 시대에는 깊고 험난한 산간지대가 평야지대에 비해 비거주(非居住) 지역으로 남아있는 경우가 많았다. 그리고 비료 공급이 어려웠던 당시의 사정으로 보아 회비(灰肥)만을 이용해서도 어느 정도 농사가 가능했으므로 화전(火田)의 분포는 산악 지역의 분포와 거의 일치했다.[7] 화전은 개간 당초에는 평야지대에서도 못 따를 만큼 수확이 크지만, 몇 해 동안 약탈적인 농법을 계속하다 보면 수확량은 차츰 감소하게 되어 새로운 땅을 찾아 이동하지 않으면 안 되는 단점이 있다. 그래서 화전민은 항상 이동성을 전제로 했으며, 가옥은 목재를 이용한 간이형의 귀틀집이 많았다. 따라서 황해도의 양통형 민가는 남북으로 인접해 있는 주 문화권과는 달리 우리나라의 산계 배치에 따라 이동 경작하는 화전민에 의해서 북부형의 민가가 전파된 것일 가능성이 높다.

화전은 산림을 불태운 자리에 조잡하게 경작하는 농법이므로 주로 조·보리·콩·수수·옥수수·피·감자·메밀 등을 재배했다. 추운 겨울철의 산간

6) 김광언, 『한국의 주거민속지』(민음사, 1988), 174~176쪽.
7) 오홍석, 『취락지리학』(교학사, 1980), 152~154쪽.

지대에는 낮 시간이 짧고 적설량도 많아 고립된 생활을 할 수밖에 없으므로 자연히 옥내 생활의 비중이 커진다. 양통형 민가의 옥내 주거 공간은 토상 공간과 거주 공간으로 크게 나누어지며, 특히 토상 공간은 혹한과 적설로 옥외 활동이 제한된 민가에서 최소한의 옥외 생활을 옥내에서 가능하도록 배려한 것이다.

옥내로 대문을 열고 들어서면 봉당에 이른다. 봉당은 부엌·외양간·고방·마루에 연결되는 요충적인 공간이면서 부녀자들의 옥외 작업이 옥내로 옮겨져 마무리되는 공간이다. 다시 말해서 봉당은 하루 일과를 밭에서 보내고 해 진 후 수

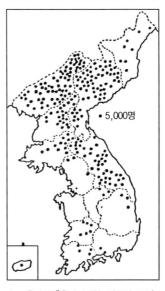

〈그림 3-29〉 화전민의 분포(1935)

5,000명

자료: 홍경희, 『촌락지리학』(법문사, 1986), 373쪽.

확해 온 밭작물을 손질하고 다듬는 유일한 작업장인 것이다. 그러므로 부엌의 부뚜막 벽에 시설된 두등불은 봉당에서 야간작업을 하는 데 필수적인 조명 시설이 되고 있다.

다음으로 옥내 봉당을 옥외 봉당과 비교해 보면 서로 간에 깊은 상관관계가 있음을 알 수 있다. 전술한 바와 같이 옥외 봉당은 크게 나누어 외통형 민가에서 마루 부분에 마루 대신 흙으로 바닥을 다진 후 이를 봉당으로 사용하는 경우와 민가의 기단부를 봉당으로 사용하는 경우가 있다. 마루 부분의 봉당은 역시 흙마루의 경우가 막일을 하는 작업장으로서 훨씬 활동하기 쉽고, 양통형 민가의 옥내 봉당에서 마루 앞 토상 공간이 봉당이므로 위치상의 유사성으로 인해 같은 이름으로 불릴 수 있다는 점을 부인할 수 없다. 민가에서 이루어지는 생활은 생활공간과 작업 공간으로 나누어 구분하기 어렵다. 그 이유는 일반 농민인 경우 하루 일과

자체가 노동이면서 곧 생활이기 때문이다. 따라서 양지바른 민가에서 3면이 둘러싸인 봉당마루는 비바람까지 피할 수 있어 최고의 작업 공간이 되고 있으며, 더욱이 화창을 설치하여 부엌과 봉당의 조명을 겸용하게 되면 그야말로 전천후의 작업장이 되는 것이다. 그리고 부엌 앞의 기단은 마당과 부엌 사이라는 완충적인 위치 때문에 봉당의 작업 공간으로서 아주 요긴하게 활용되고 있다.

끝으로 봉당의 분포 지역을 보면, 옥내 봉당이 남북으로 태백산맥을 따라 넓은 산간 지역에 분포하는 데 반하여, 옥외 봉당은 옥내 봉당 지역의 서남쪽 산간 지역에 인접하여 분포하고 있다.

결론적으로 봉당은 산간 지역의 서민 생활에서 특히 부녀자들의 필수적인 작업 공간이 되고 있다. 봉당은 옥내 가사 작업 공간의 중심으로서 부엌과 밀접한 활동 공간이며, 혹한의 깊은 산간 지역에서는 옥내 공간이 되고, 이에 비해 다소 기후가 온화한 지역에서는 옥외의 흙마루이거나 부엌 앞 툇간의 기단 부분이 봉당이 되고 있다.

5. 맺는말

옥내 공간의 '봉당'은 우리나라 추운 산간 지방의 민가에서만 볼 수 있는 독특한 가사 작업 공간이다. 대문을 열고 들어가면 바로 봉당에 이르게 되고, 이곳에서 같은 토상 공간인 정지·마구·고방과 마루에 인접하여 동선상 요충적인 공간이 되고 있다. 봉당은 산간 지방의 열악한 기후 환경 때문에 부녀자들이 옥외 가사 작업을 집 안에서 수행할 수 있고, 야간작업까지도 가능하도록 대문 안쪽에 마련된 장소이다.

옥내 봉당의 분포 지역은 태백산맥을 따라 함경도 지방에서 남쪽으로는 경북 영덕 지방에까지 분포하고 있으며, 겹집 민가의 봉당은 화전민의 이동으로 인해 서남쪽으로 멸악산맥을 따라 황해도 서해안에까지 전파되고 있다.

한편 옥외 공간의 '봉당'은 주로 홑집 계열의 민가에 조성된 흙마루 혹은 마루 앞 기단 부분을 지칭하거나, 부엌의 앞 툇간 부분을 지칭하는 경우가 있다. 전자의 경우는 흙마루라서 막일을 하는 작업장으로서 활동하기 쉽고 봉당의 위치가 마루 앞 토상 부분이라는 점에서 겹집 계열 민가의 옥내 봉당과 공간의 위치상 유사성이 있으며, 후자의 경우는 마당과 부엌 사이의 지붕이 덮인 완충적인 위치 때문에 부녀자들의 가사 작업 공간으로서 활용도가 높다.

그러므로 옥내 봉당은 지칭하는 장소가 분명하고 분포 지역이 광범위함을 감안할 때 한국 민가에서 말하는 '봉당'은 곧 옥내 봉당을 지칭하는 용어로 볼 수 있다. 이에 비해 옥외 봉당은 홑집 계열 민가에서 가사 작업이 이루어지는 장소에 따라 폭넓게 호칭되고 있으며, 분포 지역 또한 옥내 봉당의 주변 지역이므로 한국 민가의 본격적인 봉당과는 거리가 있다.

제5장

제주도의 기후 환경과 민가의 구조

1. 머리말

주거 건축의 1차적인 목적은 인간 생활을 물리적인 환경으로부터 보호하는 것이다. 물리적인 환경이란 지리적 위치·기후 등 자연적인 것이 대부분이며, 그중에서도 기후는 불변의 요소가 된다. 그러므로 그 지역에서만 나타나는 독특한 주거 형태는 그 지역의 기후 조건을 인지해야만 이해할 수 있다. 기후의 혹독함과 그 강도, 즉 기후가 허용하는 범위 안에서 구조·공법·재료의 사용이 한정되기 때문에 주택의 형태가 영향을 받지 않을 수가 없다.[1]

제주도의 민가는 이곳의 풍물이 독특한 것처럼 다른 지역에서는 찾아볼 수 없는 뚜렷한 하나의 주(住)문화권을 형성하고 있다. 이 글은 제주도의 기후 환경이 제주도 민가의 형성에 어떠한 영향을 주었으며, 그로 인해 나타나는 민가 특성을 기후적인 측면에서 분석하고자 한다. 종교나 사상, 가치관, 생활 관습 등은 시간이 흐름에 따라 변화되지만 지리적 위치, 기후 등은 변화가 거의 없기 때문에 이러한 측면의 학문적 자료는

---

1) 라포폴트, 『주거의 형태와 문화』(열화당, 1985), 120쪽.

이 지역의 합리적 주거 계획을 위해서도 유익한 자료가 될 것이다.

2. 제주도의 기후 환경

우리나라의 기후는 겨울과 여름의 한서(寒暑)의 차가 심한 전형적인 대륙성 기후의 특색을 나타내고 있으나, 제주도만은 겨울 기온이 온화하여 연교차가 적은 해양성 기후의 특색을 나타낸다. 연평균 기온은 서울 11.1℃, 부산 13.8℃, 대구 12.6℃, 제주시 14.7℃, 서귀포 15.5℃로 한라산이 차가운 북서 계절풍을 차단해 주고, 위도에 따른 기온 변화가 적용되어 남제주가 더 온화한 기온을 나타내고 있다. 그러나 제주도의 겨울철 기온은 계절풍이 강하기 때문에 체감온도는 실제의 기온보다 낮다.

제주도는 '삼다 삼무(三多三無)의 섬'이라 불리고 있는 독특한 지역성을 가진 섬이다. 삼다 가운데 하나인 겨울의 계절풍과 여름의 태풍은 섬 사람들의 주택에 커다란 영향을 주어왔다. 바람 부는 날이 많고 풍속이 거칠어 특히 민가에서 이에 대응하는 여러 가지 노력을 찾아볼 수 있다.

북제주의 경우 폭풍일수(日數)만으로 봤을 때는 오히려 울릉도·여수·부산보다는 적은 117일로 나타나지만, 17m/s 이상의 태풍만을 고려한다면 명백하게 북제주도가 다풍지(多風地)가 된다. 1940~1982년 사이의 43년간 북태평양에서 발생하여 이동한 태풍의 자료에 의하면, 울릉도가 108회 통과하여 17m/s 이상의 폭풍일수가 연 25회였고, 제주는 110회와 연 26회로 10m/s 이상의 폭풍일수 중에는 좀 더 풍속이 강한 태풍일이 많았다.

평균풍속은 남제주 3.8m/s, 북제주 4.7m/s로, 울릉도 4.8m/s를 제외하면 최다치(最多值)를 보이며, 그 외 서울 2.5m/s, 부산 4.2m/s, 대구 2.9m/s를 나타내고 있다. 제주도가 다풍지가 된 가장 중요한 이유는 태풍의 이

〈표 3-1〉 지역별 폭풍일수≥10m/s

( ): 구성비(%)

	봄	여름	가을	겨울	전체
제주	32 (27.3)	21 (17.9)	21 (17.9)	43 (36.7)	117 (100)
서귀포	3 (42.8)	- (0.0)	- (0.0)	3 (42.8)	7 (100)
울릉도	55 (30.7)	37 (20.6)	37 (20.6)	48 (26.8)	179 (100)
서울	23 (32.3)	13 (18.3)	13 (18.3)	24 (33.8)	71 (100)
부산	32 (26.2)	25 (20.4)	25 (20.4)	41 (33.6)	122 (100)
여수	36 (27.3)	16 (12.1)	32 (24.2)	48 (36.4)	132 (100)
대구	20 (35.7)	9 (16.0)	9 (16.0)	19 (33.9)	56 (100)

자료: 김광식 외, 『한국의 기후』(일지사, 1982), 343쪽. 표 24에서 재구성.

〈표 3-2〉 강수량 분포(mm)

( ): 구성비(%)

	봄	여름	가을	겨울	전체
제주	244.2 (16.9)	594.5 (41.2)	406.2 (28.2)	195.0 (13.5)	1,439.9 (100)
서귀포	494.2 (29.4)	737.0 (43.9)	285.1 (17.0)	159.4 (9.5)	1,675.7 (100)
서울	210.0 (16.6)	751.5 (59.6)	227.5 (18.0)	70.1 (5.5)	1,259.1 (100)
부산	341.3 (24.7)	610.1 (44.1)	322.1 (23.3)	107.9 (7.8)	1,381.4 (100)
대구	177.3 (18.1)	498.4 (50.8)	235.9 (24.0)	67.7 (6.9)	979.3 (100)
중강진	146.9 (18.3)	472.6 (58.8)	153.5 (19.1)	39.5 (4.9)	802.5 (100)

자료: 김광식 외, 『한국의 기후』(일지사, 1982), 330쪽. 표 6에서 재구성.

동 통로가 된다는 점과 절해고도(絶海孤島)라는 위치인자에 의한 것으로, 동일한 풍속이라도 내륙이 아닌 도서 지역에서는 일반적으로 2배의 위력을 갖기 때문이다.

또 제주도는 우리나라의 최다우지(最多雨地)로 연평균 강수량은 북제주가 1,439.9mm, 서귀포가 1,675.7mm로 북부 내륙 지방과는 현저한 차이를 보이고 있다.

3. 제주도 민가의 배치 형식

가옥의 배치는 일반적으로 배산임수(背山臨水)의 남향 배치가 이상적 배치로 알려져 있으나, 제주도와 같이 중앙에 한라산이 솟아있는 지형적 조건에서는 반드시 남향일 수 없다. 한라산 남쪽 사면(斜面)의 남제주 지방은, 한라산이 겨울의 북서풍의 바람막이 역할을 하므로 안정된 환경 속에서 바다를 바라보게 집을 지어 남향 비율이 70% 이상이며, 일부 지역은 90% 이상의 남향 비율을 보인다. 이와는 대조적으로 한라산의 북쪽 사면인 북제주 지방은 동·서향이 월등히 많은데, 배산임수의 입지를 선택할 경우 자연히 북향이 되며 풍수(風水)상으로도 바람직하지 못할 뿐만 아니라 겨울철 북서풍의 풍해가 심하므로 동향이나 서향이 보편화되어 있다.[2]

제주 민가에서는 모로 앉은 형(ㄱ자형)보다는 마주 앉은 형(二자형)이 가옥 배치의 기본형이 되고 있다. <표 3-3>에서 나타나는 것처럼 209 채 중 124채가 마주 앉은 형으로 약 60%를 차지하고 있는데, 제주 민가에서 二자형의 가옥 배치가 많은 배경에는 여러 가지 견해가 있다. 첫째,

---

[2] 오홍석, 「제주도 취락에 관한 지리학적 연구」(경희대 박사학위 논문, 1974), 92~93쪽.

단위: 호수

		배치 유형		안거리의 방향							
		마주 앉은 형	모로 앉은 형	동	서	남	북	북동	북서	남동	남서
북제주	하가리	18	5	5	8	1	5	4	3	-	1
	동명 · 명월리	26	9	3	13	5	2	4	5	2	4
	납읍리	16	1	4	22	5	12	7	7	-	15
	소계	60 (80%)	15 (20%)	12	43	11	19	15	15	2	20
남제주	보목리	36	25	11	4	24	-	2	-	14	14
	성읍리	28	45	6	1	33	-	-	-	23	10
	소계	64 (48%)	70 (52%)	17	5	57	-	2	-	37	24
합계		124 (59%)	85 (41%)	29	48	68	19	17	15	39	44

자료: 정영철, 「가정신앙 구조와 전통주거」, 대한건축학회 논문집, 제13권, 2호(1997년 2월), 표 3에서
재구성.

마당에 내려 쪼이는 남방계 특유의 뜨거운 햇빛을 막기 위한 것, 둘째,
화재가 일어났을 때 연소를 방지하는 데 ㄱ자형보다 二자형이 유리한
배치법이라는 것, 셋째, 도서 지방의 세차게 부는 바람을 막기에 유리하
기 때문이라는 것, 넷째, 제주도 특유의 핵가족 현상이 二자형 배치와
관계가 있다는 것 등의 견해이다.

　남·북제주 지역은 지형과 일사, 풍향, 관습 등의 제 요인이 작용하여
안거리의 방향에서 차이를 보이는 것처럼 배치 형식에 있어서도 차이를
나타내고 있다. 즉, 북제주의 경우는 전체 75채 중에서 60채가 마주 앉
은 형으로 80%를 차지하는 반면, 남제주의 경우는 전체 134채 중 70채
가 모로 앉은 형으로 52%를 차지하고 있다. 제주도 내에서도 자연환경
이 더 열악한 북제주에 二자형이 훨씬 많은 것으로 보아, 이 형식이 제주
도의 자연환경에 적응하기에는 더욱 적합한 것으로 보인다.

4. 제주도 민가의 구조와 구성재

1) 다풍·강풍 지역의 주택 구조

다풍(多風)·강풍(强風) 지역의 주택에서 취해야 할 일반적인 구조법으로는, 되도록 바람을 적게 맞도록 하고, 건물의 외피(外被)를 더 튼튼하게 에워싸는 방법이 최선이다. 이때 그 지역의 고온다습한 기후에 대처하기 위해서는 개방성을 유지하면서 바람에 대한 대비책을 세우는 것도 소홀히 할 수가 없다.

가옥의 외벽과 지붕면이 받는 바람의 압력은 지표면에서 제곱에 비례하여 증대하게 된다. 그러므로 풍압의 총량(總量)을 가급적 낮추기 위해서는 방풍림을 세우거나 담을 민가의 높이만큼 쌓고, 또 민가의 높이를 최대한 낮추어야 한다. 그뿐만 아니라 민가의 실제 용적을 줄이는 것은 그만큼 바람의 총량을 낮추는 것이다. 따라서 흔히 용도가 다른 공간을 별동(別棟)으로 세워 분산시키는 것도 유효한 방법이다.

다음으로는 외벽이나 개구부(開口部)에 대한 빗물 처리를 위해서 벽과 창문을 보호할 이중(二重)의 외피를 설치하기도 한다. 이것은 실내 환경을 양호하게 조절해 줄 뿐 아니라 벽과 창문의 내구성을 키우기 위해서도 대단히 유효하다. 구체적인 방법으로는 방 앞에 툇기둥을 세우고 처마를 길게 빼기도 하고 툇마루를 설치한다. 다시 말하면 기단→ 툇마루 → 방과 같이 이중의 완충 공간을 설치하는 것이다. 다음으로는 가옥의 네 귀퉁이에 ㄴ자형의 장벽을 설치하는 것이다. 전자의 이중 완충 공간은 따가운 햇볕을 조절함과 동시에 태풍이 내습할 때 빗물 처리에 유효하며, 후자의 네 귀퉁이 벽면은 강한 우각부(隅角部)를 조성하여 내력벽(耐力壁)과 같은 역할을 한다.

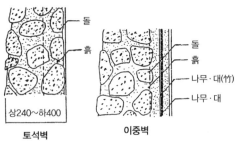

〈그림 3-30〉 외벽의 단면

상240~하400

토석벽 　　　이중벽

돌
흙

돌
흙
나무·대(竹)
나무·대

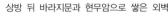

상방 뒤 바라지문과 현무암으로 쌓은 외벽

2) 제주도 민가의 구성재

(1) 외벽의 재료와 구조

제주도는 화산지대이다. 현무암질의 용암이 냉각된 후 주택에 쓰이는
돌은 터를 정지하는 과정에 담을 쌓는 돌 크기로 수거하게 된다.

제주도 민가의 외벽은 먼저 바깥벽을 다공질 현무암으로 막쌓기를 하
는데, 이는 겨울철의 추위, 여름철의 더위와 태풍으로 인한 비바람의 피
해를 막기 위한 것이고, 안쪽으로는 심벽(心壁) 구조를 더한 이중벽 구조
이다. 돌벽을 쌓을 때 평면의 모서리 부분은 각이 생기지 않도록 둥근
모접기를 하여 쌓고, 특히 정지 앞, 굴묵 입구 부분, 또 안뒤(뒷마당)로
출입하는 상방 뒷문 등의 외벽체는 각이 생기지 않도록 둥글고 여유 있
게 쌓는다. 이는 세찬 바람이 민가의 모서리를 돌아 흐를 때 풍속이 빨라
지고 동시에 커다란 부압(負壓)을 일으키기 때문이다.

(2) 지붕 재료와 물매

초가(草家)는 일반적으로 볏짚으로 지붕을 잇지만 제주도에서는 볏짚
으로 지붕을 이으면 비바람이 워낙 심해서 일 년을 채 견딜 수가 없다.

〈표 3-4〉 지붕 물매 빈도분포

단위: 호(%)

지붕 물매	0.20~0.24	0.25~0.29	0.30~0.34	0.35~0.39	0.40~0.44	0.45~0.49	평균
북제주	1 (2)	11 (28)	8 (21)	9 (23)	8 (21)	2 (5)	0.34
남제주	2 (5)	12 (32)	11 (29)	9 (24)	2 (5)	2 (5)	0.33
전체	3 (4)	23 (30)	19 (29)	18 (23)	10 (13)	4 (5)	0.34

그뿐만 아니라 제주도에는 벼농사가 거의 없어 볏짚이 생산되지 않기 때문에 보통 '새'를 가지고 지붕을 잇는다. 새는 경량의 식물성 재료로서 잎줄기에 각피가 발달하고 기름 성분이 많은 저흡수성이기 때문에 건조가 빨라 지붕 재료로 매우 유리하다.

지붕 물매는 급하게 하면 빗물 처리가 쉽지만 바람을 타기 쉽다. 바람을 덜 맞기 위해서 물매를 유선형으로 하면 빗물 처리가 어려워 지붕이 썩기 쉽다. 우리나라 민가의 지붕 물매는 보통 0.40 내외인데, 제주도 민가의 지붕 물매는 0.25~0.34의 범위에 78%가 해당되며, 그 값의 평균은 대체로 0.3 선에서 결정되고 있음을 알 수 있다. 지붕 물매가 작을수록 지붕이 받는 풍압력이 작아지므로 제주도 민가의 지붕은 비에 대한 고려보다는 바람에 대한 방어에 치중된 결과이다. 그뿐만 아니라 제주도 민가의 지붕은 이엉을 잘 묶지 않으면 바람의 피해가 크므로 지붕 누름줄이 촘촘한 격자형이 잘 발달되어 있다. 이 새줄 간격을 비교해 보면 북제주가 평균 23cm인 반면, 남제주는 평균 30cm로, 바람의 피해가 더 많은 북제주에서 새줄 간격을 조밀하게 얽어매고 있음을 알 수 있다.

(3) 목재의 종류

우리나라 민가의 구조재로서 목재는 소나무가 주종을 이룬다. 그러나

〈표 3-5〉 소나무와 온대 상록수림의 비교

수종		소나무	온대 상록수림		비고
			느티나무	가시나무	
기건 비중		0.47	0.74	0.89	소나무는 표고 1,300~1,800m
전건 비중		0.44	-	-	이하에서 생장.
수축률	방사 방향(%)	4.88	4.8	6.9	가시나무는 제주도, 진도 등
	접선 방향(%)	9.11	8.4	11.4	서남 해안의 난대 지역, 일본
용적수축률(%)		14.30	-	-	남부, 중국 남부 지역에서 생
압축강도(kg/cm²)		430	400	710	장하고, 느티나무는 중북부
휨강도(kg/cm²)		747	880	1,340	이남의 온난 지역 전역에 분
인장강도(kg/cm²)		885	1,300	-	포하며 내구·내수 등 보존성
전단강도(kg/cm²)		104	130	180	이 양호함.
樹高/胸高直徑(m)		35/1.8	50/3	15/1	

자료: 『원색세계 목재도감』(선진문화사, 1988)을 참고로 작성.

제주도에는 소나무가 전혀 없는 것은 아니지만, 건축 자재로 사용할 만큼 쉽게 얻을 수가 없으므로 가시나무가 주로 쓰이고, 그것을 품격이 있는 목재로 치고 있다.[3]

소나무는 상록침엽수로서 압축·휨·인장·전단 강도가 단단하여 물속에서 내구성이 큰 자재이면서 건조 속도가 빨라 건축재 등으로 널리 사용되고 있다. 한편 제주도에서 널리 사용되는 가시나무는 온대 상록수로서 이를 소나무와 비교해 보면, 가시나무가 기건(氣乾) 비중과 압축·휨·전단 강도에서 2배 가까이 큰 값을 나타내고 있다. 다시 말해서 소나무는 내구성에서 가시나무에 훨씬 미치지 못하며, 또 가시나무는 건조 속도가 느리지만 나뭇결이 치밀하고 단단하며, 탄성이 있어서 특히 강도와 경도가 요구되는 곳에 많이 쓰인다. 제주도 목수들은, 가시나무 단면은 소나무보다 작지만 "소리가 난다"라고 표현할 정도로 나무가 세고, 무겁고 딱딱하다고 증언하고 있다.[4] 따라서 제주도 민가가 육지의 민가에 비해

3) 제주도, 『제주도 민속자료』(1987), 164쪽.
4) 현남인(70세, 남제주군 표선면 성읍리 734번지).

부재(部材) 단면이 작으면서도 상당한 무게의 고정하중과 풍하중을 잘 견디는 것은 민가의 구조적인 장점과 함께 강도 높은 가시나무를 사용했기 때문으로 볼 수 있다.

5. 민가의 지붕틀 구조분석

제주도 민가의 가시나무 기둥과 계단식 기단

제주도 민가의 지붕틀은 민가의 일반형이라 할 수 있는 전면 3칸 집에서 상방 부분의 단면을 취해 보면, 민가의 규모가 육지의 5량 가구보다 결코 크지 않은데도 한결같이 2고주 7량 가구를 취하고 있다. 이는 상방 앞의 툇마루(난간)와 상방 뒤의 장방을 둔 구성에서 앞뒤퇴를 두었기 때문이라 볼 수 있으나, 지붕틀의 구성에서 어떤 연유가 있음을 알 수 있다.

실제로 민가의 구조적인 관점에서 바람이라는 수평력에 저항하기 위해서 주어진 조건이 동일하다는 전제 아래 5량집보다 2고주 7량집이 효과적인 지붕틀이라는 점이 역학적으로 증명되고 있다.[5] 다시 말해서 지붕틀에 가해지는 수직하중을 두고 볼 때, 2고주 7량 가구에서는 5량 가구의 스팬(ℓ)보다 좁은 스팬($4/6\,\ell$)이 수직하중을 받게 되므로 효과적인 구조일 뿐 아니라, 5량집에 비해 툇간이 더해진 구조이므로 툇기둥이 있는 만큼 유리한 구조가 된다.

또 지붕면과 벽면이 받는 바람에 의한 수평하중 때에도 5량 가구가

---

5) 김미령·조성기, 「제주도의 기후적 환경이 민가형성에 미친 영향에 관한 연구」, 대한건축학회 논문집, 제14권, 1호(1998년 1월).

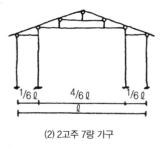

〈그림 3-31〉 가구형식의 비교

(1) 5량 가구

$^1/4\,\ell$　$^2/4\,\ell$　$^1/4\,\ell$　ℓ

(2) 2고주 7량 가구

$^1/6\,\ell$　$^4/6\,\ell$　$^1/6\,\ell$　ℓ

〈그림 3-32〉 상방 부분의 단면도

0　1　2　3m

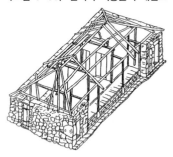

〈그림 3-33〉 안거리 지붕틀의 개념도

기둥 하나로 부담하던 때와는 달리 2개의 기둥, 즉 툇기둥과 포기둥(고주)이 분산하여 부담하게 되므로 골조의 강성(剛性)을 높여주는 안전한 구조가 된다.

6. 민가의 구성 요소와 높이

강풍 지역에서 바람의 피해를 최소화시키기 위해서는 민가의 높이를 가급적 낮게 해야 한다. 민가의 높이를 결정짓는 구성 요소는 기단 높이, 마룻바닥 높이, 처마도리 높이 등이며 여기에 지붕의 경사면이 더해진다. 이 가운데 비교적 변하기 어려운 부분은 마룻바닥에서 처마도리까지의 높이이다. 왜냐하면 실내 공간은 인간의 활동 공간으로서 인체공학적인 모든 작업이 기본적으로 가능해야 하기 때문이다.

1) 기단

민가의 처마 선을 따라 마당보다 한 단 높게 바닥을 축조한 것이 기단이며, 민가의 기단 높이는 육지의 경우 90cm 내외이고 보통 40~60cm이며 기단 폭은 45~90cm를 기준으로 한다.[6]

제주 민가의 경우는 지반의 대부분이 암반층이므로 주초(柱礎)를 세울 때 지정(地定)에 크게 신경 쓰지 않았으며 낮은 기단과 계단식 기단이 채택된다. 기단은 남·북제주가 전체적으로 10cm 이하이거나 11~20cm가 많으며, 평균 15.8cm 정도로서 육지 민가에 비해 기단은 30~45cm 정도 낮다.

2) 기둥 높이

육지 민가의 입면을 구성하는 기둥 높이는 일반적으로 기단에서 2.2~2.7m 범위 안에 있으며, 마루의 높이는 50cm 정도인 경우가 많다. 그리고 마루에서 처마도리까지의 높이는 1.7~2.0m가 가장 많다.[7] 기둥은 구조적으로나 상징적으로 매우 중요한 비중을 차지하는 부재로서 제주 민가의 경우 기단에서 1.9~2.39m 범위(평균 2.13m)가 가장 많이 나타나고 있다. 이는 육지 민가보다 30cm 정도 더 낮은 값이고, 북제주는 평균 2.06m, 남제주는 평균 2.19m로 13cm 정도 북제주의 기둥이 낮다.

---

6) 장기인, 「한국 건축양식 연구 보고서」(국회사무처, 1985).
7) 조성기, 「한국 남부지방의 민가에 관한 연구」(영남대학교 박사학위 논문, 1985), 151쪽.

<표 3-6〉기단 높이의 빈도분포

단위: 호(%)

기단 높이(cm)	10 이하	11~20	21~30	31~40	41~50	51~60	60 이상	평균
북제주	14 (32)	15 (35)	11 (26)	3 (7)	-	-	-	16.6
남제주	18 (47)	10 (26)	6 (16)	3 (8)	-	-	1 (3)	15
전체	32 (40)	25 (31)	17 (21)	6 (7)	-	-	1 (1)	15.8

〈표 3-7〉기둥 높이 빈도분포

단위: 호(%)

기둥 높이 (m)	17 이하	1.8~ 1.89	1.9~ 1.99	2.0~ 2.09	2.1~ 2.19	2.2~ 2.29	2.3~ 2.39	2.4~ 2.49	2.5 이상	평균
북제주	3 (8)	3 (8)	10 (26)	11 (28)	4 (10)	2 (5)	4 (10)	1 (2.5)	1 (2.5)	2.06
남제주	-	2 (6)	2 (6)	8 (25)	7 (21)	4 (12)	6 (18)	2 (6)	2 (6)	2.19
전체	3 (4)	5 (7)	12 (17)	19 (27)	11 (15)	6 (8)	10 (14)	3 (4)	3 (4)	2.13

〈표 3-8〉마루 높이의 빈도분포

단위: 호(%)

마루 높이(cm)	10이하	11~20	21~30	31~40	41~50	51 이상	평균
북제주	1(2.5)	13(30)	22(51)	6(14)	1(2.5)	-	24.3
남제주	-	11(27)	10(24)	15(37)	5(12)	-	28.9
전체	1(1)	24(29)	32(38)	21(25)	6(7)	-	26.6

〈표 3-9〉마루 위~처마도리 위 높이 빈도분포

단위: 호(%)

마루 위~ 처마도리 위(m)	1.5~ 1.59	1.6~ 1.69	1.7~ 1.79	1.8~ 1.89	1.9~ 1.99	2.0~ 2.09	2.1 이상	평균
북제주	4(11)	10(27)	13(35)	5(14)	3(8)	2(5)	-	1.74
남제주	2(6.5)	5(16)	10(32)	7(23)	4(13)	2(6.5)	1(3)	1.79
전체	6(9)	15(22)	23(34)	12(18)	7(10)	4(6)	1(1)	1.77

〈표 3-10〉 G.L~처마도리 위 높이 빈도분포

단위: 호(%)

처마도리 높이(m)	1.8m 이하	1.9~ 1.99	2.0~ 2.09	2.1~ 2.19	2.2~ 2.29	2.3~ 2.39	2.4~ 2.49	2.5~ 2.59	2.6m 이상	평균
북제주	1(3)	3(8)	4(11)	11(30)	10(27)	2(5)	2(5)	3(8)	1(3)	2.23
남제주	-	-	5(16)	6(20)	3(10)	4(13)	6(20)	2(6)	5(15)	2.36
전체	1(2)	3(4)	9(13)	17(25)	13(19)	6(9)	8(12)	5(7)	6(9)	2.29

이 외에 기단에서 마루까지의 높이, 마루 위에서 처마도리까지의 높이를 살펴보면, 먼저 평균 마루 높이(<표 3-8>)는 북제주가 24.3cm, 남제주가 28.9cm로 전체 평균 26.6cm이다. 이는 육지의 일반적인 마루 높이 50cm에 비하여 24~25cm 정도 낮은 값이다.

마루 위에서 처마도리 위까지의 높이(<표 3-9>)는 북제주가 1.6~1.79m 범위(평균 1.74m), 남제주가 1.7~1.89m 범위(평균 1.79m)를 나타낸다. 결국 전체적으로는 1.6~1.89m 범위(평균 1.77m)를 나타내는데, 이는 1.7~2.0m 정도의 육지 민가와 비교하여 큰 차이가 없다.

처마도리의 높이(<표 3-10>)는 민가의 키를 나타내주고 민가의 입면구성상 중요한 요소를 차지하는데, 북제주가 2.1~2.29m의 범위(평균 2.23m), 남제주가 2.0~2.49m의 범위(평균 2.36m)로 북제주가 약 13cm 정도 낮게 나타나며, 전체적으로는 2.0~2.29m의 범위(평균 2.29m)가 가장 많다. 강원도 지방 겹집의 5량 가구에서 처마도리 높이는 2.8~2.99m 범위가 가장 많고, 경북 북부 지방 민가의 5량 가구에서는 2.6~2.79m 범위가 가장 많은 것과[8] 비교하면, 무려 50~80cm 정도 육지 민가보다 낮은 것을 알 수 있다.

이상에서 알 수 있듯이 기단 높이, 마루 높이는 육지 민가와 비교하여 큰 차이를 보이지만 마루에서 처마도리 위까지의 높이는 큰 차이를 나타

---

8) 김명복, 「강원도 남부와 경북 북부지역의 겹집에 관한 연구」(영남대학교 박사학위 논문, 1992), 102쪽.

내지 않는다. 1934년에 조사된 한국인의 신장에서 남한(南韓)의 종합 평균 신장은 162.5cm로 나타나고 있다.[9] 이러한 자료를 미루어 보면 민가의 툇마루에서 처마도리까지의 높이는 대체적으로 한국인의 신장과 무관하지 않다고 보이며 최소한의 도리 높이를 위한 것임을 알 수가 있다.

지표면 부근에서 바람은 높이에 따라 풍속이 커지므로, 제주 민가가 건물 높이를 낮게 하는 것은 전체 수직적인 높이를 낮춤으로써 바람의 영향을 최소화하고자 했던 것이며, 실지로 만나본 목수에 의하면, "서쪽의 집이 1자 정도 낮다"[10]라고 말하고 있는데, 북서계절풍의 영향을 많이 받는 북서 지역 민가가 특히 낮게 지어졌던 것임을 알 수 있다.

3) 서까래

서까래는 지붕틀의 가장 위쪽에 위치하는 부재로서 가옥의 지붕 선과 외관의 성격을 결정짓는다. 그러므로 서까래는 지붕 자체의 무게와 풍압의 영향을 직접 받는 부재이다. 일반적으로 서까래의 내민 길이는 90~105cm가 가장 많고, 서까래의 굵기는 재료와 밀접한 관계를 갖는데, 대체로 90cm보다 작은 경우가 일반적이다. 그러나 제주도 민가에서 서까래의 평균 길이는 66cm로서 훨씬 짧게 나타나고 있다. 지역별로는 남제주에서 평균 71cm, 바람의 영향을 더 많이 받는 북제주에서는 평균 60cm로 짧게 나타나고 있다. 제주도 민가에서 태풍과 같은 세찬 바람이 불경우에는 지붕을 들어 올리려는 힘이 크게 작용하므로 처마를 짧게 하여 피해를 막지 않으면 안 된다. 그러므로 제주도 민가는 어느 지방보다 서

---

9) 나세진, 「한국민족의 체질 인류학적 연구」, 『무속 신앙사 대계(I)』(고려대학교, 1970), 148쪽.

10) 현남인(70세, 남제주군 표선면 성읍리 734번지).

까래 길이를 기후적 환경에 맞추어 잘 조정해 온 것을 알 수 있다.

7. 기타 구성 요소의 특징

1) 굴묵

흙바닥 공간인 굴묵은 구들에 불을 때는 공간으로서 굴묵 출입 방법에는 난간(퇴마루)에서 출입하는 방법과 외측 벽면에서 출입하는 방법, 정면에서 출입하는 방법 등이 있다. 북제주의 경우 43채 중 98%인 42채가 측면 출입을 하고 있는 반면, 남제주에서는 성읍리·창천리 등 해풍을 직접적으로 받지 않는 곳의 15채는 정면 출입을 하고, 38채 중 61%인 23채는 측면 출입을 하는 것으로 나타나고 있다.

정면 출입의 경우, 비바람에 노출되기 쉬우므로 불이 꺼지기가 쉬울 뿐만 아니라, 바람이 불씨를 옮겨 화재의 위험이 있는 반면, 측면 출입은 앞부분이 외벽체로 가려지므로 이런 위험은 감소된다. 그러므로 굴묵의 출입에서도 바람에 대해 세심하게 고려하고 있다. 이 밖에도 바람의 피해를 막기 위한 방편으로 부엌 앞을 돌담으로 둘러막는다든지 상방 뒷문을 안으로 물리고 돌담으로 가려 막는 것 등은 의도적으로 계획된 방풍 시설이라 할 수 있다.

2) 풍차

제주 민가에는 특이하게 풍차(風遮)라는 방풍 시설이 있다. 처마를 길게 하여 항구적으로 외벽과 창호를 보호할 수 있겠으나, 이것은 바람의 영향 때문에 곤란하다. 풍차의 구조는 각목으로 뼈대를 짠 위에 새를 얹

|왼쪽| 보통 때의 풍차 |오른쪽| 내렸을 때의 풍차

어 만든 것으로, 차양과는 달리 비바람이 칠 때는 내려서 이를 막고 햇빛
이 따가울 때는 기울기를 조절하여 땡볕이 상방에 비치는 것을 막는다.

<표 3-12>를 보면 풍차 시설은 북제주가 남제주보다 거의 3배 정도
많은 것을 볼 수 있는데, 바람이 센 북제주에 풍차 시설이 집중되는 것은
당연하다 할 것이다. 그중에서도 북서 해안(제주시, 한경면, 한림읍, 애월면)
과 남동 해안(표선면, 성산면)에 집중되고 있는데, 그것은 전자는 북서풍계,
후자는 남동풍계 지역의 탁월풍에 대한 방풍 효과와 관련이 있다.

3) 담

제주 민가의 돌담은 바람의 속도를 줄이는 작용을 하며, 동시에 제주
도 특유의 향토성을 반영하는 시각적 요소가 된다. 담 높이는 오랜 경험
으로 지금처럼 되었고, 현재보다 높으면 바람을 견딜 수가 없다고 한다.

<표 3-11> 굴묵 출입의 빈도분포

단위: 호(%)

굴묵 출입 방법	난간 측면 출입	외측벽 출입	정면 출입
북제주	36 (84)	6 (14)	1 (2)
남제주	23 (61)	-	15 (39)
전체	59 (73)	6 (7)	16 (20)

<표 3-12> 풍차 시설의 비율

북제주						남제주					
한경면	한림읍	애월면	제주시	조천면	구좌면	대정읍	안덕면	중문면	서귀읍	남원면	표선면	성산면
34.6	34.0	59.5	42.9	12.4	12.6	8.9	6.4	1.7	2.7	7.1	36.7	31.0
평균 31.7						평균 12.7						

<표 3-13> 담의 높이와 두께의 평균

단위: cm

담 높이·두께	해안에 면하는 담		안뒤 쪽의 담		그 외 방향의 담		평균	
	높이	두께	높이	두께	높이	두께	높이	두께
북제주	176	44	197	54	141	34	171	44
남제주	152	40	178	42	143	35	158	39
전체	164	42	188	48	142	35	165	42

따라서 특별히 강풍이 자주 부는 방향을 겹으로 높게 쌓는 경우도 있다.

먼저 담의 높이를 해안에 면하는 쪽, 안뒤 쪽, 그 외 방향으로 나누어 측정한 평균값을 비교해 보면, 높이 188cm, 두께 48cm로 안뒤의 담이 가장 높고 그 두께도 두껍게 나타났다. 그 다음 높은 것은 해안에 면하는 담으로서 높이 164cm, 두께 42cm이고, 그 외 방향의 담은 높이 142cm, 두께 35cm로 가장 낮게 나타나고 있으며, 남·북제주의 담 높이를 비교 하면 모두 북제주가 높게 나타나고 있다.

제주 민가의 평균 담의 높이는 1.65m이다. 한국 남부 해안 지역의 담 높이가 도서 지역 1.58m, 임해 지역 1.65m, 내륙 지역 1.39m, 평균

1.52m로 내륙 지역보다 해안 지역이 더 높게 나타나는[11] 것과 비교하면 내륙 지역보다는 평균 25cm 이상 높은 것이고, 도서 지역과 비교해도 7cm 이상 높다. 그러나 제주도 민가가 다른 어느 지역보다도 수직적인 높이가 낮은 것을 감안한다면 실지로 담의 높이는 더 높아지는 것이며, 외부에 대하여 더욱 폐쇄적인 구조가 되는 것이다.

8. 맺는말

제주도는 한반도와는 다르게 해양성 기후가 뚜렷하지만 지리적으로 태풍의 진로에 위치하여 바람이 기후적인 특성을 대신한다고 할 정도로 폭풍일수가 현저히 많다. 또 제주도는 절해고도이면서 화산지대이므로 폭풍 시에 민가에 미치는 영향이 지대하며, 현무암층으로 이루어진 지반 은 척박한 토양을 이루고 있어 제주도의 가족제도를 비롯한 사회적 환경 에 미친 영향이 컸다. 오늘날 제주도의 민가는 이러한 자연적인 정주 환 경이 크게 영향을 미친 결과라고 말할 수 있다.

우선 제주도의 민가는 외형적으로 풍해(風害)를 최소화하기 위해 피나 는 노력을 해왔음을 알 수 있다. 폭풍우의 피해를 줄이기 위해서는 우선 민가의 높이를 줄여야 했다. 육지와 비교했을 때 민가의 기단, 방바닥 높 이, 지붕의 물매 등의 높이를 가능한 한 줄여야 했다. 그뿐만 아니라 집 울타리를 현무암 돌담으로 적절하게 쌓아 가옥에 미치는 영향을 줄였다. 다음으로 민가의 외벽이 폭풍우를 맞아도 온전하려면 외피(外被)를 튼튼 히 해야 했다. 그것은 현무암으로 외벽을 이중벽 구조로 감싸는 것으로

---

11) 이상정, 「한국 남부해안 지역의 지역성에 적응하는 주거건축의 적정계획에 관한 연 구」(고려대학교 박사학위 논문, 1988), 111쪽.

해결했다. 이로 인해 제주도의 민가는 독특한 모습을 갖게 되었다. 또한 제주도의 민가가 2고주 7량 구조를 취함으로써 민가의 뼈대가 폭풍우에 견딜 수 있도록 대비한 것은 우리나라 민가에서 유일한 대처 방식이었다. 그 밖에도 서까래의 내밀기라든가 풍차의 시설 등 민가의 구조적인 요소마다 풍해를 최소화하고자 하는 노력을 곳곳에서 찾아볼 수 있다.

이와 같이 제주도의 민가는 척박한 정주 환경을 극복하면서 대대로 살아온 제주 사람들의 애절한 삶의 흔적이 민가의 내외 공간 속에 그대로 녹아있다. 긴 세월 동안 위협적인 자연의 폭압으로 인한 제주 사람들의 인명과 재산의 손실은 이루 말할 수가 없었지만, 그때마다 지혜를 모아 대처해 왔던 세월은 오늘과 같은 제주도 민가의 우수성으로 나타나고 있다.

제6장
제주도 민가의 부속채 구성

1. 머리말

제주도의 풍물이 독특한 것처럼 제주도 민가의 구성은 다른 어느 지역에서도 찾아볼 수 없는 뚜렷한 하나의 주(住)문화권을 형성하고 있다. 제주도에는 한반도의 문화가 전파되기 이전에 이미 독자적인 주문화가 형성되어 있었으며, 그 이후의 문화접촉(文化接觸)이 한반도의 과정과는 달랐다. 다시 말해서, 한반도와 제주도는 주공간의 형성에 결정적으로 영향을 주는 서브시스템이 다른 것이다. 지리적·기후적인 자연환경뿐만이 아니라 정신문화에 있어서도, 예컨대 한국 민가에 가장 중요한 요소인 온돌 구조라든가 유교 문화와 가족 및 친족 조직과 같은 생활양식이나 정신 구조가 한반도와의 문화접촉이 뒤늦게 이루어짐으로써 결국 독특한 주문화권으로 남게 된 것이다.

민가의 부속채[附屬숨]는 어디까지나 주동(主棟)에 대한 부동(副棟)의 위치에 있기 때문에 여러 가지 인자에 따라서 다양하게 나타난다. 부속채의 일반적인 성격은 농사용의 건축 시설이기도 하고, 접객 공간이나 준주거 공간이기도 하다. 그러므로 영농 규모, 종별, 그리고 경제적인 여건에 따라서 다양하게 나타나기도 하고, 가족제도와 인문·사회적인 조건에 따라서도 다양하게 시설된다. 제주도의 민가에서 안채는 그 유형이 잘 알려져 있으나, 부속채에 대해서는 조사와 연구가 충분히 축적되지 못했다. 이것은 제주도의 민가 형성 배경을 한반도의 경우와 동일하게 보아온 시각 때문이다. 제주도의 안채가 독특한 것처럼 부속채의 평면 구성*또한 한반도의 경우와는 많이 다르다.

이 글은 제주도 민가의 다양한 부속채 구성을 그 형성 배경과 함께 유형별로 분류하고 분석하는 데 목적이 있다. 연구 자료는 현재까지 조사·보고된 민가 평면을 분석·정리하여 이를 현지 면접을 통해 자료화하고 이차적으로 조사된 민가를 추가하여 고찰 대상으로 했다. 그리고 분석 대상의 민가는 전통적인 원형을 잃지 않은 것으로 했다.

2. 제주도 민가 형성에 영향을 미친 요소

민가와 취락은 환경을 구성하는 여러 가지 요소와 선택·적응의 관계에 있으며, 특히 자연과의 대응 관계가 그 중심이 된다. 물론 이 대응 관계는 그 당시의 기술이나 생활양식이 그 매개체가 되지만 절대적이라기보다 하나의 요소일 뿐이다. 또 기술이나 생활양식은 그 사회와 문화에 영향을 주기 때문에 결국 사회와 문화, 그 자체가 직접 주거와 취락에 큰 영향을 미친다.[1] 특히 민가의 평면적 공간 구조는 생활양식과 밀접한 관계에 있으며 자연조건, 가족제도를 중심으로 한 제 관습, 영농 방식, 생활 형태 등이 반영되고 있다.

제주도는 한반도에 대해 종속성을 유지하면서도 자연·인문적으로 판이한 성격을 나타내고 있다. 자연적으로는 고도(孤島)이면서 화산(火山) 활

---

1) Amos Rapoport, *Houses Form and Culture*(Prentice-Hall, 1969), p.47.

동과 지형 발달이 짧은 연륜 때문에 지형적 제약이 크다. 최종적으로 분출된 현무암은 지표면을 90% 이상 덮고 있으며, 지각(地殼)의 투수성(透水性)이 크므로 용수(用水)에 어려움이 많아 토지 이용과 취락의 발달을 제약했다. 또한 제주도는 한국 제일의 온난다우(溫暖多雨) 지역이므로 남방(南方)적인 요소가 많고, 태풍의 길목에 위치하고 있으므로 자연적인 제약이 가중되었다. 그뿐만 아니라 지리적으로 일본과 근접한 관계로 왜구의 침략이 극심했고, 역사적으로는 원(元)에 예속되기도 했을 뿐 아니라, 사회적 변란이 있을 때마다 취락의 입지 변동과 인구 이동이 빈번했다.

제주도에서 옛날 영농 방법은 원시적이고 조방적(粗放的)인 경영 형태를 벗어나지 못했으며, 내륙 지역에서는 화전(火田) 경작이 성행했다. 지금도 제주도의 소득원은 주로 밭농사를 통한 고구마와 유채, 과수원을 통한 감귤 재배, 그리고 소·말·돼지의 사육을 통한 축산이 대종을 이루고 있으며, 여기에 해안의 수산자원이 한몫을 하고 있다.

제주도의 이러한 척박한 생활환경은 남녀노소 모두가 일터에 나서지 않으면 생존할 수가 없을 정도였으므로 가족제도에서도 한반도와는 다른 독특한 구조를 보여주고 있다. 한반도의 주거에서는 가족원 수가 얼마이든 혹은 가족이 3대 또는 4대이든 관계없이 한 울타리 안에 거주하는 한 가족은 동재집단(同財集團)으로서 한솥밥을 먹는 공동취사 집단이며 이에 예외는 없다.[2] 그러나 제주도 가족의 가장 큰 특징은 철저한 분가주의(分家主義)와 강한 독립생활에 대한 의지에 있다. 육지에서는 전통적으로 차남과 삼남은 부모의 집에서 조만간 분가하여 별개의 가족을 구성하지만 장남은 분가하지 않고 부모와 동거하면서 하나의 가족을 형성한다. 그러나 제주도에서는 차남과 삼남은 물론, 장남이라도 결혼하면 분가하고, 한 울타리 안에 주거를 같이 하더라도 경제 단위는 분리하는 것

---

2) 이광규, 『한국가족의 구조분석』(일지사, 1977), 31쪽.

을 원칙으로 하고 있다. 즉, 제주도에서는 직계친(直系親)이 한 울타리 안에 거주하더라도 토지의 소유와 경작 등의 생산 활동은 물론, 취사나 기타 소비 활동 등 일체의 경제 활동을 분리하는 경우가 많다. 부모와 아들 내외 사이의 분가(分家) 과정을 보면, 경제적으로 여유가 있을 경우에는 부모가 살고 있는 울타리 밖에 또 하나의 가옥을 구입하거나 신축하여 부모 또는 아들 내외가 그곳으로 분가한다. 그러나 경제적으로 여유가 없거나 미처 다른 가옥을 준비하지 못했을 경우, 혹은 대지면적에 여유가 있을 때는 같은 울타리 안에 부모와 아들 내외가 동거 형태를 취한다. 이때에 취사를 분리하는 것은 물론이고 원칙적으로는 외양간이나 헛간 등의 부속채도 분리한다.

이와 같이 분가하는 현상을 제주도에서는 "솥 가른다"라고 말하는데, 부모와 아들 내외 가운데 어느 한쪽의 결손이 일어나더라도 가능하면 각각 부부 가족의 유형을 취하고 도저히 더 이상 취사를 분리할 수 없는 경우에만 취사 공동의 직계가족을 이룬다. 따라서 제주도에서는 노부부만으로 이루어진 가족이나 여자 혼자만으로 이루어진 가구(家口)가 많고, 예로부터 머슴을 두지 않는 것도 하나의 특징이다.[3]

제주도 민가의 또 다른 특징은 별동형(別棟型) 부엌이 있다는 점이다. 별동형 부엌, 즉 정지거리는 주로 동부 지역에 흔하게 나타나고 있다.[4] 안거리에서 부엌의 축출 배경은 제주도의 부엌 형태가 취사만을 위한 공간이므로 쉽게 자유로운 위치를 잡을 수가 있다는 점, 완결된 안거리 규모 속에서 더 많은 침실을 두고자 하는 욕구가 발생하게 된 점, 그리고 안거리에 부엌이 있을 때 화재의 위험과 더불어 취사 과정에서 나오는

---

3) 최재석, 『제주도의 친족조직』(일지사, 1979), 30~52쪽.
4) 이희봉·송병언, 「부엌구조와 생활의 대응을 바탕으로 한 제주도 민가 유형의 문화지리적 해석」, 《건축역사연구》, 21호(1999년 12월).

매운 연기가 어떤 형태로든 주거 공간에 영향을 준다는 점이 그 이유가 될 것이다. 그러나 이러한 경향은 남방적 색채가 강한 별동형 민가로서 솔로몬 제도에서도 찾아볼 수 있으며, 일본 남서 지방에도 다수 분포하는 별동형 계통과 관련이 있다는 설도 있다.[5] 다시 말해서 취사동(棟)과 주거동을 분리하는 것은 일차적으로 화재를 예방하려는 의도에서 출발한 것이다.

이상과 같은 제주도의 가족제도의 요인을 유교적 전통의 희박 내지 결여 등으로 설명하기도 한다. 이러한 측면에서 제주도에서는 내외사상(內外思想)이 희박하여 가옥 구조에서도 남녀의 사회적 격리현상은 거의 없었다. 따라서 가옥의 내·외실(室)도 분리되지 않았고, 사랑채와 같은 공간도 발달되지 못했다.

3. 민가의 배치와 주동의 평면 특성

1) 민가의 배치 유형

제주도 민가의 대지는 이 지역 특유의 경관인 현무암 돌담으로 울타리를 치고, 그 안에 적당한 간격으로 가옥이 배치되고 있는 것은 한반도의 경우와 비슷하다. 그러나 제주도의 민가는 육지의 유교 문화를 닮은 안채·사랑채와 같은 구성을 보여주지 않는다. 말하자면 생계의 단위로서 가옥의 수에 따라 '한거리집', '두거리집', '세거리집', '네거리집' 등으로 나누어 불리고 있다.

한거리집은 울타리 안에 가옥이 하나 있는 경우이며, 부엌이 하나이므

---

5) 野村孝文, 「朝鮮半島のすまい」, 『日本すまいの源流』(文化出版局, 1984), p.295.

로 침식과 경제를 공동으로 하는 한 가족의 주거이다. 이런 유형의 민가
는 아주 가난한 계층이거나 살림을 처음 시작한 젊은 계층의 민가이다.

두거리집은 한 울타리 안에 가옥이 두 채 있는 경우이다. 두 가옥이
마주 보고 있으면 주동을 '안거리', 부동을 '밖거리'라 부르고 안거리에
대해서 측면에 있으면 '모커리'라 부른다. 두 마을을 조사한 통계적인 자
료에 따르면 두거리집이 84.1%에 이르고, 이 가운데 마주 앉은 경우가
59.1%로서 가장 많은 유형의 민가이다.[6] 두거리집은 보통 한 가족이 생
활하도록 구성되지만 간혹 두 가족의 침식과 경제 활동을 독자적으로 할
수 있도록 구성된 경우도 있다.

세거리집은 안거리, 밖거리, 모커리 등 세 채의 가옥이 한 울타리 안에
마당을 중심으로 배치된 유형이다. 이러한 유형은 대체로 한 울타리 안
에서 분가한 두 가족의 취사와 생산 및 소비 활동을 독립된 단위로 영위
하는 경우가 많다.

네거리집은 마당을 중심으로 안거리와 밖거리, 그리고 두 채의 모커리
가 마주 보고 있는 유형이다. 일반적으로 밖거리와 모커리는 안거리와
함께 건축되기도 하나, 흔히 밖거리와 모커리를 점차적으로 필요에 따라
건축해 가는 경우가 많으므로, 네거리집은 성장이 거의 완성된 단계의
민가이다. 안거리에 부모와 미혼 자녀가 살고 밖거리에 아들 내외가 사
는 경우가 많다. 그러므로 네거리집 이상으로 규모가 커지는 경우도 더
러 있는 것이다.

---

6) 강행생, 「제주도 안·밖거리형 살림집의 공간 구성에 관한 조사연구」(건국대학교 석
사학위 논문, 1985), 28쪽.

2) 주동(안거리)의 평면 특성

제주도 민가에 있어서 안거리의 일반형은 부엌·마루·침실의 배열을 기본으로 하고 있어 한반도의 민가형과는 근본적으로 다르다. 제주도 민가의 기본형은 좀 더 구체적으로 들여다보면 다음과 같다.

첫째, 부엌은 그 주요 기능이 취사·식사·옥내 작업장 등으로 다채롭게 이용되며, 특히 아궁이가 침실의 난방과 관계없이 독립되어 시설된다. 이와 같이 솥에 불을 때는 열을 취사에만 쓰고 여열을 구들에 들이지 않는 것이 온돌 구조가 전해지기 이전의 솥걸이 형태이다.

둘째, '상방'이라 불리는 마루방은 부엌에 인접해 있는데, 이 또한 한반도의 실 배열과는 다른 점이다. 상방의 주요 기능은 가족 간의 화목, 접객, 식사, 제사, 가사, 작업, 여름철의 취침 등 다양한 용도로 쓰인다. 또 상방은 그 위치가 부엌·침실·수장 공간 등으로 직접 연결되는 곳이므로 민가의 중심이 되는 거실과 같은 곳이다. 상방은 가끔 흙바닥으로 된 경우도 있고, 어떤 바닥이든지 상방의 중앙에 화로가 있었던 것이 원형이므로 두칸형 민가에서 3칸형으로 발전하는 과정에서 부엌 공간이 기능 분화된 것이다.

셋째, 상방 옆, 부엌과 반대쪽 끝에 있는 방이 '구들'이라 불리는 주침실이며, '굴묵'이라 불리는 난방 전용의 아궁이 공간이 붙어있다. 그리고 구들 뒤쪽이 으레 '고팡'이라는 수장 공간이 차지하는데, 이곳은 알곡식을 비롯한 각종 중요한 수장물을 모아서 관리하는 곳이다. 이러한 제주도 민가의 기본적인 실 배열은 온돌이 전파되기 이전의 주생활이 온돌방 중심이 아니고, 마루방이라는 것을 입증하는 것이다.

제주도의 민가를 발전 단계별로 대표적인 평면을 나열해 본 것이 <그림 3-34>이며, 단계별 민가의 특성은 다음과 같다.

B 계열은 기본형의 전 단계로서 상방의 기능이 부엌에 포함되거나 고

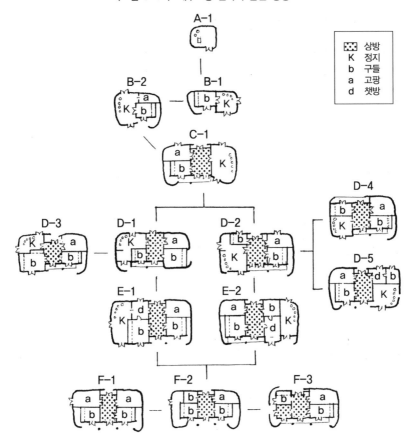

〈그림 3-34〉 제주도형 민가의 발전 상정도

░	상방
K	정지
b	구들
a	고팡
d	챗방

A-1. 북제주군 조천면 신촌리: 김광언, 『한국주거민속지』(민음사, 1988), 462쪽. B-1. 남제주군 표선면 성읍리: 김홍식, 「민속촌지정대상지 조사보고서」(제주도, 1978), 도판 88. B-2. 북제주군 한경면 도수리: 장보웅, 「제주도 민가의 연구」, ≪지리학≫, 10호(대한지리학회, 1974), 16쪽. C-1. 남제주군 표선면 표선리: 장보웅, 「제주도 민가의 연구」, ≪지리학≫, 10호(대한지리학회, 1974), 17쪽. D-1. 북제주군 한경면 명월리: 김홍식, 「민속촌지정대상지 조사보고서」(제주도, 1978), 도판 6. D-2. 북제주군 한경면 명월리: 김홍식, 같은 책, 도판 1. D-3. 남제주군 표선면 성읍리: 장보웅, 「제주도 민가의 연구」, ≪지리학≫, 10호(대한지리학회, 1974), 18쪽. D-4. 북제주군 애월면 애월리: 장보웅, 같은 책, 18쪽. D-5. 북제주군 애월면 하가리: 필자 조사. E-1. 북제주군 한경면 조수리: 장보웅, 「제주도 민가의 연구」, ≪지리학≫, 10호(대한지리학회, 1974), 20쪽. E-2. 북제주군 애월면 하가리: 필자 조사. F-1. 남제주군 표선면 성읍리: 김홍식, 「민속촌지정대상지 조사보고서」(제주도, 1978), 도판 72. F-2. 남제주군 표선면 성읍리: 김홍식, 「민속촌지정대상지 조사보고서」(제주도, 1978), 도판 19. F-3. 남제주군 성산면 수산리: 장보웅, 「제주도 민가의 연구」, ≪지리학≫, 10호(대한지리학회, 1974), 19쪽.

팡의 기능이 분화되기 이전의 민가형이다.

C 계열은 기본형이면서 일반형이며 제주도 민가의 주류를 이루고 있다.

D 계열은 기본형에서 부침실이 등장한 민가형으로서 부침실은 주로 부엌 안에 위치하는데, 다양한 모습을 보여준다.

E 계열은 D 계열에 '챗방'이라는 식당이 부엌에서 기능 분화하여 등장한 경우이다. 챗방의 위치는 작은 구들과 나란하게 종렬을 이루는 경우와 횡렬을 이루는 경우로 나누어진다.

F 계열은 민가의 안거리에서 부엌이 독립된 형태로 소멸해 버리고, 그 대신에 침실이나 고팡 등의 주(住)공간이 그 자리를 차지하는 경우이다. 다시 말해서 부엌의 다양한 고유 기능은 차츰 분화되어 그 기능이 축소되었다. 그래서 부엌의 면적은 차츰 줄어들었고, 종국에는 안거리에서 축출되어 버린 것이다.

4. 제주도 민가의 부속채 유형

한반도에서 민가의 부속채를 구성하는 공간은 일반적으로 농용 공간과 접객 및 사랑 공간 혹은 부(副)주거 공간 등이 차지하고 있다. 그러나 제주도의 부속 공간은 앞서 밝힌 가족제도만으로도 달라질 수밖에 없다. 예컨대 남성 영역인 사랑 공간은 굳이 고려할 필요가 없지만, 분가한 두 단위의 가족이 동거할 때는 반드시 고려할 점이 있다는 것 등이다. 그러나 이러한 부속채는 가족 주기(週期)와 경제적 사정 때문에 주생활형과 민가형이 필요에 따라 정확히 조정될 수가 없는 문제이므로 평면상 명확히 드러나지 않을 수도 있다.

제주도 민가에서 안거리를 중심으로, 이를 제외한 울타리 안의 모든 가옥을 부속채로 일단 생각해 볼 때 부속 공간을 유형별로 분류하는 기준은 결국 크게 나누어 취사와 가계(家計)를 공동으로 하는가 혹은 분리하는가 하는 문제일 것이다. 따라서 부속채의 형태는 다음과 같이 나누어 살펴볼 수 있다.

① 한 가구(家口)만의 민가로서 부속 공간이 어떻게 구성되어 있는가
② 분가한 두 가구가 취사를 분리한 형태로 어떻게 나타나는가
③ 부(副)주거 공간과 농용 부속 공간이 어떻게 혼성되어 있는가

이러한 전제 아래에서 제주도 민가의 부속채를 유형화시켜 보면 다음과 같다.

1) 한 단위 가족의 민가에서 보는 부속채

제주도의 가족은 전통적으로 부부와 미성년으로 구성된 핵가족을 원칙으로 하고 있기 때문에 한 단위의 가족을 위한 민가가 많은 것은 당연한 일이다. 이를 뒷받침해 주는 자료로서 1975년에 조사한 부모와 장남 부부가 모두 생존해 있는 20사례에 의하면, 17가구가 울타리를 달리하여 별거하고 있었으며, 2가구만 같은 울타리 안에서 취사 분리를 하고 있었다.[7] 이와 같이 핵가족이 거주하는 민가는 제주도에서 주류를 이루고 있으며, 취사 공간인 부엌은 하나만 있으면 된다. 그러나 한 단위 가족의 민가에서 부엌의 위치는 안거리에 부속된 경우와 안거리에서 독립하여 별동을 이루는 경우가 있다.

---

7) 최재석, 『제주도의 친족조직』(일지사, 1979), 22쪽.

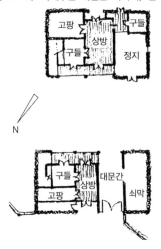

〈그림 3-35〉 북제주군 애월면 하가리, 김씨 댁

(1) 부엌이 안거리에 있는 경우

제주도 민가에서 부엌이 안거리에 있는 것은 민가의 평면 구성에서 일반형이다. 그러므로 이 유형은 부속 공간이 모두 농용 공간으로 구성되는 경우인데, 부속채가 전혀 없는 경우도 있다. 구체적인 농용 공간은 외양간·헛간·고팡 등인데, 여기에 대문간이 추가되기도 한다. 이들 공간이 독립된 채로 나타날 때 이를 '테들막'이라 부르며, 그 공간 구성은 농사용 공간의 조합으로 다양하게 나타나고 있다. 부속채의 배치 경향은 일반적으로 안거리가 대지 안쪽 깊숙한 위치에 있으므로 테들막은 대문 가까이에 위치하게 된다. 이곳은 농사용 공간으로서 동선상 가장 유리한 위치이며, 대문간을 둘 때는 자연스럽게 부속채와 복합된 형태가 된다. 그러나 또 다른 유형으로서 부(副)주거 공간인 밖거리에 농사용 공간이 복합되어 있는 형태도 있다(〈그림 3-35〉 참조).

이러한 유형은 두 가구로 분가할 때가 아니더라도 보통 안거리를 지을 때 동시에 짓는 경우가 허다하다. 그러므로 가옥 배치상 이 유형은 두거리집에 많고 간혹 세거리집에도 있다.

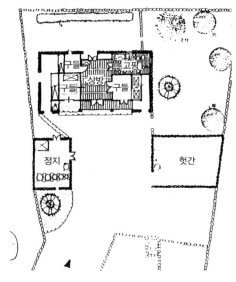

〈그림 3-36〉 남제주군 표선면 성읍1리, 김씨 댁

(2) 부엌이 안거리에서 별동으로 분리된 경우

부엌과 농용 공간이 분리된 경우

안거리의 평면형이 변화·발전해 가는 과정에서 종국에는 부엌이 축출되어 별동의 형태로 나타난다. 이 유형은 취사 공간만으로 별동을 형성하고 있으므로 농용 부속채는 또 다른 별동으로 나타나게 된다. 따라서 보통 세거리집의 형태가 많고, 이때 부엌의 위치는 작은방 앞쪽에 자리하는 모커리에 해당되는 것이 흔한 배치법이다. 이 유형에서 안거리의 평면 구성은 일반적으로 전면 3칸, 혹은 '웃3알4칸집'8) 규모이며, 일반형의 3칸에서 부엌의 위치에 2개의 부침실이 차지하거나 혹은 전면에 부침실, 후면에 수장 공간이 차지하는 형태로 대별된다. 그러므로 별동의

---

8) 웃3알4칸집은 지붕의 가구법이 보 방향으로 전면 3칸으로 구성되어 있으나, 실제 평면상의 칸잡이는 4칸으로 구성되어 있다. 그러므로 제주도 민가의 일반형에서 부엌과 상방 사이에 '챗방'이나 '작은구들'이 들어서는 경우가 많다.

부엌은 취사 공간이면서 식사 공간을 겸하고 있으며 대체로 면적을 넓게 잡고 있다(<그림 3-36> 참조).

부엌과 농용 공간이 혼성된 경우

취사 공간인 부엌이 안거리에서 별동으로 분리되면서 농용 부속채와 결합되어 나타나는 형태가 이 유형이다. 그러므로 가옥의 배치는 두거리집이 정상적인 것이라 볼 수 있으나 농사 규모와 경제적 여건에 따라 세거리집이나 네거리집도 있다. 이때 다른 부속채는 물론 농사용 공간이다.

부엌과 농사용 공간의 결합 형태를 보면 다음과 같다.

① 부엌 + 헛간
② 부엌 + 외양간
③ 부엌 + 헛간 + 고팡
④ 부엌 + 외양간 + 헛간(<그림 3-37>)
⑤ 부엌 + 헛간 + 대문간

또 다른 유형은 부침실 하나가 추가된 결합 형태로서 다음과 같다.

① 부엌 + 고팡 + 헛간 + 온돌방
② 부엌 + 고팡 + 온돌방(<그림 3-38>)

그러므로 이 유형은 두 칸 밖거리의 평면 유형에 따르고 있다. 이러한 결합 형태가 가능한 것은 원래 부엌이 갖고 있는 다양한 내용과 유기적인 관계에 있기 때문이다. 즉, 부엌은 취사와 식사를 위한 공간이지만 식료품을 두는 수장 공간이고 땔감을 비롯한 잡다한 용도의 헛간과의 관계, 혹은 여물을 공급한다는 점에서 외양간과의 관계 등 동선상의 유기적인

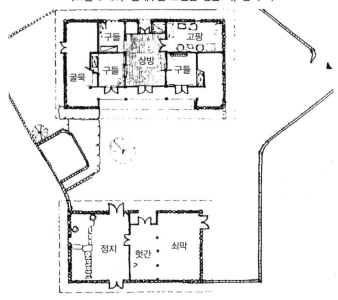

〈그림 3-37〉 남제주군 표선면 성읍1리, 송씨 댁

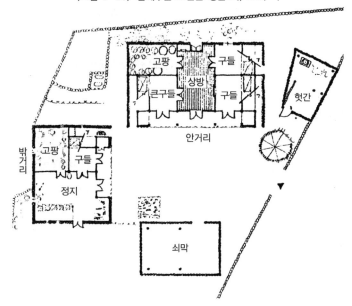

〈그림 3-38〉 남제주군 표선면 성읍1리, 조씨 댁

연결이 필요하기 때문이다.

따라서 부엌과 이들 부속 공간은 서로 필요에 따라 옥내·외에서 출입 문으로 연결되고 있다. 부침실이 추가된 경우는 흔히 취사 능력이 없는 노인들을 위한 것이거나, 혹은 예비침실의 성격이 있으며, 안거리의 평면 구성은 부엌이 별동으로 된 유형의 경우와 같다.

2) 두 단위 가족의 민가에서 보는 부속채

이 유형은 두 가족의 취사 단위가 독립해 있으므로 안·밖거리의 형태 가 명확하게 나타나고 있다. 그리고 민가의 규모도 자연히 커져서 가옥 수는 세자리가 가장 많지만 그 이상의 규모도 더러 있다. 왜냐하면 한 울타리 안에 부모와 자식 내외의 두 가족 단위를 형성하더라도 건축 당 시의 가족 조직과 현재의 가족 조직이 반드시 일치하지 않기 때문이다. 민가의 배치는 마당을 중심으로 안·밖거리가 등을 돌리지 않고 마주 보 거나, 모로 비켜서 배치되므로 안·밖거리의 좌향이 서로 다른 경우가 있 다. 이것은 비록 취사와 경제 단위를 따로 하는 두 가족이지만 어디까지 나 혈연관계에 놓여있는 직계친의 관계이기 때문이라 생각된다.

(1) 안거리와 밖거리에 부엌을 둔 경우

이 유형은 안거리와 밖거리에 부엌이 각각 있는 경우이므로 두 단위의 가족이 안·밖거리에서 취사를 별도로 하는 유형이다. 이때 밖거리의 구 성은 한 단위 가족이 정상적인 주생활이 가능하도록 안거리의 일반적인 평면을 따르는 경우가 많지만 반드시 그렇지만은 않다. 다시 말해서 어 떤 경우이든 안거리에 비해 규모가 작은 편이다. 한 울타리 안의 부속채 는 부모와 자식 내외가 때에 따라서는 완전히 독립된 경제 단위를 형성 하지 않고 경제생활 중 일부를 공동으로 하고 일부는 분리하는 경우도

〈그림 3-39〉 남제주군 표선면 성읍1리, 강씨 댁

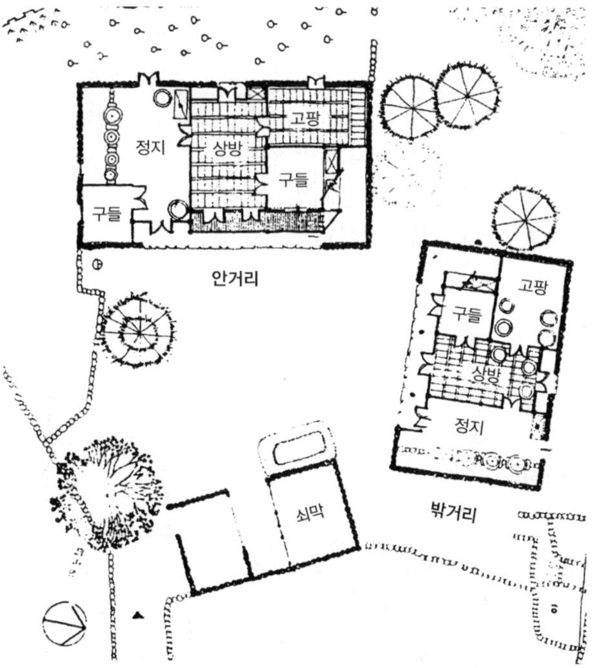

있음을 생각하면 이해될 수 있는 문제이다(<그림 3-39> 참조).

(2) 별동의 부엌과 밖거리에 부엌을 둔 경우

이 유형은 안거리에서 부엌이 별동으로 축출된 형태로 별동의 부엌에
서 부모 가구가 취사를 해결하고, 아들 내외의 가구는 밖거리의 부엌에
서 취사하는 형태이다. 이때 밖거리의 평면 구성은 안거리의 일반적인 평
면형을 따르는 경우도 있으나 그렇지 않고 부엌은 분명하지만 간이 형식
의 주거 공간으로 구성된 경우도 있다. 그러한 사례의 하나로서, 밖거리
의 방이 사랑방 구실을 할 수 있도록 밖거리의 측면으로 진입하는 경우
도 있다(<그림 3-40>). 대체로 이러한 사례는 안거리의 신축 시에 앞으로

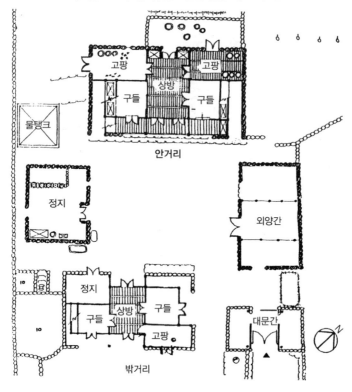

〈그림 3-40〉 남제주군 표선면 성읍1리, 고씨 댁

일어날 가족 분가를 대비하지 못한 상태에서 이루어진 결과로 짐작된다.

(3) 부엌이 안거리에만 있고 밖거리에는 없는 경우

이 유형은 취사 공간인 부엌이 없기 때문에 엄밀히 말해서 두 단위 가족의 민가로 보기가 어렵다. 따라서 육지의 민가와 같이 일종의 예비적 혹은 부(副)주거 등의 성격으로 해석할 수도 있다. 그리고 외양간이나 헛간 등의 농사용 부속 공간이나 대문간과 복합된 경우도 흔히 있다. 그러나 주거 부분의 구성이 다음과 같이 나타난다.

별동으로 지은 부엌

① 온돌방＋고팡

② 2온돌방＋상방＋고팡

③ 2온돌방＋상방

그러므로 한 가족의 주생활이 이루어지기에 부족함이 없다. 다만 취사 공간이 없다는 문제가 남아있으나, 특수한 사정으로 부모와 아들 내외가 공동취사를 하는 경우도 있고, 부모 중 어느 한쪽이 결여되었을 때 아들 세대에 의탁하여 주거와 취사를 같이하는 경우가 있다는 보고도 있다.[9] 그리고 제주도 민가에는 으레 '굴묵'이라는 난방을 위한 전용 공간이 있

---

9) 최재석, 『제주도의 친족조직』(일지사, 1979), 24쪽.

는데, 이곳이 간이형의 취사 공간으로 활용되기도 한다.

5. 맺는말

제주도 민가를 보는 시각은 여러 가지가 있겠으나 제주도 특유의 가족 제도와 더불어 독특한 풍토로 인한 영농 형태 때문에 민가의 부속 공간은 육지와는 다르게 다양하다. 제주도의 가족은 철저한 분가주의와 핵가족을 이상으로 하고 있으므로 한 가족 단위의 민가가 주류를 이루며, 취사를 달리하는 두 가족 단위의 주거는 한국 민가에서 그 유례를 찾아볼 수 없는 독특한 주거 형태이다. 취사 공간인 부엌은 어떤 가족 형태이든 안거리에 부속된 경우가 주류를 이루고 있으며, 안거리에서 독립하여 별채로 된 경우도 있다. 별채의 부엌은 원칙적으로 식사 공간을 겸하고 있으며, 부엌이 갖고 있는 다양한 내용 때문에 농사용 부속 공간과 유기적으로 혼성된 경우가 많다.

두 단위 가족의 민가에서 밖거리는 안거리의 평면 유형을 따르고 있는 것이 많은데, 두 가족이 생활양식이나 생활형이 유사하며 축조 기술이 일반화된 모형을 취하기 때문이다. 그러나 안거리의 평면 유형에서 이탈한 것도 있는데, 이때는 농사용 공간과 복합되거나 안거리의 평면 구성을 용도 변경하여 주거 조정을 하기도 한다. 또 밖거리의 부엌은 안거리에 비해 그 규모가 축소되고 간이화되는 경향이 있으며, 때로는 굴묵이 취사 공간으로 활용되기도 한다.

그러나 어떤 경우이든 제주도 민가의 특징은 한 울타리 안에 두 단위의 혈연가족이 각각 생활공간을 별도로 두고 공존·공생하고 있다는 사실이다. 이것이 가능하도록 다양한 모습의 공간을 지혜롭게 보여주고 있는 점은 참으로 놀라운 일이 아닐 수 없다.

제 4 부

안마당과 굴뚝、 그리고 구조와 규모

1. 머리말

한국의 전통 민가에서 채[棟]와 마당의 관계는 항상 짝을 이루어왔다. 주택이 여러 채로 구성되었을 때도 반드시 마당이라는 고유의 외부 공간과 깊은 관련 아래 배치되고 있다. 물론 이러한 현상은 살림집뿐 아니라 궁전(宮殿)이나 사찰(寺刹), 그리고 향교(鄕校) 등의 건축에서도 쉽게 찾아볼 수 있다. 그러나 살림집의 경우처럼 마당이 영역별로 분화(分化)되어 발달하지는 못했다. 예컨대 안채에는 안마당, 바깥채에는 바깥마당, 사랑채에는 사랑마당, 행랑채에는 행랑마당 등과 같이 분화된 채에 따라 여기에 딸린 마당이 구성 요소로 되어있다.

이 가운데 민가의 안채(몸채)는 안주인이 거처하는 안방을 중심으로 구성되며 또 자녀들의 처소로서 집 안 가족생활의 중심 공간이다. 그뿐만 아니라 통과의례(通過儀禮)를 비롯한 집안 대사(大事)는 모두 안채의 영역에서 행해지고, 으뜸되는 가신(家神)인 성주신의 거처이기도 하다. 그러므로 살림집에서 안채의 위치는 가장 안쪽 깊숙한 곳에 자리하는, 집안의 상징적인 중심채이다. 안마당이 안채에 딸려있는 마당이라면 살림집에서 안채가 차지하는 비중이 클수록 안마당의 역할 또한 상대적으로 커진다. 따라서 전통 민가에서 안채와 안마당은 가장 핵심적인 요소이며, 여러 채의 구성으로 이루어진 주택이라 하더라도 기본적인 배치법은 안채와 안마당이라는 고리에서 벗어나지 않고 있다.

ㅁ자계 민가는 안채와 부속채들이 안마당 주위에 배치되면서 ㅁ자의 배치 경향을 보이는 주택을 말한다. 물론 ㅁ자계 민가라 하더라도 공간의 폐쇄도(閉鎖度)를 달리하는 여러 유형을 생각할 수도 있고 그야말로 ㅁ자형으로 완성된 민가도 포함된다. 그러나 어떤 경우에도 안마당은 처음부터 의도적으로 만들어졌다지만 그렇다고 공간의 구성이나 성격이 눈에 띄게 드러나지는 않고 그냥 텅 비어있을 뿐이다.

이 글은 ㅁ자계 민가의 안마당이 갖는 공간적인 구조와 내용은 어떠한 것인지, 그리고 안마당의 영역적·장소적 성격은 어떠한 것인지를 밝혀보는 것을 목적으로 한다.

2. 안마당의 물리적 구성

한국 민가에는 전통적인 유교 사회의 가부장권(家父長權)과 주부권(主婦權)이 분담된 역할뿐 아니라 유교적인 덕목(德目)이 주거 공간 속에 잘 반영되어 있다. 민가의 사랑채나 바깥채는 가장을 중심으로 하는 남성들의 공간으로 접객(接客)과 수문(守門)의 역할을 수행하는 부분이며, 안채는 주부를 중심으로 한 여성들의 공간으로 가정의 가계(家計)와 자녀의 양육을 맡아 수행하는 부분인데, 이들 모두가 주거 공간 속에서 실질적이며 상징적으로 잘 배려되어 있다. 이와 같이 가부장권과 주부권으로 대표되는 두 개의 영역은 일반 살림집에서 마치 두 개의 중심을 가진 타원형과 같은 도식(圖式)으로 설명될 수 있다. 그런데 이상과 같은 두 중심권 사이에는 으레 안마당이 자리하고 있으며, 이로 인해 서로 일정한 거리를 확보하도록 배려되어 있는 것은 역시 유교적인 덕목의 반영으로 볼 수 있다.

사실 일반 민가에서 안마당과 같은 형태로 구획된 외부 공간은 중근동(中近東) 및 지중해(地中海)의 여러 나라와 세계 도처에서 중정식(中庭式) 주택이라는 형태로 찾아볼 수 있다. 그러나 한국 민가의 안마당과 중정은 어떤 차이점이 있는지에 대해서는 아직 깊은 연구가 없었다. 우선 안마당에 관한 용어상의 해석을 김봉렬(金奉烈) 씨는 다음과 같이 밝히고 있다.[1]

안마당이란 안채에 딸린 마당(private yard)과 둘러싸인, 안에 있는 마당(inner court)의 개념이 복합된 명칭이다. 그리고 중정이란 후자의 개념만을 지칭하는 것으로 서양의 파티오(patio)나 중국의 원자(院子)에 가깝다. 그러므로 안마당집(ㅁ자집)과 중정식 주택(patio house)은 동양과 서양의 차이만큼 엄청난 개념의 차이를 가져오게 된다.

한편 김광현(金光鉉) 씨도 이와 같은 견해를 보이고 있는데, 다만 안마당을 가진 주택을 중정식 주택과는 다른 내정식(內庭式) 주택(안마당집)으로 호칭하고 있다.[2]

이와 같이 안마당과 안채는 밀접한 관계에 있는데, 민가에서 안방과 건넌방 사이에 있는 '마루'를 그 어원(語源)의 내력(來歷)에서 찾아보면, 마루는 고대적(古代的) 의미로는 '마당'을 포함하고 있었다고 한다.[3] 그

---

1) 김봉렬, 「방 밖의 방 — 안마당의 성격」, 《건축과 환경》(1986년 2월).

2) 金光鉉, 『韓國の住宅』(東京: 丸善, 1991), 74쪽.

3) 이병도, 『한국 고대사 연구』(박영사, 1976), 631쪽. 신라 시대 궁전 집회에서 왕과 신하의 장소, 즉 정침(正寢)과 그 앞마당이 고대(古代)에는 '마루'에 해당되는 것으로 추정되고 있다.

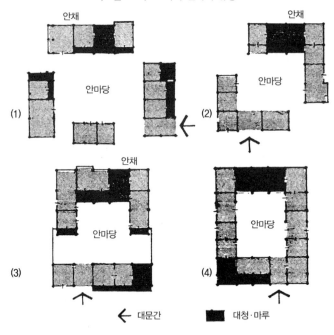

〈그림 4-1〉 ㅁ자계 민가의 유형

(1)

(2)

(3)

(4)

안채
안마당
안채
안마당
안채
안마당
안마당

← 대문간　　■ 대청·마루

러면 실제로 ㅁ자계 민가에서 안채와 안마당은 어떠한 형태로 존재하는
지 살펴보기로 한다. 우리나라의 ㅁ자계 민가는 여러 가지 다양한 평면
형이 있을 것이라고 추정되지만, 필자가 접한 ㅁ자계 민가를 4개 유형(類
型)으로 분류하여 그 대표적인 평면을 나열해 보면 <그림 4-1>과 같다.

(1)번 민가는 전국적으로 고르게 분포하고 있는 배치 유형인데, 맨 처
음 단계는 一자형의 안채와 안마당이 기본 단위가 된다. 다음 단계에서
바깥채(사랑채)나 부속채를 추가로 세울 때는 안마당을 둘러싸는 형태를
취하게 되는데, 그림은 안마당 주변의 건물 배치가 완성된 단계를 보여
주고 있다.

(2)번 민가는 중부 지방에 분포되고 있는 민가형이다. 곱은자형의 안채
와 바깥채가 안마당을 에워싸듯이 ㄱ·ㄴ자형으로 배치되는 것이 특징이

다. 바깥채의 내용은 주로 사랑방을 포함하여 농사용 부속 공간과 대문 간으로 구성되고 있다.

(3), (4)번 민가는 주로 경북 지방과 영동 지방에 분포되어 있는데, 특히 경북 북부 지방에 집중 분포되어 있는 중류 이상의 민가형이다. 안채의 형태가 (2)번의 ㄱ자형에서 ㄷ자형으로 발전된 것이 특징이다. 중부형 민가가 안마당을 의식적으로 둘러싸려는 모양을 보여준다고 한다면, (3)번의 민가형은 여러 변형이 있긴 하나 더 적극적으로 안마당을 감싸 안으려는 모양이다. 외형상으로 (2)번에서 (4)번으로 이어가는 중간 단계의 하나이다. ㄱ자형의 안채에서 ㄷ자형으로 발전될 때 첨가되는 내용은 중부형의 기본 민가형에서 부엌 쪽으로 고방이나 부엌방이 부가되거나 건넌방에서 방향을 꺾어 작은부엌이나 고방 혹은 아랫방 등이 부가되어 ㄷ자형을 취하게 된다.

(4)번 민가는 안채를 비롯한 주거 공간이 안마당을 에워싸려는 단계적인 시도 끝에 결국 안마당을 ㅁ자형으로 완전히 둘러싸 버린 형태이다. 뒤쪽으로는 안채 계열의 공간이 차지하고 앞쪽으로는 대문간을 포함한 사랑 계열의 공간이 자리하고, 그 사이 공간은 각종 수납 시설을 포함한 부속 공간으로 메워진다.

이상과 같이 ㅁ자계의 민가 유형을 살펴보면, 결국 안마당은 안채와 관련이 깊은 앞뜰의 개념이며, 그 주변은 부속채로 둘러싸이는 경향을 보이다가 최종 단계에는 ㅁ자형으로 완성되고 있다.

다음으로 ㅁ자계 민가에서 안마당의 규모가 어떤 범위에 있는가를 알아보는 것은 안마당과 이를 둘러싼 민가의 공간적인 척도(尺度)를 이해하는 데 도움이 될 것이다. 이를 위해서 ㅁ자계 민가 중 안마당의 형태가 명확한 (2), (4) 유형을 택하여 실증적(實證的)인 자료를 분석해 보기로 한다.

(4)번 민가의 특징은 가로 방향의 안마당 폭이 대청의 칸수(間數)에 따라 정해지는 점이다. ㅁ자형 민가에서 가장 빈도가 높은 대청의 규모가

전면 세칸대청의 ㅁ자계 민가〔<그림 4-1>의 (4)〕

2칸과 3칸이므로 자료를 나누어 분석했고, 분석 대상 민가 수는 각각 20
채로 했다.

① 튼ㅁ자형 민가의 안마당 크기
  가로 방향: 9.1m
  세로 방향: 8.6m
  평균 면적: 79.7m²
② ㅁ자형 민가(두칸대청)의 안마당 크기
  가로 방향: 5.73m
  세로 방향: 6.42m
  평균 면적: 36.9m²
③ ㅁ자형 민가(세칸대청)의 안마당 크기
  가로 방향: 7.32m

세로 방향: 7.19m

평균 면적: $52.7m^2$

3개 유형의 ㅁ자계 민가에서 얻은 안마당의 자료를 보면, ㅁ자계의 민가 중 가장 작은 규모의 안마당은 두칸대청을 가진 민가이며, 세칸대청의 민가, 튼ㅁ자형 민가의 순서로 커지고 있다.

이러한 안마당의 규모 특성은 ㅁ 자의 공간 안에서는 어디에서나 가족끼리 대화와 얼굴 표정을 통해서 서로 교감(交感)할 수 있는 공간적인 크기이다. 왜냐하면 사람들이 얼굴 표정을 인식할 수 있는 최대 거리를 대체로 12~13m로 보고 있기 때문이다.[4] 그러므로 이러한 안마당과 민가의 크기는 우리 한국인들의 뿌리 깊은 가족중심주의에 바탕을 두고 있음을 알 수 있다.

3. 안마당의 장소적 역할

주거(住居)는 사회적 요소와 물리적 요소가 동시에 상호작용하는 생활공간이다.

동서양의 건축 개념을 비교해 보면 서양은 하나의 충족된 독립체(獨立體)로서의 건축을, 동양은 채워지기를 기다리는 그릇의 건축을 기본으로 하고 있다. 다시 말해서 동양적인 집의 개념은 사람이 물리적인 환경과 서로 교감·감응하는 장이 건축이자 집의 개념이다.[5] 우리가 살림집의 안

4) 김봉렬, 「방 밖의 방 — 안마당의 성격」, ≪건축과 환경≫(1986년 2월)에서 재인용. 사람의 얼굴 표정을 인식할 수 있는 최대 거리를 13.6m로 설정하기도 하고, 12m로 제안한 연구 결과도 있다.

5) 김성우, 「동양건축에서의 집과 사람」, ≪공간≫(1987년 6월), 52쪽.

마당은 가족 간에 교감과 감응이 자연스럽게 이루어지는 곳이다.

마당을 생각할 때에 이러한 동양의 기본적인 건축 개념을 이해할 필요가
있다.

한국 민가에서 안채와 안마당을 별개의 공간으로 보는 것은 아무런 의
미가 없으며 이들은 불가분의 관계로 보아야 한다. 그런데 ㅁ자형 배치
민가는 바깥쪽으로는 등을 지고 안쪽으로는 열려있는 형태이다.

안마당은 바깥마당과는 달리 온 가족에게 그대로 보인다. 그래서 안마
당에 채워지는 삶의 모습은 주위의 주거 내용을 살펴보면 알 수가 있고,
어떻게 교감·감응하는지를 짐작할 수가 있다. 실제로 안마당을 둘러싼
주거 공간은 대청을 비롯한 안방·건넌방·부엌·문간방·사랑방, 그 밖에
고방·대문간·헛간·방앗간·외양간 등으로 짜여있다. 이와 같이 ㅁ자계 민
가는 한 가족의 살림살이 모두가 안마당과 관련을 맺고 있으므로 안마당
은 가족 모두의 장소라 할 수 있다. 사실 우리나라의 가족제도는 주요
생산 단위가 가족이었으므로 가족을 떠난 생활이란 생각할 수가 없었다.

그 때문에 사회의 구성단위는 개인이 아닌 가족이었고, 가족은 당연히 개인보다 우선적인 기준이었다.

여기에서 송용호 씨가 밝힌 안마당의 공간적인 성질을 보면6) 안마당의 일반적인 성격을 이해하는 데 도움이 될 것이다. 첫째, 안마당에는 공간의 이중성(二重性)이 있다. 안마당은 내부의 각 실(室)과 중간 위치에 있으므로 이들을 공간적으로 격리시켰지만 시지각(視知覺)상으로는 연결시킨다는 점에서 공간의 격리와 연결의 이중적 효능을 갖고 있다. 둘째, 공간의 여백성(餘白性)이다. 이는 안마당이 텅 비어있으므로 가족만의 단란한 생활의 장(場)이 넘쳐흘러도 좋은, 그런 공간의 특성이다. 셋째, 기능의 전용성(轉用性)이다. 안마당에서 일어나는 행위를 두고 볼 때 관혼상제(冠婚喪祭)를 비롯한 어떤 내용의 행위이거나 또는 설사 계절적으로 다른 행위라도 포용될 수 있는 너그러움이 있다. 넷째는 매개성(媒介性)인데, 이는 안마당이 외부와 내부 세계의 중간적인 위치에 있음에 기인한다. 가령 대문을 지나서 내부에 들어올 때 마당을 가로질러서 다닐 수 있다는 과정적(過程的) 공간으로서의 역할을 다하고 있다는 점이다.

사실 주택은 일상적인 생활이 이루어지는 장소이다. 이 때문에 주택의 내외 공간은 우리의 친숙한 기반이 된다. 그러나 민가에서는 일상생활 이외에도 집안의 풍요와 건강을 위해서 주기적으로 행해지는 세시풍속(歲時風俗)이 있는가 하면 통과의례와 같이 의식적(儀式的)이고 상징적인 의례까지도 거행된다. 사람이 세상에 태어나서 죽음에 이르는 여정(旅程)에는 여러 번의 중요한 관문(關門)이 있다. 삶의 분기점이 되는 이러한 계기마다 사람들은 상징적인 의미가 담긴 의식을 행하게 되는데, 이것이 통과의례이다. 출생의례는 인간이 세상에 태어나는 첫 관문이며, 관례(冠

---

6) 송용호, 「도시주택의 선험적 형태로서의 중정식 주택에 대한 연구」, 충남대학교 공업교육 연구소 논문집, 제8권, 제3호(1986).

禮)나 혼례(婚禮)는 이를 통하여 인간이 비로소 사회인으로서 완성되는 관문이며, 상례(喪禮)는 세상을 하직하고 저승으로 들어가는 마지막 관문이다. 그리고 조상을 받드는 제례(祭禮)도 여기에 포함된다.

이러한 통과의례는 결국 인간이 신력(神力)으로 태어나서 부귀를 누리고 장수하다가 신력(神力)으로 일생을 마치고 저승이라는 안식처로 돌아가고자 하는 기원인 것이다. 그런데 이러한 통과의례에는 가족뿐 아니라 가까운 일가친척이나 마을 사람들이 의식에 참여함으로써 강렬한 혈연적 유대감과 공동체적 일체성을 보이는 것이 상례이다. 그러므로 의례가 거행되는 장소는 대청이나 안방에서 자연스럽게 안마당을 포함하거나 넘쳐흐르게 되어 주거 공간 모두가 의식(儀式)을 위한 제장(祭場)이 되는 것이다. 이러한 의미에서 김세중(金世中) 씨는 마당의 장소적 의미를 다음과 같이 표현하고 있다.[7]

안과 밖의 중간이며 곡식을 타작하는 장소요, 그 창고이며 과일 열매들이 마당 나무 아래로 떨어져 쌓이며, 그런가 하면 퇴비를 축적하는 곳이요, 가축들의 안식처요, 뒷간과 부엌의 중간이요, 배추밭인가 하면 사철 꽃을 피우는 정원이다.

모든 놀이의 본산지요 대화의 응접실로서 사람들이 모여든다. 해가 마당 저편에 뜨고 마당 위에서 일하다 마당 이편으로 기울며 달은 마당 위에 떠서 촛불처럼 춤춘다.

밤이면 거울처럼 시원하게 빛나는 마당에서 우리의 어린이들은 할머니한테서 지붕 같은 뒷산의 전설을 들으며 앞개울 건너 앞산 너머 저 멀리 미래를 꿈꾼다.

멍석 위에서 태를 잘랐으며 마당 위에서 삽살개처럼 뛰놀며 자라나 그

---

7) 김세중, 「민중의 언어·몸짓」, 『한국·한국인을 분석한다』(중앙일보·동양방송, 1977), 251쪽.

위에서 장가를 들었으며 그 위에서 자연을 살다가 마당 같은 아들을 낳고는
마당멍석으로 몸을 감아 뒷산 양지바른 고향으로 돌아갔던 인생.

혓바닥으로 핥을 만큼 마당은 깨끗하고,

신성한 민중들의 신장(神場)으로서

역사의 무대 노릇을 맡아왔던 것이다.

이와 같이 한국 민가의 안마당은 삶의 터전이기 이전에 우리만이 가지
고 있는 삶의 원리적인 의식이 열리는 제장(祭場)이 되어왔다. 따라서 안
마당은 오랜 역사를 통해 한민족의 정신세계를 가꾸어온 무대의 역할을
해왔다고 생각된다.

4. 안마당의 영역성

한국 민가에서 울안에 몇 채의 건물이 있을 때 안채와 사랑채(바깥채)
로 구분되는 것이 가장 보편적이다. 이 가운데 안채는 울안 전체의 공간
으로 보아 집의 뒤쪽이고 또 위쪽이거나 높은 쪽이다. 반대로 사랑채는
집의 앞쪽이며 울안에서 보아 아래쪽 또는 낮은 쪽이다. 이렇게 보면 안
채와 여기에 딸린 안마당은 안쪽과 뒤쪽으로 깊숙이 물러앉아 있어서 결
국 안식과 보호의 터전으로서 위치하게 된다.

한편 ㅁ자계의 민가형은 위요(圍繞, enclosure)의 원리에 따라 어떤 특
정 공간, 즉 안마당을 둘러쌈으로써 이를 주변과 분리시키려는 의도에
서 얻어진 결과이다. 이러한 공간의 특징은 그것이 어떻게 둘러싸이는
가에 따라 공간의 영역적 성격이 결정된다. ㅁ자계 민가는 ㅁ자형에 가
까울수록 공간의 개방성은 줄어들고 폐쇄성은 높아간다. 그리고 ㅁ자형
에 이르게 되면 거의 내외 공간의 흐름이 차단되고 위요도(圍繞度)는 최

고조에 달한다.

ㅁ자계 민가에서 안마당을 중심으로 한 공간의 내외관계를 살펴보면, 먼저 안마당은 정도의 차이가 있으나 담과 같은 선적(線的)인 구조가 아니며 주거 공간으로 둘러싸여 있다. 주거 공간은 마당에 대해 더 명확하고 견실한 외연부(外緣部)의 역할을 다하고 있으며, 안마당과는 이미 질적으로 유사한 공간이기 때문에 서로가 신뢰관계에 있다. 그리고 주거 공간의 또 다른 외연부는 바깥마당으로 둘러싸여 있고 최종적으로는 담이라는 경계 벽이 둘러져 있다. 따라서 안마당은 주위에 여러 겹의 위요부(圍繞部)가 있어 철저하게 보호된 장소로서의 '내부'인 것이다. 또 안마당의 형태는 주거 공간에 의해 정연하게 구획되고 있어 어떤 계획성과 적극성이 인정되며, 안마당으로 향한 구심적 질서를 느끼게 한다. 이러한 배경에서 게슈탈트(Gestalt)의 심리학적 용어를 빌리면, 민가의 담 안은 비교적 구조화(構造化)되어 있지 않은 '지(地, ground)'로 해석되고, 반듯하게 ㅁ자형을 한 주거 부분과 그 안에 담긴 안마당은 도(圖, figure)의 성격으로 볼 수 있다.

결국 ㅁ자계 민가는 외부에 대해서는 여러 겹으로 닫힌 형태를 취하고 있으며, 안쪽 중심부, 즉 안마당에 어떤 특정한 내용을 감싸 안으려는 자세이므로 결국 차원 높은 또 다른 어떤 효능을 기대하고 있는 것이 아닌가. 안마당의 구조를 좀 더 살펴보자. 바깥마당에서 대문간에 들어서면 반듯한 모양의 안마당이 전개된다. 민가의 살림방은 안마당을 통해서 출입된다. 마당에는 아무런 차단물이 없으므로 주위의 모든 방이 시야에 들어오고, 동시에 살림방에서는 어떤 사람이 마당에 들어왔는지를 쉽게 식별할 수 있다. 그런데 모든 방에서 안마당을 볼 수 있다는 것은 집단방어적인 의미를 포함하고 있다. 왜냐하면 안마당은 침실 앞쪽에 필요한 시역(視域)을 확보한다는 의미이며, 이를 통해서 외래인의 근접(近接) 여부를 쉽게 감지하고 필요하다면 적절한 경계 태세를 갖추도록 하기 때문이다.

　결과적으로 안마당은 여러 겹으로 닫힌 내부적 공간이며, 이것은 가족 중심의 '내부성'을 도모하려는 속성을 의미한다. 한편으로는 최종적인 방어 단계에서 가족 간의 방어망(防禦網)으로 편성된 시역의 역할을 하는 이중적인 영역적 장치이다. 이렇게 해서 안마당은 가족 단위의 내부성을 도모하는 데 필요불가결한 공간이 되는 것이다.

5. 안마당의 경계 구조

　일반적으로 공간의 영역적 만족감은 영역의 경계가 어떻게 설정되어 있는가와 관련이 있다.[8] 물론 영역의 구조화에 대한 개념은 반드시 물리적인 경계 구조(境界構造)에 의해 형성되지 않으며, 특히 한국 민가의 경우처럼 보이지 않는 영역에 의해 영역이 형성되기도 하는 등 다양한 영역의 경계 구조가 있을 것이다. 그러면 안마당을 둘러싼 모양의 ㅁ자계 민가는 어떤 영역적 구분이 가능하고, 혹은 어떤 경계 구조를 가지고 있는가를 알아보는 것은 안마당의 장소적 성격을 이해하는 데 도움을 줄 것이다.

　한국 건축은 서양의 경우처럼 자연과의 관계에서 맺고 끊는, 대립되는 경계 구조가 아니라, 목조 가구식의 벽체 구조와 다양한 개구부가 발달되어 있고 내·외부(內外部) 공간 사이에 상당한 침투성(浸透性)이 있는 것으로 알려져 있다. 공간의 침투현상은 내외 공간의 질적인 성격이 유사한가 혹은 이질적인가에 따라 나타나는 경계 구조의 상태를 반영한 것이

---

8) 이재훈·김진균, 「영역성에 의한 건축 공간 구성방법에 관한 연구」, 대한건축학회 논문집, 제6권, 제6호(1990), 151쪽.

다. 안마당과 여기에 인접한 주거 공간의 경계 구조는 두 공간의 생활 내용이 얼마나 빈번하게, 그리고 밀접하게 연계성을 가지고 전개되느냐에 따라 달라질 수 있다.

그런데 인접한 두 공간 사이의 침투성은 자아(自我)와 비자아(非自我)의 경계 상태를 나타내는 투과성(透過性, permeability)과 비투과성(非透過性, impermeability)이라는 개념으로 나타낼 수도 있다. 왜냐하면 자아경계는 자아라는 심적 영역(心的領域)을 둘러싸고 있는 막(膜)이라든가 벽(壁)과도 같은 것으로 설명될 수 있기 때문이다.[9]

ㅁ자계 민가에서는 <그림 4-1>과 같이 대문간을 통하여 안마당에 들어설 때 공간의 침투현상이 활발하게 일어나고 있음을 알 수 있다. 대청과 툇마루를 비롯한 헛간, 방앗간, 외양간, 부엌 등에서는 바깥쪽으로 철저히 폐쇄시키지만 안마당 쪽으로는 공간을 열어두는 일관된 경계 구조를 보여주고 있다. 그러므로 이 부분의 경계 구조는 침투성이나 투과성으로 설명되는 상태가 아니라, 공간의 유동성(流動性)이라는 표현이 적절한 것이다. 그뿐만 아니라 두 공간의 경계부에는 마치 촉수(觸手)와 같은 역할을 하는 장치들이 있어서 경계부의 투과성을 촉진시키고 있다. 다시 말하면 지붕 선을 따라 흐르는 깊은 추녀라든가 쪽마루와 기단(基壇) 등은 모두 공간의 깊이감을 더하여 투과성을 촉진시키는 묘한 기능을 가지고 있는 것이다.

안마당을 에워싸고 있는 주거 공간에서는 때에 따라 편리한 대로 생활의 일부가 안마당으로 흘러나오거나 넘쳐흐른다. 특히 침투성이 활발한 부분에서는 경계 부분이 명확하지 않기 때문에 생활의 상당한 부분이 안마당으로 쉽게 유출되고 있다. 그러니까 주생활의 무대를 방 안에서 토

---

9) Bernard Landis, 『自我境界』, 馬場禮子 外 譯(東京: 岩崎學術出版社, 1982), pp.33, 195.

방으로, 봉당으로, 때로는 마당 가운데로 영역을 옮기거나 넓혀도 전혀 부담 없는 것이 안마당의 장소적 속성(屬性)이다.

이상과 같이 안마당과 주거 공간은 경계 구조의 활발한 침투성으로 인해 공간의 영역적 교류와 확대 현상이 일어나고 있으며, 나아가서 두 공간은 서로를 필요로 하는 보완적(補完的)인 관계에 있음을 알 수가 있다. 그러므로 ㅁ자계 민가의 이러한 경계 구조는 안마당을 철저하게 '내부화(內部化)'시키는 데 그 목적이 있어 보인다.

6. 안마당의 장소성

어떤 의미에서 영역(領域)이란 바로 장소(場所)로 해석되는 경우가 많다. 또 어떤 공간이 우리에게 매우 친절하게 느껴질 때 장소가 된다고 한다.[10] 일반적으로 주거의 영역성은 이원적(二元的)으로 설명된다. 즉, 주거는 모르는 세계에 둘러싸인 친숙한 세계이며, 불안전한 세계 중에서 유일하게 안전한 곳이며, 의심스러운 세계에서 신뢰할 수 있는 곳이며, 속된 세계 가운데 성스러운 곳이며, 무질서한 세계 가운데 질서 있는 장소로 인식되는 것이다.[11]

김열규 교수는 한국인에게 남아있는 고향집에 대한 이미지를 다음과 같이 적고 있다.[12]

동구 품속, 숨는 듯 굽이진 고샅 안쪽에 안존히 자리 잡은 집.

---

10) Tuan, Yi-Fu, *Space and place*(London: Edward Arnold, 1977), p.73.
11) 손세관, 「주거의 의미에 관한 현상학적 고찰」, 대한건축학회 논문집, 제6권, 제2호 (1990년 4월).
12) 김열규, 『한국인, 우리들은 누구인가』(자유문학사, 1986), 58쪽.

산이나 언덕을 등지고 들을 향해 있는 집.
동대문에 남향 바라지,
햇살 바른 생울타리 아니면 흙담이
날개를 편 어미닭처럼 품고 있는 집.
그것은 서있는 것이 아니고 엎드린 모습
열린 것이 아니고 여며진 맵시.
그 다소곳함, 그 조촐함, 그 포근함,
그 은근함이 사시(四時) 안식과
평화를 일깨우던 표상
그것은 할머니의 무릎, 어머니의 품 같은 것.
우리들은 그 보금자리에서 얼마나 편안했던가.

ㅁ자계 민가의 안마당에 들어섰을 때 우리의 장소적인 체험은 이러한 고향집의 속성이 진하게 느껴지는 것이 아닌가. 우리 선조들은 이를 위해서 안마당을 감싸 안는 모양의 살림집을 구상하며, 결국 최대한의 공간적 비호성(庇護性)을 갖는 ㅁ자형의 민가를 완성했을 것이다. 더욱이 ㅁ자형의 안마당은 양질(良質)의 내부성(內部性)을 얻기 위하여 독특한 경계 구조를 가지고 있으며, 이를 통해 주거 공간의 차원 높은 장소성(場所性)을 만들어내고 있다.

그러면 안마당은 구체적으로 어떤 장소성을 가지고 있는지, 또 주거 공간과는 어떤 관련이 있는지 살펴보자.

우리가 대문간을 거쳐 안마당에 들어설 때 공간의 체험은 어떤 것인가. 우리는 공간의 폐합성(閉合性)으로 인한 안정된 분위기에 싸이면서 다른 한편으로는 대문간 → 안마당 → 대청 → 지붕이라는 공간의 연속된 축(軸)과 방향성(方向性)을 지각하게 된다. 특히 대청은 대문간에서부터 시야(視野)의 표적(標的)이 되는데, 이때 공간의 두드러진 유동성(流動性)과 수직적 요소인 지붕 높이가 안마당의 공간적인 방향성과 서열(序列),

hierarchy)을 결정짓고 있다.

우리가 자기 집처럼 의미 있는 장소로 가득 찬 세계에서 살고 싶어 하는 것은 기본적인 인간의 욕구이다. 그리고 인간의 생활과 물리적 형태는 장소 안에서만 유기적으로 결합될 수 있다. 그런데 하나의 공간이 '장소'가 되기 위해서는 독자성(獨自性, identity)이 없으면 안 된다. 이를 위해서는 다음 세 가지 요소가 필요한데, 그것은 물리적 형태와 외관, 그 속에서 일어나는 사람들의 활동, 그리고 이들이 나타내는 의미와 상징 등이다.13)

한편 인간은 공간을 조직화(組織化)하기 위한 하나의 수단으로 흔히 '중심(center)'을 설정해 왔다. 이 중심은 실존적 공간의 기본요소이며, 인간은 가장 중요한 행위가 이루어지는 중심과의 관계를 항상 유지해 왔다. 그리고 이 중심은 일반적으로 모든 수평 방향의 운동이 끝나는 지점이라는 뜻에서, 땅과 하늘을 통합하는 수직적인 '세계의 축(axis mundi)'으로서 체험된다고 한다.14)

그렇다면 이러한 관점에서 우리의 ㅁ자계 민가는 어떤 독자성을 가진 장소이며, 안마당의 중심성은 어떻게 구현되고 있는지가 궁금하다. 한국 민가에서 안채의 대청은 하늘을 본향(本鄉)으로 하는 성주신을 모셔두거나 조상의 영(靈)을 봉안하고 있으므로 성성(聖性)의 중심이 되는 장소이다. 그런가 하면 안마당에는 지신(地神)이 봉안되고 있는데, 집을 새로 짓거나 연초에 안마당에서 지진제(地鎭祭)를 지내는 것은 건축 의례의 하나이다. 물론 이러한 의례는 가신(家神)을 위로하고 가세(家勢)의 번창과 풍년을 기원하는 것을 목적으로 한다.

---

13) 이규목, 「환경지각과 장소성에 관하여」, ≪건축≫, 제24권, 제94호(대한건축학회지, 1980).

14) C. Norberg-Schulz, 『住まいのコンセプト』, 川向正人 譯(東京: 鹿島出版會, 1988), pp.22~23.

또, 한국 민가의 안마당은 주거의 내적 세계를 반영하는 핵(核)을 이루고 있다. 이것은 한 가족의 모든 생활이 주거 공간과 유기적으로 감응하게 되는 중심 영역을 의미한다. 이 중에서도 특히 대청과 안마당은 우리의 정신세계와 밀접한 관계가 있는 중심 영역으로서의 제장(祭場)이다. 실제로 여기에서 이루어지는 의식은 하늘과 땅을 잇는 축상(軸上)에서 거행된다고 볼 때 '사이 공간'으로서의 존재가 안마당의 위치이다.

이상과 같이 한국 민가는 안마당을 중심으로 주(住) 공간을 상징화함으로써 조직화했고, 또 안마당의 중심화를 통해서 주거 공간이 소우주(小宇宙)의 정위(定位)를 획득한 것으로 보인다. 그리고 이러한 장소의 구조를 통하여 우리는 주변의 '외부'와의 관계에서 균형 감각을 얻을 수가 있었고, 비로소 안주(安住)할 수가 있었던 것이다.

7. 맺는말

한국 민가의 안마당은 민가의 안채와 관련이 깊은 앞뜰의 개념이며, 안마당의 주변에는 단계적으로 부속채가 세워짐으로써 둘러싸이는 경향을 보이다가 최종적으로는 ㅁ자형으로 완성되고 있다.

안마당에 채워지는 생활 내용은 주변을 에워싸는 주거 내용과 그 경계 구조를 살펴보면 쉽게 짐작할 수 있다. 안마당의 경계 구조는 주거 공간의 생활 내용이 얼마나 밀접하게 연계성을 가지고 전개되느냐에 따라 달라진다. 대청과 툇마루를 비롯한 몇몇 부분에서는 공간의 침투성이 아니라 공간의 유동성으로 표현될 수 있을 만큼 공간의 영역적 교류가 빈번하게 일어나고 있다.

결국 안마당은 가족 간의 일상적인 생활뿐 아니라 세시풍속, 통과의례와 같은 비일상적인 내용까지도 포용하고 있다. 행사 때는 가족뿐 아니라 이웃 친척까지 공동체적 일체성을 보여왔으므로 의례가 거행되는 장소는 내외 공간의 구별 없이 모두가 융합되어 이루어내는 제장(祭場)이 되고 있다. 그래서 그런지 ㅁ자계 안마당의 규모는 마당의 어느 위치에 있는 가족이라도 대화가 가능하고 얼굴 표정을 통한 상호 교감이 가능한 규모이다.

결국, 민가의 안마당은 가족 중심의 내부성을 도모하기 위해 여러 겹으로 닫힌 내부적 공간이며 이러한 안마당의 장소적 성격은 한국 민가만이 가지고 있는 독특한 장소성이다.

1. 머리말

  인간은 상징적인 동물이며 인간의 기본적인 행위는 상징 행위에 속한
다. 또 인간은 상징 행위를 통하여 건축 공간에 의미를 부여하게 되고,
그 내용에 따라 공간을 구조화시킨다. 사실 전통 사회에서 집이란 비와
바람을 막아주는 은신처로서의 기능뿐 아니라, 각종 의식이나 경제 활동
의 장소이기도 하다. 그래서 집에는 항상 하나의 상징체계가 있었고, 이
를 통하여 여러 가지 삶의 개념을 나타내 보이기도 했다.
  모든 전통 사회에서, 특히 이 땅에 건축 행위가 있게 되면서부터 어떤
질서화의 도식(圖式, Schemata)은 신성성(神聖性)에 바탕을 두어왔다. 다시
말해서 전통 사회의 세계관은 모두 종교적이었으므로 건조 환경(建造環
境, built environment)은 신성성을 부호화(符號化)함으로써 심오한 의미를
나타낼 수가 있었다.[1]
  이렇게 해서 전통 사회의 건조 환경은 질서화의 방식과 도식을 통하여
물리적 표현을 했고, 인간은 상징적 의미의 건조 환경을 매개체로 하여

---

1) 제임스 스나이더, 『건축학 개론』, 윤일주 외 옮김(기문당, 1983), 26쪽.

자연스럽게 외계(外界)와 관련을 맺을 수 있었다. 그러면 인간은 대지(大地)와 우주(宇宙) 사이에서 어떤 관계 위치를 보여왔던가. 이에 대해서는 널리 알려진 두 가지 방법이 있다. 그 하나는 인간의 신체를 우주의 표상으로 보는 것이고, 다른 하나는 인간은 우주라는 틀의 중심이며 이를 기준으로 하여 동서남북의 방위와 수직축이 정해져 있다는 것이다.[2] 이러한 두 가지 방법은 어느 것이나 공간을 질서화하고 조직화하는 것이었다. 그 결과 인간은 변화무상한 우주 속에서 공간적인 위계(位階)를 세울 수가 있었고, 그 속에서 자신의 위치를 규정하여 균형감각을 얻을 수가 있었다. 예컨대, 주거 민속 중에서 우리가 건축 일을 시작할 때와 도중에 텃고사라든가 상량고사를 지내고, 또 건물이 완성되었을 때 성주고사를 지내는 등, 특유의 건축 의례를 행하는 것은 모두 이러한 배경으로 설명될 수가 있다.

라포폴트의 관점에 따르면, 집을 짓는다는 것은 문화적인 현상이기 때문에 그 형태의 조직은 그것이 속한 사회·문화적인 환경에 의해서 크게 영향을 받는다고 했다.[3] 필자는 한국 전통 주택에서 안채와 안마당의 관계에 관심을 두고 안마당의 공간적인 성격에 대한 생각을 정리해 볼 기회가 있었다.[4] 이와 관련하여 한국 전통 주택의 바탕에는 기층적(基層的)인 민중의 무속적인 세계가 상당한 두께로 깔려있을 것이라고 생각해 왔으며, 한국 전통 주택이 정형화(定型化)되기까지 이러한 정신적인 사유체계(思惟體系)가 중요한 역할을 했을 것이라는 가설을 세울 수가 있었다. 그렇다면 우리의 전통 주택에서 이러한 의미의 형태와 공간이 어떻게 부호

2) Yi-Fu Tuan, 『空間の經驗』, 山本浩 譯(東京: 筑摩書房, 1989), pp.140~141.

3) Amos rapoport, *Houses Form and Culture*(Prentice-Hall, 1969), pp.46~47.

4) 조성기, 「한국 ㅁ자계 민가의 안마당에 관한 연구」, 『건축학 논총』(무애 이광로 교수 정년퇴임기념논총, 1993).

화되고 조직화되어 있으며, 우리 선조들은 어떻게 개념화된 가치를 그 속에서 발견했고 도식화시켜 왔는지를 알아볼 필요가 있다. 이 글은 한국 전통 민가에서 안채와 안마당의 관계를 우리의 신화적(神話的)인 사유체 계를 통하여 풀어보려는 데 목적을 두고 있다.

2. 마루와 마당 1: 성주신과 지신

한국 전통 주택에서 안채와 안마당은, 항상 불가분의 관계를 보여왔으 며, 마당은 그 모습이 모름지기 단정하고 평탄한 것이어야 했다. 이러한 관계는 살림집뿐만 아니라 다른 기념 건축물에서도 쉽게 찾아볼 수 있다. 다시 말해서 중심 되는 건축물에는 으레 앞뜰이 있으며 이러한 기본적인 조합은 우리나라 전통 건축에서 하나의 원형이 되어왔다.

여기에서 살림집의 안채를 구성하는 요소 가운데 공간적·장소적 위계 성을 생각해 보면, 역시 마루가 그 중심이 되는 점에는 이론의 여지가 없을 것이다. 한국 전통 주택에서 마루는 성성(聖性)의 중심이 되는 공간 이다. 마루는 흔히 성주신을 모셔두거나 조상의 영(靈)을 봉안하고 있을 뿐만 아니라, 온돌에서 먹고 자는 속된 생활이 이루어지는 데 반하여 마 루에서는 주로 잔치나 제사, 굿 따위의 의례가 전개되기 때문이다. 이것 은 그만큼 마루가 신성한 공간이라고 생각했기 때문이다. 이러한 뜻에서 마루와 안마당에 관련되는 신화적 배경에 대하여 살펴보기로 하자.

먼저 마루는 그 어원(語源)의 내력(來歷)에서 찾아보면 '좌(座)'의 의미 를 함축하고 있다고 한다. 원래 신라의 왕호(王號) 마립간(麻立干)의 '麻 立'은 왕의 좌를 나타냄과 동시에 신하들의 좌도 나타낸 것이었다. 다시 말해서, 이것은 당시 신라의 집회에서 왕과 신하들의 좌를 나타낸 것이 었으므로 결국 집회의 장소 전체를 나타낸 말이 된다. 그런데 이것이 시

대가 내려옴에 따라 왕좌(王座)만을 나
타내게 되었다가, 다시 후대에는 '귀
인(貴人)의 좌(座)'가 '마루'라고 불린
것으로 추찰하고 있다.[5] 따라서 궁전
에서 왕과 신하의 장소, 말하자면 정
침(正寢)과 그 앞마당이 고대에서는
'마루'에 해당되는 것으로 추정할 수
가 있다. 그뿐만 아니라 고대 국가적
제정의례(祭政儀禮)는 서민적인 가제
(家祭) 행사를 모체(母體)로 하고 있었

종도리 대공에 모신 성주(경북 경주)

으므로 일반 살림집의 마루도 고대적 의미로는 마당을 포함하고 있었으
며, 오늘날의 마루는 마당으로부터 차이화(差異化)·특이화(特異化)되어 나
타난 것이다.[6]

한편 제장(祭場)으로서의 마루와 안마당은 대표적인 가신(家神)인 성주
신과 지신(地神)이 각각 봉안되고 있는 장소이기도 하다. 성주신은 한국
무가(巫歌)에서 보면, 일월성신(日月星辰)의 질서를 몸에 받아 태어났으며
하늘을 본향(本鄕)으로 하고 천지를 왕래하는 신이다. 그리고 가신 가운
데 가장 으뜸가는 신으로서 하위의 가신을 통할하며 지상에서는 집 안의
중심 되는 마루에 좌정하여 가택(家宅)과 '건축의 신'이 된다.[7] 또 상량

---

5) 西垣安比古, 「建築儀禮を通して觀る諸場所の構造」, ≪日本建築學會 計劃系 論
文集≫, No.373(1987), p.83.

6) 같은 글, pp.83~85.

7) "성주신의 '成造'라는 표기는 단지 신의 명칭일 뿐 아니라 집(家) 자체를 의미하고,
또 成造라는 글자에서 보면 成造한다는, 집의 건조(建造) 행위까지 의미하는 뉘앙스
를 풍기고 있다. 그러므로 성주신은 그 탄생에 있어서 이미 그 이전부터 집의 신이며,
건축의 신이라는 것이 분명해진다." 西垣安比古, 「ソンヅコ巫歌に觀る'짓다'とい
うこと」, ≪日本建築學會 計劃系 論文集≫, No.373(1987), p.76.

제(上樑祭)를 비롯한 여러 의례에서 보면 성주신과 택주(宅主, 호주)는 밀접한 관계가 있다. 일반적으로 성주신은 화재나 기타 가택의 파괴와 같은 물리적인 것으로부터 수호해 주기도 하지만, 그 집을 대표하는 택주의 건강과 재수를 수호하는 역할도 한다.[8]

또 마루라는 말이 갖는 의미가 '좌(座)의 표(標)', 즉 좌표(座標)를 나타내고 있으므로 그 자리를 차지하는 사람의 신체를 전제로 하고 있다. 따라서 마루라는 장소는 이 신체를 통하여 그 자리[座]를 차지하는 사람과 내적 관련을 맺고 있다고 말할 수 있다.[9] 그런데 전통 주택에서는 마루에 조상의 위패를 모시는 경우가 있다. 원래 조상신은 부(父)와 부(父)의 부(父)로 연결되는 조상이므로 신위(神位)로 모셔지면 생전과 같이 자손을 보살펴 주는 선신(善神)이 된다. 그러므로 마루라는 장소는 성주신, 조상신, 택주(宅主)의 좌표(座標)로서 독특한 장소적 의미가 있다. 그래서 평소에 택주가 성주신이나 조상신을 극진히 위한다고 하면 항상 이들 신의 도우심으로 인하여 가세번창(家勢繁昌)의 은혜를 입을 것이라는 안심(安心)의 감각과 연결되기도 하는 것이다.

지신은 한국 무가에서 마당이라는 장소에 한정된 신이면서 오방신(五方神), 즉 동서남북과 중앙을 통솔하는 신으로 믿어지고 있다. 그러므로 지신은 대지의 중심으로서의 마당이라는 장(場)을 열어주는 신으로 이해되며, 또 집안의 재산을 수호해 주기도 한다. 우리가 집을 지을 때나 연초에 지진제(地鎭祭)를 지내는 것은 모두 지신을 위로하고 풍년을 기원하며 집안의 번창을 비는 것이 주목적이다. 그런데 성주신이 마루에 좌정하여 '건축의 신'이 되는 일은 아무리 하늘을 본향으로 하고 하늘의 질서

---

8) 최성길, 『한국 민간신앙의 연구』(계명대학교출판부, 1989), 95쪽.
9) 西垣安比古, 「ソンヅコ巫歌に觀る '짓다' ということ」, ≪日本建築學會 計劃系 論文集≫, No.373(1987), p.83.

를 몸에 받는 신이라도 스스로의 힘으로는 이를 이룩할 수가 없고 오직 지신의 도움을 필요로 하는 것으로 해석되고 있다. 그래서 지신의 도움이 있음으로 하여 천계(天界)의 건축에 성공하기도 하고, 혹은 성주신과 지신은 결혼이라는 모티브에 의해 '건축의 신'으로서 성립되기도 한다.10)

이와 같이 성주신과 지신은 마루와 마당에 좌정하여 각각 구별되지만 천계의 뜻을 성취시키는 데 서로 상통하는 점이 엿보이고 있으며, 특히 마루에서는 조상신이 자리를 같이하여 중간적인 역할을 하는 것도 한국 전통 주택에서 찾아볼 수 있는 신화적인 특징이라고 할 수 있다.

3. 마루와 마당 2: 혈과 명당

풍수설(風水說)에서 말하는 '좌향(坐向)'은 대체로 안채에서 마당 쪽을 보았을 때의 방위와 반대로 마당의 중심에서 안채를 보았을 때의 방위에 따라 결정된다. 다시 말해서 '좌향'은 가옥이 앉을 자리와 가옥이 대면하는 외계(外界)의 관계, 즉 인간과 자연의 관계를 방위로서 설정한 것인데 그 결과에 따라 집의 택주는 물론 집안의 명운(命運)까지 정해진다고 믿어지고 있다. 한편 풍수설의 용어에서 '혈(穴)'과 '명당(明堂)'은 복잡한 체계 속에서도 핵심을 이루고 있는 부분이다. 이것을 양택(陽宅)에 대응시켜 보면 '혈'은 가택에서 안채가 앉게 될 자리이며 '명당'은 안마당에 해당된다.11) 우리나라 살림집에서 혈(안채)의 중심 부분인 마루가 '좌(座)'

---

10) 같은 글, pp.77~78.

11) 유재현, 「혈과 명당의 관계를 통해 본 한국전통공간의 중심개념에 관한 연구」, 울산 공과대학 연구논문집, 제10권, 제2호(1979), 105~106쪽.

를 의미한다는 것은 앞서 밝힌 바가 있으나, 이것이 풍수설의 용어 '좌(坐)'에 통한다고 하는 견해가 있다.12) 그러니까 안채의 중심에 위치한 마루는 원래 '귀인(貴人)의 좌(坐)'를 의미했고 동시에 좌표(座標)의 의미가 있으므로 집의 '좌향(坐向)'을 결정할 때 '좌'와 상통한다는 것은 자연스러운 일이다. 또 이때의 '좌'는 신체를 전제로 할 때 '좌'의 의미가 성립하는 것이다. 그뿐만 아니라 성주신의 신앙에서 신체의 '좌'가 바로 마루에 있다는 사실도 이러한 관계를 뒷받침해 준다.

또 '명당'이란 원래 고대 중국의 궁전 건축 유형에서 중심 되는 건물로 왕이 조신(朝臣)들의 배하(拜賀)를 받거나 제사 등 국가 주요 행사를 치르는 본당(本堂)과 전정(前庭)을 가리키던 개념이었다. 이것이 풍수지리설의 '혈전평지(穴前平地)'라는 신성한 외부 공간의 개념으로 전화되었다가 일반적으로 건물과 마당을 포괄하는 양호한 집터, 즉 대지의 개념으로 변용되어 쓰인 것으로 보고 있다.13) 그런데 일반적으로 집의 좌향을 정할 때는 결국 혈의 중심에 있게 될 좌와 명당의 중심에 설치될 나반(羅盤)이 근거가 된다. 그러면 집의 좌향을 정하는 근거로서의 혈과 명당은 주변 세계에 어떠한 의미를 부여하는가. 혈의 경우 그 중심에는 좌(坐)가 있고 이 좌가 어떤 향을 취할 때 혈을 중심으로 한 주변 지세의 형국은 하나하나가 의미를 갖게 된다. 그러니까 조산(祖山)으로부터 주산(主山), 혈에 이르기까지 양기(陽基)를 위요하는 산들의 위치는 혈의 좌향에 따라 동서남북이라는 방위보다 전후좌우라는 방향에 따라 의미가 정해지는 것이다. 그리고 명당의 또 다른 정의를 보면 '사(砂)'14)로서 둘러싸인, 혈을 참배

---

12) 西垣安比古, 「朝鮮のすまいに於けるマルとマダン」, ≪日本建築學會 計劃系 論文集≫, No.379(1987).

13) 황기원, 「자연속의 건축과 건축속의 자연」, ≪plus≫(1989년 2월), 167쪽.

14) '砂'라는 것은 택지에서 건물 주위에 보이는 산의 형세를 말하는데, 이러한 형상은 그 택지에서 성장하는 사람들에게 영향을 미친다고 생각해 왔다.

하는 양명(陽明)하고 평평한 땅이라 표현되고 있다. 이렇게 보면 혈은 이를 중심으로 전개되는 외계가 하나의 체계적인 관련을 가지게 되고 또 조직화되므로, 결국 그 원점으로서의 위치에 혈이 있게 되는 셈이다.

이상과 같이 한국 전통 주택에서 마루와 마당이라는 장소를 풍수설의 핵심적인 형국인 혈과 명당에 대응시켜 보았다. 그 결과 혈과 명당은 다 같이 주변에 위치하는 외계(外界)의 공간에 중요한 의미를 부여하고 있으므로 그 원점에 해당된다고 할 수 있다. 그런데 여기에서 원점으로서의 두 장소를 비교해서 살펴보면, 혈이라는 장소가 명당에 비해 역시 위계가 높다는 것을 부인할 수 없다. 물론 이것은 마루의 어원상의 내력이라든가, 두 장소에 봉안되고 있는 가신의 위계에서도 확연히 드러난다. 그럼에도 불구하고 묘한 것은 좌향을 설정하는 과정에서 근거가 되는 두 장소를 보면, 오히려 명당이 중심화되고 있다는 인상을 지울 수가 없다. 그뿐만 아니라 양택론에서는 대개의 경우 집의 좌향을 먼저 보고, 다음으로 집의 길흉에 중요한 요소인 채·간의 배치를 정하게 되는데, 이때도 역시 명당의 역할은 동일하다. 이에 대해서 니시가키 야스히코(西垣安比古)는 다음과 같은 견해를 보여주고 있다.

한국 주택에서 그 집의 명운(命運)이나 역사가 정해지는 좌향을 정할 때 혈의 중심 공간인 좌(坐, 마루)의 중심성은 일단 상대화되지 않으면 안 된다. 그렇기 때문에 보통 위계가 낮고 차별화되어 있는 명당(마당)이 중심화되어 나침반을 놓는 장소가 되고 좌를 보는 것이다. 따라서 좌는 일상적인 주위 세계에 의미를 부여하는 데서는 원점이 되고 중심이 되지만, 좌향을 정할 때는 탈중심화(脫中心化)되어 명당의 중심을 근거로 하여 재중심화(再中心化)되는 것이다.15)

---

15) 西垣安比古, 「朝鮮のすまいに於けるマルとマダン」, ≪日本建築學會 計劃系

이와 같이 '혈'과 '명당'은 집의 중심을 정할 때 굳이 서열을 정하여 비교하는 것이 무의미할 정도로 장소적인 독자성이 뚜렷함을 알 수가 있으며, 동시에 두 장소의 위계가 상대적인 관계에 있음도 이해할 수 있다.

4. 마루와 마당 3: 태극(도)설

태극설(太極說)은 『역경(易經)』에 나오는 동양사상인데, 대단히 난해한 사상이기도 하다. 이것은 흔히 요약해서 말할 때 우주의 자연 원리라든가, 우주의 생성변화의 원리로 설명되고 있다. '태극'이라 함은 우주를 구성하고 있는 물질과 물체의 근본이 되는 소원(素原)을 말하는데, 우주가 아무리 넓고 또 그 안의 물질이 제아무리 수가 많아도 그 근본은 '태극'이라는 소원 하나로서 이루어진다는 것이 『역(易)』의 이론이다.16) 그리고 "태극설이란 유학자들은 우주학이라 말하는데, 우주학이란 문자 그대로 동서남북과 상하의 육합(六合)이 우(宇)요, 고왕금래(古往今來)가 주(宙)이다. 그러므로 우주학은 육합의 극과 시종(始終)의 극을 말한다. 따라서 우는 공간이요, 주는 시간이라 말하기도 한다."17) 이와 같이 옛사람들은 우주의 뜻을 정할 때 지나간 과거와 앞으로 올 미래인 시간을 주(宙)라 하고, 상하 4방(方)인 공간을 우(宇)라 했다. 그리고 시간과 공간을 비롯한 만유(萬有)를 포괄하는 우주는 단 하나인 '태극'으로 구성되며, 그 태극은 불생불멸(不生不滅)의 원칙 아래에서 모든 물질의 생성과 소멸을 되풀이시키고 있다고 믿어온 것이다.

論文集≫, No.379(1987), p.163.

16) 백광하, 『태극기』(동양수리 연구원, 1967), 61쪽.

17) 김병호, 『태극설, 천지인』, 창간호(아산학 동일회, 1987), 7쪽.

우리가 논리적으로 생각할 때, 우주와 그 중심은 하나일 수밖에 없다. 그러나 신화적 사고에서 본 우주는 수많은 중심을 가질 수가 있다. 다시 말해서 중심을 가진 부분 부분은 우주라는 전체를 그대로 상징하고 있으며 전체가 갖는 힘을 모두 가질 수도 있는 것이다. 그러므로 방위에 근거를 둔 신화적인 공간은 문화적인 차이에 따라 어느 정도 다르긴 하나 분명한 것은, 인간은 우주의 중심에 위치하고 있다는 점이다.[18] 우리의 전통 주택에서 집의 방위, 즉 집의 길흉(吉凶)을 판정할 때는 마당의 중심에 나침반을 놓고 삼요[三要: 문(門), 주(主), 조(灶)]의 위치를 살피게 되는데, 이때 나침반의 중심이 '태극' 혹은 '천정(天井)'으로 불리는 것은 주목되는 점이다.[19] 나반간법(羅盤看法)은 이 태극을 중심으로 살림집의 중요한 방에 대한 길흉을 읽는 것인데, 길흉의 여부에 따라 대문, 주(主) 방, 부엌의 위치가 결정된다. 이상해(李相海) 씨는 나반간법은 태극도설과 함께 해석될 때 원론적인 논리체계를 갖는다고 말하고, 다음과 같은 견해를 보여주고 있다.

태극도설에서 태극은 두 가지 측면에서 파악될 수 있다. 하나는 우주 만물을 통합한 하나의 일체(一體), 즉 대우주의 중심, 축과 관련시켜 파악하는 개념이며, 다른 하나는 태극을 모든 만물(萬物)에 각각 내재하는 것으로 파악하는 소우주의 개념으로서 이 소우주는 그 나름의 중심, 축을 갖고 있다는 개념으로 풀이된다. 그러므로 마당을 중심으로 한 가택 단위 하나하나는 나름대로의 태극을 구비하고 있는 실체로 파악될 수 있다. 따라서 그것의 생왕(生旺) 여부는 태극의 중심, 즉 마당의 중심에 나반(羅盤)을 놓아 살펴야 한다는 것이다.[20]

---

18) Yi-Fu Tuan, 『空間の經驗』, 山本浩 譯(東京: 筑摩書房, 1989), pp.145~158.
19) 顧吾廬, 『入宅明鏡(上)』(臺灣: 竹林書局, 中華民國 74年), p.14.
20) 이상해, 「민택삼요를 통하여 본 조선양택론에 관한 연구」, 대한건축학회 논문집,

다시 말해서 마당을 중심으로 구성된 가택 하나하나는 '태극'이 내재하고 있는 소우주의 세계이기 때문에 우주라는 전체를 그대로 상징하고 있다. 그러나 마당의 중앙에 위치한 '태극'은 이를 중심, 축으로 하여 가택이라는 소우주와 외계(外界)의 관계를 명확히 설정해 주고 있는 것이다. 이를 구체적으로 다시 살펴보면, 가택 주변의 지세에 따라 집의 좌(坐)와 향(向)을 정하고 동사택(東四宅)·서사택(西四宅)을 판단하는 일, 그리고 길흉을 따져 양택의 삼요(三要)를 배치하는 일 등은 실제적으로 마당의 중앙에 놓이는 나반이 필수적인 도구가 되고 있으며, 이에 따라 개인을 비롯한 집안의 길흉화복이 정해진다고 믿어왔던 것이다. 그러므로 가택 하나하나에는 천상(天上)과 지하(地下)를 잇는 수직축이 마당 한가운데를 관통하고 있다는 생각을 갖게 했으며, 이것은 천부지모(天父地母) 사상과 함께 가택이라는 소우주의 중심, 축이 되고 있음을 이해할 수가 있다.

이러한 중심, 축에 대한 신앙을 우리 신변 주위에서 찾아보면, 마을 동구(洞口)의 신수(神樹)가 있고, 단군신화에 등장하는 신단수(神檀樹)와 백제·고구려 시대의 금동관(金銅冠)도 여기에 비견될 수 있는 사례에 속한다. 아무튼 우리는 우주라는 커다란 공간 속에서 자기 집이 그 중심에 있다고 믿어왔으며, 여기에 최고의 가치를 부여해 왔다.

5. 가택과 음양론

우주의 근원인 태극은 그대로 한곳에 정지해 있는 것이 아니라 쉬지 않고 움직이고 있다. 이러한 운동 현상을 『역(易)』에서는 '음양'으로 규

제4권, 제6호(1988년 12월).

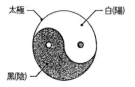

〈그림 4-2〉 태극도

太極 ── 白(陽)

黑(陰)

음(陰)의 안에도 양(陽)이 있고, 양의 안에도 음이 있어
개체와 전체의 상호관련성을 보여주고 있다.

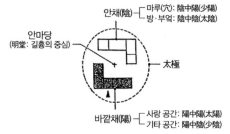

〈그림 4-3〉 튼ㅁ자형 민가의 음양 조직

안채(陰) ─┌ 마루(穴): 陰中陽(少陽)
          └ 방·부엌: 陰中陰(太陰)

안마당
(明堂: 길흉의 중심)

太極

바깥채(陽) ─┌ 사랑 공간: 陽中陽(太陽)
            └ 기타 공간: 陽中陰(少陰)

정하여, 태극의 동적인 면을 '양(陽)'이라 하고 이에 대응되는 정적인 면을 '음(陰)'이라 한다. 음과 양은 동시에 상대적으로 나타나는 것이며, 양이 없는 음이 나타나거나 음이 없는 양이 존재할 수는 없는 것으로 해석되고 있다.21) 일반적으로 음양의 속성을 보면, 음성(陰性)은 수렴하려 하고 양성(陽性)은 발산하려 한다. 또 음성은 받아들이려 하고 양성은 베풀려고 한다. 이와 같이 상대적인 두 작용은 항상 서로 보완(補完) 관계에서 하나의 개체(個體)를 형성하고 있으므로, 이것은 생명체의 질서라고 할 수 있다. 이와 같이 우주의 모든 사물은 음과 양이라는 상대적인 개념으로 양분되는데, 이를 양의(兩儀)라 한다. 그런데 양에는 음의 속성이 있고 음에는 양의 속성이 있으므로, 양의는 다시 음양의 연화 작용을 각각 반복하여 사상(四象), 팔괘(八卦) 등의 대응 관계로 조직화된다. 이러한 음양의 대응·대칭은 우주의 어떤 사물에서든 나타나는데, 우리 주변에서 쉽게 볼 수 있는 것으로는, 예컨대 낮과 밤, 추위와 더위, 암컷과 수컷, 강과 약, 위와 아래, 선과 악 등등, 그 수를 헤아릴 수 없으며, 이를 세분할수록 더욱 늘어나 처음과 끝이 모두 이러한 대응 관계로 나타나게 되는 것이다.

---

21) 백광하, 『태극기』(동양수리 연구원, 1967), 65~66쪽.

음양의 법칙은 우리의 전통 주택에 있어서도 그대로 적용될 수가 있다. 여기에서 우주 공간과 건축 공간을 음양 관계로 나타내 보면, 우주 공간은 천(天)으로서 양이 되고, 건축물은 모든 유형(有形)의 물질과 함께 지(地)에 속하여 음이 된다. 다음으로 특정한 공간이라 할 수 있는 건축 공간은 양[天]의 한 부분이면서 음[地]에 의하여 한정되어 있다. 무한(無限)의 우주 공간과 유한(有限)의 건축 공간을 음양세계로 다시 나누면, 우주 공간은 큰 양으로서의 양이 되고 건축 공간은 작은 양으로서의 음이 되고 있다. 그러므로 건축 공간의 음양을 논하는 것은 양 중의 음양을 논하는 것이 되고, 건축 공간은 본질적으로 양적인 것이라 할 수 있다.[22]

그렇다면 전통 주택에서 안채와 사랑채는 어떻게 해석되는 것일까. 우주 공간 속의 주거 공간은 외계와의 관계에서 보면, 양성이 인정되면서 한편으로는 전체가 태극이라는 소우주의 세계를 보여주는 독자성을 가지고 있다. 따라서 주거 공간의 음양 조직(陰陽組織)은 전체가 양적인 존재이면서 안채와 사랑채는 다시 음양의 속성으로 나누어진다. 이때 사랑채 공간은 양성이며 안채 공간은 음성이다. 왜냐하면 사랑채가 가장의 처소와 손님을 맞이할 수 있는 공간을 중심으로 구성되고 있고, 안채는 안주인의 거처를 중심으로 집안 살림살이가 가능하도록 조직된 속성 때문이다. 그뿐만 아니라 사랑채는 안쪽에 뿌리를 두고 밖으로 발산하는 형상과 위치를 취하고 있으며, 상대적으로 안채는 밖을 의지하여 안으로 수렴하는 형상과 위치를 보여주고 있다. 이와 같이 안채와 사랑채는 그 내용에 따라 작은 단위의 공간에 이르기까지 음양의 속성으로 조직화될 수가 있는 것이다.

한편 태극도, 즉 태극의 표식(標識)은 규명할 수 없는 우주의 조화에 의하여 하늘과 땅, 만물과 인간이 조성되었다는 사실을 상징적으로 보여

---

22) 장백기, 「한옥의 역리적 공간해석」, 대한건축학회 논문집, 제5권, 제1호(1989).

주고 있다. 그리고 음과 양의 도형(圖形)은 태극의 중심을 통하는 축을 중심으로 회전에 의한 대응 관계를 보여주고 있다. 다시 말해서 음과 양은 꼭 어느 것이 선이고 악이랄 것도 없이 영원히 그침 없이 돌아서 전체가 하나가 되는 조화의 장(場)을 만들어내고 있으며, 생명체의 질서를 표상하고 있다. 우리의 옛 선인들은 이러한 태극을 생활 주변 곳곳에 새겨 넣어 정신적인 상징으로 삼고자 했다.[23] 예컨대 전통 주택의 대문·창호·눈썹천장·망와(望瓦) 등에서 태극의 표식을 쉽게 찾아볼 수 있다. 그런데 전통 주택에서 안채와 사랑채의 공간 도식, 특히 중부 지방의 튼ㅁ자형 민가에서 안마당을 사이로 안채와 사랑채가 둘러서 있는 배치 형태는 마치 태극의 표식을 통하여 음양의 대응 관계를 역동적으로 표상하고 있는 것과 같지 않은가.

6. 가택과 생기감응론

인간이 물질적인 우주 안에서 가장 잘 알고 있는 것은 자기 바로 자신의 신체이다. 놀랄 것도 없이 인간은 자기 자신의 신체라고 하는, 본능적으로 터득하고 있는 통일체(統一體)를 모형으로 하여 자연의 여러 측면을 통합하려고 애써왔다. 이에 인간의 신체 조직과 대지의 지형 사이에는 어떤 유사성이 있다고 믿어왔으며, 예로부터 신체를 소우주로 보는 견해가 널리 퍼져있었다.[24]

인체와 대지를 이러한 관점으로 보는 것은 우리나라도 예외가 아니었다. 우선 인체는 기하학적인 원리에 의해서 구성되고 있다고 생각했는데,

---

23) 이이화, 「하늘과 땅의 이치·태극」, 『한국인의 뿌리』(사회발전연구소, 1984), 249쪽.
24) Yi-Fu Tuan, 『空間の經驗』, 山本浩 譯(東京: 筑摩書房, 1989), p.141.

이를 좀 더 구체적으로 살펴보면, 인체는 무수한 삼각형의 집장체(集藏體)라는 것이다. 그래서 아무리 복잡한 인체 구조라 하더라도 결국 삼극(三極)으로 분화될 수 있다고 한다. 가령 병(病)이 들었다는 것은 이 삼극의 균형이 어떤 원인에 의해서 한쪽으로 기울어진 상태이며, 그것을 원상으로 복구시켜야 치유된다. 이를테면 심장은 가슴 속에 있지만 그 심장의 지부(支部)는 손이나 발과 같은 신체의 표면에 나와있다. 그러므로 이 지부를 통해서 간접적으로 운동력을 심장에 미쳐 원상으로 복구시키는 것이다. 이것이 바로 기하학적인 원리를 이용하는 지렛대의 방법이다.[25] 침구술(鍼灸術)은 이러한 인체의 지부, 즉 경락(經絡)을 찌르거나 뜸질하여 큰 것을 움직이게 하는 방법인 것이다.

다음으로, 대지는 예로부터 범문화적으로 모든 생명의 근원이 되는 대지모(大地母, tellus mater)로서 인식되어 왔다. 이와 같이 대지모 사상에 의한 대지는 다시 농경문화가 전개되면서 생산과 풍요를 지배하는 지모신으로 그 성격이 변화되어 왔으며, 우리나라 지신도 이와 같은 배경을 가지고 있다. 한편으로는 대지를 하나의 생기체(生機體)로 보고 이를 인격화시키게 되는데, 땅속에도 인체와 유사하게 지맥이 있어 여기에 생기(生氣)가 흐르고 있다고 믿게 된 것이다. 우리나라의 풍수지리설은 바로 이러한 내용이 구체화된 것이라 할 수 있다. "생기는 하늘에서 바람, 구름, 비로 나타나지만 그 주류(主流)는 땅속에 흘러들어 대지의 만물을 포육(哺育)시켜 주고 있다. 이 지모의 생육력(生育力)은 토양 자체가 아니라 땅속에 흐르고 있는 생기이며, 생기의 유무(有無)와 다소(多少)를 분별하여 생기가 충만한 지맥을 찾아 정주할 수 있다면 생기를 담뿍 입게 되어 쇠운(衰運)을 성운(盛運)으로, 흉조(凶兆)를 길조(吉兆)로 바꾸어놓을 수 있을 것"[26]으로 믿어왔다.

---

25) 박용숙, 『한국고대미술문화사론』(일지사, 1976), 283쪽.

이와 같이 풍수의 본질은 생기를 받아들이고 그것에 감응하는 데 있으므로, 가옥의 구성이 중요한 것이 아니라 집을 지을 택지가 가지고 있는 선악이 문제가 된다.[27] 왜냐하면 땅속에 흐르는 생기의 맥을 '기맥(氣脈)'이라 하는데, 혈과 명당은 이러한 기맥이 엉겨있는 곳이라 믿었기 때문이다. 그래서 풍수설의 국면에서 혈은 가장 핵심적인 부분이 되어 가택에서는 안채가 위치하게 되고 주위의 모든 것들은 이것에 종속적인 위치에 있다. 여기에서 혈을 인체라는 생기체에 대응시켜 보면, 침구(鍼灸)에서 인체의 요처(要處)를 지적하는 경혈에 통한다고 보며, 결과적으로 혈에 모여있는 기(氣)는 신체의 생성을 위한 바탕이 될 뿐 아니라 대지를 포함한 자연 만물의 성립 근거가 되기 때문에 결국 신체와 대지는 혈을 통하여 내적으로 연결된다는 것이다.[28]

풍수설에서 생기란 천지 간을 운행유전(運行流轉)하는 것으로서 하늘에 있는 것을 양기라 하고 땅속에 있는 것을 음기라 한다. 살아있는 사람이 양기에서 생기를 입기 위해서는 땅속의 생기와도 관계가 있지만 지상의 지형세로부터도 직접 그 생기를 향수(享受)할 수 있는 것이므로 주위 형세의 영향은 크다고 할 수 있다.[29] 다시 말해서 혈이 생기가 충만하게 취주(聚注)하는 장소가 되기 위해서는 이 혈에 상응하는 '사(砂)'를 주위에 갖추어야 하는 것이다. 그러므로 먼저 생기가 충만해 있는 명혈(名穴) 또는 길지(吉地)를 찾는 일이 우선이지만 혈과 명당의 구성에는 주변 형국이 중요하며 가택의 조영(造營)에서도 이와 같은 궁리가 필요하게 된다. 다시 말해서 생기를 향수하는 데는 인위적인 여러 가지 방법으로 이

---

26) 이희덕, 「풍수지리설」, 『한국사상의 원천』(박영사, 1983), 194쪽.

27) 임동권, 『한국민속문화론』(집문사, 1983), 289쪽.

28) 西垣安比古, 「朝鮮のすまいに於けるマルとマダン」, ≪日本建築學會 計劃系 論文集≫, No.379(1987).

29) 林山智順, 『朝鮮の風水』(朝鮮總督府, 1931), p.645.

를 촉진시킬 수가 있다.

그러면 실제로 전통 주택에서는 생기를 타기 위하여 어떤 궁리를 해왔는지를 살펴보자. 먼저 천상(天上)의 질서는 지상(地上)에서 구현되어야 한다는 천지합일 사상(天地合一思想)은 천기(陽氣)와 지기(陰氣)가 서로 감응되어야 한다는 풍수사상과도 상통하는 것이다. 이러한 뜻에서 양택에서의 마당(명당)을 수직적으로 땅속의 지기를 함양하고 천기를 호흡하는 곳으로 생각했으며,[30] 가옥의 출입문을 수평적으로 주변의 기를 호흡하는 통로로 생각했다. 예컨대 혈의 중심에 위치한 마루를 보면 여기에 인접한 안방과 건넌방의 출입문을 집 안의 어느 출입문보다 키를 높이고 정성을 들여 제작했다. 그뿐만 아니라 양택의 삼요는 각각 기를 받아들이기 좋은 쪽을 향하여 개구부가 위치해야 그 집이 길하다고 보았다.[31] 원래 풍수란 장풍득수(藏風得水)의 준말로, 그 의미는 생기가 바람 때문에 흩어지는 것을 막고 보존하여 얻는다는 뜻이 있다. 그래서 풍수의 국면을 보면, 장풍(藏風)은 '용(龍)'[32]에 의해서 달성되며, 용에 의해 가두어진 풍과 생기는 사신(四神) '사(砂)'에 의해 국혈(局穴)에 모이게 된다는 것이다. 따라서 장풍을 위한 구조는 집단양기(集團陽氣)일 때나 사사로운 양택의 경우에도 그 원리는 동일한 것이다.

이렇게 보면 양택의 생기를 어떻게 타느냐 하는 것이 일차적인 목표라 할 수 있다. 그러나 다음으로 이러한 생기(生氣)가 흩어지지 않게 한곳으로 어떻게 하면 모이게 하느냐가 대단히 중요하다. 그래서 가택뿐 아니라 어떤 전통 건축에서나 예외 없이 마당의 전후좌우(前後左右)에 행각(行

---

30) 황기원, 「자연속의 건축과 건축속의 자연」, ≪plus≫(1989년 2월), 169쪽.
31) 이상해, 「민택삼요를 통하여 본 조선양택론에 관한 연구」, 대한건축학회 논문집, 제4권, 제6호(1988년 12월), 11쪽.
32) 땅의 기복(起伏)으로서 주로 산(山)의 흐름을 가리키는데, 그 모양이 용(龍)과 같다는 데서 유래한 용어.

閣)이나 담을 세우는 것은 모두 유전(流轉)하는 생기를 입체적으로 보존하려는 의도에서 비롯된 것이다. 이와 같이 전통 주택에서는 방위의 향에 따라 유전하는 기와 가택의 감응 관계가 중요시되어 왔을 뿐 아니라, 입체적으로 기를 보존하려는 의도에서 인위적인 건축적 장치가 중요하게 생각되어 왔다.

7. 맺는말

우리는 명운(命運)이란 말 대신에 예로부터 신세, 팔자라는 말을 써 왔지만, 이것은 결국 우리들 삶의 소망인 길흉화복(吉凶禍福)에 관한 말이다. 요컨대 부모를 잘 모시고, 자식을 잘 기르고, 부부가 해로하는 것 등의 테두리에서 크게 벗어나지 않는 것이 한국인의 소박한 꿈이었다. 이러한 운명의 주관자(主管者)는 다름 아닌 신령(神靈)들이었으며, 우리는 여기에 종속된 존재였다. 그러므로 초월적인 신령과의 돈독한 유대관계는 삶의 꿈을 실현시켜 주는 약속이었다. 이러한 신령들과의 연결고리는 일례로 신수(神樹)와 같은 것이 있으며, 가택 단위에서는 우주라는 체계와 자기 집 사이에 중심, 축이 내재되어 있다고 믿어왔다.

한편 한국인들은 대지를 하나의 생기체로 보고 인격화시켜 왔다. 우주에 생명을 부여함으로써 생명체인 모든 존재와 우주가 긴밀한 관계에 있다고 믿은 것이다. 이러한 생각은 혈과 명당이 중심이 되는 생기감응론(生氣感應論)에서 극명하게 드러나고 있다.

혈에 모여있는 기는 신체의 생성을 위한 바탕이 될 뿐 아니라 대지를 포함한 자연 만물의 성립 근거가 되므로 신체와 대지는 혈을 통하여 내적으로 연결되고 있는 것이다. 이러한 우주관을 양택에 대응시켜 보면 혈은 안채가 앉을 자리이며, 명당은 안마당에 해당된다. 집의 좌향을 정한다는 것은 안채가 앉을 자리와 대향하게 될 외계와의 관계를 방위로서 설정한 것이므로 혈과 명당은 가택이라는 소우주의 중요한 원점이 된다.

우리나라 민가는 우주와의 관계에 있어서 생기와의 감응 관계가 중요시되어 왔다. 생기를 어떻게 타느냐도 중요하지만 생기가 흩어지지 않고 한곳에 모이게 하는 것도 중요한 과제였다. 양택에서는 마당(명당)의 수직축을 통하여 천기(天氣)와 지기(地氣)를 받아들이고, 이들 기(氣)가 가택의 개구부를 통하여 온통 감응되기를 원했다. 전통 민가가 안마당 주위를 에워싸듯 둘러 세우는 것은 입체적으로 기를 보전하기 위한 의도적인 장치로서 생각해 낸 것이며, 이를 이상적인 가옥 형태로 보았다. 한편 이러한 가옥 형태는 대지(마당)와 양택, 사랑채와 안채가 음양의 양의(兩儀)를 이루고 있으며, 이러한 연화 작용을 반복하여 가택 전체를 음양의 세계로 조직화했다. 안채와 사랑채의 형태적인 구성은 이들이 엮어내는 음양 세계의 상합(相合), 상반작용(相反作用)으로 태극도와 같은 역동적인 표상을 하고 있다. 한국 전통 민가에서 이러한 표상의 전형적인 예를 우리는 튼ㅁ자형 민가에서 볼 수 있는데, 이것은 천지인(天地人) 삼재(三才)의 합일정신(合一情神)을 자연스럽게 시사하고 있다. 이와 같이 한국 전통 민가의 형상적인 공간 도식(空間圖式)은 한국인이 가지고 있는 삶의 소망을 극명하게 드러낸다.

1. 머리말

온돌은 우리나라의 전통적인 생활 문화 가운데 하나의 특이한 난방 방식이며, 이 특수성 때문에 '온돌 문화권'이란 말이 곧잘 쓰인다. 온돌 구조는 한민족이 이를 사용한 이후 오늘날까지 우리의 신체적·정신적·문화적 적응을 거쳐서 생활의 일부분이 되었으며, 크게는 한국민의 정신적 기반을 이루었다.[1] 이러한 온돌의 발생 지역은 5세기경의 고구려였다. 그리고 대략 11~13세기경의 고려 중기 이후에야 한반도 남쪽으로 전파되어 방 전체에 구들이 놓이고 아궁이를 방 밖에 두는 형식이 등장했다. 그러므로 한반도에 본격적인 좌식 기거 양식이 정착된 것은 고려 중기 이후이며, 제주도에는 조선 중기 이후 19세기에야 온돌 구조가 보급되었다.[2]

전통적인 온돌 구조는 대부분이 흙바닥 위에 고임돌을 놓고, 그 위에

---

1) 배순훈, 「온돌의 열효율」, ≪건축≫, 제21권, 제75호(대한건축학회, 1977).

2) 주남철, 「온돌과 부뚜막의 고찰」, ≪문화재≫, 제20호(문화재관리국, 1987), 151쪽; 여명석 외, 「전통온돌의 시대적 변천과 형성과정에 관한 연구」, 대한건축학회 논문집, 제11권, 제1호(1995).

구들장을 올려서 방고래를 형성했다. 장작을 비롯하여 지엽(枝葉), 볏짚 등의 임산(林産) 연료를 땔감으로 연소시켜 발생하는 가스가 방고래를 통과하면서 가열판에 축열되면 그 복사열을 이용하는 난방 구조이다.

온돌 구조는 건축 방법이 간단할 뿐만 아니라 축조 재료인 양질의 점토가 풍부했고, 연료인 잡목의 채취도 쉬웠으므로 서민층에 쉽게 보급되었으며, 그 축조 방법이나 구조의 개량은 지역에 따라 많은 변화와 발전을 가져왔다. 특히 온돌의 채난(採暖) 효율은 아궁이와 고래 부분의 구조에도 영향이 있겠지만, 지역별 주(住)문화권의 차이에 따라 아궁이부와 굴뚝부의 상관관계가 크게 작용했으리라 생각된다. 그것은 굴뚝이 일종의 배연(排煙) 시설이며, 이 배연이 잘 되어야 방이 따뜻하고 아궁이 쪽으로 불내기와 같은 현상이 없어지기 때문이다. 동시에 아궁이의 위치와 온돌방의 배열은 기능적인 관계에 따라 여러가지 유형이 나타나게 된다.

이러한 여러 문제들은 우리 선조들이 오랜 경험과 생각 끝에 지역에 따라 축적된 지식으로 해결했으므로, 아궁이 위치에 따른 여러 변화와 굴뚝의 형식을 알아보고 그 분포 지역과 의식구조도 아울러 밝혀보려는 것이 이 글의 목적이다.

2. 아궁이의 위치

온돌 구조는 대개 불아궁이, 고래, 굴뚝으로 크게 나누어진다. 그리고 온돌은 방 한 칸을 단위로 구성되는 것이 기본이지만, 방 두 칸을 통고래로 처리하기도 한다. 민가의 안채에서 불아궁이의 위치는 제주도의 경우를 제외하면 큰방 아궁이와 작은방 아궁이로 나누어지는데, 큰방의 경우 부엌의 부뚜막에 아궁이가 있다. 그러나 작은방의 아궁이는 그 위치에 따라 민가의 평면 구성에 다양한 영향을 준다.

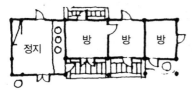

〈그림 4-4〉 호서 지방 민가의 실례
(가방 앞 툇마루를 없앤 경우)

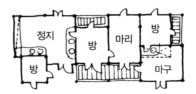

〈그림 4-5〉 호남 지방 민가의 실례

불아궁이의 주요 기능은 취사, 난방, 쇠죽끓이기 등이다. 취사는 주로 큰정지에서 담당하고, 쇠죽은 큰정지보다 작은정지에서 처리되는 경우가 많다. 불아궁이는 취사와 난방을 겸하게 되므로 여름철에는 취사만을 위한 아궁이가 필요하게 된다. 그러므로 민가에서는 정지 안에 제주도의 부엌처럼 온돌 고래와 무관한 '헛부엌'을 만들어 취사만을 처리하는 경우가 많다.

일반적으로 작은방의 아궁이는 난방이 주목적이지만 부수적으로는 쇠죽가마가 걸리는 곳이며, 그 위치는 정면, 측면, 후면의 순서로 위치상의 빈도가 높다. 이 가운데 정면의 아궁이는 관리가 용이하므로 압도적으로 채택되고 있으나 툇마루와의 관계 때문에 여러 가지 변형된 모습을 보여준다. 즉, 툇마루를 일반적인 높이로 잡았을 때는 화재를 일으킬 우려가 있고, 사실상 아궁이의 사용이 곤란하므로 아궁이 부분에는 아예 툇마루를 설치하지 않거나(〈그림 4-4〉), 툇마루보다 30cm 내외의 높이를 더한 누마루 형식을 취하기도 한다.

온돌방과 아궁이의 관계를 보면, 3칸형 민가에서 두 방을 통고래로 처리한 경우는 아궁이 관리가 쉽지만 난방 효율이 떨어지므로 방마다 아궁이를 두기도 한다. 그러나 민가의 중앙부에 마루가 있는 경우에는 자연스럽게 방마다 독립된 아궁이가 설치된다. 또 불아궁이는 바로 부엌을 의미하므로 작은방에 인접시켜 '작은부엌'을 꾸미고 헛간의 용도로 겸용한다. 또 작은방 아궁이는 쇠죽을 끓이는 기능이 크기 때문에 여기에 외

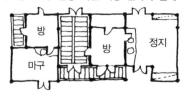

〈그림 4-6〉 남동 해안 지방 민가의 실례 1

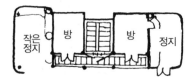

〈그림 4-7〉 남동 해안 지방 민가의 실례 2

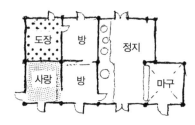

〈그림 4-8〉 영동 지방 민가의 실례

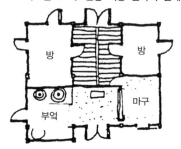

〈그림 4-9〉 안동 지방 민가의 실례

양간을 겸하여 꾸민다. 이러한 실례는 호남 지방 민가에서도 찾아볼 수 있고(〈그림 4-5〉), 남동 해안 지방 민가에서도 찾아볼 수 있다(〈그림 4-6〉). 또 남동 해안 지방에서는 측면 아궁이의 경우, 一자형으로 작은부엌을 달아내는 경우가 있다(〈그림 4-7〉).

한편 함경도와 영동 지방, 그리고 경북 북부 산간 지방 등의 겹집형 민가에서는 안방 부엌의 아궁이와 쇠죽가마, 그리고 외양간의 관계가 현실적으로 중요한 계획 요소가 되고 있다. 이들 민가는 험준한 산간 지역에서 외부와 고립된 최악의 주거 환경에서 기본적인 옥내 생활이 가능하도록 안채와 부속채가 통합된 몸채의 모습을 보인다. 다시 말해서 불아궁이를 중심으로 온돌방과 외양간이 집중화되고 있는데, 이것은 옥내에서 사람과 가축이 동거(同居)하는 모습을 보여준다. 외양간은 소[牛]의 거실이며 소는 농가에서 귀중한 노동력을 제공해 주는 동물 이상의 의미가 있다. '생구(生口)'라는 말이 있는데, "중국이나 한국, 그리고 일본에서 생구란 노예를 뜻했다. 사람과 짐승 사이, 곧 반(半)인간이란 뜻이다. 그런데 동북아 세 나라에서도 유독 한국에서만은 가축까지 포함해서 생구라고 했다. 가축도 반인간이며 노예와 같이 인간 취급을 했던 것이다."[3]

이상과 같이 민가에서 난방 아궁이와 온돌방, 그리고 쇠죽 아궁이와 외양간은 동등한 기능 관계이며, 민가의 실 구성에서도 큰 차이가 없다. 따라서 외양간이 안채의 중요한 구성 요소가 되기도 하는데, 안채에서 항상 보살피기 쉬운 위치에 외양간을 두는 것은 자연스러운 모습이다.

작은방의 툇마루를 누마루 형식으로 하고 그 아래에 아궁이를 두었다(경남 진양군 지수면, 구씨 댁).

3. 한국 민가에서 굴뚝의 성격

일반적으로 굴뚝은 온돌 구조에서 소홀히 다루어져 왔던 부분이지만 채난(採暖)을 위한 굴뚝의 역할은 대단히 중요하다. 또 굴뚝은 외기(外氣)에 직접 노출되므로 굴뚝에서 솟아오르는 연기는 마치 봉홧불과 같이 어떤 기호의 역할을 동시에 할 수 있다.

온돌의 배기는 자연 통기력에 의존하는데, 일반적으로는 바람에 의한 통기력과 굴뚝 속의 온도와 외기 온도의 차이에 따른 통기력으로 이루어

---

3) 이규태, 『(속)한구인의 의식구조(상)』(신원문화사, 1983), 307쪽.

<표 4-1> 지방별 온돌의 비교

지방별 종별	북부 (함경도, 평안도)	중부(황해도, 경기도, 강원도, 충청도)	남부 (전라도, 경상도)	제주도
개자리	방 안에 개자리가 있고, 깊이는 얕다.	방 안과 방 밖에 개자리가 있고, 깊이는 중간 정도이다.	방 안에 개자리가 있고, 깊이가 깊다.	개자리가 없다.
연도	두 개 장방에 하나 있고, 높이는 온돌 면이다.	방 하나에 하나씩 있고, 깊이는 중간 정도이다.	방 하나에 2~3개 있고, 깊이는 깊은 편이다.	방 하나에 하나씩 있다.
굴뚝 높이	높다(4~6m).	중간 정도(2~4m), 굴뚝 없는 집 30%	낮다(0~4m), 굴뚝 없는 집 50%	굴뚝 없는 집 60%

자료: 김선우, 「한국주거난방의 사적고찰」, ≪건축≫, 제23권, 제90호(대한건축학회, 1979).

진다. 그러나 이러한 통기력은 흔히 바람의 방향, 연소 가스의 재순환, 그리고 아궁이와 굴뚝의 위치에 따라 크게 영향을 받는다. 특히 바람의 방향은 흔히 역류 현상을 일으켜 굴뚝의 배연(排煙) 효율을 크게 저하시키기도 한다. 아궁이에서 들어온 열기는 굴뚝 쪽의 최단거리로 직진하려는 움직임을 보이기 때문에 개자리를 파서 저항을 주어 확산 효과를 얻고 있지만, 아궁이와 굴뚝이 인접할수록 배연상 불리한 경우가 많다.

온돌의 구조에 있어서 굴뚝부는 연도(煙道), 굴뚝개자리, 소제구멍, 굴뚝으로 나누어지는데, 현재까지 알려진 이들의 지역별 차이는 <표 4-1>과 같다. 이 표에 의하면 일반적으로 우리나라 민가에는 하나의 온돌 고래에 하나의 굴뚝이 만들어지고, 그 높이는 북부 지방에서 남부 지방으로 내려오면서 점점 낮아지고 있으며, 굴뚝이 없는 경우도 남부 지방으로 내려오면서 증가되고 있다. 주남철(朱南哲) 씨에 의하면 한국 건축의 굴뚝 종류는 '간이형', '독립형', '복합형'으로 나누어지는데, 이 가운데 간이형은 "본격적인 굴뚝의 전 단계로서 처마 밑에 간단한 구멍을 뚫거나 툇마루 밑에 구멍을 내어 배기(排氣)하는 것"[4]이라고 한다. 이러한 자

---

4) 주남철, 『한국건축의장』(일지사, 1979), 124~126쪽.

료와 필자의 민가 조사에 의하면, 한국 민가의 원형이라 믿어지는 것들은 대개 '간이형'에 속하는 것들이며, 남한의 경우는 설사 굴뚝이 있어도 처마의 키를 넘지 않는 1m 내외인 경우가 많다.

이러한 굴뚝의 처리에 대해서 이규태 씨는 다음과 같이 말하고 있다.

한국 농촌 풍경의 전형적인 것으로 농촌의 모연(暮煙), 석양판에 마을에 깔린 저녁연기를 든다. 농촌에 연기가 깔린 이유는 기압 때문이 아니라 굴뚝이 예외 없이 낮아 처마 위로 솟는 법이 없기 때문이다. 곧 연기는 처마에 부딪혀 아래로 깔려야 하며, 위로 솟아서는 안 되게끔 한국인의 어떤 공통의식이 제재를 하고 있는 것이다. 마치 부의 상징처럼 앞을 다투어 높이 서는 서구 농촌의 굴뚝에 비겨 대조적이다. 한국 땅에 수천만 명이 수만 년 동안 불을 때고 살아왔으면서 굴뚝이 높을수록 불이 잘 든다는 이치를 시행착오로 터득하지 못했다고는 보지 않는다. 굴뚝이 높으면 잘 들이고 또 가연성의 지붕에 불이 붙을 염려가 없다는 것쯤 너무도 잘 알고 있으면서 한국인의 어떤 무엇이 그 위험과 불편을 감내하고서라도 연기를 남으로부터 은폐시키도록 집요하게 강요했단 말인가. 그것은 의문이 아닐 수 없다. 다만 한국인의 조식(粗食) 식사 패턴과 연결시켜 본다면 연기는 곧 식사를 짓는다는 단적인 표현이요, 식사는 곧 인간 본능과 욕구를 충족시키는 인간주의 문화의 중핵이란 과정에서 그것을 극소화시키는 한국인의 인격주의 의식구조의 소치가 아닌가 싶다.[5]

그렇다면 우리나라 민가의 '간이형' 굴뚝은 인간의 욕구와 본능을 극소화하려는 의식의 단적인 표현이 습속화된 것이라고 볼 수 있을 것이다. 그러나 우리나라의 현존하는 동족(同族) 부락들은 대개 임진왜란으로 전 국토가 폐허화된 후, 150여 년에 걸쳐 재건(再建)된 것들이라고 추정되고

---

5) 이규태, 『한국인의 의식구조(상)』(문리사, 1977), 215~216쪽.

있으며,[6] 우리나라의 농어촌 마을들이 임진왜란 이전부터 왜구의 끊임없는 침략으로 시달림을 받아왔다는 사실을 상기해 볼 필요가 있다. 그 당시 민중의 사무친 피해의식은 자연부락의 정주(定住)에 있어서 본능적인 집단방어 의식으로 습속화되어 취락(聚落)의 '문턱'[7] 장치를 편성하게 했다고 생각된다. 따라서 부락을 형성하는 하나의 단위인 민가의 굴뚝 연기는 부락 전체의 존재를 알리는 기호(記號)가 되므로 연기가 지붕 위로 높이 솟는다는 것은 부락의 방어상 생각할 수도 없는 것이다. 그러므로 민가의 배연 시설은 난방 효과의 극대화를 도모하기 이전에, 생존과 안위를 위한 자기 존재의 은폐를 먼저 도모하여 만들어졌다.

그 결과 민가의 굴뚝은 연통(煙筒)이라기보다 배연구(排煙口)에 불과하게 되었는데, 특히 왜구의 침략이 남부 지방일수록 극심했던 사실과 남부의 굴뚝 형식은 깊은 상관관계가 있어 보인다.

4. 한국 민가의 굴뚝 형식

민가의 굴뚝은 전술한 바와 같이 부락의 집단방어를 전제로 한 습속을 따르기 때문에 채난을 극대화하기 이전에 자기 존재의 은폐를 도모하려 했으므로 연통이라기보다 배연구에 지나지 않는 것들이다. 따라서 이러한 온돌 난방은 난방 효율의 감소, 불이 아궁이로 역류하는 문제와 동시에 임산(林産) 연료로 인한 고래 내부의 그을음을 제거하는 문제도 고려

---

6) 고승제, 『한국촌락 사회사 연구』(일지사, 1977), 264쪽.

7) 原廣司, 「complexity」, ≪住居集合論≫, SD別冊, No.8(鹿島出版會, 1976), p.13.
'역(閾)'은 취락을 외부로부터 방어할 목적으로, 혹은 외·내부가 교류하는 데 조정을 하는 제어기구가 된다. '역'이 형성될 때는 성벽과 같이 직접적인 물적 장치가 되기도 하고, 관념적인 장치가 되기도 한다. 그러므로 이들은 취락의 경계 개념이기도 하다.

해야 했을 것이다.

이러한 문제점들을 극복하기 위해서 우리 선인들은 오랜 세월 동안 축적된 지혜를 지역별로 동원했음에 틀림없다. 필자가 조사한 굴뚝 형식을 유형별로 소개하고 그 분포 지역을 살펴보면 다음과 같다.

1) 일공식(一孔式)

(1) 일반형

이 유형은 하나의 온돌 고래에 하나의 굴뚝이 있는 경우인데, 이러한 형식은 보편적인 형태로서 전국적으로 분포되고 있다. 다만 아래에 열거한 굴뚝의 유형이 분포하는 지역에서는 일공식의 굴뚝이 아주 열세인 것뿐이다. 굴뚝의 높이는 한반도 북부에 비해 남부로 내려갈수록 낮아지고 있는데, 남부 지역의 경우는 배연구만 있는 것도 있으며 추녀보다 낮은 것이 많다. 굴뚝의 재료는 통나무를 반으로 잘라 그 속을 파낸 후 다시 붙여 세운 특이한 통나무 굴뚝도 있으나, 보통 진흙을 쌓아 몸체를 만들고 그 위에 기왓장을 덮은 것이 많고, 간혹 진흙이 비에 씻기지 않도록 짚으로 된 이엉을 덮은 것도 있다. 굴뚝의 위치는 외벽에 붙여 세우는 법이 없이 연도(煙道)를 만들어 민가의 측면이나 뒤안의 토방이 끝나는 위치에 낮게 세우거나 추녀를 비켜서 비스듬하게 세운다.

(2) 남부 도서형

이 형식은 엄밀히 말해서 일공식의 유형에 넣을 수 없는 특수한 구조를 보여주고 있다. 즉, 굴뚝의 형상은 일공식의 경우와 비슷하지만 그 위치가 부엌 부뚜막 끝의 벽 모서리에 세우는 복식 고래의 형식이다. 굴뚝의 크기는 하부의 외경(外徑)이 40~45cm, 하부의 내경은 25~30cm, 그리고 높이는 150cm 정도인 것이 많고, 굴뚝의 재료가 진흙을 쌓아 몸체

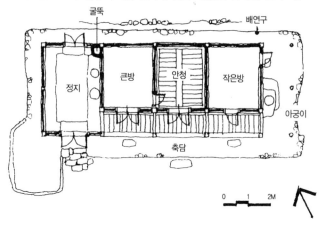

를 만들고 있어서 그 모양이 마치 코클(원시적 실내조명 시설)과 흡사하다. 그리고 배연 방법은 이 굴뚝을 통해 나온 연기가 굴뚝 상단 바로 위에, 즉 부엌의 뒤쪽 외벽에 뚫은 30×30cm가량의 배연구를 통해서 집 밖으로 빠져나가도록 되어있다. 그러나 굴뚝을 통해 나온 연기가 모두 이 배연구를 빠져나갈 수가 없으므로 부엌 내부는 연기 때문에 까맣게 그을려 있다. 따라서 최근에는 굴뚝을 많이 개조하고 있다. 그 가운데 돋보이는 것은 기존 굴뚝의 상단을 막아버리고 굴뚝 속에서 외벽에 배연구를 내는 방법과 굴뚝의 몸체만 밖으로 드러내는 방법을 쓰고 있다. 그러나 이러한 형식의 굴뚝 배치는 열기의 유도 경로가 아주 까다롭기는 하나 풍향에 따라 일어나는 굴뚝 연기의 역류 작용을 막을 수 있다는 큰 장점을 지니고 있다.

이러한 굴뚝의 분포 지역은 남해 도서 지역 중 경남 거제도에서 전남 여천군 사이에 산재한 도서 및 연안 지방이며, 전남 광양군 옥룡면에서도 발견된 것으로 미루어 보면 이들 분포 지역에 인접한 해안 지방에서도 분포되었던 것 같다. 그리고 멀리 흑산도 진리에서도 이러한 굴뚝 형

〈그림 4-11〉 남부 도서형 굴뚝

식이 발견되었다는 보고8)는 흥미로운 일이다.

2) 이공식(二孔式)

　이 형식은 하나의 온돌 고래에 두 개의 굴뚝이 있는 경우이다. 즉, 온
돌방 윗목에 있는 개자리의 양쪽에서 연도를 기단(基壇) 끝까지 만들어
여기에 배연공(排煙孔)을 두고 있는 형식이다. 따라서 온돌방의 앞뒤에
굴뚝의 배연공이 있는 셈인데, 뒤뜰에 있는 배연공은 가끔 연통의 형식
을 취한 것도 있으나 앞뜰의 굴뚝은 거의 기단 전면에 배연공을 만들고
간혹 툇마루 밑에서 온돌 고래에 붙여 내는 경우도 있다.
　민가의 굴뚝 위치는 대부분의 경우가 민가의 뒤쪽인 북쪽에 있어 바람
에 의한 역류 현상이 심하여 굴뚝의 통기 작용을 저해하고 있는데, 정상

---

8) 신동철, 「남서해 도서 민가건축에 관한 연구」(홍익대학교 석사학위 논문, 1979),
　102~114쪽.

이공식 굴뚝의 전면 기단의 배연구(전남 무안군 매곡리, 박씨 댁)

적인 굴뚝의 형식을 갖추지 못한 민가에서는 더욱 그렇다. 더욱이 민가
의 부엌은 대개 서쪽에 위치하는 경우가 많은데 샛바람이 불면 굴뚝을
통한 바람의 역류 작용으로 아궁이에 불을 내는 경우가 대단히 많다. 이
때 이공식 굴뚝은 역류 작용이 있어도 아궁이에 불이 나는 것을 어느 정
도 막을 수가 있고, 동시에 열의 효율을 높이는 이점이 있다. 또 온돌
고래 내부의 그을음 청소 과정을 보면, 먼저 부뚜막과 방바닥 사이의 공
간을 고래 줄을 따라 구멍을 내고, 여기에서 반대편의 개자리 쪽으로 긴
막대기로 그을음을 밀어낸다. 다음은 개자리에 쌓인 그을음을 앞뒤로 막
뚫린 배기공을 통해서 제거하는 방법을 쓰고 있다.

　이러한 이공식 굴뚝은 전남 지역, 도서 지방을 제외한 경남 지역, 그리
고 경북 지역의 남부에 걸쳐 분포되고 있다.

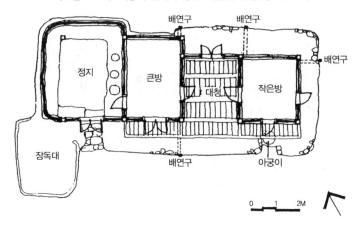

〈그림 4-12〉 이공식 굴뚝의 평면 예(경남 밀양군, 박씨 댁)

3) 다공식(多孔式)

이 형식은 배연공이 여러 개 있는 경우인데, 속칭 '가랫굴'이라 불리고 있다. 온돌 구조가 줄고래로 축조되었을 때 하나의 줄고래에 하나씩의 배연공을 두고 있는 형식이다. 보통 민가에서 고래의 수는 5골이 보통이고, 방이 큰 것은 5~7골이 되므로 배연공의 수는 5~7개가 되는 셈이다. 그리고 가랫굴은 개자리 상부나 측면에 만들어지므로 이 부분에서는 각 배연공이 서로 연결되도록 축조되어 있다. 그러므로 이공식의 경우처럼 바람에 의한 역류 현상으로 아궁이에 불을 내는 것을 어느 정도 막을 수가 있다. 온돌 고래의 그을음 청소 과정은 이공식의 경우와 같이 먼저 부뚜막 상부에서 줄고래를 따라 개자리 쪽으로 그을음을 밀어내고, 가랫굴을 해체하여 개자리 바닥에 모인 그을음을 제거한다.

이러한 다공식 굴뚝은 충북 지역과 강원·경기·충남·전북도의 일부 지역에 분포되고 있다.

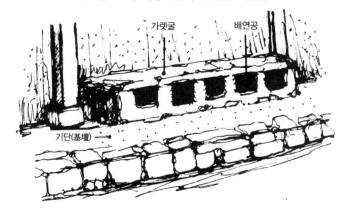

〈그림 4-13〉 다공식 굴뚝의 배연구 가렛굴

가렛굴 　 배연공

기단(基壇)

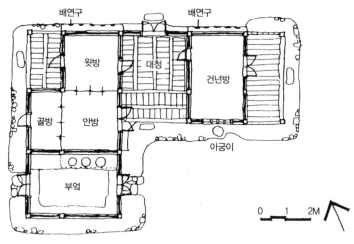

〈그림 4-14〉 다공식 굴뚝의 평면 예(충북 중원군, 조씨 댁)

배연구 　 배연구

윗방 　 대청

건넌방

골방 　 안방

아궁이

부엌

0　1　2M

4) 무공식(無孔式)

이 형식은 제주도에서만 분포하던 것이며, 거의 배연구가 없는 모양을
하고 있다. 제주도의 온돌은 우리나라에서 유일하게 취사와 난방을 분리
한 구조이며, 난방을 하려면 함실아궁이가 있는 '굴묵'에서 해결한다. 온

돌 구조는 아궁이 쪽에서 1/3가량을 보통 온돌 구조로 하고 나머지 부분은 둥근 돌을 마구 쌓는 돌경고래를 만들고 개자리는 설치하지 않는다. 땔감은 임산 연료가 아니라 건조된 말똥이나 보리와 조 이삭들이므로 굴뚝이 필수 조건은 아니지만, 자세히 살펴보면 민가의 앞쪽 지면에 배연공이 뚫려있거나, 경우에 따라서는 배연구가 보이지 않은 경우가 많다.

5. 굴뚝의 위치와 고래 형식

우리나라 민가에서 아궁이 수와 여기에서 난방하는 온돌방 수의 관계는 네 가지 유형으로 나누어진다.

① 여러 아궁이, 한 방구들
② 여러 아궁이, 여러 방구들
③ 한 아궁이, 한 방구들
④ 한 아궁이, 여러 방구들

먼저, 안방(큰방)에 인접한 부엌의 아궁이는 보통 3~4개가 된다. 그 이유는 아궁이가 밥솥·국 솥·물 솥·쇠죽솥 등과 같이 그 용도가 다르기 때문이다. 그러므로 큰부엌의 아궁이는 온돌방의 수와 관계없이 여러 아궁이로 구성되는 것이 일반적이다.

둘째, 우리나라 민가의 평면은 크게 홑집과 겹집으로 나누어지는데, 함경도와 영동 지방의 민가는 대표적인 겹집 형식이다. 다시 말해서 이들 민가는 부엌에 인접된 온돌방이 두 줄로 배열되고, 보통 두 온돌방이 통고래 형식을 취한다. 그러므로 홑집의 통고래 형식을 취한다 해도 겹집의 고래 형식은 '여러 아궁이, 여러 방구들'인 경우가 많다.

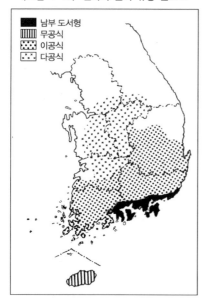

〈그림 4-15〉 민가의 굴뚝 유형 분포도

■ 남부 도서형
▥ 무공식
▦ 이공식
▨ 다공식

〈그림 4-16〉 이상적 상태의 고래 모양

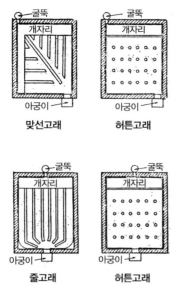

맞선고래   허튼고래

줄고래   허튼고래

셋째, '한 아궁이, 한 방구들'은 큰부엌에 인접한 온돌방이 아니라, 예를 들면 건넌방이나 작은방과 같은 부(副)침실의 경우이다. 이때 아궁이의 형식은 간이형 부뚜막이 있는 경우가 일반적이지만 제주도 민가와 같이 난방만을 위한 함실 아궁이도 있다.

우리나라 민가의 굴뚝과 아궁이는 <그림 4-16>과 같이 이상적인 상태의 배열만 있는 것이 아니라, 굴뚝의 유형이나 위치에 따라 온돌방의 채난(採暖)에 여러 가지 어려움이 있다. 특히 일공식의 경우 남부 도서형의 굴뚝이 그렇고, 또 영동 지방의 겹집에서 '여러 아궁이, 여러 방구들'의 경우가 그러하다. 이런 경우에 방고래의 형식과 개자리의 효능이 아주 중요하다.

우리나라 온돌의 고래 형식은 크게 나누어 줄(列)고래와 허튼(散)고래로 나누어진다. 허튼고래는 구들장을 고임돌로 받치기 때문에 방 전체가 하나의 넓은 고래가 되는 형식이다. 이에 비해 줄고래는 아궁이에서 더운 열기를 여러 개의

골(보통 5~6개)을 만들어 굴뚝 방향으로 유도하면서 방 전체에 화기를 분포시키려는 형식이다. 그러므로 줄고래는 다소 강제성을 띠고 고래 속에 열기를 도입하는 반면, 허튼고래는 열기가 비교적 자연스럽게 흐르게 한다. 이 두 형식은 각각 장단점을 가지고 있으나, 아직까지 허튼고래에 대한 과학적 고찰이 우세하다. 개자리의 효과를 최대한 이용할 수 있는 허튼고래는 한반도 남부 지방에서 발달한 형식이다.

온돌 난방법은 아궁이의 열기(熱氣)를 방고래에서 확산·와류(渦流)하게 하여 높은 온도의 열기는 상승하고 식은 열기는 아래로 처져 고온의 열기를 받쳐준다. 더운 열기는 구들장에 축열되면서 일부는 냉각되어 고

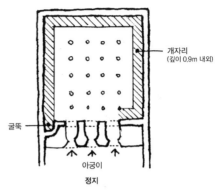

〈그림 4-17〉 남부 도서형 방고래의 실례

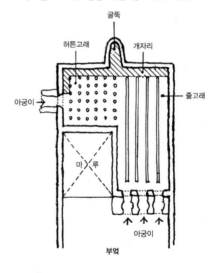

〈그림 4-18〉 영동 지방 방고래의 실례

래 개자리에 모이게 되고, 이 과정에서 고래 속의 열기는 자연스럽게 그 속도가 조절된다. 그러므로 고래 개자리는 온도에 따른 상하 분포작용과 고래 안의 열기의 흐름과 속도를 조절하는 기능을 한다. 그뿐만 아니라 고래 개자리는 역풍의 완화 작용을 하며, 고래 안의 열기를 최대한 구들 속에 머물게 하는 효능이 있다.

<그림 4-17>은 남부 도서형 방고래의 경우이다. 그림과 같이 아궁이와 굴뚝이 인접해 있으므로 허튼고래 형식과 고래 개자리의 효능을 최대한 살리지 않으면 열기의 흐름을 제어하기가 어렵다.

<그림 4-18>은 영동 지방 민가의 경우이다. 그림과 같이 '여러 아궁이, 여러 방구들'의 형식이며, 여러 아궁이에서 여러 방에 난방하는 데 줄고래와 허튼고래의 특성을 잘 살렸으며, 또한 고래 개자리의 배열에서도 그 지혜를 읽을 수가 있다.

6. 맺는말

한국 민가의 굴뚝은 연통이라기보다 배연구에 지나지 않는 구조이다. 이것은 굴뚝의 미발달 단계가 아니다. 굴뚝에서 솟아오르는 연기는 음식 조리와 자기 실체를 기호로 나타내기 때문에, 가족을 비롯한 마을의 존재를 방어상 은폐시키려는 의식이 오랜 세월이 흐르는 가운데 습속화되어 나타난 결과이다.

배연구만으로 이루어진 굴뚝의 형식은 흔히 풍향에 따라 역류 작용을 일으켜 아궁이에 불을 내고 난방 효율을 저하시키므로 이를 극복하기 위해서 지역에 따라 다양한 굴뚝의 형식이 고안되었다. 굴뚝의 형식은 일공식의 굴뚝이 기본 형식이지만, 우리나라 남부 지방에서는 배연공만으로 된 굴뚝이 압도적으로 많고, 지역에 따라 다양한 형식이 분포하고 있다.

이러한 한국 민가의 굴뚝 형식은 한민족이 감내해야 했던 수난의 역사가 그대로 새겨진 듯한 느낌을 지울 수가 없으며, 어떤 큰 변란이라 해도 능히 극복했던 우리 민족의 슬기로운 지혜가 굴뚝 형식에서도 구조화되고 있음을 엿볼 수 있다.

1. 머리말

한국 민가의 구조는 다른 건축물과 같이 주로 목재로 가구(架構)된 점이 특징이다. 민가의 구조는 민가가 피난처로서의 역할을 충분히 해낼 수 있도록 구조적으로 뒷받침해 주고 있으나, 그 이상의 시각적인 효능으로 민가의 안정감을 더해주고 있다. 그리고 민가의 구조는 특히 그 지방의 기후적인 조건과 가옥 재료, 지붕 형태, 그리고 건축 생산기술과도 관계가 깊다.

우리나라는 산악국이면서도 소나무만이 주위에서 쉽게 구할 수가 있고, 다른 수종은 건축 용재로서 얻기가 어렵다. 그런데 육송(陸松)은 여러 가지 제약이 많은 수종이다. 즉, 길이가 긴 재목을 얻기가 어렵고 똑바로 자란 곧은 것이 귀하여 흔히 꾸부러진 경우가 많다. 그 밖에도 수액이 많아 치목(治木)이 어렵고 치목한 후에도 나무가 잘 터지고 비틀어지기도 한다. 그러므로 우리나라 목수들은 제약이 많은 육송을 건축 부재로 효과적으로 사용하기 위하여 많은 재능을 발휘했고 노력을 기울여 왔으며, 이러한 태도가 하나의 전통으로 체계화되어 왔던 것이다.

민가는 가사(家舍) 조영에 있어서 상류 주택과 비교할 때 여러 가지로 열등한 조건 아래 있었다. 우선 경제적으로 열등했으며 문화적으로도 발달한 조영 기법과는 거리가 멀었다. 그러므로 일반적으로 민가의 구조는 이미 보편화된 가구 형식에 따라 자급자족하는 수준에서 농민 기술자 스스로가 해결해 왔던 것이다. 따라서 구조적인 수준은 낮았으나 오히려 우리나라 목조건축이 풍기는 깊은 맛을 그런 대로 소박하게 표출하고 있다고 생각된다. 이것은 시원스럽고 미끄러운 맛이 아니라 투박하고 모자라지만 친근감이 넘치는 그런 느낌을 전해주고 있다. 이와 같이 민가의 구조는 이미 보편화된 가구법을 답습할 뿐 창의력은 찾아볼 수 없으나 민가만이 가지고 있는 가구 기법이나 표현 기법이 있으며, 이것은 민가 특성과 일치되어 민가 고유의 아름다움으로 직결되어 온 것이다.

이 글은 남부 지방 민가에서 가구상의 특징을 찾아보고 이를 분석하여 민가의 구조 기법을 유형별로 정리해 보고자 한다.

2. 축부 구조

민가의 처마 선을 따라 마당보다 한 단 높게 바닥을 축조한 것이 기단(基壇)이며 '축담'이라고도 한다. 기단은 바닥의 습기를 피하기 위해 지표에서 되도록 높게 정지하는 것이고, 민가의 전면 높이는 기단과 관계가 깊으므로 건물의 높이를 조정하는 목적으로 우리나라 건축에서 필수적인 요소가 되었다고 생각된다. 민가의 기단은 자연석을 생긴 대로 쌓아서 기단의 높이에 차이가 많다. 보통 앞마당과 뒷마당의 고저 차에 따라 기단의 높이도 달라진다. 앞마당과 뒷마당이 같은 높이일 때는 기단이 높지 않고, 고저 차가 크면 클수록 뒷마당을 기준으로 기단이 조성되므로, 앞마당을 기준으로 할 때 기단의 높이는 높아진다.

민가의 축부(軸部)는 목재를 주요 뼈대로 하는 가구식과 흙담이나 잔디

|왼쪽| 주두(柱頭) 부분의 결구 |오른쪽| 주초(柱礎)와 툇마루의 결구

를 주요 재료로 하는 '토담집', '떼집' 등이 있으며, 뒷면만을 토담이나 떼로 쌓고 앞면은 목재로 만드는 경우도 많다. 토담집이나 떼집은 평야 지대에 많고 주로 서민 주택에 해당된다. 초석(礎石)은 평평한 호박돌을 흔히 사용하고 해안 지방에서는 둥글고 표면이 미끄러운 바닷돌이 쓰이기도 한다. 기둥은 모기둥[方柱]과 두리기둥[圓柱]이 있는데, 기둥의 굵기는 보통 4~5치 범위의 것이 많다. 두리기둥은 둥글게 다듬은 것과 자연 그대로 생긴 통나무를 껍질만 벗겨내고 대강 다듬은 것이 있는데, 후자의 경우가 민가의 부속채에 많이 쓰인다.

민가에서 앞퇴가 있는 앞면의 가구는 민가의 얼굴이므로 구성상의 배려를 많이 하는 부분이다. 이것은 처마 높이에 해당되는, 기단과 툇마루를 포함한 기둥 높이와도 관계가 깊고, 이들 구성 요소와 각 부재의 관계도 중요하므로 민가의 축부에서는 가장 중요한 부분이다. 여기에서 기둥, 처마도리, 퇴보와의 관계와 이들의 가구가 어떻게 형성되고 있는지 그 유형을 정리해 보면 <그림 4-19>와 같다.

먼저, <그림 4-19>에서 (1)~(3)은 처마도리에 장여(長欐)가 없는 경우인데, 보뺄목은 모두 있으며 (3)과 같이 보 방향으로 단장여만을 두는

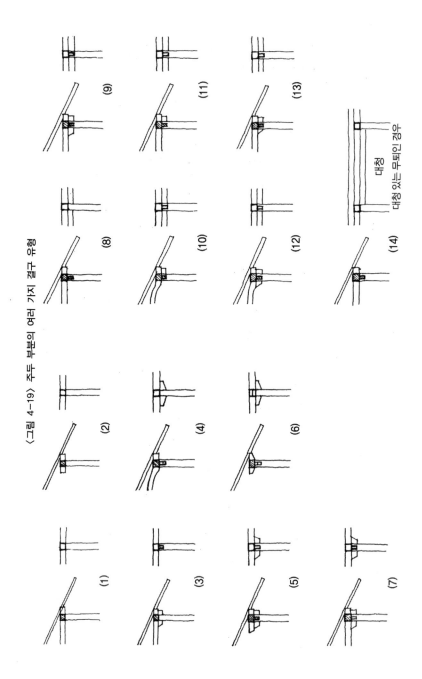

〈그림 4-19〉 주두 부분의 여러 가지 결구 유형

경우도 있다. 일반적으로 민가의 품격을 말할 때 장여의 유무는 흔히 질적인 차이를 말하는 경향이 있다. 둘째로, (4)~(7)은 도리에 장여가 없으나 주두(柱頭) 부분에만 장여의 뺄목을 양쪽으로 내어 주두의 장식과 보의 받침 기능을 원활하게 처리하고 있는 예이다. 주두 부분의 처리에서 뺄목은 그 단면이 수직으로 된 경우와 경사지게 처리된 경우가 있다. 셋째, (8)~(11)은 처마도리에 장여가 있어 민가의 질적인 품격이 높은 경우이다. 퇴보는 주두에서 들보에 연결되는 부재이다. 퇴보는 큰 힘을 받지 않는 가(假)보의 역할을 할 때가 있으나 그렇지 않은 경우도 있다. 일반적으로 가보인 경우는 활처럼 휘어진 부재를 배가 위로 올라가게 결구하여 퇴 부분의 통행을 원활하게 하고 시각적인 운치를 더해준다.

3. 지붕 구조

지붕 구조는 민가의 평면과 가구 형식에 따라 차이가 많고, 또 지붕 형식과도 관계가 깊다. 우리나라 남부 지방 민가의 지붕은 주로 우진각 지붕이며, 중부 지방은 팔작지붕이 많다. 가구 형식은 지방별로 큰 차이가 있는 것이 아니라 퇴의 유무에 따라 대체로 그 유형이 나누어지는데, 앞퇴만 있는 경우, 앞뒤퇴가 모두 있는 경우 등으로 나누어지고, 다시 앞뒤퇴가 있어도 안채의 규모가 큰 경우에도 달라진다.

민가의 가구상 기본형은 3량집이다. 3량집은 두 개의 주(柱)도리와 한 개의 마룻도리에 서까래가 걸리는 경우이며, 마룻도리를 중심으로 좌우 대칭이 되게 배치되어야 할 도리에서 한쪽을 생략해 버린 구조가 반5량 구조인데, 앞퇴가 있는 민가에서 흔히 볼 수 있다. 5량 구조와 7량 구조는 평면형이 앞뒤퇴를 가진 형식일 때이거나 겹집 구조일 때 주로 나타나는 구조인데, 평주만으로 구성되는 경우와 평주 사이의 앞쪽, 혹은 뒤쪽에 고주를 세우는 경우가 있다.

한편 민가의 서까래는 마룻도리 상부에서 처마도리 위에 걸쳐 내려오는데, 마룻도리에서 벌어지는 두 추녀로 구성되는 삼각형 부분은 서까래를 결구(結構)하는 데 어려움이 많다. 다시 말해서 마룻도리와 추녀, 추녀와 서까래의 결구가 까다롭기 때문이다. 또 이 부분은 부엌 천장에 해당되는 부분으로서 연등천장이기 때문에 미관을 의식한 마감이 되기도 한다. 이 글에서는 홑집과 겹집의 민가에서 여러 가지 지붕 구조의 실례를 유형별로 알아보기로 한다.

1) 홑집 구조의 우진각지붕

우리나라 남부 지방의 민가는 주로 홑집 구조이며, 지붕 형식은 우진각지붕이 대부분이다. 또 가구 형식은 퇴가 없거나 앞퇴만 있는 경우, 또는 앞뒤퇴가 모두 있는 경우 등에 따라 3량집, 4량집, 5량집 등으로 나누어진다. 그런데 우진각지붕은 지붕의 단부에서 몇 가지 문제점이 나타나므로, 동시에 특징적인 구법(構法)이 강구되어 왔다.

먼저, 3량집의 경우 마룻도리와 추녀의 관계, 즉 추녀가 마룻도리의 끝부분에서 평안히 앉을 수 있어야 지붕틀이 안정을 취할 수가 있다. 다음으로, 마룻도리는 일반적으로 부엌 상부에 돌출한 상태에서 두 추녀를 받기 때문에 마룻도리 단부(端部)에는 집중적으로 하중이 실린다. 그러므로 이에 대한 대비책이 강구되어야 한다. 또한 마룻도리 높이에서 처마도리 높이에 이르는 고저 차에 따라 추녀와 서까래가 걸리게 되므로 여기에 적절한 구법이 강구되어야 한다. 다음은 이러한 문제점을 극복할 수 있도록 고안된 실례를 들어본 것이다.

(1) 3량 구조

실례 1_경북 선산군 용성면 외촌리, 김씨 댁

평면은 퇴가 없는 4칸 一자형이며, 가구 형식은 3량집이다. 충보에 의한 보(樑)와 도리 사이의 가구는 일반적으로 널리 보급되어 있는 방법이다. 이 집은 3량집이므로 충보가 처마도리에 바로 걸리지만 퇴가 있는 경우는 평주가 중앙에 선다. 충보의 가구법은 부엌과 큰방 사이에 있는 큰 보에서 대공으로 종도리와 충보를 받는다.

충보는 종도리와 대공에서 만나 측면도리까지 걸쳐지는데, 이 충보에 추녀와 서까래가 연결되므로 이 부분이 중심 되는 가구재가 된다. 충보의 재목은, 종도리와 측면도리 사이에는 자연히 고저 차가 생기므로 이 고저 차에 맞게 휘어진 원목(原木)을 찾아 쓴다. 또 충보의 휨이 알맞지 못하면 다소 교정을 하기도 하는데, <그림 4-20>의 (4)와 같이 추녀가 자리하는 위치까지 교정재(材)를 덧붙이기도 한다.

실례 2_경남 고성군 고성읍 무량리, 박씨 댁

평면은 앞퇴가 있는 4칸 一자형이며, 가구 형식은 3평주 3량집이다. 지붕 가구의 측면 처리는 종도리와 장여가 일체가 되어 부엌 상부에까지 연장되어 있으며, 이 종도리의 단부에서 두 추녀를 받도록 되어있다. 종도리는 부엌 상부에 1.2m가량 돌출되어 있으므로 장여의 받침은 종도리의 기능이 캔틸레버(Cantilever)의 역할을 훌륭하게 해낼 수 있도록 짜여져 있다. 또 종도리의 돌출이 작은 경우에는 단장여 정도로서 추녀를 받도록 처리된 경우도 있다[<그림 4-21>의 (2) 참조].

실례 3_전남 구례군 간전면 흥대리, 이씨 댁

종도리에 장여가 합성되어도 지붕의 하중을 받기가 어려울 때는 <그림 4-22>와 같이 부엌의 긴보와 측면도리 사이에 부재를 걸치고 여기에

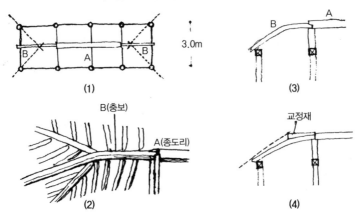

〈그림 4-20〉 3량 지붕 구조(실례 1)

3.0m

(1)

(3)

B(충보)

A(종도리)

(2)

교정재

(4)

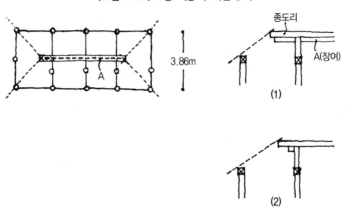

〈그림 4-21〉 3량 지붕 구조(실례 2)

3.86m

(1)

종도리

A(장여)

(2)

〈그림 4-22〉 3량 지붕 구조(실례 3)

× 대공

3.8m

A(종도리)   D(추녀)

B
E(대들보)

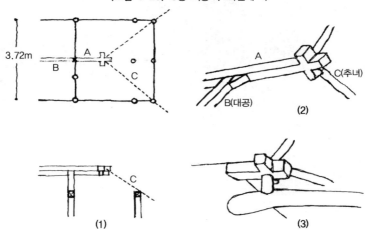

〈그림 4-23〉 3량 지붕 구조(실례 4)

3.72m

A

B

C

B(대공)

C(추녀)

(2)

C

(1)

(3)

동자주를 세워 돌출된 종도리를 받도록 한다. 때로는 종도리에 나란하게 큰 보에서 횡가재(橫架材)를 설치하여 이들 두 부재를 연결함으로써 합성보와 같은 역할을 하여 충분히 지붕의 하중을 감당할 수 있게 된다.

실례 4_경남 울주군 상북면 길천리, 김씨 댁

평면은 앞퇴가 있는 4칸 一자형이며, 가구 형식은 3평주 3량집이다. 종도리의 좁은 단부에 2개의 추녀를 올려 결구하기에는 어려움이 많다. 이 집은 추녀가 안전하게 앉을 수 있도록 종도리의 단부에 十자형 맞춤으로 윗면을 넓게 하고, 때에 따라서는 종도리와 장여가 일체가 되어 단부의 十자형 부재까지 정교하게 짜는 경우도 있다[<그림 4-23>의 (2)]. 그러나 내민 종도리의 길이가 길면 지붕의 하중을 제대로 받을 수가 없으므로 실례 3과 같이 도리 위에 동자주를 세우고 종도리를 지지하게 하거나[<그림 4-23>의 (3)], 횡가재를 설치하고 그 위에 종도리를 받게 한다.

|왼쪽| 경남 울주군, 김씨 댁(실례 4) |오른쪽| 十자형 종도리 단부가 긴보 위에 앉은 모습(경기도 화성)

(2) 5량 구조

실례 1_전북 정읍군 산외면 오공리, 은씨 댁

평면은 앞뒤퇴가 있는 4칸 一자형이며, 가구 형식은 2고주 5량집이다. 부엌에 노출된 종도리 단부에서 추녀가 대각선으로 걸리고, 중도리 위치에서 충보가 연결되어 양쪽 평주에 걸리도록 되어있다. 이때 두 충보는 추녀 아래에 있으므로 추녀에 걸리는 서까래의 하중은 두 충보에 분산되므로 구조적으로 안정된 가구가 된다.

실례 2_전북 고창군 아산면 구암리, 김씨 댁

평면은 3칸 一자형으로서 5량집이다. 가구 형식은 먼저 부엌에 노출된 종도리 아래 대공으로부터 충보를 처마도리에 걸어 만들었다. 다음으로 중도리를 연장시켜 부엌 상부에서 井자형의 틀을 짜는데, 이 틀은 충보 위에 얹힌다. 동시에 井자형 틀은 두 추녀를 지지하게 된다. 다시 말해서 충보는 상부에 중도리가 연장된 井자형 틀을 지지하고, 다시 그 위에 두 추녀가 얹힌다.

〈그림 4-24〉 5량 지붕 구조(실례 1)

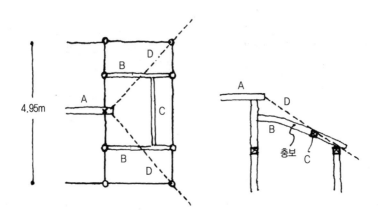

〈그림 4-25〉 5량 지붕 구조(실례 2)

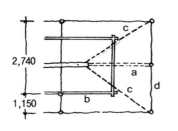
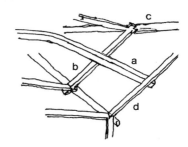

〈그림 4-26〉 5량 지붕 구조(실례 3)

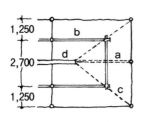
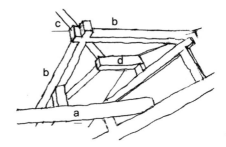

〈그림 4-27〉 평4량 지붕 구조(실례 1)

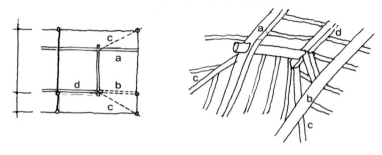

실례 3_전남 담양군 금성면 대성리, 최씨 댁

최씨 집은 앞뒤퇴가 모두 있는 4칸 一자형 평면을 보여주는 2고주 5
량집이다. 가구상의 특징으로 부엌 상부에 내민 종도리 단부에서 두 추
녀가 걸쳐 내려오고 중도리를 연장한 井자형 틀이 두 추녀를 밑에서 받
치고 있는 점은 실례 2의 경우와 같다. 다만 중도리의 井 자 틀은 부엌의
긴보 위에 걸쳐진 중간 도리에서 동자주가 지지하도록 만들어진다.

(3) 평4량 구조

실례 1_경기도 수원시 파장동 383, 이씨 댁

이씨 집은 중요 민속자료 제123호로 지정된 민가이다. 평면은 ㄷ자형
이며, 대청과 부엌 부분에 앞퇴를 두었고, 대청 부분은 긴보 5량이지만
안방과 부엌 부분은 평4량 구조이다. 부엌 부분의 가구법을 살펴보면, 종
도리가 생략되었으므로 두 중도리를 부엌 상부에까지 연장한 다음, 뒤안
쪽 중도리는 충보 형식으로 측면 처마도리에 얹었고, 마당 쪽 중도리는
먼저 중도리와 함께 井자형으로 틀을 짜고 있다. 이 틀은 마당 쪽 중도리
밑으로 처마도리까지 횡가재를 걸치고 그 위에 동자주를 얹어 받치고 있
다. 그 밖에 다른 가구법으로서 두 충보가 중도리를 이어받아 만들어진
경우도 흔히 쓰이는 구법이다.

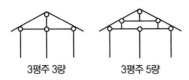

〈그림 4-28〉 겹집형 민가의 구조

3평주 3량   3평주 5량

2) 겹집 구조의 팔작지붕

겹집은 지붕의 양쪽 면에 환기용 '까치구멍'을 둔 팔각지붕을 취하는 것이 일반적이다. 팔작지붕은 박공지붕이나 우진각지붕과는 달리 추녀를 지지하는 방법에서 가구 수(數)에 따라 차이를 보일 뿐 아니라, 같은 가구 수 안에서도 여러 가지 방법이 사용된다.

겹집형 민가를 구조적으로 분류할 때는 흔히 3량집, 5량집 등으로 나누는데, '여칸집' 계열의 민가와 영동 지방 민가에서는 5량집의 형식이 절대적인 비중을 차지하고 있다.

겹집 구조에서 3량집은 일반적으로 3평주 3량집이 채택되는 형식이다. 이에 비해 5량집은 일반적으로 3평주 5량, 1고주 5량, 2고주 5량 등으로 나누어지지만, 3평주 5량 이외에는 아주 드물게 나타나고 있다. 다음은 3평주 5량집의 단부 쪽 가구법을 실례로 든 것이다.

실례 1_강원도 삼척군 도계읍 대이리, 이씨 댁

이씨 집은 주요 민속자료 제221호로 지정된 전면 3칸, 측면 2칸의 겹집으로서 양쪽 합각 부분에 '까치구멍'을 두고 있다. 구조는 3평주 5량집으로서 추녀를 네 귀에 걸고 너와 지붕을 이었다. 지붕 가구는 동일한 폭으로 된 온돌방과 부엌의 경계 벽 상부, 앞뒤 부분에 긴 대공을 세워 종도리의 양 단부를 받치고 대공의 중앙부에는 十 자로 중을 가로질러 측면 서까래뿐 아니라 양쪽 중도리의 단부를 받치고 있다.

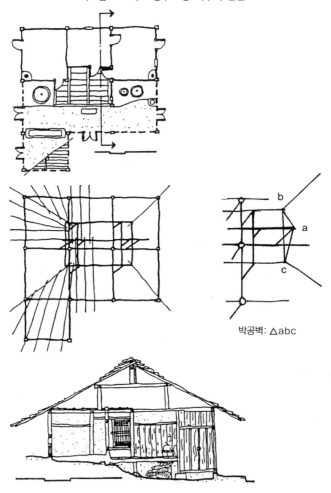

〈그림 4-29〉 3평주 5량 가구의 단면

박공벽: △abc

4. 맺는말

민가의 구조는 건축 재료와 조영 기술에서 여러 가지 한계가 있으므로 농민 기술자 스스로 자급자족하는 수준에서 해결해 왔다. 그러므로 민가의 구조는 중·상류 주택과 다르게 보편화된 가구 형식을 볼 수 있고, 모자라지만 투박하고 친근감이 넘치는 가구미(架構美)를 보여준다.

민가의 주두(柱頭) 부분은 가구상의 문제뿐 아니라 민가의 품격을 나타내는 중요한 척도가 된다. 다시 말해서 앞퇴가 있는 민가에서 기둥·처마도리·장여·퇴보·뺄목 등으로 구성되는 주두의 구성은 장여와 뺄목의 있고 없음에 따라 다양한 모습을 보이는데, 대체로 견실하고 단순하면서 소박한 구성미를 보이고 있다.

남부 지방의 민가는 일반적으로 우진각지붕이며, 종도리 단부와 두 추녀가 이루는 부분은 다양한 가구 형식을 보인다. 이 부분은 종도리와 추녀, 추녀와 서까래의 결구(結構)가 까다롭기 때문에 여러 가지 유형의 결구 방법이 예로부터 강구되었다. 이를 유형별로 나누어 보면 세 가지로 정리되는데, 먼저, 종도리와 충량보를 연결시키고 충량보에 추녀와 서까래를 결구하는 방법이다. 또 하나는, 종도리 단부에 추녀가 안전하게 앉을 수 있도록 十자형의 받침을 두는 방법이며, 마지막으로, 5량집 이상의 민가에서 중도리를 민가의 단부까지 연장시켜 합성보가 되게 하거나 井자형의 틀을 짜서 그 상부에 추녀와 종도리를 받쳐주는 방법이다.

제5장
한국 민가의 규모

1. 머리말

민가는 특정 시대나 장소와 무관하게 정형화되어 왔다. 그것은 오랜 세월이 흐르는 동안 자연적인 조건뿐 아니라 여러 가지 사회·문화적인 요인에 따라 살림집의 유형이 합의에 도달한 결과다. 정해진 민가형은 시간이 흐름에 따라 다소의 변용이 있을 뿐, 전체적으로는 체계화된 정형을 그대로 유지해 왔다고 할 수 있다.

수혈주거에서 지상 주거로 발전하면서 변화한 커다란 특징 중 하나는 사각 평면이 기본으로 된 점이다. 물론 우리나라와 같이 가구식(架構式) 구조를 취하고 있는 주거에서는 필연적인 결과이지만, 이것은 건축 역사상 대단한 진보라 할 수 있다. 민가의 목조 가구 형식은 주생활과 생산 행태에 따라 이를 전제로 짜여야 하지만, 평면적으로나 공간적으로 살림집의 구성단위와 밀접한 관계가 있다. 왜냐하면 목조 가구식의 민가 규모는 구조적인 구성단위에서 체계적으로 증감되기 때문이다.

주거의 규모를 말할 때 구성적인 척도의 단위로서 흔히 '간(間)'을 사용하고 있다. 일반적으로 민가의 규모는 기념 건축처럼 크지 못하므로 민가의 전면을 칸수로, 또는 측면을 보간과 앞뒤 툇간의 구성 요소로 체계화시킬 수가 있다. 그러나 하나의 '간'을 이루는 척수는 일정하지 않기 때문에, 한 칸[間]이 6자, 7자, 8자, 때로는 9자가 되는 경우도 있다. 그러므로 일반 민가에서 한 칸의 척수는 상당한 차이가 있을 때도 많다.

이미 알려진 바와 같이, 한국 민가의 공간이나 규모를 논할 때 물리적인 치수로 해석할 수 없는 무한한 공간의 관입(貫入)이나 전이(轉移) 현상을 말하지 않을 수 없다. 이것은 영세한 공간에 대한 지혜로운 이용법이기도 하고 남다른 자연관의 소치이기도 하다. 그렇다고 무조건 공간의 전용(轉用)만을 고집하지는 않는다. 오히려 엄격한 사회 관행으로서의 독립성이 공간의 요소마다 엄연히 존재하고 있음을 알아야 하며, 여기에서 한국 민가의 규모가 비로소 출발한다고 생각된다.

그러면 실제로 한국 민가의 규모는 어떤 수준일까. 물론 민가의 규모를 일정한 수준으로 말하기는 어려운 점이 있다. 따라서 분석의 범위를 좁혀볼 필요가 있는데, 먼저 우리나라의 지역별 민가형에 대한 규모를 살펴보아야 한다. 이때 민가의 규모를 안채와 부속채로 나누어 분석하는 것은 별 의미가 없다. 왜냐하면 안채는 어느 정도 정형화되어 있는 반면, 부속채는 그렇지 못하여 퍼짐이 크기 때문이다. 따라서 안채에 한정하더라도 지역별 안채의 일반형에 속하는 몇몇 유형의 규모를 살펴봄으로써 민가의 다양한 평면형에 대한 규모를 비교할 수 있다.

2. 영남 지방 민가의 규모

영남 지방 민가를 대표하는 민가형은 역시 대청을 둔 전면 4칸형 민가이다. 이때 퇴가 있고 없음에 따라 퇴 없는 4칸형과 앞퇴 4칸형, 그리고 앞뒤퇴 4칸형 등으로 나누어진다. 민가를 구성하는 요소는 모두 한 칸 규모의 정지·큰방·대청·작은방 등인데, 퇴가 있고 없음에 따라 이들 구

〈표 4-2〉 영남 지방 민가의 구조별 · 실별 평균 면적

단위: m^2

구조별	퇴가 없는 경우					앞퇴만 있는 경우					앞뒤퇴가 있는 경우				
표본 수	24					14					24				
실별	정지	큰방	대청	작은방	건축면적	정지	큰방	대청	작은방	건축면적	정지	큰방	대청	작은방	건축면적
평균면적(%)	9.69 (29.5)	8.21 (24.9)	7.17 (21.8)	7.43 (22.6)	32.88 (100)	11.68 (26.6)	8.77 (20.0)	7.66 (17.4)	7.82 (17.8)	43.87 (100)	12.94 (25.2)	10.88 (21.2)	7.38 (14.4)	9.46 (18.4)	51.3 (100)
사례 평면도															

성 요소별 실의 규모에도 변화가 따른다. 예를 들면 정지의 경우, 흔히 측면으로 퇴물림을 하는 경우가 많고, 앞면 혹은 뒷면으로 퇴가 있어도 툇간이 부엌 안으로 포함되거나 그렇지 않은 경우가 있다. 또 침실의 경우, 큰방은 흔히 뒤쪽으로 퇴물림을 하는 경우가 많고, 작은방은 앞퇴가 있으면 이를 포함하는 경우가 있다. 마지막으로 대청으로 앞퇴가 있는 경우 마당 쪽으로 개방되어 있으므로 자연스럽게 툇간이 대청 속에 들어온다.

<표 4-2>를 보면, 우선 퇴가 없을 때보다 퇴가 있을 때 건축 면적이 증대한다. 퇴가 없는 경우 평균 건축 면적이 32.88m^2인데, 30~39m^2 범위가 표본 민가 중 62%를 차지하고 있으며, 앞퇴가 있는 경우는 평균 건축 면적이 43.87m^2인데, 40~49m^2 범위가 가장 많아 표본 민가 중 64%를 차지하고 있다.

그런데 퇴가 있는 경우 건축 면적은 증가하는데, 민가를 구성하는 실별 면적 구성비는 오히려 줄어들고 있다. 그 연유를 상정해 보면, 퇴가 없는 경우는 민가의 구조가 목조라기보다 흙담집 구조가 대부분이며, 툇간이 없으므로 툇간의 효용을 오히려 실내 면적으로 흡수하려는 의지가 엿보인다. 반면에 퇴가 발달한 구조는 퇴로 인하여 실의 면적을 증대시

키기보다 툇간과 같은 중간지대를 둠으로써 민가의 품위를 높이고 툇간을 효용성 있게 이용하려는 의지가 엿보인다. 이와 유사한 사례로, 4개의 방으로 구성된 전면 4칸 민가에서 정지의 면적 구성비가 가장 큰 것은 역시 부엌이 미분화된 다목적 공간이라는 의미를 단적으로 보여주는 것이다.

3. 호남 지방 민가의 규모

호남 지방을 대표하는 민가형은 정지를 중심으로 하여 한쪽은 큰방(주침실)과 마루(마래)가 가재 관리권을 구성하고 있고, 다른 쪽은 모방(부침실)이 배열되어 있는 유형이다. 이러한 민가형은 대체로 호남 지방 전역에 걸쳐 분포되어 있는 일반형에 속한다. 특히 호남 지방 민가는 툇간이 발달되어 있는데, 이것은 호남 지방 도서 지역의 기상 조건에 대응하기 위한 구조적인 특징이다. 그러므로 호남 지방에는 퇴가 없는 민가 형식은 찾아보기 어렵고, 일부 앞퇴만 있는 구조가 있으나, 주로 앞뒤퇴를 둔 2고주 5량 구조의 민가가 일반화되어 있다. 호남 지방 민가의 규모는 대체로 전면 4칸이긴 하나 여러 가지 특징적인 점이 많다. 즉, 마루는 주로 수장 공간이기 때문에 집안 살림에 따라 1.5칸이거나 2칸의 경우도 더러 있으며, 모방은 정지 속에 들어가 있는 경우가 많아 하나의 변수가 된다.

<표 4-3>을 보면, 건축 면적은 앞퇴가 있는 경우 평균 면적이 37.17m^{2}인데, 30~39m^2 범위 표본 민가 중 41.6%를 차지하고 있다. 또 앞뒤퇴를 둔 민가의 경우는 평균 건축 면적이 43.36m^{2}인데, 40~49m^{2}의 범위가 47.2%를 차지하고 있다.

호남 지방 민가의 규모에서 특기할 부분은 정지의 면적 구성비가 32% 정도로 높은 것인데, 부엌이 미분화된 상태의 용도로 폭넓게 사용되고

단위: m²

구조별	앞퇴가 있는 경우					앞뒤퇴가 있는 경우				
표본 수	12					36				
실별	정지	큰방	마래	모방	건축 면적	정지	큰방	마래	모방	건축 면적
평균 면적 (%)	11.94 (32.1)	6.85 (18.4)	8.09 (21.7)	49.2 (13.2)	37.17 (100)	14.00 (32.3)	8.98 (20.7)	10.86 (25.0)	5.29 (12.1)	43.36 (100)
사례 평면도										

있기 때문이다. 또 마래의 면적이 정지 다음으로 비교적 넓은 수치를 보이는 것은 역시 호남 지방 민가에서 마래가 수장 공간으로서 비중이 높다는 사실을 잘 말해주고 있다.

4. 남동 해안 지방 민가의 규모

남동 해안 지방을 대표하는 민가형은 영남 지방의 경우처럼 전면 4칸형 민가이다. 다만 영남 지방 민가의 대청과는 다르게 남동 해안 지방의 안청은 폐쇄적인 구조인데, 이것은 호남 지방 민가와 같이 수장 공간을 일차적인 목적으로 하기 때문이다. 따라서 방의 배열은 주로 1칸 규모의 정지·큰방·안청·작은방이 순서에 따라 배열된다. 구조적으로 툇간의 유무에 따른 변화도 영남 지방의 경우와 같이 퇴가 없는 4칸형, 앞퇴 4칸형, 그리고 앞뒤퇴 4칸형 등으로 나누어진다. 그러나 퇴가 없는 4칸형은 영남 지방처럼 흔히 볼 수 없다. 또 이 지방 민가의 특징은 작은방 부분

단위: m^2

구조별	퇴가 없는 경우					앞퇴만 있는 경우					앞뒤퇴가 있는 경우				
표본 수	8					31					20				
실별	정지	큰방	안청	작은방	건축면적	정지	큰방	안청	작은방	건축면적	정지	큰방	안청	작은방	건축면적
평균 면적 (%)	8.79 (28.3)	7.75 (24.9)	7.13 (22.9)	7.38 (23.7)	31.05 (100)	11.86 (28.3)	7.33 (17.5)	7.24 (17.3)	6.44 (15.4)	41.82 (100)	14.33 (26.7)	8.95 (16.7)	8.59 (16.0)	6.93 (12.9)	53.54 (100)
사례 평면도															

의 변화이다. 일반화된 유형은 아니지만 작은방을 앞퇴까지 밀어 올리고 그 뒤편을 수장 공간(곡청)으로 활용하면 안청은 고상식 생활공간으로 쓰인다. 또 전면이 폐쇄적인 안청의 경우, 앞퇴가 있어도 툇간은 면적에 산정하지 못한 점은 영남 지방의 대청과 다른 면이다.

<표 4-4>를 보면 툇간이 있을 때 건축 면적이 증가하는 현상은 다른 지역과 마찬가지이다. 앞퇴가 있는 경우, 평균 건축 면적은 41.82m^2인데, 40~49m^2의 범위가 74%로 나타났다. 또 앞뒤퇴가 있는 경우를 보면, 평균 건축 면적이 53.54m^2인데, 50~59m^2의 범위가 45%로 나타나 앞뒤퇴가 있는 경우보다 앞퇴만 있는 경우가 훨씬 많다.

5. 중부 지방 민가의 규모

중부 지방을 대표하는 민가형은 역시 건축 문화가 발달한 고장답게 사대부 주택과 유사한 점이 많다. 그것은 앞마당을 에워싸는 곱은 자 모양의 안채와 대청 문화에 잘 나타나 있다. 민가의 대청은 살림집의 품격과

〈표 4-5〉 중부 지방 민가의 구조별 · 실별 평균 면적 1

한칸대청의 경우, 단위: m²

구조별	퇴가 없는 경우					대청에 퇴가 있는 경우					대청과 부엌에 퇴가 있는 경우				
표본 수	6					12					9				
실별	부엌	안방	대청	건넌방	건축면적	부엌	안방	대청	건넌방	건축면적	부엌	안방	대청	건넌방	건축면적
평균 면적 (%)	9.05 (21.2)	13.4 (31.5)	7.21 (16.9)	6.81 (15.9)	42.59 (100)	10.69 (24.5)	13.86 (31.7)	7.99 (18.3)	6.97 (15.9)	43.09 (100)	14.93 (25.4)	13.73 (23.4)	10.29 (17.5)	8.41 (14.3)	58.73 (100)
사례 평면도															

도 관련이 있지만 관혼상제와 같은 의례를 치르는 공간이기 때문에 사실 한칸대청 규모로는 부족하다. 따라서 한 칸 못지않게 두 칸 규모의 대청도 상당한 비중으로 분포하고 있다. 그뿐만 아니라 민가의 안방과 부엌에서도 다른 지방과는 다른 특징적인 부분이 돋보인다. 특히 안방의 구성을 보면 안방에 인접된 윗방이나 도장 등이 안방의 부속실 역할을 함으로써 안방 계열의 권역을 형성하고 있다. 따라서 다른 지방 민가와는 다르게 안방 계열과 대청의 면적 구성비는 월등하게 나타나고 있다. 또 부엌의 구성은 다른 지방의 민가에 비해 기능적 분화가 잘된 편이지만 배선과 저장을 위해 한 칸 반이나 두 칸 규모의 공간이 일반화되어 있다.

<표 4-5>와 <표 4-6>은 중부 지방 민가의 특성상, 우선 대청을 기준으로 한 칸과 두 칸 규모로 나누고 각각 퇴가 없는 경우, 대청의 앞퇴가 있는 경우, 그리고 대청과 부엌의 앞(뒤)에 퇴가 있는 경우로 구분한 것이다.

<표 4-5>를 보면 한칸대청의 경우 평균 건축 면적이 퇴가 없고 있음

〈표 4-6〉 중부 지방 민가의 구조별·실별 평균 면적 2

두칸대청의 경우, 단위: m²

구조별	퇴가 없는 경우					대청에 퇴가 있는 경우					대청과 부엌에 퇴가 있는 경우				
표본 수	17					14					12				
실별	부엌	안방	대청	건년방	건축면적	부엌	안방	대청	건년방	건축면적	부엌	안방	대청	건년방	건축면적
평균 면적 (%)	10.64 (22.7)	13.83 (29.5)	13.91 (29.7)	7.48 (15.9)	46.87 (100)	12.46 (21.6)	15.02 (26.0)	17.01 (29.5)	7.25 (12.6)	57.66 (100)	17.45 (26.6)	16.8 (25.6)	18.89 (28.8)	7.84 (11.9)	65.53 (100)
사례 평면도															

에 따라 42.59m²에서 58.73m²에 이르기까지 증가하고 있으며, 두칸대청의 경우는 46.87m²에서 65.53m²에 이르기까지 늘어나고 있다. 여기에서 주목되는 부분은 중부 지방 민가의 특성상 안방 계열과 대청의 규모가 크다는 점이다. 즉, 안방의 면적 구성비를 보면, 한칸대청일 때는 23~31%에 이르고, 두칸대청일 때는 25~29% 정도를 차지하고 있다. 그리고 대청의 면적 점유율은 한칸대청일 때 16~18% 정도를 보였으나, 두칸대청일 때는 29% 정도를 보이고 있어, 민가에서 안방과 대청의 비율이 52~60%를 차지할 정도로 그 비중이 높은 것을 알 수 있다.

6. 제주도 민가의 규모

제주도의 민가는 육지의 일반적인 민가와는 차이점이 많다. 우선 육지의 민가가 온돌 난방을 위주로 짜여졌다면, 제주도의 민가는 이와 무관

〈표 4-7〉 제주도 민가의 구조별·실별 평균 면적

단위: m^2

구조별	작은방 없는 3칸형					작은방 있는 3칸형					
표본 수	12					10					
실별	정지	상방	구들	고팡	건축 면적	정지	상방	구들	작은 구들	고팡	건축 면적
평균 면적 (%)	18.44 (34.7)	11.83 (22.3)	4.91 (9.2)	7.80 (14.7)	53.04 (100)	9.48 (18.6)	11.01 (21.6)	4.81 (9.4)	3.79 (7.4)	7.58 (14.9)	50.93 (100)
사례 평면도											

하게 구성되고 있다. 다시 말해서 민가의 정지는 온돌방이 아닌 상방(마루방)과 인접해 있고, 상방은 반대쪽에서 구들(큰방)과 연이어 있고, 고팡(수장 공간)은 구들 뒤편으로 정한 위치에 인접해 있다. 구들의 난방은 정지가 아니라 굴묵에 함실아궁이가 있으므로 정지에는 취사만을 위한 솥걸이가 있을 뿐이다. 또 작은구들(작은방)은 대개 정지 안에 들어가 있기 때문에 그만큼 정지의 면적이 줄어들게 된다.

제주도 지방을 대표하는 민가형은 이와 같이 구들만 있는 전면 3칸형과 구들 이외에 작은구들이 있는 전면 3칸형이 일반적인 민가형이다. 그리고 제주도 민가의 특징은 툇간이 발달한 점을 들 수 있는데, 이것은 제주도가 다풍(多風) 지대라는 기상 조건에 대응하기 위해 2고주 7량 구조가 일반화되어 있기 때문이다.

<표 4-7>은 작은방의 유무에 따라 구조별·실별로 민가의 규모를 살펴본 것이다. 평균 면적은 작은방이 있는 경우와 없는 경우가 큰 차이점은 없다. 다만 작은방이 없는 3칸형의 경우, 50~59m²의 범위가 90%를 차지하고 있다. 반면에 작은방이 있는 3칸형은 40~59m² 범위가 70%를

차지하고 있다. 따라서 작은방의 유무에 따른 평균 면적의 차이는 별 의미가 없을 것 같다.

여기에서 민가의 실별 면적 구성비를 보자. 작은방이 없을 때 정지의 면적은 18.44m²에서 작은방이 들어섬으로써 9.48m²로 반감되었다. 작은방이 없을 때 실별 면적 구성비는 정지·상방·고팡·구들의 순서였던 것이, 작은방이 들어섬으로써 상방·정지·고팡·구들·작은방의 순서가 되었다. 이를 보면 기후가 온난한 고장인 탓으로 상방의 효율성과 비중이 얼마나 큰가를 말해준다. 그 밖에 고팡의 면적이 침실보다 넓다는 사실도 곡식과 가재도구의 수장 기능이 중요했다는 것을 함께 말해준다.

7. 영동 지방 민가의 규모

영동 지방의 민가형은 외형상 북부와 남부 민가형으로 나누어진다. 북부와 남부의 민가형은 다 같이 겹집 구조이지만, 북부는 외양간이 돌출하는 곱은자형을 취하고, 남부는 一자형을 보여준다. 민가의 구성 요소는 정지와 외양간, 그리고 온돌방과 도장방, 사랑방 등이다.

영동 지방의 민가는 대체로 부속채가 발달되지 못했다. 따라서 마구(외양간)는 산간·한랭 지방에서 필수적인 요소로 몸채 안에 들어왔으며, 구들(주 침실)과 도장(수장 공간)을 중심으로 하고, 이 밖에 부침실과 사랑방이 규모에 따라 추가된다. 이들은 정지를 중심으로 한쪽에 봉당과 마구, 고방 등이 자리 잡고, 다른 쪽으로는 겹집 구조 안에서 구들과 도장이 뒷면에 배열되고 사랑방, 마루 혹은 작은방 등이 앞면에 배열된다. 그리하여 정지에서 한쪽으로 방의 배열이 田자형을 취하는 전면 3칸형이 일반적이지만, 규모가 늘어나면 여기에 日자형이 추가되어 전면 4칸형이 된다. 전면 4칸형은 사랑방을 제대로 갖추는 데 의미가 있고, 또 정상적

<표 4-8> 영동 북부 지방 민가의 구조별·실별 평균 면적

단위: m²

구조별	전면 3칸형의 경우					전면 4칸형의 경우				
표본 수	8					13				
실별	정지	마구	안방 계열	사랑방	건축 면적	정지	마구	안방 계열	사랑방	건축 면적
평균 면적 (%)	23.18 (42.2)	6.96 (12.7)	17.55 (32.0)	6.70 (12.2)	54.87 (100)	23.90 (36.3)	9.30 (14.1)	27.13 (41.2)	9.93 (15.1)	65.85 (100)
사례 평면도										

인 마루 공간도 등장한다.

이러한 영동 지방의 특성에 따라 민가의 구성 요소는 정지(봉당·고방을 포함)와 마구가 한쪽을 차지하고, 다른 쪽으로 안방 계열(도장·마루·작은방을 포함)과 사랑방이 차지하는 구도로 분류된다.

<표 4-8>과 <표 4-9>에서 평균 건축 면적을 보면, 영동 북부의 경우 영동 남부보다 전면 3칸형과 전면 4칸형 모두 크게 나타나고 있다. 영동 지방의 민가는 툇간이 발달되지 못한 것이 하나의 특징이지만 일부 영동 북부에서는 뒤퇴가 등장하여, 결국 이러한 구조 특성이 실의 면적을 키우는 데 기여하고 있음을 볼 수 있다.

다음으로 민가의 구성 요소별 규모에서 영동 북부와 남부를 비교했을 때 우선 돋보이는 것은 정지의 면적이다. 즉, 북부의 민가는 남부보다 전면 3칸형과 전면 4칸형에서 모두 크게 나타나고 있다. 그리고 정지와 마구의 면적 구성비는 북부의 민가에서 전면 3칸의 경우 54.9%, 4칸의 경우 50.4%를 차지하고 있으며, 남부의 민가에서는 전면 3칸의 경우 46.5%, 4칸의 경우 35.2%를 보이고 있다. 이와 같이 남부에 비해 북부

<표 4-9> 영동 남부 지방 민가의 구조별·실별 평균 면적

단위: m²

구조별	전면 3칸형의 경우					전면 4칸형의 경우				
표본 수	15					8				
실별	정지	마구	안방계열	사랑방	건축면적	정지	마구	안방계열	사랑방	건축면적
평균 면적 (%)	16.17 (34.0)	5.93 (12.5)	19.97 (13.2)	6.03 (12.7)	47.51 (100)	15.24 (25.0)	6.23 (10.2)	27.21 (44.7)	11.74 (19.3)	60.84 (100)
사례 평면도										

의 민가는 겨울이 길고 한랭한 지역이라는 기후 환경 때문에 옥내 흙바닥 공간의 비율이 높게 나타나고 있는 것으로 보인다.

8. 안동 지방 민가의 규모

안동 지방에 자생하고 있는 민가는 주로 여칸집(6칸 집) 계열과 두리집(9칸 집) 계열이 있다. 그러나 이들 민가형은 같은 계열 안에서도 다양한 유형이 존재하므로 가장 일반적이고 대표성이 있는 여칸집에 대해서 규모 분석을 하기로 한다.

이 지방 민가의 구성은 겹집화된 평면 속에 전·후열로 방이 배열되고 있다. 대체로 앞줄은 흙바닥의 봉당을 중심으로 부엌과 마구가 놓이고, 뒷줄은 대청을 중심으로 안방과 상방이 양쪽으로 배열되고 있다. 따라서 민가의 구성 요소를 분류할 때 앞줄의 정지(봉당 포함)와 마구, 그리고 뒷줄의 안방과 대청으로 구분했다.

〈표 4-10〉 안동 지방 민가의 구조별·실별 평균 면적

단위: m^2

구조별	여칸집				
표본 수	12				
실별	정지	마구	안방	대청	건축 면적
평균 면적	13.19	6.47	8.68	8.61	43.01
(%)	(30.6)	(15.0)	(20.1)	(20.0)	(100)
사례 평면도					

<표 4-10>에서 평균 건축 면적을 보면, $43.01m^2$인데, $30{\sim}49m^2$ 범위가 80%를 차지하고 있다. 다음으로 민가의 구성 요소별 규모에서 돋보이는 공간은 대청마루이다. 대청 면적은 20%의 점유율을 보여줌으로써 안방과 대등한 규모로 생활공간의 중심을 이루고 있으며, 또 봉당을 포함한 정지가 30%의 흙바닥 공간을 이루고 있다. 따라서 이들 두 공간은 민가의 옥내 생활의 핵심을 이루고 있음을 엿볼 수 있다.

9. 지역별 민가 규모의 비교

민가의 규모, 즉 건축 면적을 살펴보면 대체로 기층민(基層民)의 살림 규모를 가늠해 볼 수가 있다. 건축 면적은 민가의 여러 구성 요소를 집합한 것이므로 온돌방, 마루, 부엌 등등은 면적만 보아도 살림 규모와 방의 이용 행태를 가늠해 볼 수 있다.

또 민가의 규모는 살림 규모에 따라 몸채뿐 아니라 여러 부속채를 통

해서 주거 공간이 전개되고 있다. 더욱이 한국 민가에서 기층민의 주(住) 생활은 마당에서 이루어지는 옥외 생활의 비중이 크기 때문에 민가의 건축 면적만으로 규정하기 어려운 면도 있다. 한국 민가의 지역별 안채의 규모를 살펴보면 결코 여유가 있다고는 말할 수 없는 수준이다. 물론 지역별 민가는 다양한 유형의 평면이 있고, 이에 따라 규모 또한 차이가 많은 것이 사실이다. 그러므로 한국 민가의 규모를 알아보기 위해서는 어렵지만 지역별 민가의 규모를 비교할 수 있는 어떤 기준을 제시할 필요가 있다. 여기에서 지역별로 대표성을 띠는 일반형 민가를 찾아내는 작업이 우선되어야 하고, 이를 비교함으로써 지역별 민가 규모의 특징을 찾아낼 수가 있다.

다만 여기에서 간과해서는 안 될 것은 민가의 구성 요소는 지역에 따라 다르다는 사실이다. 다시 말해서 한랭지대의 민가에서 봉당이나 외양간이 옥내에 들어온다든지, 마루와 대청의 차이에서 고상식 바닥의 규모도 달라질 수 있다. 그 밖에 안방과 여기에 부속하는 방은 지역에 따라 차이가 있다.

이상과 같은 점을 바탕으로 하면, 지역별 민가의 구성 요소별 비교는 별 의미가 없을 수도 있다. 그러나 지역별 민가에서 대표성을 띠는 일반형을 선정하고, 이를 비교해 보는 것은 결국 민가의 지역성을 비교하는 것이 된다. 이러한 뜻에서 지역별 민가의 일반형과 그 특성을 요약하면 다음과 같다.

첫째, 영남 지방과 남동 해안 지방 민가는 앞퇴가 있는 전면 4칸형이다. 즉, 큰방과 작은방이 대청을 사이에 두고 양쪽으로 배열된 유형이다.

둘째, 서울·중부 지방 민가는 대청에 앞퇴가 있는 곱은자형인데, 대청을 두고 안방과 건넌방이 양쪽으로 배열된 형태이다. 여기에는 한칸대청과 두칸대청의 유형이 있는데, 모두 대상으로 했다. 그 이유는 두 유형이 다 같이 무시할 수 없는 비중으로 인정되기 때문이다.

<표 4-11> 지역별 민가의 규모 순위

순위	지역별	평균 건축 면적(m²)	방 수
1	중부 지방(두칸대청)	57.6	5
2	영동 북부 지방	54.8	6
3	제주도	53.0	4
4	영동 남부 지방	47.5	6
5	영남 지방	43.8	4
6	중부 지방(한칸대청)	43.6	5
7	호남 지방	43.3	4
8	안동 지방	43.0	5
9	남동 해안 지방	41.8	4

셋째, 호남 지방 민가는 큰방과 모방이 정지를 사이에 두고 나누어지는 유형으로서 앞뒤퇴가 있다.

넷째, 제주도의 민가는 작은방이 없는 전면 3칸형이다.

다섯째, 영동 지방 민가는 전면 2칸형으로 정하고, 영동 북부와 영동 남부로 구분했다. 북부와 남부의 민가는 외곽 형태가 다르고 규모가 다르게 나타나기 때문이다.

여섯째, 안동 지방 민가는 '여칸집'으로 정했다.

<표 4-11>을 보면, 지역별 민가의 규모는 중부 지방의 두칸대청을 가진 민가가 가장 크고(57.6m²), 남동 해안 지방의 민가가 가장 작았다(41.8m²). 이러한 규모 분포는 상위 그룹과 하위 그룹으로 크게 나눌 수가 있는데, 상위 그룹은 중부 지방(두칸대청), 영동 북부 지방, 제주도의 민가가 해당된다. 이들 상위 그룹의 규모 수준은 16~17평 정도이고, 하위 그룹은 13~14평 정도에 머물고 있다. 상위 그룹의 중부 지방(두칸대청) 민가는 두칸대청의 영향이 컸으며, 영동 북부 지방은 정지와 마구가, 그리고 제주도의 경우는 정지와 상방이 영향을 미친 것으로 보인다.

민가의 규모를 규정하는 방의 수는 툇간을 제외한 거주 공간이 4~6개로 나타나는데, 이를 통해서 방의 평균 면적을 상정해 보면 대체로 8~13m²의 범위에 있음을 알 수 있다.

10. 맺는말

한국 민가는 지역별로 독특한 민가 유형을 형성해 왔다. 여기에는 온돌 난방이나 고상식 우물마루와 같이 전국적으로 공통된 구성 요소가 있는가 하면, 지역별로 독특한 요소, 즉 홑집이나 겹집과 같은 방의 배열 방식이라든가, 기후적인 특성에 따라 봉당이나 외양간이 옥내 요소로 들어가기도 한다. 그뿐만 아니라 생활양식에 따라 안방의 기능이 분화되기도 하고, 구조 형식에 따라 툇간이 앞뒤 혹은 측면으로 부가되기도 한다. 이와 같이 지역별로 다양한 주거 양식이 수준 높은 주거 문화로 이어지기도 했지만, 오막살이 수준의 주거 규모도 상당수에 달했다.

또 우리나라의 민가는 채의 분화 현상이 두드러진다. 안채를 중심으로 부속채가 한 채씩 증가하여 보통 살림채의 수는 2~4채의 경우가 일반적인 사례가 되고 있다. 그리하여 상당한 부분의 주생활이 옥내뿐 아니라 옥외 마당에서도 이루어지고 있다. 위와 같은 한국 민가의 규모는 살림살이의 수준에 따라 다르겠지만 지역별로 기층민들이 즐겨 채택해 왔던 일반적인 주거형을 비교해 보면 흥미로운 규모 수준을 찾을 수 있다.

지역별 민가의 일반형을 비교해 본 결과, 한국 민가의 규모는 안채의 경우 툇간을 제외한 거주실의 수가 4~6개로 나타나고 있다. 그 가운데 규모가 상위 그룹의 경우 16~17평 범위에 있으며, 하위 그룹의 경우 13~14평 정도에 머물고 있다. 결국 한국 민가의 규모는 이러한 안채 이외에 울타리 안에 배치된 부속채의 면적을 더한 규모가 된다. 물론 가변적이긴 해도 부속채의 수는 보통 2~3배 이상의 수준으로 늘어날 수 있을 것이다. 그러나 중요한 것은 우리나라 사람들은 기후적인 제약이 있긴 했으나 굳이 옥내·외라거나 울타리에 구애받지 않고 넓은 자연 속에서 적극적으로 생활 터전을 이용하는 지혜를 발휘해 왔던 것으로 생각된다.

한국 민가의 정체성

1. 머리말

한민족은 한반도에 정착해 삶을 누려온 지 5,000여 년이라는 오랜 역사를 이어왔다. 우리 겨레가 이 땅을 꿋꿋이 지키고 살아온 것이 결코 우연이 아닌 것처럼 우리 고유의 문화 또한 꿋꿋이 실존해 왔으며, 여기에 주거 문화도 예외가 아닐 것이다. 한국의 민가는 비록 여러 번의 어려운 고비를 맞았으나 하나의 뚜렷한 정형을 유지해 왔으며, 우리는 그 속에 한민족의 역사와 원류를 알아볼 수 있는 기층(基層) 문화가 고스란히 담겨져 있다고 본다. 우리나라 민가는 지역에 따라 특징적인 주거 형식을 보여주고 있으나, 온돌 구조가 민가의 형성 과정에 절대적으로 기본을 이루었으며, 여기에 오묘하게 자리한 마루로 인해 세계적으로 유례를 찾아보기 어려운 독특한 주거 문화를 이루었다.

전통 민가는 오랜 세월 우리의 삶을 담아온 은신처로서 기능적·구조적인 발전의 소산이지만, 그 이상으로 여러 문화 요소가 중첩되어 있는 문화 복합체(複合體)이다. 주거 건축을 포함한 '문화'가 복합적 성격을 지닌다고 볼 때, 한국 문화 또한 하나의 복합문화라고 할 수 있다. 더욱이 우리나라는 반도라는 지리적 특성 때문에 다양한 문화 요소가 유입되어 복합되는 과정을 거듭했을 것으로 생각된다. 물론 한국 문화의 독자성은 동방(東方) 최고(最高)의 문화권인 시베리아 문화권, 곧 동북아 문화권에서 발생했을 것이지만 그 이외의 다른 외래 문화소(素)가 유입되어 다양한 문화가 서로 상관성과 연대성을 가지고 형성·발전되어 온 것으로 볼 수 있다.

한국 문화에 영향을 준 외래 문화소의 유입 경로를 알아보려면, 문화 이동선(移動線)에 관한 연구가 필요하다. 한반도의 경우 일찍이 중국 문화선, 서방(西方) 문화선, 북방(北方) 문화선, 해양(海洋) 문화선 등 네 가지 문화선으로 정리되어 왔다.[1] 또 주거 건축에는 긴 세월 동안 대대로 이어온 삶의 구체적인 모습이 담겨있기 때문에 그 속에는 민족성, 지역성, 그리고 역사성이 종합적으로 투영되어 나타난다.[2] 다시 말해서 전통 주거의 단면을 들여다보면 한민족의 생활 문화, 주변 민족과의 문화적 교류, 지역별 풍토 조건이나 생업의 특징, 살림집이 형성된 과정과 시대별 변천 등을 엿볼 수 있다. 오늘날 개방과 세계주의가 널리 제창되는 상황 속에서 우리는 자기 탐색의 일환으로서 우리 문화의 정체성을 정립해야 할 때라고 생각된다. 더욱이 인간 삶의 근본이라 할 수 있는 주거 문화의 뿌리를 찾아보려는 노력이 이러한 배경에서 특히 요구된다. 오늘날과 같은 문화적인 진통과 망각의 소용돌이 속에서 앞으로 자기 증명이 불가능해진다면 우리의 문화적인 생활이 과연 온전할 수가 있을 것인가.

이 글은 한국 전통 민가의 출발점과 정체성을 밝혀보기 위한 시론(試論)으로서 우리 민가의 안채는 어떤 계보를 가진 구성 요소가 어떤 구성

---

1) 조지훈, 『한국 문화사 서설』(탐구당, 1964), 23~24쪽.
2) 杉本尙次, 「すまいの比較·源流研究の展望」, 『日本のすまいの源流』(文化出版局, 1984), p.3.

원리에 따라 조직되어 있으며, 그 결과 주거의 정체성은 어떤 자리에 올려져 있는지를 생각해 보기 위한 것이다. 이상과 같은 물음을 앞에 두고 다음과 같은 가설을 세웠으며 이러한 의문이 풀린다면 한국 전통 민가의 원류와 정체성이 어느 정도 밝혀질 수 있을 것이라 기대한다.

첫째, 한민족의 형성 과정은 문화 복합체의 형성 과정으로 볼 수 있다. 다시 말해서 한국 선사문화의 특징은 문화복합의 길을 열어주었다. 그 하나는 동검(銅劍)을 비롯한 각종 청동기를 사용하고 적석석관묘의 묘제(墓制)를 가졌던 기마민족이며, 다른 하나는 무문토기(無文土器)를 사용하고 지석묘의 묘제를 가졌던 농경민족으로서 다 같이 한국 민가의 형성 과정에 주체가 되었다.

둘째, '마루'는 고래로부터 상류 신분의 상징이었으며, 온돌은 주로 서민층이 기거해 온 바닥 구조였다. 그러므로 한국 민가의 안채는 기층문화와 상류 문화의 교류에 따라 온돌 위주로 재편된 결과이다. 그렇다면 '마루'의 고귀성과 상징성을 규명하는 것은 한국 민가의 계보(系譜)를 밝히는 중심 과제가 된다.

셋째, 가례(家禮)의 개념은 제정일치(祭政一致)의 고대사회로부터 곡령(穀靈)의례, 숭조(崇祖)의례, 종교의례를 뜻했다. 그러므로 전통 민가에서 마루는 가례의 중심 장소로서 공간의 신성성(神聖性)을 드러내는 출발점이다.

넷째, 고대 유가(儒家) 사상에 바탕을 두었던 중국의 주거 문화는 중국 고유의 세계관과 가치체계가 반영된 형식으로서 당침(堂寢) 제도에 의한 공간 구성이 기본을 이루고 있다. 이러한 공간의 배열 방식과 가치관은 한국 건축과 민가 형식에 큰 영향을 미쳤다.

2. 안채의 구성과 온돌의 보급

1) 안채의 구성과 의미

우리는 예로부터 주거를 가리키는 용어로서 흔히 '집'이라는 말을 곧잘 사용해 왔다. 우리나라 전통 사회에서 '집'의 개념은 무한히 먼 조상으로부터 현재에 이르기까지 이어져 왔으며, 또한 앞으로도 무한히 이어져 갈 가계(家系)의 연속을 의미했다. 한편으로 '집'은 건물인 가옥으로 표현되기도 했다. 울안에 몇 채의 가옥이 있을 때 가장 흔하게 불렸던 이름이 안채와 사랑채였는데, 이것은 안채와 바깥채로 바뀌어 불리기도 했다. 이때 안채는 한 집안의 중심이요, 한 가족의 중심이었다. 그러므로 안채는 사실상 우리의 '집'을 상징적이고 실질적으로 대표하는 가옥이었다. 우리가 세상에 태어난 곳이며 흔히 말하는 '마음의 고향'은 바로 안채를 두고 하는 말이다.

또 집은 가족원들의 사회제도를 표현하는 장소이기도 하다. 우리나라의 전통적인 가족은 안채의 주부권과 사랑채의 가장권이 각각 독자적이고 상호보완적으로 운영되는 특질을 가지고 있었다. 이러한 가족 안의 사회구조가 그대로 반영된 곳이 우리의 살림집이다. 그뿐만 아니라 한국의 '집'은 가부장 부부와 장자 부부로서의 지위가 있으면 주거의 위치가 자연스럽게 정해진다. 왜냐하면 가계의 연속이 중요한 우리의 전통 사회에서 넓게는 부모와 자식 간의 관계, 좁게는 아버지와 아들 간의 관계가 가정 안에서 발생하는 어떤 인간관계보다 우선하는 근원적인 것으로 여겨졌기 때문이다.

이렇게 보았을 때, 우리나라의 전통 민가에서 안채의 공간 구성은 위와 같은 '집'의 개념을 잘 표현해 주고 있다. <그림 5>와 같이 마루가 없는 3칸 집의 경우, 온돌 구조의 큰방과 작은방만으로 구성되어 있으며

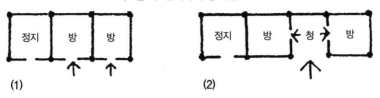

| 정지 | 방 | 방 |

(1)

| 정지 | 방 | 청 | 방 |

(2)

마당에서 각각의 방으로 출입되어 두 방은 대등한 관계에 있다. 그러나 부엌의 위치에 따라 안방과 주부권의 소재를 분명히 알 수가 있다. 또 마루가 있는 경우는 마루를 사이로 하여 안방과 건넌방의 배열이 부자(父 子) 관계, 즉 이들이 가계의 연속을 상징적이고 실질적으로 나타내 주는 것이다. 이러한 표상은 一자형이거나 ㄱ자형 민가에서도 마찬가지이며 마당에서 마루를 거쳐 각각 출입하는 것도 특별한 의미가 있다.

2) 온돌의 보급

우리나라 전통적인 주거 형식은 온돌 구조와 불가분의 관계 아래 발전 되어 왔다. 온돌 난방은 아궁이에서 연료를 연소시켜 방바닥 밑 고래에 열기를 보내어 축열한 후 굴뚝으로 배연시키는 방식이다.

이러한 온돌은 처음 만주 지역의 고구려인에 의해 사용된 후 한반도에 서 독자적으로 발전되고 계승되어 왔다. 온돌은 주로 가난한 사람들의 난방 수단으로 널리 사용되었으며, 점차 남쪽으로 전파·보급되었다. 온 돌이 발전해 온 과정에서 획기적인 것은 역시 철기시대에 출현했던 ㄱ자 형 구들이다. 신석기시대에 움집 안의 화덕이 취사와 난방을 겸용했다면, 청동기시대에는 난방과 취사용 화덕으로 분리되기 시작했다. 이것이 ㄱ 자형 구들 하나로 합쳐지게 된 것인데, 고구려의 '장갱(長坑)'은 이와 유 사한 형태의 것이었다. 다시 말해서 벽선을 따라 구들을 놓고 아궁이 부분을 ㄱ자로 꺾어 연기가 역류하지 않도록 고안된 것이다. 이러한 ㄱ자형 구들은 그 후 아궁이와 함께 방 안에 만들어 사용되었으며, 이것은 기원후 11세기의 고려 초기까지 이어졌다.[3]

한편 한반도에 보급된 ㄱ자형 구들은 방 안의 아궁이에서 연료를 연소시켜 실내 주거 환경이 많이 오염되었기 때문에 굴뚝뿐 아니라 아궁이도 방 안에서 점차 밖으로 분리되는 형태로 발전했다. 그리하여 조선 시대의 전형적인 온돌 구조처럼 고래의 수가 늘어나 방 전체에 구들이 놓이고 아궁이를 방 밖에 두는 형식으로 완성되었다. 이것은 대략 11~13세기경의 고려 중기 이후에야 가능했을 것이며, 이때 비로소 본격적인 좌식(座式)의 기거 양식이 정착했다. 그러나 일부 혹한 지역에서는 아궁이가 방 안에 그대로 있기도 했는데, 만주 지역의 '캉'이라든지 함경도 지역의 '정주간'은 그 대표적인 사례이다. 당시 상류 주택에서는 마루방이 중요한 생활공간으로 사용되었으며, 온돌방은 다만 일부 노약자들을 위한 시설이었다. 따라서 오늘날과 같은 상류 주택은 온돌 구조의 탁월한 열 경제성 때문에 상류계급에서 점차로 받아들인 결과이다. 그리고 조선 중기 이후 19세기에는 멀리 제주도에까지 온돌 구조가 전파되었으며, 전파의 주역은 제주도에서 교류 근무했던 북쪽 지방 관리들이었다.[4]

아무튼 온돌에 의한 기거 양식은 한국 민가를 대표하는 정체성 중의 하나로서, 오늘날까지 우리의 신체적·정신적·문화적 적응을 거쳐 우리 생활의 일부분을, 더욱 크게는 한민족의 정신적 기반을 이루었을 정도로 우리 생활과 밀착해 왔다.

---

3) 주남철, 「온돌과 부뚜막의 고찰」, ≪문화재≫, 제20호(문화재관리국, 1987), 144쪽.
4) 같은 글, 148쪽.

3. 고대 북방 문화와 남방 문화의 전래

1) 북방 문화의 전래

신석기시대인들은 한반도에 정주하기 시작한 이래 주변 지역으로부터 끊임없이 이주해 온 다른 종족들과의 부단한 접촉과 혼혈을 거치면서 오늘날 한민족의 뿌리를 형성한 것으로 알려져 있다. 그리고 한반도로 유입해 온 이들의 기원지는 시베리아의 어느 한 지점이 아니라 그 밖의 여러 지역에서 따로따로 형성된 집단이었다고 믿어진다.[5]

고고학자들이 주장하는 청동기시대에 일어난 북방 기마민족의 남진(南進)은 지금부터 3,000여 년 전에 몽골 초원 지대에 살던 유목민의 일단이 한반도로 이주한 것인데, 그 증거가 청동제 단검(短劍)이다. 선사시대부터 아시아에는 두 종류의 칼이 사용되었다. 하나는 칼날이 양쪽에 있는 검(劍)이고, 또 하나는 칼날이 한쪽에만 있는 도(刀)이다. 어느 지역에서 검이 사용되었고, 어느 지역에서 도가 사용되었느냐에 따라 자연스럽게 문화권이 나누어지므로 출토된 유물은 큰 관심거리가 된다. 그런데 몽골 자치구의 츠펑(赤峰) 지역에서 여러 개의 비파형 동검(銅劍)이 출토되었고, 이곳에서는 과거 일본인 학자들에 의해 많은 석관묘(石棺墓)가 발견된 바 있다.

한편 기원전 10세기 전부터 중국 랴오닝(遼寧) 지방을 중심으로 한 청동(靑銅) 문화인들은 이른바 랴오닝식 동검을 표식(標式)으로 하는 각종 청동기를 만들어 사용했으며, 그 여파는 한반도의 경상도와 전라도의 남단에까지 미치고 있다.[6] 이들의 주 묘제(墓制)는 석관묘와 적석석관묘(積

---

5) 한영희, 「한민족의 기원」, 『한국민족의 기원과 형성(상)』(소화, 1997), 73, 117쪽.
6) 노혁진, 「청동기시대」, 『한국민족의 기원과 형성(상)』(소화, 1997), 159쪽.

石石棺墓)로 밝혀지고 있으며, 그들 사회는 기마(騎馬)를 이용하여 전투를
수행하는 계급사회였다는 사실이 주장되고 있다.

석관묘는 우리나라 선사문화 중에서 북방 문화의 유입을 설명해 주는
중요한 증거이다. 석관묘가 수십 개씩 발견된 몽골 자치구의 츠펑에서
우리나라에도 많은 비파형 동검이 발견된 것은 어쩌면 당연한 일이다.
그러므로 이들 북방 유목민들은 중국 랴오닝 성과 츠펑 지역 석관묘와
상통하는 문화권이며, 이들이 북방에서 한반도로 남하한 것으로 이해되
고 있다.7)

장제(葬制)라는 것은 어느 민족에게나 가장 보수적인 것으로서 피장자
의 내세관, 그리고 당시의 사회상을 극명하게 보여주는 경우가 많다. 우
리나라 경주에 있는 신라 왕족들은 모두 돌무더기[積石] 무덤 속에 묻혀
있고, 그들의 허리띠에는 곡옥(曲玉)과 물고기의 장신구가 매달려 있다.
몽골 지역에서 곡옥은 생명의 안전을 의미하고, 물고기는 몽골인들이 먹
지 않고 신성시한 것을 미루어 보면, 두 지역에서 모두 동일한 '토템'을
공유했다고 할 수 있다. 그뿐만 아니라 백마(白馬)는 몽골 말 중에서 가장
신성시되었으며, 나라를 지키는 지도자의 상징으로 일반화되고 있었으므
로 신라 왕족의 무덤인 천마총에서 그 모습을 볼 수 있는 것은 우연이
아닐 것이다.

이 밖에도 북방 몽골 문화의 한반도 유입을 설명해 주는 학문적 성과
는 많이 있다. 특히 중앙 시베리아로부터 몽골과 한반도로 이어지는 지
역은 우리의 민속과 친연성이 있는 북방 민속문화대(帶)를 이루고 있다.
즉, 서낭당·솟대·무속·정낭·조왕(부엌 신) 등 한국의 기층 문화소가 이들
지역에서 흡사한 형태와 기능으로 전승되고 있는 것이다.8)

---

7) 김병모, "유라시아의 한국(33)", ≪조선일보≫, 1992년 6월 21일자.

8) 김태곤, 대륙문화 국제학술대회 자료(경희대학교 박물관, 1993.11.11.).

이상과 같이 여러 문헌과 자료를 종합해 보면, 한국 문화 내지 한민족의 원류는 멀리 몽골을 비롯한 북방에서 상당한 부분이 기원하고 있음을 알 수 있다.

2) 남방 문화의 전래

한국 전통문화의 원형은 정착 농경문화이며 한반도에서 최초로 정착 농경(農耕)을 영위한 집단은 바로 무문토기를 사용한 농경인들이다. 그들은 랴오닝 청동 문화인들과 비슷한 연대에 서로 이웃하고 있었다. 이들 문화의 주된 특징은 각종 무문토기를 사용하고, 각종 마제석기를 사용하고, 쌀농사를 비롯한 정착 농경 취락생활을 하고, 고인돌[支石墓]을 만든 점 등으로 요약된다.

이 가운데 고인돌이 분포하고 있는 지역은 대부분이 남한 지역인데, 세계적으로 고인돌이 분포하는 지역으로는 유럽, 인도, 인도네시아 등지가 있다. 그러나 유럽과 한반도를 이어주는 시베리아에는 고인돌이 없다. 그러므로 고인돌은 동남아시아를 통해 유입되었을 것으로 생각할 수 있는데, 이 지역은 쌀 문화권에 속하는 공통점이 있다. 따라서 고고학계에서는 고인돌이 만들어지던 시기에 쌀 재배 기술이 한반도에 들어왔다고 믿고 있다.[9]

쌀 재배의 출발 지점은 인도 북부 지역인 아삼(assam) 지역에서 중국 윈난(雲南) 지역에 이르는 넓은 지역으로 알려져 있다. 아시아의 쌀은 크게 자포니카, 인디카, 두 품종으로 구분되는데, 최근 들어 자포니카를 다시 온대 자포니카와 열대 자포니카(자바니카)로 구분하고 있다. 이 가운데 자포니카는 현재 한국과 일본, 그리고 중국 북부에서 많이 생산되고 있

---

9) 김병모, "한민족 뿌리찾기", 몽골학술기행(20), ≪조선일보≫, 1991년 3월 5일자.

다. 이러한 쌀 품종이 우리나라에 들어온 경로에 대해서는 여러 설이 있으나, 대체로 중국 윈난 지역에서 한반도의 남부 지역으로 건너왔다는 설이 유력하다. 그 근거로는 쌀농사와 관련이 깊은 줄다리기·소싸움·닭싸움 등의 민속놀이가 한반도의 중부 이남에 집중적으로 분포하고 있으며, 청국장·술·떡 따위의 음식문화도 중국 서남부 지역과 관련성이 보이기 때문이다.[10)]

한편 고상식(高床式) 창고의 분포 지역은 유럽을 비롯하여 광범위하게 걸쳐있다. 그러나 그중에서도 집중 분포 지역은 동남아시아이며, 여러 형태의 고상창(高床倉)이 모여있다. 이러한 고상식 창고는 곡창(米倉)으로서 수전(水田) 경작과 관련되어 있는 점이 중요하다. 특히 고상식 주거와 고상식 창고가 동시에 나타나는 경우는 양적으로 동남아시아가 제일 많다. 고상식 구조는 잘 알려진 것처럼 배습(排濕)과 통풍, 그리고 짐승들의 피해를 막으려는 데서 출발한 것이다. 그러나 그 밖에 도서 지방에서는 야간에 옥내의 높은 습도를 낮추기 위해 고상식 바닥에 화덕을 시설하기도 했고,[11)] 홍수 지역에서는 가옥이 침수되어도 취사에 필요한 불씨를 보존할 목적으로 고상식 구조가 필요했다.[12)] 이와 유사한 형태로는 일본의 민가와 우리나라 제주도 민가의 상방에 시설된 '봉덕'을 떠올릴 수 있다. 이렇게 보면 쌀농사를 짓던 사람들이 필요로 했던 고상식 창고와 주거는 아무래도 동남아시아와 중국 강남 지역과 같은 벼농사 지대에 그 기원이 있다고 생각하는 것이 옳다.[13)]

이와 같이 고인돌과 벼농사 기술의 도입 시기, 그리고 벼농사와 고상

---

10) 김광언, "한민족 뿌리찾기 해양학술기행(27)", ≪조선일보≫, 1991년 9월 4일자.

11) 近森正, 「住居の變化—オセアニア」, 『日本のすまいの源流』(文化出版局, 1984), pp.256～257.

12) 苦林弘子, 「床はどこからきたか」, ≪建築雑誌≫(日本建築學會, 1987.2.).

13) 杉本尚次, 『住まいのエスノロジー』(星雲社, 1987), p.166.

식 구조의 관련성을 생각하면 한반도에 고상식 바닥14)이 도입된 시기는 우리나라 벼농사의 역사와 무관하지 않다. 이 밖에도 해양 문화가 한반도에 미친 영향에 대해서는 문화 교류의 거대한 고속도로와 같은 쿠로시오[黑潮] 해류를 가볍게 생각할 수가 없다. 왜냐하면 남태평양의 문화들은 남중국해(南中國海)의 북쪽에서 쿠로시오 해류를 타고 북상하기 때문이다. 이러한 물길은 북동쪽으로 흐르면서 오키나와 제도와 마주치고, 그 중 일부는 동중국해를 지나 제주도와 만난다. 이처럼 남(南)중국을 비롯한 동남아시아의 고인돌과 벼농사 문화는 선사시대부터 다양한 경로를 통해서 고대 한반도에 도착했다고 믿어지므로 이에 따른 영향을 가볍게 생각할 수 없다.

4. 북방 'malu'의 정착

마루는 우리나라 전통 민가에서 온돌방과 더불어 기본적인 공간 요소로서 현재에도 널리 사용되고 있다. 마루의 호칭은 특히 우리나라 남서해안과 남해안 지역에서 '마리', '말래', '말리' 등의 풍부한 방언으로 불리고 있으며, 이 지역의 마루는 전면이 폐쇄적인 것이 특징이다. 이에 반해서 또 다른 호칭으로서 '대청'이 있다. 이는 전면이 개방되어 있으며, 중부 지방과 영남 지방, 그리고 사대부 주택에서 사용되는데, 지역에 따

---

14) 종래 '고상식' 구조라고 불러온 것은 지표에서 2m가량 되는 높은 위치에 바닥을 설치하는 이름 그대로 '高床式' 구조였으나, 우리나라와 일본의 전통 민가에서는 지표에서 60cm 정도의 낮은 바닥이라는 특징적인 차이가 있다. 따라서 이것은 고상식 구조이긴 하나 오히려 '양상식(楊床式)'이라는 용어를 사용하기도 하고, 반고상식(半高床式) 형태로 보는 견해도 있다. 그러나 이 글에서는 새로운 용어를 사용하기보다 종래 일반적으로 사용해 온 '고상식'이라는 표현을 그대로 쓰기로 한다.

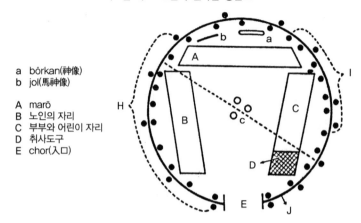

〈그림 6〉 오로촌의 천막집 평면도

a bôrkan(神像)
b jol(馬神像)

A marö
B 노인의 자리
C 부부와 어린이 자리
D 취사도구
E chor(入口)

자료: 三品彰英, 『古代祭政と穀靈信仰』(平凡社, 1973) p.378을 재구성.

라 '청', '청마루', '마루청', '안청', '제청' 등으로 불린다.

우리나라에 분포하고 있는 '마루' 혹은 '대청'의 용도를 여러 사례에
서 정리해 보면, 다음과 같은 네 가지 기능으로 요약할 수 있다.

① 성주신 혹은 조상신의 봉안 장소
② 관혼상제를 위한 의례 공간
③ 곡물의 수장 공간
④ 접객(接客) 및 일상적인 생활공간

위와 같이 정리해 보면, 마루의 기능은 일상적인 생활기능보다 마루의
고귀성이나 신성성에 더 큰 비중이 있음을 알 수가 있는데, 마루의 호칭
과 기능에서 이와 유사한 사례가 북방 민족들의 가옥에서 발견된 것은
잘 알려진 사실이다.[15] 즉, 내(內)몽골의 오로촌족(族)과 북(北)퉁구스족

---

15) 이병도, 『한국 고대사 연구』(박영사, 1976), 627쪽.

(族)의 천막집에서 볼 수 있는 'malu', 'maro'가 그것이다.

몽골 초원의 유목민들은 풀과 물을 찾아 한 해에 네 번쯤 거처를 옮겨 다닌다. 그들의 가옥은 원뿔 모양의 천막집인데, 출입문을 동쪽이나 동남쪽에 둔다. 원형 평면의 지름은 6~7m 정도이며, 중앙에 화덕을 두고 원뿔의 꼭지 부분에서 햇빛을 들이고 연기를 배연시킨다. 오로촌족의 천막 안에는 3개의 자리가 정해져 있다. <그림 6>에서 A 자리, 즉 입구의 정면에 있는 maro는 그 뒷벽에 jol[馬神], borkan[家神]을 담은 상자가 걸려있는 신성한 자리이다. 바닥은 집안에서 가장 값비싼 모피를 깔고, 신분이 높은 손님의 자리이며, 일반적으로 가족은 사용하지 않는다. malu는 '집 안의 신성한 장소'라는 뜻이므로, 특히 부녀자는 절대로 가까이 접근할 수 없다. B 자리는 노부모가 이용하고, C 자리보다는 높은 자리인데, maro에 가까운 쪽으로부터 연장자나 남자들이 우선해서 앉는다. 이와 같이 몽골 초원 지대 유목민들은 좁은 천막 안에서도 엄격하게 자리를 지키는 질서를 보여준다.

이러한 malu, maro의 기능에 대해서 미시나 시요에(三品彰英) 씨는 다음과 같이 5개 항목으로 요약하고 있다.[16]

① malu는 가옥(천막) 안의 성소(聖所)이다.
② malu에 모시는 신을 malu borkan 혹은 malu라 부른다.
③ 가장(家長)이나 존경받는 어른의 자리이다.
④ 신분이 높은 손님(남자)의 자리이다.
⑤ 혈족(血族)적인 제사(祭祀)의 중심이 된다.

이상과 같은 내용을 우리나라 마루의 기능과 비교해 본 니시가키 야스

---

16) 三品彰英, 『古代祭政と穀靈信仰』(平凡社, 1973), p.379.

창덕궁 인정전 앞뜰의 품계석

히코 씨는 거의 같은 내용을 담고 있음을 밝히고 있다.17) 먼저 ②는 우리
나라에서 성주신을 모시고 있는 점과 같으며, 성주신을 남부 지방에서
'조상마루'로, 그리고 평안북도에서는 '마을'이라 부르고 있는 예가 있
다. '마루' 혹은 '마을'이라는 말은 가옥의 성소(聖所)를 가리키는 것일
뿐 아니라, 여기에서 제사하는 조령(祖靈) 내지 넓게는 신령(神靈) 자체를
의미하고 있음을 알 수 있다. ③에 대해서는, '마루'라는 말은 원래 '좌
(座)' 혹은 '좌의 표식'을 의미하는 것이며(뒤에서 다시 밝힘), ⑤에 대해서
는, 마루에서 조상에게 제사를 올리고 있음을 보아 알 수 있다. 또 미시

17) 西垣安比古, 「建築儀禮を通して視る朝鮮の'すまい'に於ける諸場所の構造」,
≪日本建築學會 計劃系 論文集≫, No.373(1987.3.).

나 시요에 씨는 '마루'라는 말의 다의성(多義性)에 착안하여 '마루'와 어원(語源)이 같은 세 가지 단어를 다음과 같이 풀이하고 있다.[18]

① 택청(宅廳)을 의미하는 말로서 '마루'와 '마을'이 있다. 전자는 안방과 건넌방 사이에 있는 마루, 즉 청사(廳事)를 나타내며, 후자는 관청[19]을 나타내는 말이다.

② 종(宗)을 의미하는 말인데, 머리(首)를 의미하는 '마리'는 산정(山頂)을 의미하는 마루가 되고 지상(至上)을 의미하는 마루도 된다.

③ 귀인(貴人)의 존칭, 사람 이름의 경칭적 어미(語尾)에 쓰인다. 그리고 귀인의 부인에 대한 경칭으로서 '마루하주(抹樓下主)'가 쓰인다. 이 것은 귀한 사람이 앉는 장소이기에 생겨난 존칭일 것이다.

여기에서 전술한 바, '마루'가 원래 '좌(座)'를 의미했다는 내용에 대해서는 신라의 궐표제(橛標制)에 대한 연구에서 밝혀진 바가 있다. 즉, 신라의 고대 왕호(王號) '마립간(麻立干)'의 원래 뜻은 신라 선덕왕 시대의 학자 김대문(金大問)의 풀이에 의하면 다음과 같다. 마립은 궐(橛)의 방언으로서 신라의 부족 회의장에서 각 참석자의 자리를 나타내는 좌표와 같은 것인데, 왕의 좌석을 나타내는 궐이 최상석에 있으므로 왕을 마립간이라 불렀다는 것이다.[20] 그런데 아유카이(鮎貝) 씨에 의하면 궐이 신성한 좌를 표시하는 '마루'로 불리다가 후대에 와서는 '귀인(貴人)의 좌'를 지칭

---

18) 三品彰英, 『古代祭政と穀靈信仰』(平凡社, 1973), pp.379~382.

19) 이병도, 『한국 고대사 연구』(박영사, 1976), 614~620쪽. 우리나라 고대사회는 씨족 중심, 촌락 중심의 사회였으며, 각기 공동 이해관계를 협의하는 집회소가 있었다. 이러한 촌락 집회소를 고대에는 우리말로 'ㅁ을', '모을'이라 했으며, 관청에 출근하는 것은 'ㅁ을'에 간다고 했다.

20) 三品彰英, 『古代祭政と穀靈信仰』(平凡社, 1973), p.391.

하게 되었으며, 마립은 우리말의 머리[頭]를 의미하는 '마리', '머리', 그리고 종(宗), 동량(棟梁), 청(廳) 등의 말인 '마루'와 같은 종류의 말이라 했다.[21] 이와 같이 마루는 씨족이든 가족이든 이를 대표하여 회의에 참석한 사람들의 좌표(座標)이며 혹은 좌(座) 그 자체이다. 이렇게 궐을 세워서 좌석에 특별한 의미를 부여한다면 그 좌석인 '마루'는 신성한 성질을 갖게 되는데, 바꿔 말하면 '좌' 그 자체의 신성성을 나타내게 되는 것이다.

이상과 같이 대청을 의미하는 '마루'와 관청을 의미하는 '마루', 회의장의 좌석 및 귀인의 좌석, 존칭을 의미하는 '마루'를 종합적으로 고려해볼 때, 몇 가지 내용으로 요약할 수 있다. 먼저 '마루'라는 용어를 북퉁구스족이 그대로 malu, maro라고 표현하고 있는 점은 우리의 마루와 직접적인 관련성이 있을 것으로 생각하게 하는 점이며, 다음으로 malu, maro를 비롯한 '좌'를 내포하고 있는 장소성과 신성성이 우리 마루의 경우와 너무나 흡사하다. 그리고 마루의 어원이 시사하는 여러 가지 높은 상징성을 들지 않을 수가 없다. 그러나 북퉁구스족의 malu, maro라는 장소가 천막 안의 제단(祭壇)이 있는 부분적인 장소인 데 반하여, 우리의 마루는 적어도 한 칸 이상의 넓이를 가진 제장(祭場)이라는 점에서 공간적인 차이가 있다.

5. 고상식 바닥의 정착

고상식 바닥은 벼농사를 짓던 사람들이 무엇보다 곡창으로서의 필요에 따라 채용했을 것이기 때문에 고상식 구조와 벼농사의 역사는 무관하

---

21) 이병도, 『한국 고대사 연구』(박영사, 1976), 626쪽.

지 않다고 본다. 물론 고상식 바닥은 벼를 저장하기 위한 용도와 옥내 생활을 위한 용도로 나누어 생각할 수 있다. 벼를 저장하는 문제는 그들의 생존과도 관련되는 문제이므로 곡창의 구조는 더욱 절실한 문제가 된다.

우리나라에 언제부터 고상식 곡창이 존재하고 있었는지는 확인할 수 없으나 이와 관련된 흥미로운 연구가 있다. 김원룡(金元龍)은 『신라 가형토기고(家形土器考)』[22]에

〈그림 7〉 왕정의 『농서』에 나오는 경

서 경남 지방에서 출토된 4개의 가형토기를 통해 고대 신라 시대 경(京)의 기원에 대해 밝히고 있다. 이 가운데 3개의 토기는 이른바 고상식 곡물 창고로 추정되는데, 모두 목조 맞배지붕이며 벽체는 판자이거나 통나무를 썼던 것으로 보인다. 이 논문은 '고대 한국에 있어서의 남방(南方)적 요소'라는 부제(副題)를 달고 있어 고상식 곡창이 남방에서 유입되었음을 밝히고 있다. 왕정(王禎)의 『농서(農書)』에 의하면, 고상식 목조 창고인 경(椋, 京)은 습기가 많은 남쪽 나라가 그 기원으로 되어있다(<그림 7>).[23] 또 중국의 안쯔민(安志敏)[24]에 의하면, 이러한 고상 누각식(高床樓閣式) 건물을 간란식(干蘭式)이라고 부르고 있는데, 고대 양쯔 강 유역과 그 이남

22) 김원용, 「신라家形土器考」, 『김재원 박사 회갑기념 논총』(을유문화사, 1960).
23) 원(元)의 왕정(王禎)이 저술한 『농서(農書)』 卷16의 내용. 김원용, 「신라家形土器考」, 『김재원 박사 회갑기념 논총』(을유문화사, 1960), 854쪽에서 재인용. 왕정의 설명에 의하면 균(困), 경(京, 椋)은 모두 창고를 뜻하는데, 균은 지면에 직접 세운 원형 창고이며, 경은 바닥을 올리고 판자로 만든 남방식의 사각형 창고라고 했다.
24) 安志敏, 「干蘭式建築的考古研究」, ≪考古學報≫, 2号(1963), pp.65~85. 김원용, 「신라家形土器考」, 『김재원 박사 회갑기념 논총』(을유문화사, 1960)에서 재인용.

충북 영동군 봉림리, 성씨 댁의 뒤주

지역에서 유행했던 원시 건축 형식이라는 것이다. 이상과 같은 내용으로
보아 경(京)과 같은 고상식 곡창이 고대 우리나라 남부 지역에 존재했던
것이 확인되고 있으며, 남방의 간란식 건물과도 연결되고 있음을 알 수
있다. 실제로 우리나라에서 왕정의 『농서』에 나오는 경의 모습과 유사한
사례가 학계에 보고된 바 있다.[25]

　동남아의 벼농사 민족들은 오래전부터 주곡인 벼를 안전하게 저장하기
위해 고상식 곡창, 즉 고창(高倉)을 건축해 왔다. 또 그들은 전통적으로
가지고 있던 벼에 대한 애정을 어떤 형식으로든지 고창 건축에 표현하려
했다. 예를 들면 곡창에 수호신을 안치시키고 여기에 종교적인 성격을

25) 주남철, 「桴京考」, ≪민족문화연구≫, 제27호(고려대학교 민족문화연구소, 1994);
　　신영훈·김동현, 「한국 고건축단장(23)」, ≪공간≫(1971년 9월), 68쪽.

부여하기도 했으며, 혹은 곡창에서 조상을 위한 제사를 거행하는 등, 곡창은 성옥화(聖屋化)되는 대상이었다.[26)]

사실 경(椋)은 민가의 몸채와는 달리 별채로 세워져 있는 곡물 수장고이다. 여기에서 경과 '마루'의 관계를 밝히기는 어렵지만, 경과 '마루'는 각각 같은 고상식 구조를 가지고 몸채의 안과 밖에서 곡창의 기능을 담당한다. 그러므로 민가의 고상식 마루와 같이 처음에는 집집마다 경과 같은 곡창 시설을 별동으로 가지고 있었다고 볼 수가 있을 것이다. 그리고 조기 농경사회에서 곡물을 더욱 안전하게 저장하기 위해 신성시된 공간이 필요했으므로 이러한 경에는 여러 가지 금기가 있었던 것이라 이해할 수 있다. 그러나 언제부터 어떤 사유로 인해 경의 수장 기능이 민가의 몸채에 편입하게 되었는지는 알 수 없다. 우리나라 민가에서 수장 시설의 형태는 일반적으로 부속채에 고방이 있고, 안채에는 마루·도장·뒤주와 같은 여러 형태의 수장 공간이 있다. 다만 한반도 주변의 어떤 나라에서도 우리처럼 유별나게 고상식 수장 공간을 주거의 중심부에 둔 나라는 찾기가 어렵다.

한편으로, 옥내 기거를 위한 고상식 바닥은 우리나라에서 어떤 모습으로 남아있는지 알아보면 다음과 같다. 고상식 기거 바닥의 전형적인 사례는 제주도 민가의 '상방'이고, 한반도에서는 '대청'이 대표적인 고상식 바닥이다. 그러나 여기에서 '마루'와 '대청'의 관계를 사례로 들기에는 너무나 그 내력이 복잡하므로 명쾌한 대답을 얻기 어렵다. 왜냐하면 '마루'가 가지고 있는 원래 뜻의 핵심이 주로 신성성에 있다고 보면, 마루는 일반 민가보다 권위 건축의 제장(祭場)이나 정청(政廳)의 장소에 그 출발점이 있어 보이기 때문이다. 그러므로 곡창과 같은 고상식 바닥의 기능성과는 다르게 장소의 신성성에 대해서는 그동안 많은 논증이 있어왔다.

---

26) 野村孝文, 『南西諸島の民家』(相模書房, 1961), p.247.

〈그림 8〉 고구려 시대의 평상

이에 대한 또 하나의 사례를 들어보면, 삼국시대의 왕이나 중간계급의 남녀가 아랫사람으로부터 보고를 받을 때 평상(平床) 위에서 호좌(胡座)하는 앉음새를 취했으며, 이때 평상은 앉은 사람의 권위를 상징하는 의미가 있다. 그리고 고구려 시대의 벽면 기록도(記錄圖) <그림 8>을 보면 평상의 구조가 고상식 목조(木造)였음을 알 수 있다.27)

그런데 고상식 바닥의 고귀성이 공간적으로 적절히 구현되기 위해서는 온돌방의 경우처럼 방 전체가 고상식 구조로 될 필요가 있어 결국 오늘날과 같은 마루방으로 발전되었을 것으로 짐작된다. 우리의 고상식 구조, 즉 '우물마루'가 세계 어느 민족도 창안하지 못했던 독창적이고 아름다운 구법(構法)인 것은 재론할 여지가 없다. 이러한 우물마루의 가능성을 입증시켜 주는 초기 마루의 유구(遺構)가 발견되어 학계의 주목을 받은 바 있다.28) 즉, 백제와 통일신라 시대 사찰 터[寺址]의 주춧돌에서 마루의 결구(結構)를 확인할 수 있는 흔적을 발견할 수가 있었다. 그뿐만 아니라 한반도에 온돌 난방이 보급되기 전 상류층의 기거 양식은 마루방이 주요한 생활공간이었을 것이라는 견해가 지배적이라고 볼 때 마루의

---

27) 李允子,「起居樣式における韓國の床座·椅子座の變遷(三國時代~李朝前期)その2」, ≪日本建築學會 計劃系 論文集≫, No.534(2000.8.), pp.272~274.

28) 백제 시대 유적으로서 미륵사지와 임강사지에서 발굴된 초석(礎石)은 그 윗면의 두 곳 내지 세 곳에 홈을 파놓았는데, 이는 다른 부재와 결구(結構)하도록 의도했음을 짐작하게 한다. 또 다른 사례는 통일신라 시대 감은사지인데, 4개의 초석 위에 긴 석판(石板)을 깔도록 했으므로 이는 고상식 마루가 있었음을 확인시켜 주는 사례이다.

구법은 상당한 수준에 있었을 것이라 생각된다.

이상과 같이 벼농사와 함께 유입된 고상식 구조는 일차적으로 일반 농가의 필수적인 경(椋)과 더불어 옥내 생활을 위한 고상식 바닥으로 차츰 정착해 갔을 것이라 생각되며, 여기에 '마루'의 고귀성이 융합되어 우물마루라고 하는 차원 높은 바닥 구조가 창안되었을 것으로 보인다.

6. 곡령 신앙과 제정

우리나라의 벼농사는 삼국시대 이전에 이미 남한 지역에서 먼저 시작되었다. 산이 많고 비가 적은 북한 지역에서는 벼농사보다 잡곡 생산이 우위에 있어 벼의 논농사는 남부에 비해 훨씬 부진했던 것으로 알려져 있다. 당시의 농민들은 촌락공동체 아래에서 족장(族長)의 지배를 받아왔으므로 공납(貢納)을 바치면서 어려운 생활을 한 것 같다.[29] 오늘날까지 전해오는 우리나라 민속 중에는 특히 벼농사와 관련된 것이 많은데, 이를 민속학에서는 도미(稻米) 의례라고 한다. 농민들은 파종에서부터 수확에 이르기까지 아무 탈 없이 농사가 잘되기를 바라는 마음에서 초자연적인 힘, 즉 신령님의 힘에 의지하고자 했다. 그러므로 계절적인 단계에 따라 신비주의적인 의례가 많은 것이 특징이다. 의례 가운데 가장 초점이 되는 것은 수확 단계인데, 여기에서 농민들의 도미 의례는 최고조에 달한다. 이러한 까닭으로 어느 농경사회일지라도 곡령(穀靈)에 관한 신화(神話) 또는 신앙을 공유하고 있으며, 우리나라 민가의 전승 문화 속에는 아직도 변용되지 않은 도미 의례의 모습을 찾아볼 수 있다. 그러면 오늘날까지 남아있는 벼농사 의례 가운데 수확과 관련된 의례는 어떻게 행해지

---

29) 강동진, 『한국농업의 역사』(한길사, 1982), 29쪽.

고 있으며, 그 속에 곡령 신앙은 어떠한 형태로 남아있는가를 살펴보기
로 한다.

수확 의례에는 우선 가을에 추수가 끝났을 때 이른바 안택제(安宅祭)라
든가 성주풀이, 고사(告祀) 등으로 불리는 농가의 가제(家祭)를 들 수 있
다. 어떤 경우이거나 공통된 점은 햇곡식을 봉제하여 풍작과 가족의 무
사 안녕을 기원하는 것이다. 이때 그해의 햇곡식은 신체(神體)가 되어 항
아리 속에 담겨, 이것이 곡령(穀靈)·조령(祖靈)으로 모셔지고 가제(家祭)가
행해진다. 이는 곡물의 풍작을 기원하는 가족 단위의 의례이며, 때로는
죽은 가족의 의령제까지 겸하기도 했다.[30] 이와 같이 농경사회에서 수확
의례를 행하는 것은 풍작을 선사해 준 신령님, 다시 말해서 성주신과 조
상신에게 우선 감사를 올리는 것이다. 다음으로는 풍작을 약속해 주는
강력한 도혼(稻魂)을 보존하는 데 목적이 있었다. 신체(神體)로서의 볍씨,
이것은 이듬해 새싹으로 태어날 생명으로서 경건함과 신중함이 절실하
고 숙연하여 절로 신령에게 무릎을 꿇게 되는 것이다.

고대사회에서는 나라를 다스리는 일이 곧, 국토신이나 부락신 혹은 조
상신에게 제사를 올리는 일과 동일한 것이고, 이것은 가장 중요한 일로
생각되었다. 왜냐하면, 백성들이 농사를 잘 지어 풍년을 이룬다는 것은
그만큼 국태민안(國泰民安)의 기틀을 다지고 국력을 신장시키는 일과 같
았기 때문이다. 그리하여 해마다 곡식이 생산되는 주기에 맞추어 장엄한
수확제를 성대하게 거행했다. 예를 들어 고구려는 동맹(東盟)이라는 수확
제를 국가적 큰 행사로서 국왕이 친히 제사를 올렸으며, 신라와 고려의
국왕도 곡령과 국민의 보호자로서 팔관회(八關會)라는 수확제를 성대하
게 거행했다.

그러면 우리나라 고대사회에는 어떠한 제정(祭政) 시설이 있었는지 알

---

30) 三品彰英, 『古代祭政と穀靈信仰』(平凡社, 1973), 227쪽.

아보자. 우리나라의 고대사회는 수개 이상의 씨족과 촌락이 부족사회를 이루었을 것으로 보고 있다. 동맹체에는 각기 공동 이해에 관한 일을 협의·처리하는 부족 집회소가 있었다. 이러한 집회소의 옛 명칭으로 원시 집회소의 후신(後身)인 관아(官衙)를 '무을'이라 했고, 관청에 출근하는 것을 '무을'에 간다고 했다. 또 신라 시대에 나라를 다스리던 회의 조직은 남자들의 집회사(集會舍)와 불가분의 관계에 있었다고 한다. 다시 말해서 고대 '마루'와 남자 집회사의 관계, 즉 종묘(宗廟)와 곡창과 남자 집회사의 관계는 불가분의 관계에 있었다.[31] 이는 다른 나라의 경우와도 유사한데, 이러한 사례로서 미시나 시요에 씨는 문화적으로 발달한 중국의 경우와 그렇지 않은 사례로서 인도네시아의 경우를 들고 있다.[32] 중국 고대사회에서 명당(明堂)은 제후(諸侯)들이 조회하는 정청(政廳)이었는데, 원래 남자 집회사에서 출발한 것이다. 그리고 한편으로는 중요한 제사적 기능을 가지고 있어, 여기에서 종묘사직의 제의가 행해졌다. 그런데 명당과 같은 정청 내지 제장(祭場)이 옛날에는 '미름(米廩)'이라 불렸는데, 이것은 곧 고대 제정(祭政)이 원래 곡창을 중심으로 하는 부족사회에서 진화해 왔음을 말해주는 것으로 추정된다. 또 후자의 경우, 인도네시아를 비롯한 벼농사 민족 사이에서 곡창이 신전과 같이 신성시되어 온 것은 쉽게 찾아볼 수 있는 민속이다. 특히 이러한 미창(米倉)이 부족 남자 집회사로서 또 정치를 논하는 회의 장소로서의 기능을 가지고 있었던 경우가 적지 않았다.[33]

---

31) 이병도, 『한국 고대사 연구』(박영사, 1976), 614~621쪽.

32) 三品彰英, 『古代祭政と穀靈信仰』(平凡社, 1973), pp.396~397.

33) 인도네시아의 전통 취락은 일반적으로 민가의 구성단위가 주로 주거와 미창(米倉)으로 구성된다. 형태상으로는 고상식 구조이며, 건물 배치는 각 건물이 남북으로 향해있는 미창은 주거의 북쪽에 배치된다. 미창의 구조는 상부에 미창이 있고, 하부에는 덱(deck)이 설치되는데, 이곳은 접객 공간으로서 사교와 회의 장소가 된다.

이상과 같이 고대 농경사회는 초월적인 신령을 위해 일반 농가와 왕실에서 해마다 수확제를 올렸으며, 그 원류는 일반 농민들의 집안 의례에 있었다. 한편 왕실의 제정(祭政) 시설은 정청(政廳)과 제장(祭場)의 기능과 더불어 곡창 시설이 서로 불가분의 관계에 있었다고 보이며, 이러한 시설에는 기본적으로 갖추어야 할 기능성과 신성성 때문에 고상식 바닥이 등장했을 개연성이 충분히 인정되는 것이다. 실제로 가까운 조선 시대의 관아 시설을 보면, 수령의 정청인 동헌(東軒)이 있고, 국왕의 위패를 모신 객사, 고을의 징세에 관여한 향청 등이 있었다. 관아 시설에는 객사가 있었기 때문에 홍살문이 설치된다. 홍살문은 신성한 제사 공간이 있는 곳이면 반드시 설치하는 벽사(壁邪)의 문이다. 그러므로 관아의 모든 시설에서 공적인 공간에는 온돌을 들이지 않고 마루를 깔았으며, 마루는 사사로운 공간을 뜻하는 온돌방과는 차별되는 공간이었다.

7. 중국 당침 제도의 영향

'예(禮)'의 본래 뜻은 신에게 제사를 올리고 복을 비는 것인데, 제정일치(祭政一致)의 고대사회에서 그 기원을 찾아볼 수 있다. 고대 중국에서는 제사를 통해 실천되는 예(禮)를 바탕으로 국가 경영을 주도한 만큼 의례 시설을 중요하게 여겼다. 그 결과 동북아에서는 유교 문화권 특유의 의례 건축이 형성되었다.[34] 우리나라 조선 왕조에서도 '예'는 국시에 따라 유교적인 예제(禮祭)의 행용을 장려했으며, 성리학(性理學)의 전래와 함께 『주자가례(朱子家禮)』의 실천이 우선 왕실이나 사대부가(家)를 중심

---

34) 楫川品啓·金光鉉, 「'儀禮'와 '禮記'에 나타난 고대 중국 의례 공간의 성격에 관한 연구」, 대한건축학회 논문집: 계획계, 제15권, 3호(1999년 3월).

으로 나타나기 시작했다. 이것은 조선 시대의 제도와 풍속뿐만 아니라 정치·사회·문화 등 제반 영역에 큰 영향을 주었다.

중국은 오랫동안 종법(宗法)에 기반을 두고 봉건사회를 유지해 온 나라로서, 사회의 안전과 질서를 유지하는 데 정신적인 지주가 된 것은 유가(儒家)의 바탕이었다. 이러한 중국 특유의 사회구조는 권위 건축과 주거 건축의 공간 구성에 영향을 주어서 위계적인 공간 조성으로 나타났다. 즉, 축적(軸的)이며 대칭적인 공간 구성을 통해 질서의 위계를 강조하게 된 것이다. 이러한 사례를 고대 중국의 궁실(宮室) 제도에서 보면, '당(堂)'은 의례를 행하는 대표적인 중심 공간이었으며, '침(寢)'은 일상생활을 위한 공간으로서 '당'과 함께 궁실의 중심 영역이었다. 그런데 조선 시대 지배층은 중국의 하(夏)·은(殷)·주(周), 삼대(三代)의 정치를 이상적인 모델로 인식하고 있었으므로,[35] 중국의 궁실 제도는 하나의 건축적 규범으로 작용했던 것이다. 여기에서 중국의 당침(堂寢) 제도의 성립 과정을 개관해 보고,[36] 우리나라 지배층이 생활공간을 통해 어떻게 받아들였는지를 살펴보자.

『의례석궁(儀禮釋宮)』[37]에 의하면, 당시 천자(天子)의 주택은 앞부분에 '당(堂)', 뒷부분에 '실(室)', 그리고 그 양쪽에 방이 있었는데, '전당(前堂)'은 신하를 만나고 연회를 열거나 의식을 거행하는 데 사용되었다. 반면에 '후실(後室)'은 일상생활을 위한 곳으로 기록되어 있다. 그런데 중국

---

35) 洪升在, 「조선 시대 상류 주택의 예제적 체계에 관한 연구」(홍익대학교 박사학위 논문, 1992), 71쪽.

36) 周南 外, 「中國における一明兩暗型住宅の成因について」, 『日本建築學會大會 學術講演梗概集』(1999.9.).

37) 유가의 중요 경전 중 하나로서 예치(禮治) 시대의 서막을 상징하는 묘침제(廟寢制)를 체계적으로 고찰하고 있으며, 특히 우리나라 조선 중기 이후 사대부들의 궁실제(宮室制) 논의에 상당한 영향을 미쳤다.

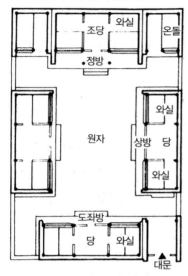

〈그림 9〉 베이징 사합원 평면도

조당 / 와실 / 온돌 / •정방• / 원자 / 와실 / 상방 당 / 와실 / 도좌방 / 당 와실 / 대문

사합원의 기본적인 공간 구성을 보여주는 소
규모 사례이다. 규모가 작지만 공통되는 원칙
은 그대로 지켜지고 있다. 중앙에 위치한 원자
를 중심으로 그 주변에 정방과 상방, 그리고
도로에 면해 도좌방이 배치된다. 정방의 구성
은 조당을 중심으로 좌우에 와실이 있고, 다시
그 좌우에 이방이 부속되어 있다.

상(商)나라에서 한대(漢代)에 걸쳐 일
반 주택은 '일당이내(一堂二內)'형을 보
여왔는데, 기존 연구에서 이러한 평면
형은 흔히 '전당후실(前堂後室)'형으로
기술하고 있다. 이때 당(堂)은 남쪽 외
벽이 없어 개방적이며 겨울철에는 휘
장을 쳐서 사용했다.

전당후실의 일당이내는 '당(堂)'이
남향하고 '내(內)'는 북향이다. 이는 음
양(陰陽) 관계로 보아 일당이내는 일
명양암(一明兩暗)이 된다. 따라서 똑같
은 일당이내라 하더라도 오히려 '내
(內)'가 '당(堂)'의 양쪽에 있는 횡(橫)
배열이 경제적이며 실용적인 배치가
된다. 여기에서 횡 배열의 일명양암은
당초 서민의 주택으로 사용되었다고
하는데, 이것이 차츰 상류 주택으로
보급된 것으로 보고 있다. 이러한 일
명양암형은 명나라·청나라 시대에 완전히 정착되었고, 격식 높은 사합원
(四合院) 주택의 몸채에까지 채용되었다.

사합원 주택은 중국 화북(華北) 지방에 거주하는 한족(漢族)의 대표적
인 주거 형식이다. 횡 분할에 의한 일명양암형 주택이 정면성이 높은 一
자형을 취하게 된 것은 전통적으로 한족이 중요하게 보았던 예제(禮制)에
그 바탕을 두고 있다. 가옥 배치는 가장(家長)이 거처하는 안채(正房)와
마당(院子)이 남북 축(軸)을 이루고 있으며, 여기에 가족을 위한 가옥(廂
房)을 동서(東西)에 대칭이 되게 배치했다. 각 가옥은 <그림 9>와 같이

중앙에 당(堂)이 있고, 당의 좌우에는 와실(臥室)이 있어 침실로 사용되는 것이 사합원의 기본형이다. 정방은 중앙의 당만이 중정과 통하는 문이 있고 양쪽의 와실과 직접 연결되지 않는다. 정방의 당은 조당(祖堂)이라고도 하지만 청(廳) 또는 대청(大廳)이라고도 부르며,[38] 입식(立式)의 기거 양식으로서 조상의 위패를 모시는 곳이다. 이와 같이 당은 주택에서 실질적·상징적으로 중심이 되는 곳이다. 이러한 주택의 공간 도식은 주거 건축뿐 아니라 궁전, 불사(佛寺), 문무묘(文武廟) 등 모든 중국 건축에 공통적으로 나타나고 있는 이념 체계이다.[39]

우리나라 궁궐의 침전(寢殿)은 중국의 당침 제도와 관련성을 갖는 유익한 건축물이다. 대체로 궁궐의 정침(正寢)인 연침(燕寢)에서 보이는 공통된 특징은 전면 3칸의 어간(御間)을 대청으로 하고, 그 좌우에 이방(耳房)을 배치하는 형식을 보여준다. 그뿐만 아니라 조선 시대 유학과 관련된 건축, 즉 향교, 서원, 그리고 우리나라 중·상류 주택에서도 같은 맥락으로 유사한 구성을 보여주고 있다. 그러므로 조선 시대 유자(儒子)들은 일당이내형의 공간 도식을 하나의 이상적인 건축 전형(典型)으로 인식해 왔음을 알 수 있다.

8. 논의와 종합

이상과 같이 한국 민가의 원류에 접근하고자 몇 가지 가설을 두고, 이와 관련된 여러 가지 의문점을 인접 학문의 도움으로 전개시켜 보았다.

---

38) 野村孝文, 「朝鮮半島のすまい」, 『日本のすまいの源流』(文化出版局, 1984), p.304.
39) 茨木計一郎, 「中國民居'院子'と'堂'のひろがり」, 『中國民居の空間を探る』(建築資料研究社, 1991), pp.23~24.

결국 오늘날의 한국 민가는 북방 대륙 문화와 남방 해양 문화가 정치·사회적으로, 또는 해류와 같은 자연적·물리적 현상으로 한반도에 들어와 쌓이고 또 쌓인 결과라 말할 수 있다. 어떻게든 한반도에 유입된 다양한 외래 문화소는 서로 상관성과 연대성을 가지고 한국 주거 문화의 고유성과 정체성을 확립하는 데 기여해 왔다.

이런 논의의 과정에서 다음과 같은 추론이 가능했다.

첫째, 한국 민가의 안채는 기본적으로 온돌 구조에 맞게 방을 병렬·증식하여 기본적으로 큰방·작은방(안방·건넌방)을 두었다. 이는 하나의 '집'에서 대를 잇는 부자(父子) 간의 관계, 즉 가계(家系)의 연속성을 상징적이고 실질적으로 나타내고 있다.

둘째, 주거는 침식(寢食)과 기거(起居)가 일차적인 목적이므로 안채의 구성은 온돌방만으로 성립될 수 있다. 그러나 집집마다 그해의 풍작과 가족의 무병장수를 빌거나 관혼상제를 위한 의례 공간을 갖고자 하는 욕구가 자연스럽게 일어나 '마루'라고 하는 고상식 바닥의 공간이 등장했다. 이에 대한 계보(系譜)를 정리해 보면 다음과 같다.

한 민족의 형성 과정은 바로 문화 복합체의 형성 과정이다. 일찍이 북방 계열 집단의 일부가 한반도에 정착하는 과정에서 온돌 구조라는 기거 양식의 기본을 창안했고, 한편으로는 malu, maro라는 '장소'가 전래되어 공간의 신성성과 장소성이 뚜렷한 문화소로 등장했다. 이는 이후 우리나라의 주거와 권위 건축에서 구체적인 공간으로 유지·발전되었다. 한편 기원전 10세기 이전에 한반도 최초의 정착 농경인들이 남방으로부터 벼농사를 도입했다. 벼농사는 곡창과 불가분의 관계에 있었으므로, 이때 한반도에 고상식 바닥이 전래되었다. 벼농사 지대에서 곡창은 성옥화되고 신성시되는 대상이었으므로, 고상식 바닥은 malu의 고귀성과 장소성이 자연스럽게 융합되어 '마루'의 독특한 정체성으로 발전되었다.

셋째, 고대 농경사회는 초월적인 신령을 위해 일반 농가와 왕실에서 해마다 수확제(收穫祭)를 올렸으며, 그 원류는 농민들의 가제(家祭)에 있었다. 한편 왕실의 제정(祭政) 시설로서 정청(政廳)과 제장(祭場)은 불가분의 관계에 있었으며, 이러한 시설의 중심 공간은 기본적으로 갖추어야 할 기능성과 장소의 고귀성 때문에 '마루'로 불리는 고상식 바닥이 등장했을 것으로 보인다. 이후 도입된 중국의 당침(堂寢) 제도에 따라 '마루'는 '일명양암'형의 중심 공간으로, 온돌방과는 차별되는 공적 의례 공간으로 정착되었으며, 뒤이어 일반 민간에서도 이를 받아들였을 것이다.

위와 같이 정리해 보면, 한국 민가가 정형화되기까지는 온돌 난방과 고상식 바닥이 주거 형식의 큰 틀을 이루어 한국 민가의 정체성을 키워왔다고 할 수 있다. 이 가운데 한국 민가의 형성 과정에서 논의의 핵심은 고상식 바닥이 정착하는 과정에 있으므로, 이때 어떤 요인이 작용했는지를 실증적으로 접근해 보는 것이 한국 민가의 정체성을 밝히는 데 도움이 될 것이다. 한국 민가의 마루는 대체로 세 가지 유형으로 존재하는데, 첫째로, 제주도 민가의 '상방'이며, 둘째로, 호남 지방과 남동 해안 지방 민가의 '마루', 셋째로, 중부 지방과 영남 지방 민가의 '대청'이 그것이다.

이렇게 보면, 한국 민가의 고상식 바닥은 대체로 중부 이남의 민가에 한정되고 있다. 여기에는 여러 가지 이유가 있을 것이라 생각된다. 말하자면, 벼농사 문화의 전래 과정이라든지, 중·상류 주거 문화의 영향, 혹은 기후적인 요인 등에서 북한 지역에 비해 남한 지역과의 관련성이 훨씬 커 보이기 때문이다. 그뿐만 아니라 한반도의 민가는 홑집 계열의 내정(內庭)식 민가와 겹집 계열의 외정(外庭)식 민가로 크게 양분되는데, 이러한 민가 유형과도 관련이 있어 보인다. 우리나라의 외정식 민가는 그 분포권이 함경도와 영동 지방인데, 이는 멀리 시베리아 연해주와 만주의 민가형 분포 지역과 관련이 있으며, 동해를 건너 일본 열도와도 연결되고 있는 형국이다. 그리하여 고상식 바닥이 융합된 내정식 민가와 온돌방만으로 구성된 외정식 민가가 한반도에서 북쪽과 남쪽으로 나뉘어 공

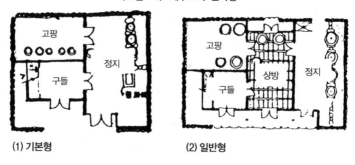

〈그림 10〉 제주도의 민가형

(1) 기본형　　　　　　　(2) 일반형

존하고 있는 것이다. <그림 10>부터 <그림 12>까지는 고상식 바닥이
있는 각 지역 민가의 기본형과 일반형을 나타낸 것이다.

(1) 제주도 민가

　제주도 민가의 '정지'에는 취사를 위한 솥걸이만 있고 난방을 위한 아
궁이는 없다. <그림 10>과 같이 일반형에 속하는 민가에는 정지에 인
접해서 고상식 '상방'이 있고, 안방 격인 구들은 정지의 반대쪽 단부에
있다. 정지에 인접해 상방이 있다는 것은 제주도의 민가가 온돌 난방과
무관하며, 중심이 되는 생활공간이 온돌방이 아니라 마루방이라는 증거
이다. 원래 상방은 정지와 같이 흙바닥이었던 것이 기능이 분화되어 마
루를 깔게 된 것이다. 마루를 깔기 전에는 바닥에 앉을 수 있도록 검질이
나 멍석을 깔았지만 평상을 놓는 경우도 있었다. 이 부분을 '정지마리'라
부르고, 때로는 정지 가운데 부섭(화덕)을 시설하기도 했다. 일반적으로
상방의 용도는 가족의 일상생활과 여름철의 취침, 그리고 접객, 식사, 조
상을 위한 제사 등 다양한 기능이 있으나, 주로 일상적인 옥내 생활을
위한 용도로 사용되었다.

　이렇게 보면, 제주도 민가는 한반도 민가의 온돌 구조와는 무관하게
독자적으로 발전해 온 평면 구조라 할 수 있다. 다시 말해서 상방은 우물

마루이긴 하나 옥내 기거 생활과 밀착되어 있을 뿐, 한반도의 '마루'와 '대청'과는 또 다른 남방계(南方系) 바닥 구조라 할 수 있다.

(2) 호남 지방과 남동 해안 지방 민가

호남 지방과 남동 해안 지방에 분포하는 민가의 특징은 사실 잘 알려진 편은 아니다. 특히 호남 지방의 일반형에 속하는 민가는 <그림 11>과 같이 정지를 중심으로 한쪽에 큰방과 '마루'40)가 있고, 다른 쪽에 모방(작은방)이 배열되어 있다. 그러나 남동 해안 지방 민가는 실 배열이 영남 지방 민가형에 가까워 호남 지방 민가와는 크게 다르다. 다만 '마루'의 내용이나 구성은 그다지 다르지 않다. 더욱이 이러한 민가의 앞 단계로 생각되는 3칸 집의 경우, '정지+큰방+마루'의 형식이 일반적이어서 우리나라 여타 지방의 3칸 집, 즉 '정지+큰방+작은방'과는 다르다. 문제는 3칸 집에서 작은방보다 '마루'의 중요도가 왜 앞서는가에 있다.

우선 마루의 전면 구조는 정지문처럼 흔히 두짝널문이 시설되어 있고, 뒷벽은 주로 빈지벽으로 마감하기 때문에 폐쇄적인 인상을 주고, 바닥은 아주 영세한 집이 아니면 우물마루를 깐다.

이 지방의 성주신은 마루에 있는 독이나 항아리에 햅쌀을 담아 신체(神體)로 받들었으며, 통상 가옥의 수호신으로 봉안되었다. 그들은 햇곡식이 나면 제일 먼저 성주신에게 바쳤으며, 새 성주는 추수가 끝난 10월에 모시기 때문에 성주신은 농경신과 같은 성격을 지니고 있다고 할 수 있다. 그뿐만 아니라 마루에는 조상의 위패를 모시고,41) 명절날이나 제삿날에는 상을 차려 성주신과 조상을 위했다.

---

40) 호남 및 남동 해안 지방 민가의 마루는 지역에 따라 '마리', '말리', '마래', '말래', '안청' 등 풍부한 방언으로 불리는데, 여기에서는 '마루'로 호칭을 통일하기로 한다.
41) 서남해 도서 지역에서는 3~4대조까지의 조상의 지방은 '독'이라는 나무 상자에 넣어 감실장에 모신다. 감실장은 마루의 입구 맞은편 벽 중앙에 설치한다.

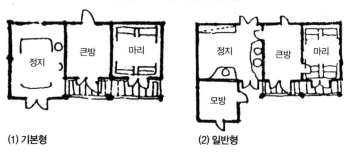

〈그림 11〉 호남 지방의 민가형

정지	큰방	마리

(1) 기본형

정지	큰방	마리
모방		

(2) 일반형

이와 같이 마루는 곡식을 수장하는 곡창의 기능이 있으나 가신(家神)의 수장인 성주신이 정좌하는 곳이며, 여기에 때로는 조령(祖靈)과 함께 곡령(穀靈)까지도 동거하는 신성한 장소, 바로 신전(神殿)이 된다. 그러므로 '마루'의 구조적인 의미는 '곡창과 수호신'의 관계로 설명될 수 있고, 자연스럽게 가제(家祭)가 열리게 된다. 가제를 주제하는 사람은 여성이며, 통상 주부(主婦)가 담당하는 것이 큰 특징이다.

(3) 중부 지방과 영남 지방 민가

중부 및 영남 지방 민가의 '대청'[42]은 우선 호남 및 남동 해안 지방의 폐쇄적인 '마루'와는 달리 전면이 개방되어 있다. 물론 중부 지방과 영남 지방 민가는 외형상 큰 차이가 있는 것이 사실이지만 민가를 구성하는 공간 요소에서는 별 차이가 없으며, 특히 대청만 두고 보면 차이점을 발견하기 어렵다.

한편 우리나라에는 지역에 따라 특징적인 민가형과 더불어 온돌방만으로 구성된 오막살이집이 큰 비중으로 공존하고 있으며, 중부 및 영남

---

42) 중부 및 영남 지방 민가의 대청은 '청', '대청마루', '청마루' 등 여러 가지 호칭으로 불리고 있으나, 이 글에서는 '대청'으로 통일하기로 한다.

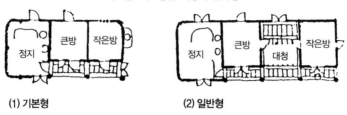

〈그림 12〉 영남 지방의 민가형

정지 | **큰방** | **작은방**

(1) 기본형

정지 | **큰방** | **대청** | **작은방**

(2) 일반형

지방에서는 기본형과 같은 위치에 있다. 그러므로 '대청'의 공간적인 기능은 바로 이 지역 주거 문화의 위상을 대변해 준다. 우선 대청은 신성한 장소이다. 왜냐하면 성주신이 봉안되는 장소이며 때로는 조상의 위패를 모시고 제사를 올리는, 다시 말해서 관혼상제를 위한 의례 공간이기 때문이다. 그러므로 대청은 해마다 '성주받이'를 하며 신성화되어야 한다고 믿어왔다. 중부 지방에서 성주신의 신체는 한지(韓紙)를 네모로 접어 대청의 들보 위, 또는 기둥 위에 모신다. 온돌방은 먹고 자고 하는 속된 생활이 행해지는 데 반하여, 대청은 잔치나 제사 따위의 행사가 이루어지는 장소이다. 이러한 의식은 마당을 포함한 내외 공간에서 행해졌던 것이 상례였으므로 대청은 행례의 중심 공간으로서 안마당을 향해 열려 있는 것이다. 마지막으로 대청은 마당에서 방으로 들어갈 때 반드시 거쳐야 하는 전이 공간이다. 그래서 안방과 건넌방의 출입문은 대청 쪽으로 굽널을 붙여 문 높이를 달리했다.

이렇게 대청은 유교 문화 특유의 의례 공간의 위상과 성격이 강하다는 것을 알 수 있다. 그리고 그 배경에는 고대 중국의 궁실(宮室) 제도에 바탕을 둔 예(禮)의 규범적 질서가 공간적으로 잘 표현되고 있음이 드러나고 있다. 사합원(四合院) 주택에서 당(堂)은 우리의 대청과 꽤 흡사한 기능을 가지고 있음은 전술했으며, 좌우에 있는 와실(臥室)이 침실로 사용되는 구성 또한 같은 맥락으로 볼 수가 있다. 결국 한국 민가의 안채는 온돌방 위주의 3칸 집에서 안방과 작은방 사이에 '대청'이 끼어들어 옴으로써 비로소 당침(堂寢) 제도에 의한 공간 도식이 쉽게 이루어진 것이다. 또 일반 주거 건축뿐 아니라 유학(儒學)과 관련된 모든 건축물이 중국의 일명양암형 공간 배열과 일치하고 있음을 보면, 당시 사대부 사회에서 유교 사상에 근거한 예제(禮制)를 잘 견지하고, 강력한 관료제 및 가부장제를 이끌어가기 위해서는 이러한 공간 도식이 최선이라 생각했던 것 같다.

이상과 같이 우리나라에 현존하는 민가를 살펴보면, 한반도에서 도달할 수 있었던 주거 문화에는 두 가지 특징적인 고상식 바닥, 즉 '대청' 문화와 '마루' 문화가 있다. 다만 여기에서 비켜서 있는 제주도 민가의 '상방'은 그야말로 남방 계열의 고상식 생활공간으로 보인다. 그런데 마루 계열과 대청 계열의 방언(方言)은 수확 의례와 함께 남한(南韓) 전역에 걸쳐 분포하고 있음[43]을 주목할 필요가 있다.

우리나라 민가의 고상식 바닥은 남한 지역에서 유독 차령산맥과 노령산맥 사이, 즉 전라북도와 충청남도 남부 지역에서는 찾아보기가 어렵다. 다시 말해서 이러한 완충지대를 사이로 하여 남으로는 호남 지방의 민가형이 분포하고, 북으로는 중부 지방의 민가형이 분포하고 있다. 이것은 북쪽의 중부 지방과 남쪽의 호남 지방의 민가형이 각각 계열을 달리하여 발전해 왔음을 의미한다.

우리나라의 전통 사회는 대체로 여성을 중심으로 하는 무교(巫敎)적 문화와 남성을 중심으로 하는 유교적 문화의 이중구조를 가지고 있다.[44]

---

43) 이호열, 「한국 건축의 마루에 관한 연구」(영남대학교 석사학위 논문, 1983), 81쪽.
44) 정영철, 「가정신앙 구조와 전통주거」, 대한건축학회 논문집, 제13권, 2호(1997년 2월), 64쪽.

|왼쪽| 대청 구석에 놓인 성주독 |오른쪽| 대청에 놓인 뒤주와 항아리

이러한 전통 사회의 이중적 구조를 주거 공간에서 찾아보면, 집안의 관혼상제 등의 의식은 '대청'에서 가장(家長), 즉 남성의 주재 아래 이루어졌으며, 가신(家神)을 봉안하거나 가제(家祭)를 행할 때는 '마루'에서 주부(主婦), 즉 여성의 주재 아래 이루어졌다.

그리고 '대청'이란 용어는 중국에서 건너온 외래어이지만 '마루'는 지역에 따라 풍부한 방언이 있음을 보아도 '대청'보다 훨씬 오래전부터 사용해 온 고유어로 보인다. 그렇다면 한국 민가에서 '대청'과 '마루'는 그 출발점이 다를 뿐 아니라 문화적인 배경도 다르다고 보아야 할 것이다. 즉, '대청' 문화는 유교적인 예제(禮制)에 바탕을 둔 상층(上層) 문화에 속하는 것으로서, 그 출발점은 도성(都城)에서 권위 건축과 기념적 건축에 영향을 준 중국 당침 제도가 지배층 사람들의 주거 건축에도 영향을 준 것으로 볼 수 있다. 그래서 '대청'의 분포 지역은 대체로 집권 상층부와 관련이 깊은 중부 및 영남 지방과 일치하고 있다. 한편 '마루' 문화는 사회 기층(基層)을 이루는 민중이 곡식을 수장하고 지키기 위해 곡령적·무교적 신앙을 바탕으로 오늘과 같은 '마루'의 모습으로 발전시킨 것으로 생각된다. 그러므로 '마루'의 등장은 '대청'에 비해 훨씬 오랜 시간이

걸렸을 것이다.

그런데 마루와 대청은 다 같이 고상식 우물마루를 깔고 있다. 그리고 영남 지방에서는 아직도 성주독을 대청에서 볼 수 있으며, 중부 지방에서는 흔히 뒤주를 대청에 두고 그 위에 백자 항아리를 올려 치장하는 것을 볼 수 있다. 여기에서 뒤주와 성주독이 상징하듯 '대청'의 원래 모습은 호남 지방의 '마루'와 같은 곡창의 기능을 부분적으로 가지고 있었던 것이 아닌가. 그런가 하면, 호남 지역의 중·상류 주택에서는 '마루'에 인접하여 '대청'을 둠으로써 의례 공간의 기능을 첨가시켜 가는 경향을 볼 수 있다. 그렇다면 '대청'이 등장하기 전에는 이것이 '마루'로 불렸을 가능성이 있으며, 지금도 일부 지역에서는 '대청마루', '청마루', '마루청' 등으로 불리는 사례가 남아있다. 사실 유교적인 원리는 남성 중심의 의례를 통하여 남성을 표면으로 나오게 한 대신 여성은 집 안으로 가두어 가정신앙에 더욱 집착하게 했다. 대청 문화는 마루 문화가 가지고 있었던 곡창의 기능과 무속적인 바탕 위에서 유교적인 의례가 행해질 수 있도록 당침 제도의 형식을 도입해 온 결과, 마루 문화는 점점 퇴화해 버리고 유교 문화가 우세한 대청 형식이 표면으로 등장한 것이다. 그리하여 아직도 그 밑바닥에는 여전히 무속적이면서 표면상으로는 유교적인 이중구조의 면면을 보여주고 있는 것이다.

그러면 이러한 한국 민가의 정형은 언제쯤 형성되었을까. 우리나라에 고상식 마루가 언제 유입되었든지 한국 민가의 계보는 온돌 구조의 절대적인 틀을 벗어날 수가 없으며, 여기에 중국 주거 문화의 영향으로 재래의 공간 도식이 재편된 것으로 보인다. 한반도에 온돌 구조가 정착되는 과정에서 아궁이가 온돌방 밖으로 축출된 것이 대략 11~13세기경의 고려 중기 이후이므로, 이때 비로소 본격적인 온돌 좌식의 기거 양식이 정착되었다. 그런데 중국 사합원 주택은 한(漢) 대에 그 형식의 정형에 도달했을 것이라 하나,[45] 본격적으로 건축된 것이 원(元) 대(1271~1368) 이후의 일이다.46) 이렇게 보면 한국 민가에서 서울을 포함한 중부와 영남 지방의 민가형은 조선 전기에 해당되는 15세기 이후에나 본격적으로 정착하기 시작했을 것이다. 더욱이 우리나라에 현존하는 씨족 마을은 대개 선조 25년(1592)의 임진왜란으로 말미암아 전 국토가 폐허화된 후, 150년간에 재건된 것이라는 거시적인 추정이 있다.47) 여기에 따른다면, 당시 폐허화된 민가를 재건축할 때 '마루' 문화보다 '대청' 문화에 주거의 가치를 두었기 때문에 오늘날과 같이 대청 문화가 우세한 민가 형식으로 재편된 것이라 추정해 볼 수 있다. 이를 뒷받침해 주는 현상으로서 호남 지방 민가형에 인접하여 분포하고 있는 남동 해안형 민가가 호남 지방 민가보다 오히려 우세한 분포권을 보여주고 있음은 그냥 넘길 수가 없는 현상이다.

9. 맺는말

이 글은 한국 민가의 원류와 이에 따른 정체성을 밝혀보기 위한 시론으로 출발했다. 논의를 전개하는 데 인접 분야의 연구 성과에 힘입은 바가 컸으며, 그동안 조사된 실증적 자료를 바탕으로 종합적인 고찰을 시도했다. 그러나 서술하는 과정에 논리적인 비약과 상상적 추론이 보태어졌음을 부인할 수 없다. 다만 이 글을 쓰게 된 의도는 한국 민가의 뿌리라는 깊고 넓은 숲 속에 들어가 숲의 모양새와 구조의 추이를 우선 파악해 보고자 함이었다. 한국 민가의 기본적인 틀은 온돌 난방 구조와 농경

45) 茂木計一郎, 「中國民居'院子'と'堂'のひろがり」, 『中國民居の空間を探ろ』(建築資料研究社, 1991), p.16.

46) 손세관, 『북경의 주택』(열화당, 1995), 21쪽.

47) 고승제, 『한국촌락 사회사 연구』(일지사, 1977), 264쪽.

사회에 바탕을 둔 가족제도 등이 결정적인 출발점이 되고 있다. 한국 민가는 온돌 구조에 맞게 방을 병렬했으며, 여기에 고상식 의례 공간이 절묘하게 자리함으로써 전통 주거의 정형이 짜여지고 있다. 다시 말해서 한국 민가는 전반적으로 온돌 구조를 바탕으로 형성되었으나 여기에 마루 공간이 차원을 달리하면서 융합하여 정형화되었다. 주로 한반도의 북부 지방은 겹집형의 외정식 민가가 온돌방을 위주로 정형화되었으며, 남부 지방은 홑집형의 내정식 민가가 다양한 고상식 바닥을 갖추고 정형화되었다. 그리고 병렬된 온돌방 사이와 앞뒤에 고상식 바닥이 첨가되면서 온돌 구조의 주거 공간을 차원 높게 정형화하는 데 크게 기여했다.

사실 '마루'는 쉽게 풀기 어려운 심오한 대상으로서 한국 민가를 한층 다채롭게 만들어낸 중심 공간이다. 한민족의 형성 과정에서 전래된 북방 문화 계열의 malu는 한반도에서 뚜렷한 문화소로 등장했고, 한편으로 벼농사와 함께 전래된 고상식 바닥은 제주도 민가의 '상방'이나 '고팡'에서처럼 바닥 구조의 기능성으로 인해 쉽게 정착할 수 있었다. 그러나 정작 벼농사가 성행하지 못했던 제주도와는 달리 벼농사가 절대적 생업이었던 한반도 남부에서는 고상식 바닥의 기능성이 마루의 신성성과 자연스럽게 상호 융합하여 장소의 고귀성을 갖춘 의례 공간으로 발전했다. 그리하여 마루는 고대 제정(祭政)과 일반 민가의 의례 공간으로서 기본적으로 갖추어야 할 기능성과 장소적 신성성 때문에 다 같이 '마루'로 불리는 중심 공간으로 등장했다. 이후 도입된 중국의 당침(堂寢) 제도에 따라 '마루'는 권위 건축과 유교 건축에서 일명양암형의 중심 공간으로, 온돌방과 차별되는 공적 의례 공간으로 정착하게 되었으며, 뒤이어 일반 민가에서 이를 받아들인 것으로 추론된다.

오늘날 한국 민가의 고상식 바닥은 크게 나누어 '마루' 문화와 '대청' 문화로 분류되고, 이는 대표적인 한국 주거 문화를 이루고 있다. 이들 고상식 바닥은 각각 서로 다른 문화적 배경을 가지고 발전되었다. 즉, '마

대청 전면의 들어열개문

루'는 사회 기층을 이루는 민중이 곡물을 수장하고 지키기 위해 곡령적·무교적 신앙을 바탕으로 오늘날과 같은 모습이 된 것으로 보인다. 한편 '대청' 문화는 '마루' 문화에 바탕을 두고, 이후 유교적 예제(禮制)에 따른 의례 공간으로 도입·발전해 왔으며, 예(禮)의 규범적 질서를 중히 여겼던 상층(上層) 문화에 속하는 것이다. 그러나 오랜 세월 서로 영향을 미친 결과, '대청'은 그 밑바닥은 여전히 무속적이면서 표면상으로는 유교적인 이중구조의 면면을 갖추게 되었다.

결국 한국 민가는 중부와 영남 지방의 '대청'과 호남 지방의 '마루'를 두 축(軸)으로 하여 발전되어 왔으며, 그 사이를 잇는 중간 지역인 남동 해안 지방에서는 서로 절충된, 다시 말해서 '마루'의 곡창의 기능이 일부 퇴화되면서 '대청'의 거주성과 의례 기능이 도입되는 경향으로 나타나고 있다. 이러한 경향은 중·상류 주택인 경우, 호남 지방에서 '마루'와 '대청'이 나란히 공존하기도 하고, 중부와 영남 지방에서는 들어열개문으로 하여금 대청마루를 자유롭게 개폐하여 조절하는 등, 고상식 공간의 주거성은 크게 향상되었다.

한반도에서 '대청'이나 '마루'를 사이에 두고 큰방(안방)과 작은방(건넌방)이 양쪽으로 배열된 형식은 꽤 넓은 지역에 걸쳐 분포하고 있다. 즉, 중부와 영남 지방의 '대청' 문화권, 남동'해안과 호남 주변 지역의 '마루' 문화권, 여기에 중·상류 주택의 분포까지 감안한다면 한반도 남부 지방에는 이러한 공간 배열 방식이 일반화되어 있는 셈이다. 한국 민가에서 '온돌'과 '마루'의 상호관계는 성(聖)과 속(俗)의 세계만큼 상극(相剋)의 위치에 있으면서 상생(相生)의 조화를 통해 절묘한 융합을 이루어내고 있다. 곧 닫힘에서 열림으로, 단절에서 소통으로, 그리고 작위(作爲)에서 자연(自然)으로 가는 열린 세계의 반영이다. 이처럼 마루와 온돌이 빚어내는 차원 높은 공간의 형국은 오늘날 우리의 주거 공간 속에서도 귀중한 유산으로 이어져 오고 있다.

우리는 예로부터 집의 규모에 알맞게 마루를 깔아 조령(祖靈)과 대화하고 큰일을 치렀다. 그리고 철 따라 생활하고, 손님을 맞이하며 다양한 용도로 '대청마루'를 깔고 살아왔다. 대청마루는 정성을 들여 맞추고 다듬어왔기에 그 집안의 얼굴과 다름없었다. 더욱이 한국 민가에서 온돌과 마루의 접촉 감각은 우리 민족 전체에 깊이 새겨진 원(原)공간의 감각과 같이 무의식에 가까운 즐거움이었다. 다만 역사적으로 한민족이 겪었던 침략과 노략질로 인한 질곡과 아픔만큼 한국 민가에는 굴절된 모습이 곳곳에 담겨있다. 이는 오로지 불사조와도 같은 강인한 생명력으로 가계를 이어온 선인들의 흔적이라 아니 할 수 없다. 그러므로 한국 민가를 오늘에 맞게 꽃피우고 주거 문화로서 계승·발전시키는 일은 오늘을 사는 우리의 책무이다.

찾아보기

지은이

조성기(曺成基)

부산대학교 건축공학과 졸업
영남대학교 대학원 공학박사
부산대학교 교수, 대한건축학회 부산·경남지회장, 참여이사, 역임
현재 부산대학교 명예교수
주요 저서: 『도시 주거학』(1996)

한울아카데미 831
한국의 민가

ⓒ 조성기, 2006

지은이 | 조성기
펴낸이 | 김종수
펴낸곳 | 도서출판 한울

편집 | 서영의·김은현

초판 1쇄 인쇄 | 2006년 3월 20일
초판 1쇄 발행 | 2006년 3월 30일

주소 | 413-832 파주시 교하읍 문발리 507-2(본사)
　　　 121-801 서울시 마포구 공덕동 105-90 서울빌딩 3층(서울 사무소)
전화 | 영업 02-326-0095, 편집 02-336-6183
팩스 | 02-333-7543
홈페이지 | www.hanulbooks.co.kr
등록 | 1980년 3월 13일, 제406-2003-051호

Printed in Korea.
ISBN 89-460-3504-8 93540

* 가격은 겉표지에 있습니다.